COLEÇÃO CIÊNCIA, TECNOLOGIA, ENGENHARIA DE ALIMENTOS E NUTRIÇÃO

Princípios de Tecnologia de Alimentos

Volume 3

Coleção Ciência, Tecnologia, Engenharia de Alimentos e Nutrição

Vol. 1 Inocuidade dos Alimentos

Vol. 2 Química e Bioquímica de Alimentos

Vol. 3 Princípios de Tecnologia de Alimentos

Vol. 4 Limpeza e Sanitização na Indústria de Alimentos

Vol. 5 Processos de Fabricação de Alimentos

Vol. 6 Fundamentos de Engenharia de Alimentos

Vol. 7 A Qualidade na Indústria dos Alimentos

Vol. 8 Efeitos dos Processamentos sobre o Valor Nutritivo dos Alimentos

Vol. 9 Análise Sensorial dos Alimentos

Vol. 10 Toxicologia dos Alimentos

Vol. 11 Análise de Alimentos

Vol. 12 Biotecnologia de Alimentos

CCTEAN

COLEÇÃO CIÊNCIA, TECNOLOGIA, ENGENHARIA DE ALIMENTOS E NUTRIÇÃO

Princípios de Tecnologia de Alimentos

Volume 3

Editor

Pedro Esteves Duarte Augusto

Atheneu

EDITORA ATHENEU

São Paulo — Rua Jesuíno Pascoal, 30
Tel.: (11) 2858-8750
Fax: (11) 2858-8766
E-mail: atheneu@atheneu.com.br

Rio de Janeiro — Rua Bambina, 74
Tel.: (21)3094-1295
Fax: (21)3094-1284
E-mail: atheneu@atheneu.com.br

Belo Horizonte — Rua Domingos Vieira, 319 — conj. 1.104

CAPA: produzida pela Equipe Atheneu
PRODUÇÃO EDITORIAL: Texto & Arte Serviços Editoriais LTDA-ME

CIP-Brasil. Catalogação na Publicação
Sindicato Nacional dos Editores de Livros, RJ

P947
Princípios de tecnologia de alimentos, volume 3 / editado por Pedro Esteves Duarte Augusto ; coordenação Anderson de Souza Sant'ana. - 1. ed. - Rio de Janeiro : Atheneu, 2018.
il. (Ciência, Tecnologia, Engenharia de Alimentos e Nutrição ; v. 3)

Inclui bibliografia
ISBN 978-85-388-0850-3

1. Nutrição. 2. Alimentos. 3. Tecnologia de alimentos. I. Augusto, Pedro Esteves Duarte. II. Série.

17-45350 CDD: 613.2
CDU: 612.3

11/10/2017 16/10/2017

AUGUSTO, P. E. D.
Coleção Ciência, Tecnologia, Engenharia de Alimentos e Nutrição – Volume 3 – Princípios de Tecnologia de Alimentos

Sobre o Coordenador/Editor

Coordenador

Anderson de Souza Sant´Ana

Graduação em Química Industrial pela Universidade Severino Sombra (USS). Mestre em Ciência de Alimentos pela Universidade Estadual de Campinas (Unicamp). Doutor em Ciência dos Alimentos pela Universidade de São Paulo (USP). Pós-doutor pela USP. Professor Doutor no Departamento de Ciência de Alimentos da Faculdade de Engenharia de Alimentos da Unicamp, desenvolvendo atividades de ensino, pesquisa e extensão na área de Microbiologia de Alimentos.

Editor

Pedro Esteves Duarte Augusto

Professor na Escola Superior de Agricultura "Luiz de Queiroz" (Esalq) da Universidade de São Paulo (USP), tendo sido Professor do Colégio Técnico de Campinas (Cotuca) da Universidade Estadual de Campinas (Unicamp) por oito anos. Livre-docente em Processamento de Alimentos pela Esalq/USP. Realizou Pós-doutorado na Universitat de Lleida (UdL, Espanha), na área de Engenharia de Processos. Doutor em Tecnologia de Alimentos pela Faculdade de Engenharia de Alimentos (FEA) da Unicamp, com período na UdL. Mestre em Tecnologia de Alimentos e Engenheiro de Alimentos pela FEA/Unicamp e Técnico em Alimentos pelo Cotuca/Unicamp. Atua no Curso de Graduação em Ciências dos Alimentos e Pós-graduação em Ciência e Tecnologia de Alimentos da Esalq/USP. Responsável pelo Grupo de Estudos em Engenharia de Processos (Ge^2P), onde orienta alunos e desenvolve pesquisas na área de Engenharia do Processamento de Alimentos.

Sobre os Colaboradores

Adna Prado Massarioli

Especialista de Laboratório na Escola Superior de Agricultura "Luiz de Queiroz" (Esalq) da Universidade de São Paulo (USP). Doutoranda em Ciência e Tecnologia de Alimentos na USP, com período na University of Southern California (USC, EUA). Mestre em Ciência e Tecnologia de Alimentos e Engenheira de Alimentos pela USP.

Albert Ibarz

Professor na Universitat de Lleida (UdL, Espanha). Doutor em Ciências Químicas e Engenheiro Químico pela Universitat de Barcelona (UB, Espanha). Engenheiro Técnico em Indústrias Agrícolas e Alimentícias pela Universitat Politècnica de Catalunya (UPC, Espanha). Foi Professor Visitante da Universidade de São Paulo (USP), Universidad Nacional del Sur (UNS, Argentina), Washington State University (WSU, EUA), Universidad de las Américas (UDLA, México) e da Universidad Nacional del Santa (UNS, Peru). Doutor *Honoris Causa* pela Universidad Nacional de Trujillo (Unitru, Peru). Atua na área de Engenharia do Processamento de Alimentos.

Alfredo de Almeida Vitali

CEO e Fundador da Black Box Openers e Pesquisador Científico aposentado do Instituto de Tecnologia de Alimentos (Ital). Doutor em Engenharia Química pela Universidade de São Paulo (USP), com período na Cornell University (EUA). Mestre em Engenharia Química pela USP. Engenheiro de Alimentos pela Universidade Estadual de Campinas (Unicamp) e Técnico em Química Industrial pela Escola Técnica Industrial Conselheiro Antônio Prado (Eticap). Possui experiência profissional na área de Engenharia do Processamento de Alimentos.

Alline Artigiani Lima Tribst

Pesquisadora no Núcleo de Estudos e Pesquisas em Alimentação (Nepa) da Universidade Estadual de Campinas (Unicamp). Realizou Pós-doutorado na Unicamp, na área de Processos Não Convencionais. Doutora e Mestre em Tecnologia de Alimentos e Engenheira de Alimentos pela Unicamp e Técnica em Alimentos pelo Colégio Técnico de Campinas (Cotuca) da Unicamp. Atuou como Professora de Engenharia de Alimentos na Faculdade de Jaguariúna (FAJ).

Ana Lourdes Neves Gândara

Professora de Microbiologia no Curso de Técnico em Alimentos do Colégio Técnico de Campinas (Cotuca) da Universidade Estadual de Campinas (Unicamp). Mestre em Tecnologia de Alimentos pela Unicamp, Bióloga pela Pontifícia Universidade Católica de Campinas (PUC-Campinas) e Técnica em Alimentos pelo Cotuca/Unicamp. Possui vivência prática em laboratório de pesquisa e ensino na FEA/Unicamp, em controle de qualidade de vacina animal em multinacional da área, e no treinamento para a destinação de resíduos perigosos gerados em atividades de laboratório químicos e biológicos.

Beatriz Maria Curtio Soares

Pesquisadora Científica no Centro de Tecnologia de Embalagem (Cetea) do Instituto de Tecnologia de Alimentos (Ital). Doutora em Tecnologia de Alimentos e Engenheira de Alimentos pela Universidade Estadual de Campinas (Unicamp). Técnica em Alimentos pelo Colégio Técnico de Campinas (Cotuca) da Unicamp. Atua na área de Interação Alimentos-Embalagens-Processos.

Fabiane de Moraes

Professora de Processamento e Qualidade de Alimentos no curso de Técnico em Alimentos do Colégio Técnico de Campinas (Cotuca) da Universidade Estadual de Campinas (Unicamp). Doutora e Mestra em Alimentos e Nutrição e Engenheira de Alimentos pela Unicamp e Técnica em Alimentos pelo Cotuca/Unicamp. Possui experiência profissional como Técnica e Engenheira de Alimentos, principalmente na área de Serviços de Alimentação, tendo sido Professora do curso de Tecnologia em Gastronomia do Senac.

Flávio Luís Schmidt

Professor na Faculdade de Engenharia de Alimentos (FEA) da Universidade Estadual de Campinas (Unicamp). Doutor e Mestre em Ciência de Alimentos, Especialista em Termobacteriologia de Alimentos e Engenheiro de Alimentos pela Unicamp. Foi Pesquisador Científico no Instituto de Tecnologia de Alimentos (Ital). Atua na área de Engenharia de Processos com ênfase em Alimentos de Origem Vegetal.

Homero Ferracini Gumerato

Consultor na área de Processamento de Alimentos e Estatística. Doutor em Energia na Agricultura pela Universidade Estadual Paulista "Júlio de Mesquita Filho" (Unesp). Mestre em Ciência de Alimentos e Estatístico pela Universidade Estadual de Campinas (Unicamp).

Marcelo Cristianini

Professor na Faculdade de Engenharia de Alimentos (FEA) da Universidade Estadual de Campinas (Unicamp). Doutor em Ciência de Alimentos pela Unicamp, com período na University of California (UC, EUA). Mestre em Ciência de Alimentos pela University of Reading (Reino Unido) e Engenheiro de Alimentos pela Unicamp. Possui experiências profissionais e de gerência em multinacionais da área de Ingredientes e Alimentos. Atua na área de Processos Não Convencionais de Alimentos.

Priscilla Efraim

Professora na Faculdade de Engenharia de Alimentos (FEA) da Universidade Estadual de Campinas (Unicamp). Doutora e Mestre em Tecnologia de Alimentos e Engenheira de Alimentos pela Unicamp. Foi Pesquisadora Científica no Instituto de Tecnologia de Alimentos (Ital). Atua na área de Processamento de Alimentos Vegetais.

Priscilla Siqueira Melo

Doutora em Ciência e Tecnologia de Alimentos na Escola Superior de Agricultura "Luiz de Queiroz" (Esalq) da Universidade de São Paulo (USP), com período na Københavns Universitet (KU, Dinamarca). Mestre em Ciência e Tecnologia de Alimentos e Cientista dos Alimentos pela USP.

Severino Matias de Alencar

Professor na Escola Superior de Agricultura "Luiz de Queiroz" (Esalq) da Universidade de São Paulo (USP), atuando no Programa de Pós-graduação na The Ohio State University (EUA). Doutor em Ciência de Alimentos pela Universidade Estadual de Campinas (Unicamp), Mestre em Agronomia pela Universidade Federal Rural do Rio de Janeiro (UFRRJ) e Engenheiro Agronômico pela UFRRJ. Foi Professor na Universidade Tecnológica Federal do Paraná (UTFPR) e UFRRJ. Atua na área de Ciência de Alimentos, com ênfase na prospecção, isolamento e identificação de compostos bioativos de alimentos e produtos naturais.

Apresentação

O processamento de alimentos sempre esteve relacionado com a evolução e o progresso da humanidade. O domínio do fogo e seu uso para cocção, assim como o uso do ar, sol e sal para desidratação de alimentos, levaram não somente à garantia de consumo de matérias-primas perecíveis por mais tempo, mas também permitiram ao homem a ingestão de nutrientes de maneira mais segura e frequente, com mais qualidade. Ao longo de milênios, o desenvolvimento de melhores processos permitiu grandes avanços não apenas evolutivos/biológicos, mas também sociais. O surgimento de cidades e a urbanização da sociedade atual, por exemplo, não seriam possíveis sem formas eficientes de conservação dos alimentos.

Com o passar dos anos, as exigências aumentam. A produção de matérias-primas se distancia cada vez mais da região consumidora e as especificidades naturais, como clima e safra, não são mais vistas como barreiras para a produção e o consumo de alimentos. Antes, a segurança e a conservação dos alimentos eram os principais objetivos do processamento; hoje, devemos entregar ao consumidor produtos seguros, estáveis, com boa qualidade sensorial e nutricional, baixo custo e reduzido impacto ambiental.

Por todas essas características, a área de Ciência, Tecnologia e Engenharia de Alimentos é dinâmica e multidisciplinar, sendo essencial o entendimento dos fundamentos da Tecnologia de Alimentos por parte dos estudantes e profissionais da área.

Nesse sentido, o presente livro foi elaborado para que possa ser utilizado principalmente como um livro-texto de disciplinas de graduação (incluindo tecnólogos) e cursos técnicos em Alimentos, Ciências dos Alimentos, Ciência e Tecnologia de Alimentos, Engenharia de Alimentos, Engenharia Agronômica, Bioquímica, Farmácia e Bioquímica, Química, Nutrição, Medicina Veterinária, Zootecnia e correlatos. A partir de diferentes abordagens e aprofundamentos, o livro como um todo ou cada um de seus capítulos podem ser adotados em diferentes disciplinas. Ainda, o livro pode ser utilizado por profissionais e alunos de pós-graduação.

Para tal, o livro possui estrutura elaborada de modo a abordar todas as informações necessárias para o entendimento do estudante, de maneira didática e sempre reforçando conceitos básicos e fundamentais. Ao contrário de algumas abordagens, a estrutura do livro se baseia no processamento de alimentos e não nos tipos de matérias-primas e produtos, sendo as especificidades abordadas quando oportuno.

O livro começa com capítulos abordando a composição e a estabilidade dos alimentos (princípios químicos, microbiológicos, bioquímicos e físico-químicos), incluindo ainda os principais conceitos sobre embalagens para alimentos (e a complexa relação produto-processo-embalagem). A seguir, passa pelos princípios gerais do processamento de alimentos (princípios de operações unitárias e cinética de reações), chegando aos métodos de processamento e conservação dos alimentos (refrigeração e congelamento, processos térmicos, redução da atividade de água, fermentação, acidificação, uso de conservantes, processamento de alimentos por métodos não convencionais e tecnologia de barreiras). Termina apresentando perspectivas para a indústria de alimentos, em capítulo que aborda desafios e tendências na indústria de alimentos.

Os autores deste livro possuem formação e larga experiência acadêmica e profissional nas áreas abordadas, estando relacionados com importantes centros de pesquisa, ensino e extensão na área de alimentos: Universidade de São Paulo (USP), Universidade Estadual de Campinas (Unicamp), Instituto de Tecnologia de Alimentos (Ital) e Universitat de Lleida (UdL, Espanha). Tais questões contribuem para a solidez e a confiabilidade da obra.

Espero que o presente livro seja útil e produtivo para suas necessidades e, assim, como os demais autores, coloco-me à disposição para produtivas discussões, sugestões, críticas e melhorias.

Prof. Dr. Pedro Esteves Duarte Augusto
Grupo de Estudos em Engenharia de Processos (Ge²P)
Departamento de Agroindústria, Alimentos e Nutrição (LAN)
Escola Superior de Agricultura "Luiz de Queiroz" (Esalq)
Universidade de São Paulo (USP)

Sumário

SEÇÃO 1

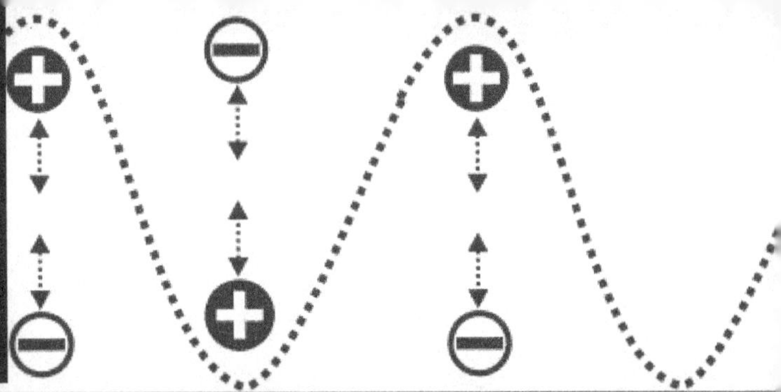

Composição e estabilidade dos alimentos

CAPÍTULO 1

Composição dos alimentos

- Adna Prado Massarioli
- Priscilla Siqueira Melo
- Severino Matias de Alencar

CONTEÚDO

Introdução

O estudo da composição química dos alimentos é importante em decorrência da função nutricional e energética que cada um de seus componentes desempenha no organismo humano quando um alimento é consumido. Além disso, o conhecimento sobre tais componentes, suas características, interações e dinâmica de reações no alimento também é importante, já que permite entender o comportamento dessas substâncias quando presentes em soluções, a forma como se ligam ou reagem com outras moléculas para formarem diferentes produtos, como se degradam mediante a exposição ao calor e ao oxigênio, a formação da massa viscoelástica em produtos de panificação, o desenvolvimento de cor desejável ou não em produtos submetidos a altas temperaturas ou o aumento da consistência de sopas, cremes e molhos, por exemplo.

A partir do conhecimento de suas características e funções tecnológicas, os componentes alimentícios podem ser manipulados a fim de oferecer aos consumidores um produto atraente, sensorialmente aceitável, muitas vezes prático, microbiologicamente seguro, sem deixar de lado a qualidade nutricional.

Embora de composição química muito diversificada, os alimentos, tanto de origem animal quanto vegetal, são constituídos, de forma geral, por água, componentes principais (carboidratos, proteínas e lipídios) e minoritários (minerais e vitaminas).

Neste capítulo, portanto, são descritas as definições e principais características desses componentes em alimentos, abordando seus principais representantes e a forma como são influenciados ou influenciam os processos tecnológicos.

Água

A água é uma substância química cuja molécula é formada por dois átomos de hidrogênio ligados covalentemente a um de oxigênio (H_2O). É a molécula mais abundante em nosso planeta, sendo considerada um solvente universal e o principal componente dos seres vivos, haja vista sua importância para que os processos metabólicos vitais ocorram. Representa, ainda, a maior parte da composição de muitos alimentos e, por propiciar a ocorrência de reações químicas, principalmente processos hidrolíticos, a estabilidade e a vida útil dos alimentos estão diretamente associadas e fortemente influenciadas por seu conteúdo.

Dessa maneira, técnicas como secagem, adição de açúcar, sal, umectantes, enlatamento e congelamento foram desenvolvidas a fim de diminuir o conteúdo de água disponível para reações químicas e o desenvolvimento de microrganismos nos alimentos, proporcionando, assim, o aumento do tempo de estocagem.

A água pode interagir fisicamente com outros componentes alimentares como proteínas, polissacarídeos, lipídios e sais, contribuindo para a textura dos alimentos. Além disso, as propriedades físicas e a quantidade e qualidade da água usada no processamento têm um forte impacto na qualidade e nos atributos do produto final.

Estrutura e propriedades da água

Estrutura molecular

A molécula de água é formada por um átomo de oxigênio ligado a dois de hidrogênio, com cada hidrogênio compartilhando um par de elétrons com o oxigênio em uma ligação covalente estável. A distância entre as ligações O-H é de 0,096 nm e o ângulo formado pela ligação H-O-H é de 104,5° (Figura 1.1 A). Essas características, com uma distribuição assimétrica das moléculas, conferem à água sua alta polaridade.

Os elétrons partilhados entre oxigênio e hidrogênio permanecem mais próximos do oxigênio, por esse ser o átomo mais eletronegativo, ou seja, capaz de atrair mais fortemente os elétrons que o hidrogênio. Isso leva a uma carga parcial negativa no átomo de oxigênio e parcial positiva nos átomos de hidrogênio, o que confere à molécula de água dois dipolos elétricos, um para cada ligação O-H (Figura 1.1 A).

Por não ser linear, a proximidade dos átomos na ligação H-O-H promove um momento dipolo e facilita a atração eletrostática entre um átomo de oxigênio de uma molécula de água e um hidrogênio de outra. Assim, cada molécula de água é capaz de formar uma estrutura tetraédrica ao ligar-se com mais quatro moléculas de água, por meio de ligações de hidrogênio (antigamente denominadas pontes de hidrogênio). As ligações de hidrogênio acontecem quando os elétrons de uma molécula podem ser parcialmente compartilhados com o H de outra molécula. Na água as ligações se formam, pois os dois pares de elétrons disponíveis do oxigênio funcionam como aceptores de H, ao passo que as ligações O-H agem como doadores de hidrogênio. Cada molécula de água tem igual número de doadores e receptores para ligações de hidrogênio, arranjados de maneira que permite uma configuração tridimensional de estrutura tetraédrica coordenada e estabilizada por essas ligações (Figura 1.1 B).

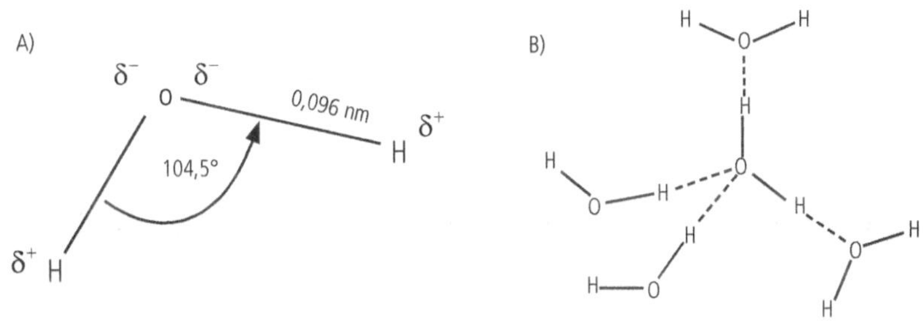

Figura 1.1. Geometria molecular (A) e coordenação tetraédrica das moléculas de água promovida por ligações de hidrogênio (----) (B).

Fonte: Belitz, Grosch e Schieberle, 2004.[1]

Em baixas temperaturas, a água líquida se cristaliza, formando o gelo. As diferenças entre água líquida e gelo incluem a distância entre as moléculas, a qual diminui com a redução da temperatura, seu número de coordenação e estabilidade da estrutura tridimensional (Tabela 1.1). O gelo I, uma das nove estruturas cristalinas conhecidas para o gelo, é formado a 0°C e pressão de 1 atm.

Tabela 1.1. **Diferenças estruturais entre água líquida e gelo**

	Número de moléculas de água coordenadas	Distância entre as moléculas de água
Gelo (0°C)	4	0,276 nm
Água (1,5°C)	4,4	0,290 nm
Água (83°C)	4,9	0,305 nm

Fonte: Belitz, Grosch e Schieberle, 2004.[1]

O aumento da entalpia promove a fusão do gelo e a transição da água para a fase líquida, com a quebra de algumas ligações de hidrogênio. A 0°C o gelo possui um número de coordenação igual a 4, ou seja, possui quatro moléculas vizinhas mais próximas, a uma distância de 0,276 nm. Com o aumento da temperatura durante o descongelamento, aumenta-se também a distância entre as moléculas de água, o que causa a diminuição da densidade. Ao mesmo tempo, aumenta-se o número de moléculas mais próximas, causando aumento da densidade. No balanço final, o saldo fica positivo para o aumento da densidade da água durante essa mudança de fase, a qual atinge seu ponto máximo a 3,98°C. Acima dessa temperatura o efeito da distância entre as moléculas, causado pela expansão térmica, é predominante.

Propriedades físico-químicas

Apesar de ser uma molécula de estrutura simples, a água apresenta muitas propriedades físico-químicas não usuais e muito diferentes das de compostos com complexidade química similar, como o ácido fluorídrico (HF) e o sulfeto de hidrogênio (H_2S).

O elevado grau de organização da água, advindo do grande número de ligações de hidrogênio intermoleculares, está associado com algumas de suas propriedades incomuns, como elevada capacidade de aquecimento, elevados pontos de fusão e ebulição, tensão superficial e entalpias da fase de transição. Essas propriedades peculiares da água também foram essenciais para o desenvolvimento da vida (Tabela 1.2).

Tabela 1.2. **Propriedades físico-químicas da água**

Propriedade	Valor
Massa molar (g/mol)	18,0153
Ponto de fusão (a 101.3 kPa)	0,00°C
Ponto de ebulição (a 101.3 kPa)	100,00°C
Temperatura crítica	373,99°C
Pressão crítica	22,064 MPa
Temperatura do ponto triplo	0,01°C
Pressão do ponto triplo	611,73 Pa
ΔH_{vap} a 100°C	40,647 kJ/mol
ΔH_{sub} a 0°C	50,91 kJ/mol
ΔH_{fus} a 0°C	6,002 kJ/mol

Fonte: Reid e Fennema, 2010.[2]

Algumas dessas características físico-químicas da água incluem:

- Estados físicos: à pressão de 1 atm, a água é considerada líquida entre as temperaturas de 0 a 100°C. Acima de 0°C, inicia-se a fusão do gelo para a formação da água no estado líquido e, acima do ponto de ebulição (100°C), a água passa para o estado gasoso.

  A conformação estrutural da água, altamente organizada pelas ligações de hidrogênio, confere seus elevados pontos de fusão e ebulição, pois maior quantidade de energia é necessária para desestruturar o arranjo tridimensional de modo que a mudança de estado físico da água seja alcançada.

  O ponto triplo da água, no qual os três estados físicos (sólido, líquido e gasoso) coexistem, acontece à temperatura de 0,01°C e à pressão de 0,006 atm.
- Dissociação: a molécula de água pode dissociar-se em íons hidrogênio (H^+) e hidroxila (HO^-) alterando seu pH. A 25°C, a constante de dissociação (Kd) é igual a 10^{-14} e o pH é 7. Um aumento na temperatura acelera o processo de dissociação e por isso o pH da água é dependente da temperatura. Além disso, a presença desses íons confere à água uma pequena condutividade elétrica.
- Viscosidade: a água líquida possui um equilíbrio estrutural dinâmico em razão da alta frequência de quebra e do restabelecimento das ligações de hidrogênio. Isso explica a baixa viscosidade da água, que não poderia ser atingida caso as ligações de hidrogênio fossem rígidas.
- Densidade: com o aumento da temperatura, maior número de moléculas de água é arranjado estruturalmente, o que promove aumento da densidade da água líquida, que atinge seu ponto máximo a 4°C. Assim, o grau de ligações de H é dependente da temperatura. Ao mesmo tempo, o aquecimento também faz com que a distância entre as moléculas de água aumente, diminuindo a densidade. O efeito da coordenação molecular na densidade da água, porém, é predominante, fazendo com que a densidade do gelo seja menor que a da água líquida, no intervalo de 0 a 4°C.
- Solvatação: a água, por sua natureza polar e capacidade de formar ligações de hidrogênio, é um bom solvente para compostos polares e com carga, em virtude das interações íons-dipolo e/ou dipolo-dipolo que são favorecidas nesses casos. Por outro lado, é um fraco solvente para compostos apolares, como hidrocarbonetos.

A efetividade da água em dissolver compostos carregados deve-se à sua elevada constante dielétrica relativa (ε'), que é igual a 78,5 a 25°C. A ε' é uma propriedade física que está diretamente relacionada ao número de momentos dipolo do solvente e, por sua vez, à sua capacidade de reduzir a carga do soluto. Em função disso, em ambientes com baixa ε', ou seja, menos polares, as interações iônicas são mais fortes entre as partículas carregadas que entre a partícula e o solvente diminuindo, assim, sua dissolução.

A adição de qualquer substância à água pura alterará sua estrutura tridimensional, em virtude da presença dessas forças de interação químicas, as quais promovem a hidratação dos íons, por formarem uma camada de moléculas de água ao redor deles. Na dissociação de NaCl, por exemplo, as moléculas de água circundarão o íon Cl^- orientadas de modo que os íons positivos do H estejam em maior proximidade por sua atração eletrostática. O íon Na^+, por sua vez, será circundado por moléculas de água de modo que o oxigênio, de carga negativa, permaneça em posição mais próxima (Figura 1.2).

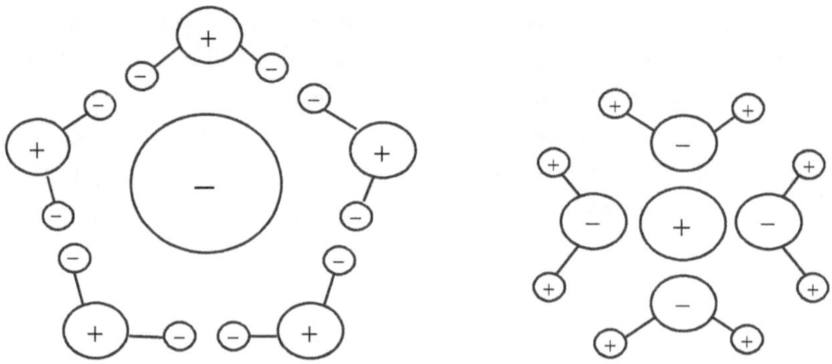

Figura 1.2. Hidratação dos íons Cl^- e Na^+.

Fonte: Cybulska e Doe, 2006.[3]

As moléculas polares da água dissolvem os íons neutralizando-os parcialmente e isolando-os da rede cristalina de água, impedindo-os de se unirem novamente. Esses invólucros de hidratação são mais estáveis e organizados que a estrutura tridimensional da água, o que causa alterações em suas propriedades físico-químicas, como a diminuição do ponto de fusão e o aumento do ponto de ebulição e da pressão osmótica.

Compostos com características polares, porém não carregados, que possuam habilidade para a formação de ligações de hidrogênio, são facilmente dissolvidos em água. As ligações de hidrogênio podem ocorrer com compostos neutros que contenham grupos hidroxila, amino, carbonila, amida ou imina. Dessa forma, açúcares são facilmente dissolvidos em água, já que possuem os grupos hidroxila e carbonila em sua composição, os quais permitem a formação de ligações de hidrogênio com as moléculas de água.

Moléculas anfipáticas, aquelas que apresentam tanto grupos polares quanto apolares, como proteínas, fosfolipídios, esteróis e algumas vitaminas, interagem com a água de modo que a porção hidrofílica (polar) permanece em contato com a água e os grupos apolares se atraem pelas interações hidrofóbicas, o que promove a criação de estruturas chamadas de micelas.

A adição de moléculas apolares em água causa uma diminuição da entropia, pois as moléculas de água próximas a uma molécula apolar tendem a formar mais ligações de hidrogênio entre elas, aumentando, assim, sua organização estrutural. Dessa forma, interações químicas entre água e substâncias apolares são termodinamicamente desfavoráveis.

Isotermas de sorção e atividade de água

Muitos processos químicos, biológicos e deteriorativos em alimentos dependem da água para ocorrer. Ao longo do tempo, observou-se que alimentos com o mesmo conteúdo de água possuíam graus de perecibilidade diferentes. Assim, notou-se que, independentemente do conteúdo total de água, a estabilidade química e microbiológica de um alimento estava associada ao conteúdo da água que não estava associada a outros constituintes alimentares, ou seja, disponível para reações químicas, enzimáticas e para o desenvolvimento de microrganismos.

A partir disso, foi estabelecido o conceito de atividade de água (a_w, a_a, Aa ou Aw; o presente livro utilizará a_w para se referir à atividade de água), o qual indica o grau de intensidade de associação da água a outras moléculas em um alimento, estando, assim, indisponível para reações.

A a_w pode ser determinada como a razão entre a pressão parcial de vapor do alimento e a pressão de vapor da água pura, a dada temperatura, conforme descrito na Equação 1:

$$a_w = P/Po \qquad \text{(Equação 1)}$$

Em que:

P = pressão parcial de vapor a determinada temperatura.

Po = pressão de vapor de saturação da água pura a determinada temperatura.

A fim de aumentar o tempo de estocagem de um alimento, técnicas como secagem, congelamento, salga, cura e uso de umectantes, como o glicerol, são utilizadas, pois atuam na diminuição da quantidade de água, na concentração de solutos e/ou na interação com as moléculas de água, de modo que as imobilizam, tornando-as, assim, indisponíveis para outras reações espontâneas.

A relação entre a_w e o conteúdo de água de um alimento, a certa temperatura, define o conceito de isotermas de sorção. A isoterma de dessorção, que representa o processo de secagem de um alimento, é diferente da isoterma de adsorção, que é característica da hidratação de um alimento desidratado (Figura 1.3).

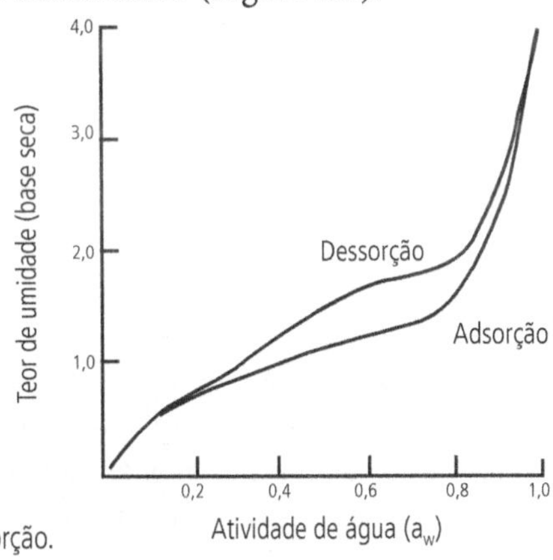

Figura 1.3. Isotermas de sorção.

Fonte: Cybulska e Doe, 2006.[3]

A secagem de alimentos provoca a alteração da capacidade de ligação da água. Na reidratação de um alimento desidratado, a água adsorvida não é capaz de ligar-se com os constituintes não aquosos com a mesma capacidade original. Assim, a mesma quantidade de água presente em um alimento natural e outro reidratado resulta em diferentes a_w, sendo esse valor maior para o alimento reidratado.

Assim, o controle da a_w é importante e eficaz para o aumento da estabilidade e conservação dos alimentos, já que grande parte dos processos deteriorativos acontece na presença de água.

O crescimento de microrganismos, por exemplo, é inibido em ambientes com a_w menores que 0,6. Muitas bactérias patogênicas, como o *Clostridium* e *Vibrio* spp, não se desenvolvem em alimentos com a_w menor que 0,9 e somente algumas leveduras sobrevivem com a_w ao redor de 0,6 (Figura 1.4).

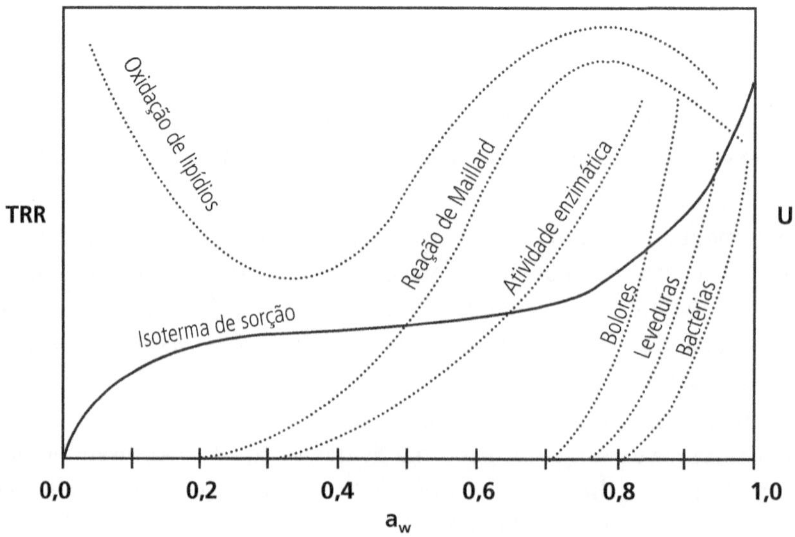

Figura 1.4. Isoterma de sorção de alimentos (variação da aw em relação à umidade – U) e taxa relativa das reações (TRR) como função da aw: oxidação de lipídios, reação de Maillard, atividade enzimática, desenvolvimento de bolores, leveduras e bactérias.

Fonte: Labuza, 1977.[4]

Entretanto, a diminuição da a_w também pode provocar a aceleração de processos químicos indesejados, como a reação de Maillard, a qual é potencializada em alimentos com a_w entre 0,5 e 0,8; a oxidação lipídica não enzimática, que ocorre com a_w menores que 0,4 e a hidrólise enzimática, em a_w inferiores a 0,3 (mais informações no Capítulo 4).

Carboidratos

Os carboidratos ou hidratos de carbono constituem o grupo de substâncias que apresentam em sua composição carbono, hidrogênio e oxigênio, representados em sua maioria pela fórmula química geral $C_x(H_2O)_y$, entretanto, também podem conter nitrogênio, fósforo ou enxofre. Também são definidos como poli-hidroxialdeídos ou poli-hidroxicetonas ou substâncias que formam tais compostos quando hidrolisadas.

Todos os alimentos, salvo algumas exceções, contêm carboidratos em sua composição, que podem variar de um simples monossacarídeo até polissacarídeos mais complexos, de alto grau de polimerização. Os carboidratos são a maior fonte energética humana, mas também desempenham importantes funções relacionadas à tecnologia de alimentos como potencializar aroma e sabor, reduzir a atividade de água, desenvolver cor (escurecimento), modificar a textura dos alimentos e possuir propriedades de revestimento (micro e nanoencapsulação).

De acordo com a estrutura química e o grau de polimerização, que está relacionado à massa molecular, os carboidratos são classificados em mono, oligo e polissacarídeos. A seguir, estão apresentadas as definições de cada uma dessas classes e as características de seus componentes.

Monossacarídeos

São os componentes mais simples dos carboidratos e em geral possuem sabor adocicado. Consistem em moléculas de baixa massa molecular, contendo de 3 a 6 átomos de carbono em sua estrutura, e os mais importantes em alimentos possuem 5 ou 6 carbonos, chamados de pentoses e hexoses, respectivamente. Os principais representantes em alimentos são a D-glicose (aldose), mais abundante na natureza, e a D-frutose (cetose) (Figura 1.5). No entanto, a D-galactose e a D-manose, ambas aldoses, também são comumente encontradas. Aldoses e cetoses são designações para açúcares que contêm um grupo aldeído ou cetona, respectivamente.

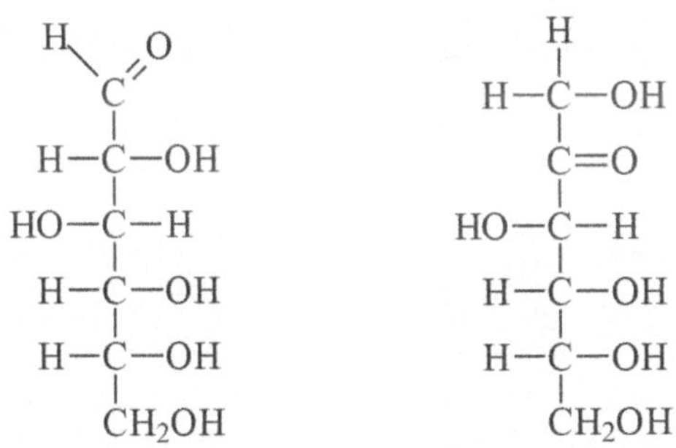

D-glicose D-frutose

Figura 1.5. Estrutura química da D-glicose, uma aldose, e D-frutose, uma cetose.

Na fórmula química geral, $C_x(H_2O)_y$, "x" é igual "y" para os monossacarídeos.

Normalmente, os monossacarídeos são representados como moléculas de cadeia aberta; entretanto, em solução aquosa, ocorrem predominantemente como estruturas em anel ou cíclicas, que é resultado da reação geral entre álcoois e aldeídos ou cetonas para formar derivados hemiacetais ou hemicetais. Na forma cíclica, os monossacarídeos assumem a conformação α ou β, chamados de anômeros, e a interconversão entre essas duas formas é chamada de mutarrotação, um fenômeno importante no processo de cristalização.

Os monossacarídeos são substâncias potencialmente ativas em decorrência da presença das hidroxilas livres e grupos carbonil disponíveis para reagir.

A reação de oxidação, por exemplo, ocorre no grupo carbonil transformando-o em grupo carboxil, e se dá pela ação de agentes oxidantes, como o íon cúprico (Cu^{2+}). Assim, os açúcares capazes de reduzir o íon cúprico são chamados de açúcares redutores (Figura 1.6). A presença de açúcares redutores nos alimentos é de grande importância do ponto de vista tecnológico, pois em determinadas condições produzem pigmentos marrons que são desejáveis durante um determinado processo, como nos assados, tostados e em frituras. Essa reação de escurecimento desejável em alimentos é conhecida como reação de Maillard, ou de escurecimento não enzimático, que consiste na formação de pigmentos marrons, resultado da reação de um açúcar redutor e um aminoácido livre que é acelerada pelo emprego de calor. Açúcares redutores também são importantes no processo de fermentação, pois é nessa forma que as leveduras os utilizam.

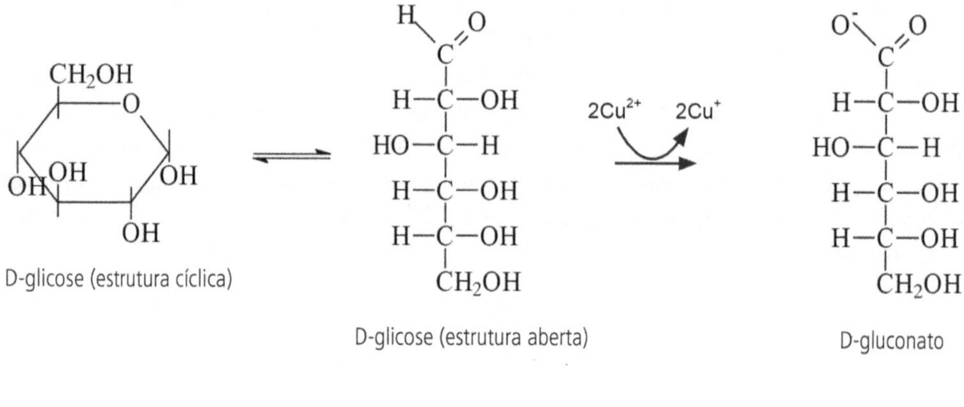

$Cu^{2+} \xrightarrow{\Delta} Cu^{+} \rightarrow Cu_2O + H_2O$ Óxido de cobre (I) Precipitado vermelho ou amarelo

Figura 1.6. Oxidação da D-glicose, um açúcar redutor, na presença do íon cúprico, formando o óxido de cobre (I).

Nos grupos carbonil também pode ocorrer a reação de redução ou hidrogenação, que adiciona hidrogênio à dupla ligação entre o carbono e o oxigênio. Com isso, obtêm-se os chamados açúcares-álcoois ou edulcorantes, a saber, sorbitol, D-manitol e xilitol, obtidos da D-glicose, D-manose e D-xilose, respectivamente. O sorbitol é geralmente utilizado como umectante e adoçante, o D-manitol, em cobertura não adesiva em doces e o D-xilitol, por produzir sensação de refrescância, comumente é utilizado em balas de menta e gomas de mascar.

Oligossacarídeos

Consistem em moléculas que contêm de 2 a 10 unidades monossacarídicas, unidas por ligações glicosídicas.

A ligação glicosídica é formada por meio da reação de condensação de um grupo hidroxil de um monossacarídeo com o carbono anomérico (carbono que reage com a hidroxila para formar a estrutura cíclica) de outro, mediante a perda de uma molécula de água (Figura 1.7). Entre os oligossacarídeos em alimentos, as moléculas mais abundantes são os dissacarídeos, que se constituem de dois monossacarídeos unidos por uma ligação glicosídica, sendo sua fórmula química geral $C_x(H_2O)_y$, em que "y" é igual a "x-1". Os dissacarídeos, dependendo de sua composição monomérica, podem ser homogêneos ou heterogêneos. Entre os dissacarídeos homogêneos formados por duas moléculas de D-glicose estão a maltose, isomaltose e trealose. A sacarose e a lactose são exemplos de dissacarídeos heterogêneos e são constituídas dos monômeros D-glicose/D-frutose e D-glicose/D-galactose, respectivamente. Além dos dissacarídeos, os trissacarídeos, formados por três unidades monoméricas, também ocorrem em alimentos, sendo a rafinose a mais comumente encontrada. Outros representantes dos oligossacarídeos geralmente não ocorrem naturalmente, sendo obtidos por hidrólise de polissacarídeos em unidades menores.

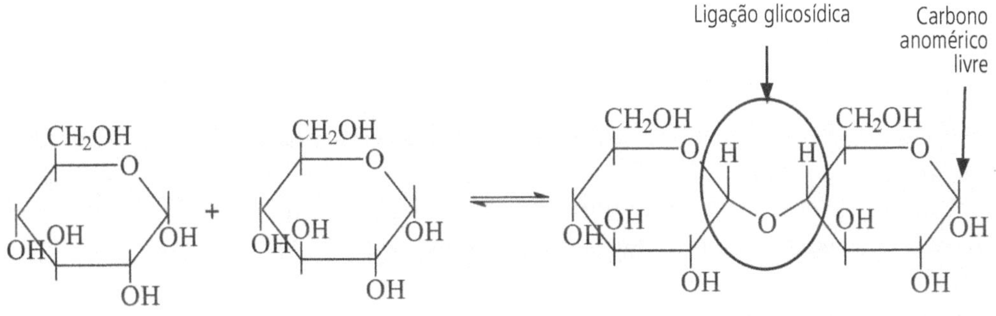

Figura 1.7. Reação de condensação entre duas moléculas de glicose para formar o dissacarídeo maltose. Em destaque estão a ligação glicosídica e a indicação do carbono anomérico livre.

Nos oligossacarídeos também ocorrem os chamados açúcares redutores. Isso acontece quando uma das extremidades do oligossacarídeo possui o carbono anomérico livre, ou seja, não envolvido com a ligação glicosídica. A maltose, lactose e a isomaltose são exemplos de dissacarídeos redutores, ao passo que a sacarose e a trealose são dissacarídeos não redutores.

Uma das características dos carboidratos é possuir isomeria óptica. Isômeros ópticos são dois compostos que possuem a mesma fórmula molecular, mas são diferenciados por sua atividade óptica, ou seja, quando submetidos a um feixe de luz polarizada, um deles desvia o feixe para direita, designado isômero "d" ou dextrorotatório, e o outro desvia o feixe de luz para a esquerda, o isômero "l" ou levorotatório. Com base nessa propriedade física é que se originou o nome açúcar invertido, obtido pela hidrólise enzimática ou química da sacarose, resultando em uma mistura na mesma proporção de glicose e frutose. A sacarose e a glicose são dextrorotatórias e a frutose é levorotatória, cujos ângulos de rotação da luz (α) são de 66,5°; 52,7° e -92,4°, respectivamente (Figura 1.8).

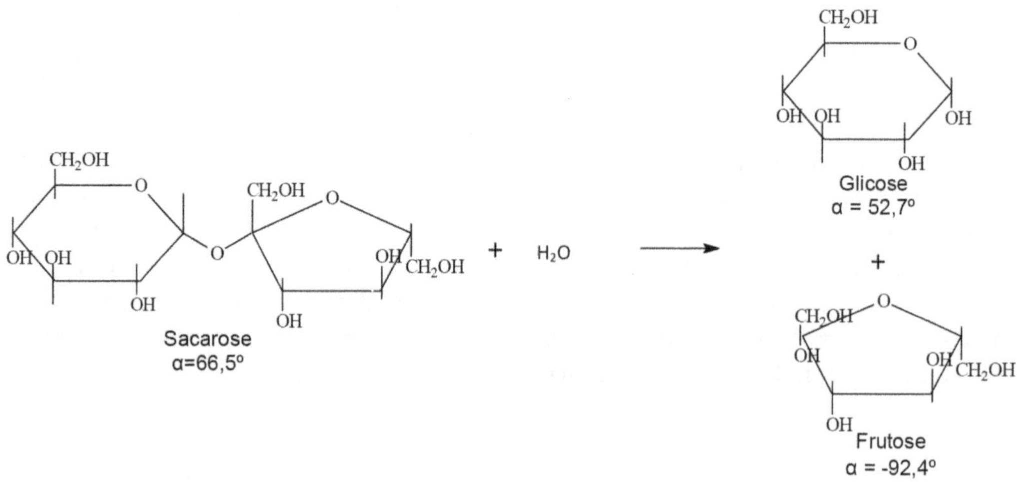

Figura 1.8. Hidrólise da sacarose para produzir o açúcar invertido.

Após a hidrólise, obtém-se D-glicose e D-frutose em mistura cujo ângulo de rotação da luz polarizada é o resultado da soma dos efeitos de ambos os monossacarídeos, ou seja, exibe um desvio do feixe de luz para a esquerda. Assim, o efeito líquido da hidrólise da sacarose, inicialmente dextrorotatório, agora é levorotatório, caracterizando a inversão do açúcar.

O açúcar invertido possui várias aplicações na indústria de alimentos, como na indústria de bebidas. A solução contendo o açúcar invertido é mais doce que a solução original contendo sacarose, em razão da presença da frutose, que é 1,8 vez mais doce que a sacarose, além também de ser mais solúvel.

A propriedade de conferir o sabor doce em alimentos é uma das mais reconhecidas dos carboidratos. Em geral, mono e oligossacarídeos possuem sabor doce e diferenciam-se pelo poder edulcorante, o qual normalmente não está relacionado apenas à concentração do açúcar, mas também à sua estrutura química (quanto maior a cadeia, menor a intensidade do sabor), temperatura, pH, presença de outros componentes e a forma com que o açúcar se liga aos receptores de sabor (papilas gustativas). A Tabela 1.3 mostra alguns valores do poder edulcorante relativo à sacarose, cujo valor é 1.

Tabela 1.3. **Poder edulcorante relativo (PER) de algumas substâncias em solução aquosa**

Substância	PER	Substância	PER
Sacarose	1	Sacarina	200-700
Açúcar invertido	1,3	Ciclamato	30-140
β-D-frutose	1,8	Aspartame	200
α-D-glicose	0,70		
α-D-galactose	0,32		
β-D-maltose	0,32		
α-D-lactose	0,16		

Fonte: adaptada de Oetterer e Sarmento, 2006.[5]

Dentro do grupo dos oligossacarídeos estão também os chamados fruto-oligossacarídeos (FOS), os quais são constituídos por oligômeros de frutose unidos por ligações do tipo β(1→2), com grau de polimerização entre 2 e 20. São resistentes à ação de enzimas localizadas na boca e no intestino e, por isso, quando ingeridos chegam intactos ao cólon, onde favorecem a atividade e o crescimento de microrganismos benéficos à saúde, como as bifidobactérias e lactobacilos. Portanto, os FOS são classificados como alimentos funcionais, fibras dietéticas ou prebióticos e podem ser utilizados com duplo benefício, dando uma característica nutricional mais equilibrada e aumentando a qualidade sensorial dos alimentos. Também são utilizados como substitutos de açúcares e gorduras.

Dextrinas, também pertencentes ao grupo dos oligossacarídeos, são produtos obtidos pela hidrólise enzimática do amido, especialmente pela ação da enzima α-amilase, e apresentam solubilidade em água. Entre as comumente encontradas no mercado estão as chamadas maltodextrinas, que são hidrolisados do amido com valores de dextrose equivalente (DE) variando de 3 a 20. A dextrose equivalente indica a porcentagem de açúcar redutor presente no produto em base seca, sendo um indicativo da extensão da hidrólise do amido. Como padrão, a dextrose equivalente do amido e da glicose é DE=0 e DE=100, respectivamente. As maltodextrinas possuem diversas aplicações na indústria de alimentos, como nos setores de bebidas e panificação, na produção de embutidos, em formulações de sopas, cremes e molhos e como substitutos de gordura.

Polissacarídeos

Também conhecidos pelo termo glicanos, consistem em polímeros de monossacarídeos dispostos de forma linear ou ramificada. São moléculas de massa molecular média a alta e possuem grau de polimerização variável. Quando formados pela mesma unidade monomérica, são chamados de homoglicanos, como a celulose, a amilose e a amilopectina. Os heteroglicanos são formados por duas ou mais unidades monossacarídicas diferentes, como pectinas, gomas e alginatos.

O que difere um polissacarídeo de outro é, além da composição monossacarídica, os tipos de ligações glicosídicas que unem os monômeros. Por exemplo, a amilose e a amilopectina (Figura 1.9), que são homoglicanos, diferenciam-se entre si pelo fato de a primeira ser essencialmente uma cadeia linear de unidades unidas por ligações do tipo α(1→4) e a segunda, por ser altamente ramificada em razão da presença de pontos de ligações do tipo α(1→6). Por outro lado, a celulose, que é um polímero linear de glicose, diferencia-se da amilose pelo fato de seus monômeros serem unidos por ligações do tipo β(1→4).

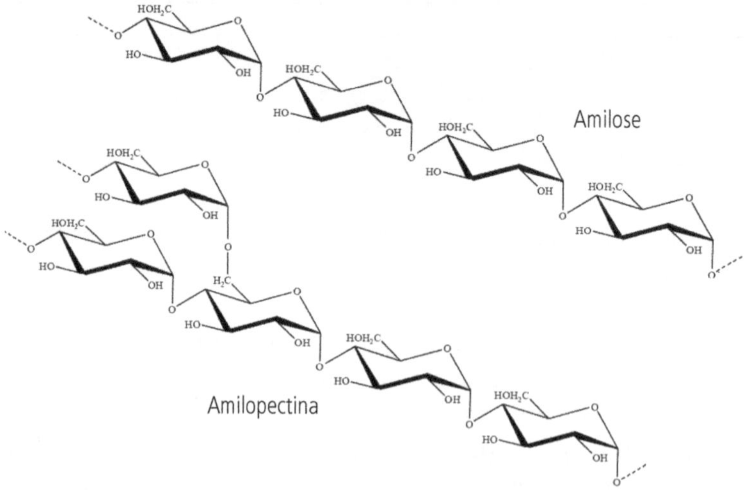

Figura 1.9. Estruturas químicas da amilose (cadeia linear) e da amilopectina (cadeia ramificada).

Quanto às propriedades dos polissacarídeos (solubilidade, capacidade de formação de gel e consistência), estas dependem da estrutura, do tamanho e das forças moleculares secundárias, que compreendem as ligações de hidrogênio, forças de van der Waals, ligações iônicas ou covalentes. Os grupos hidroxil de cada uma das unidades, o oxigênio do anel ou o que participa da ligação glicosídica, podem formar ligações de hidrogênio com a água, permitindo com isso que os polissacarídeos modifiquem e controlem a sua mobilidade nos alimentos.

A seguir, estão descritos alguns dos polissacarídeos importantes para a tecnologia de alimentos.

Amido

O amido é um homoglicano amplamente distribuído em diversas espécies vegetais com função de reserva nas plantas, nas quais é encontrado formando pequenos grânulos. É um polímero de D-glicose, composto por dois polissacarídeos, a amilose e a amilopectina, em geral na proporção de 25 e 75%, respectivamente, cujas moléculas encontram-se dispostas de modo radial formando regiões cristalinas e amorfas em camadas alternadas no grânulo. A região onde se encontra uma concentração maior de amilopectina é a região cristalina, caracterizada por ser mais compacta e mais resistente à hidrólise.

As fontes de amido incluem cereais, leguminosas, tubérculos, raízes e frutas verdes ou imaturas.

As propriedades físico-químicas do amido consistem na gelatinização e retrogradação. A gelatinização é o fenômeno em que os grânulos, na presença de água e aquecimento, absorvem água e incham irreversivelmente, ocorrendo perda da organização estrutural. Com o processo de expansão do grânulo, ocorre a lixiviação da amilose para a fase aquosa, e essas mudanças, em nível molecular, provocam um aumento da consistência da solução até a formação da pasta de amido ou goma. Com o resfriamento da pasta de amido, a massa se torna progressivamente menos solúvel, intensifica-se a formação de ligações de hidrogênio, fazendo com que as moléculas de amilose e amilopectina se associem entre si, formando uma estrutura ordenada. Esse processo é chamado de retrogradação, ou seja, um processo irreversível do estado altamente inchado ou solubilizado do amido para o estado insolúvel. Alguns defeitos que influenciam na qualidade dos alimentos devem-se ao processo de retrogradação do amido, como o envelhecimento do pão e a perda de consistência e formação de precipitados em sopas e molhos.

Em razão das propriedades físico-químicas do amido, este tem como principais usos a promoção de adesão, turbidez, recobrimento (filmes), gelificação, vitrificação, retenção de umidade, estabilizante, texturizante e espessante. De fato, o amido é um ingrediente ou aditivo utilizado largamente nas indústrias de alimentos, de ração, química, petroquímica, farmacêutica, têxtil, entre outras.

Com a finalidade de melhorar, agregar propriedades e ampliar o uso do amido pela indústria, os amidos modificados foram desenvolvidos, e tais modificações que ocorrem na estrutura são classificadas como químicas, físicas, enzimáticas ou combinadas. Assim, com base nas diferentes modificações, tem-se o amido esterificado, por exemplo.

Celulose

A celulose constitui-se no principal componente estrutural das paredes celulares dos vegetais, acompanhada de outros polímeros, como lignina e hemiceluloses. Assim como o amido, a celulose é um homoglicano formado por unidades de D-glicose. No entanto, são diferentes estruturalmente em razão do tipo de ligação entre as moléculas dos monômeros. Como citado, a estrutura linear do amido é formada por unidades D-glicose que são unidas por ligações do tipo $\alpha(1 \rightarrow 4)$, que produz uma estrutura helicoidal ou α-hélice. Em contrapartida, na celulose, as unidade D-glicose estão unidas por ligações do tipo $\beta(1 \rightarrow 4)$, que permitem a maximização das ligações de hidrogênio, ao longo de extensas zonas, formando maços fibrosos e policristalinos, resultando em estruturas rígidas e insolúveis em água. A interação da celulose com a água ocorre apenas na superfície da molécula.

Um dos usos da celulose na produção de alimentos é na forma de fibra dietética, que está relacionada ao desenvolvimento de produtos de baixo valor energético.

A celulose microcristalina é um derivado obtido da hidrólise parcial da polpa de celulose e possui funções importantes para o uso pela indústria de alimentos, como estabilização de emulsões e espumas, fornecimento de estabilidade ao aquecimento a géis de pectina e de amido e controle do crescimento de cristais.

A carboximetilcelulose, proveniente da hidrólise alcalina da celulose e posterior reação com o sal sódico do ácido cloroacético, é amplamente utilizada como goma para alimentos (ligante e espessante).

Pectinas

As pectinas ou substâncias pécticas são heteroglicanos que contêm predominantemente resíduos de ácido galacturônico, os quais estão ligados por ligações glicosídicas do tipo $\alpha(1 \rightarrow 4)$, com grau variável de grupos carboxilas metil esterificados, formando assim a chamada "espinha dorsal" da estrutura molecular. No entanto, as pectinas podem ser constituídas por até 17 diferentes tipos de unidades monossacarídicas, fazendo delas uma das mais complexas entre as macromoléculas naturais.

As pectinas são componentes da parede celular dos vegetais superiores, associadas a outros componentes, cujas funções desempenhadas são de adesão entre as células e resistência mecânica da parede. O teor de pectinas varia entre os produtos vegetais de acordo com a origem botânica, mas a maioria das pectinas utilizadas pela indústria de alimentos é obtida a partir do bagaço da maçã, do albedo cítrico e da polpa de beterraba.

A relação entre as unidades de ácidos galacturônicos esterificados por unidade de ácido galacturônico total é chamada de grau de metoxilação da pectina. A quantidade dos grupos metoxila desempenha um importante papel na capacidade de a pectina formar um bom gel, em presença de açúcar e ácido ou em presença de íons cálcio. As pectinas que contêm acima de 50% dos seus grupos carboxílicos esterificados são chamadas de pectinas de alto teor de metoxilação (ATM), e as que apresentam valores iguais ou inferiores a 50% desses grupos esterificados são as de baixo teor de metoxilação (BTM). As soluções de pectinas ATM gelificam em presença de açúcares e pH baixo, enquanto as pectinas BTM gelificam na presença de íons cálcio, sendo então importantes no preparo de géis dietéticos.

Gomas ou hidrocoloides

As gomas, também conhecidas pelo termo hidrocoloides, podem ser definidas como moléculas de grande massa molecular que possuem caráter tanto hidrofílico quanto hidrofóbico e habilidades de conferir consistência/viscosidade e formar gel em soluções. Além disso, agem como espessantes, emulsificantes e estabilizantes. Geralmente, utiliza-se o termo gomas para se referir aos polissacarídeos e seus derivados, obtidos de sementes, exsudatos de plantas terrestres ou marinhas, ou por processamento microbiológico.

Gomas extraídas de algas marinhas

- Alginatos: sais do polissacarídeo obtido da parede celular de algas marinhas marrons. São alginatos o ácido algínico, o qual possui estrutura química composta de resíduos de duas unidades monoméricas, o ácido β-D-manurônico e o ácido α-L-gulurônico, unidos por ligações glicosídicas do tipo $1 \rightarrow 4$, formando cadeias lineares.

As regiões homogêneas contendo resíduos do ácido β-D-manurônico são chamadas de blocos M e as regiões que contêm apenas os resíduos do ácido α-L-gulurônico são denominadas de blocos G, entretanto, as regiões podem conter uma mistura das duas unidades monoméricas, formando os blocos MG. As diferentes proporções dos segmentos de blocos fazem com que os diferentes alginatos possuam propriedades variadas, por exemplo, a força de um gel. Géis formados por alginatos que contenham maior conteúdo de blocos G possuem maior força.

Na indústria de alimentos e bebidas, os alginatos são utilizados como aditivos com a finalidade de aumentar a consistência, estabilizar, emulsificar, formar gel, filmes e coberturas. Em geral, os géis formados por alginatos são uniformes, transparentes, insolúveis em água e termorreversíveis e são formados por ligações com íons di ou trivalentes, como os íons de cálcio, considerados os mais efetivos no processo de gelificação de filmes, quando comparados a outros íons.

- Goma carragena: polissacarídeo extraído de algas vermelhas (Chondrus crispus), conhecidas como "musgo irlandês". Entre os diversos tipos de goma carragena, os de maior importância em alimentos incluem a κ- e λ-carragena. Quimicamente, são polissacarídeos sulfatados de moléculas alternadas de galactose e 3,6-anidrogalactose, unidas por ligações glicosídicas dos tipos α(1→3) e β(1→4). As funções da goma carragena no processamento de alimentos dependem da quantidade e da posição dos grupos sulfato na estrutura, associações com diferentes íons e interações com outras gomas. Alguns usos da goma incluem sua adição em bebidas achocolatadas para evitar precipitações, estabilização de emulsão em queijos a prevenção de formação de cristais de gelo em sobremesas congeladas.

Gomas extraídas de exsudatos de plantas terrestres e sementes

- Goma locusta: também conhecida como uma galactomanana (o eixo da estrutura química é formado por manose com grupos laterais de galactose). É obtida de sementes de Ceratonia siliqua. É utilizada principalmente em sobremesas congeladas, proporcionando suavidade, corpo e mastigabilidade.
- Goma arábica: entre as gomas, é a mais conhecida, sendo obtida a partir de exsudatos de várias plantas. Quimicamente, a goma arábica é um heteroglicano complexo e sua massa molecular pode variar de 250.000 a 1.000.000 daltons. Suas funções, quando aplicadas em alimentos, consistem em retardar ou prevenir a cristalização do açúcar, estabilizar emulsões e contribuir com a consistência. Outra função inclui a fixação de aromas em pós e bebidas.
- Goma guar: polissacarídeo obtido do endosperma das sementes de Cyamopsis tetragonolobus, da família Leguminosae. Assim como a goma locusta, é uma galactomanana e sua massa molecular é da ordem de 220.000 daltons. A goma guar se dissolve rapidamente em água fria e promove uma alta consistência à solução. Atua em sinergismo com o amido e outras gomas. O uso da goma guar em sorvetes promove corpo ao produto e resistência ao choque térmico.

- Goma tragacanto: polissacarídeo que possui estrutura química complexa, em que, após a hidrólise, produz ácido D-galacturônico, L-frutose, D-galactose, D-xilose e L-arabinose. A goma é obtida de exsudatos de espécies da planta Astragalus sp. Seu uso em alimentos se dá principalmente em molhos e saladas, por sua estabilidade ao calor e acidez.

Goma produzida por microrganismos

- Goma xantana: produzida por meio da fermentação de carboidratos por bactérias do gênero Xanthomonas sp; a espécie X. campestres é a utilizada comercialmente. A estrutura química principal é idêntica à da celulose, com cadeias laterais aniônicas trissacarídicas. A goma xantana é estável em alimentos que contêm sal e acidez. Atua sinergicamente com a goma guar e a goma locusta, o que resulta em aumento de consistência e gel termorreversível, respectivamente.

Proteínas

Proteínas são polímeros que constituem o grupo de macromoléculas cuja estrutura é composta de carbono, hidrogênio, oxigênio, nitrogênio e, às vezes, enxofre. Algumas delas também possuem ferro, cobre, fósforo ou zinco. A unidade monomérica das proteínas é representada pelos aminoácidos que, por meio de ligações peptídicas, formam as diversas proteínas que diferem entre si pela massa molecular (de 5 mil a poucos milhões de daltons), carga, polaridade, número e distribuição dos resíduos de aminoácidos na molécula. Essas características que as diferenciam são função da conformação molecular (estruturas secundárias, terciárias e quaternárias), a qual está relacionada à função proteica, seja ela estrutural, seja nutricional, funcional ou atuando em processos biológicos. Entre as propriedades funcionais que as proteínas desempenham em diferentes sistemas alimentícios estão solubilidade, emulsificação, capacidade de absorção de água, gelificação, formação de espuma e texturização.

Aminoácidos

Aminoácidos são os monômeros de proteínas nas quais são encontrados 20 tipos comuns, a saber: alanina, arginina, asparagina, aspartato, cisteína, glutamina, glutamato, glicina, histidina, isoleucina, leucina, lisina, metionina, fenilalanina, prolina, serina, treonina, triptofano, tirosina e valina. Cada aminoácido é constituído por um grupo carboxila (-COOH) e um grupo amino (-NH_2), ligados ao mesmo átomo de carbono, o carbono α, onde também está ligada a cadeia lateral R, que é a estrutura que difere os 20 tipos de aminoácidos. Assim, os aminoácidos (exceto a prolina) assumem a estrutura geral mostrada na Figura 1.10.

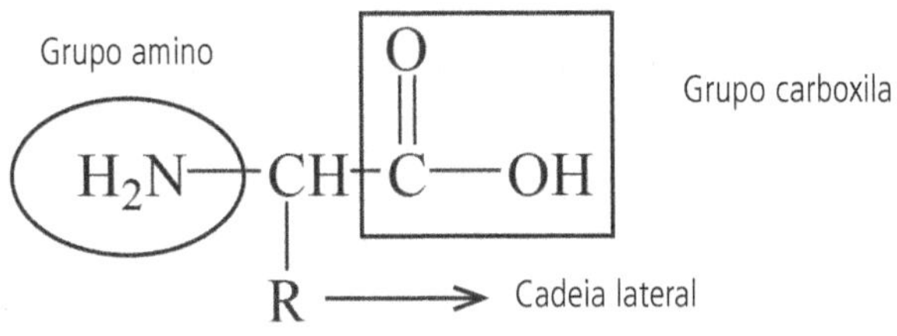

Figura 1.10. Estrutura geral de um aminoácido em que R representa as diferentes cadeias laterais.

A cadeia lateral R possui tamanhos variados, estruturas e cargas elétricas, o que influencia nas propriedades físico-químicas das proteínas. De acordo com a polaridade dessas cadeias, os aminoácidos podem ser agrupados em cinco grupos, que compreendem:

- Aminoácidos com grupos R apolares, alifáticos: alanina (Ala), glicina (Gly), isoleucina (Ile), leucina (Leu), metionina (Met), prolina (Pro) e valina (Val). Os grupos R desses aminoácidos tendem a se aglomerar nas proteínas e estabilizam a estrutura proteica por meio de interações hidrofóbicas (Figura 1.11).

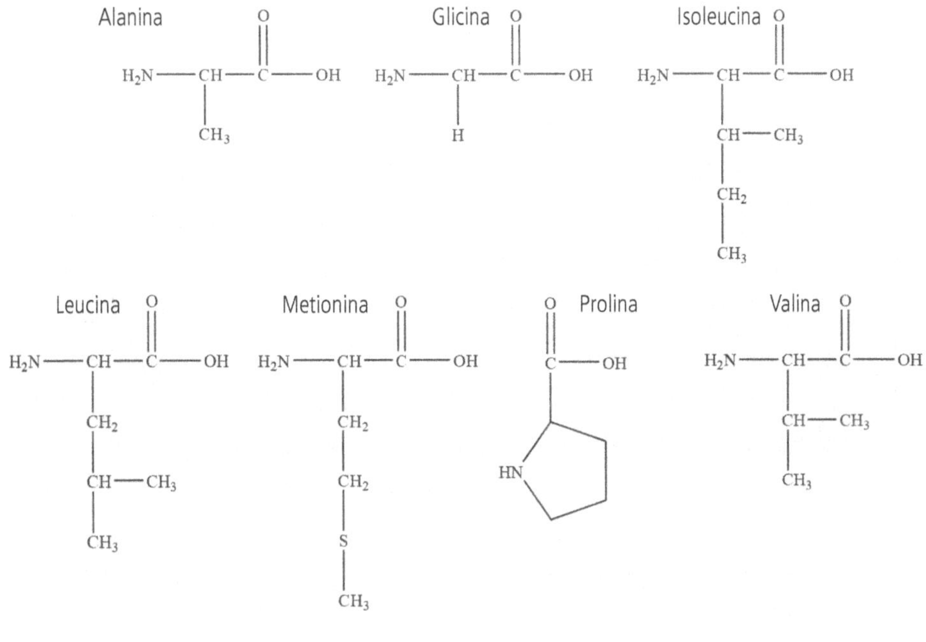

Figura 1.11. Aminoácidos com grupos R apolares, alifáticos.

- Aminoácidos com grupos R aromáticos: fenilalanina (Phe), tirosina (Tyr) e triptofano (Trp). Os grupos R desses aminoácidos são relativamente apolares (hidrofóbicos), no entanto, o grupo –OH da tirosina pode formar ligações de hidrogênio (Figura 1.12).

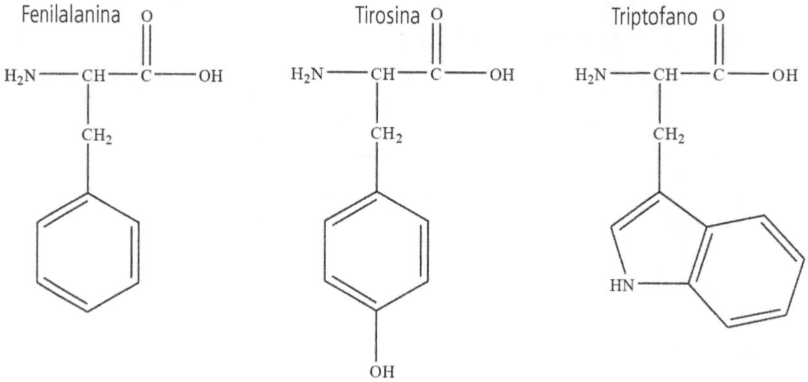

Figura 1.12. Aminoácidos com grupos R aromáticos.

- Aminoácidos com grupos R polares, não carregados: asparagina (Asn), cisteína (Cys), glutamina (Gln), serina (Ser) e treonina (Thr). Os grupos R desses aminoácidos possuem grupos funcionais capazes de formar ligações de hidrogênio com a água. A cistina é aminoácido dimérico da cisteína formada por ligações dissulfeto, fortemente hidrofóbicas, que exerce uma função importante nas estruturas das proteínas (Figura 1.13).

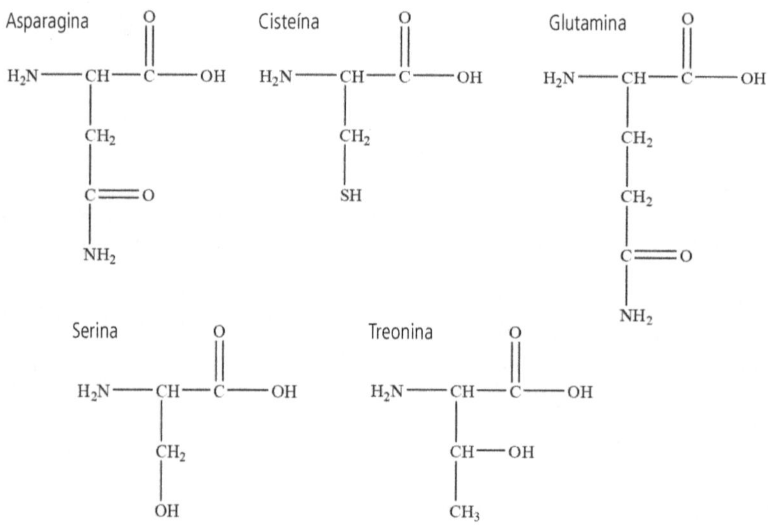

Figura 1.13. Aminoácidos com grupos R polares.

- Aminoácidos com grupos R carregados positivamente a pH 7,0: arginina (Arg), histidina (His) e lisina (Lys). Os grupos desses aminoácidos e daqueles carregados negativamente são mais hidrofílicos. Os resíduos de histidina participam de reações catalisadas por enzimas, pois servem como aceptores e doadores de prótons (Figura 1.14).

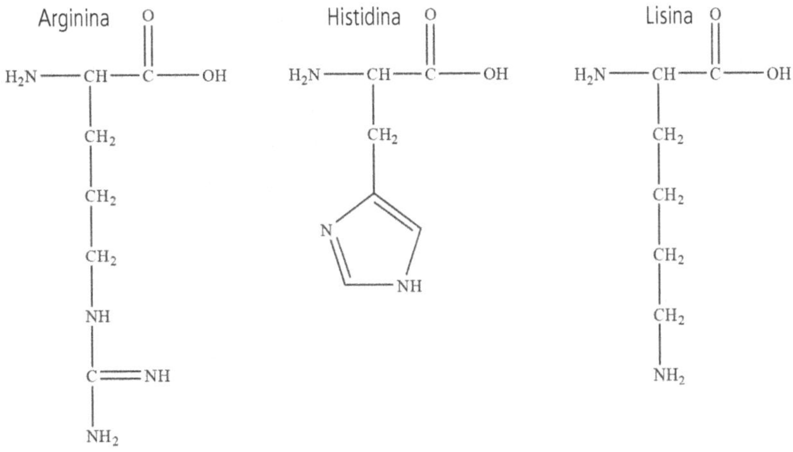

Figura 1.14. Aminoácidos com grupos R carregados positivamente a pH 7,0.

- Aminoácidos com grupos R carregados negativamente a pH 7,0: aspartato (Asp) e glutamato (Glu). Tais aminoácidos são gerados pela hidrólise da asparagina e glutamina, respectivamente (Figura 1.15).

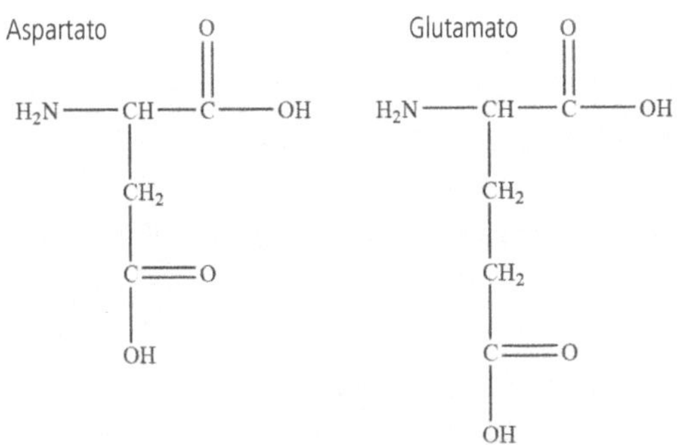

Figura 1.15. Aminoácidos com grupos R carregados negativamente a pH 7,0.

Em solução aquosa, os aminoácidos podem se ionizar e atuar como ácidos ou bases, sendo assim chamados de anfóteros. Além disso, cada um deles possui curvas de titulação específicas. Quando o aminoácido possui carga elétrica líquida igual a zero em um determinado pH, este é chamado de ponto isoelétrico (pI), que influencia diretamente na solubilidade de proteínas. São mais solúveis em água quanto mais distante o pH estiver do ponto isoelétrico e, assim, maior número de ligações de hidrogênio pode ser estabelecido entre as moléculas de proteínas e água. Quanto mais próximo o pH do ponto isoelétrico, a diferença entre cargas das proteínas diminui, favorecendo a formação de agregados e precipitação. A Tabela 1.4 apresenta os aminoácidos frequentemente encontrados em proteínas com seus respectivos pI.

Tabela 1.4. **Nome, abreviação e ponto isoelétrico dos aminoácidos**

Aminoácido	Abreviação	pI	Aminoácido	Abreviação	pI
Glicina	Gly	6,0	Treonina	Thr	5,6
Alanina	Ala	6,0	Cisteína	Cys	5,0
Valina	Val	6,0	Metionina	Met	5,7
Leucina	Leu	6,0	Asparagina	Asn	5,4
Isoleucina	Ile	6,0	Glutamina	Gln	5,7
Prolina	Pro	6,3	Asparato	Asp	2,8
Fenilalanina	Phe	5,5	Glutamato	Glu	3,2
Tirosina	Tyr	5,7	Lisina	Lys	9,6
Triptofano	Trp	5,9	Arginina	Arg	10,8
Serina	Ser	5,7	Histidina	His	7,5

Fonte: adaptada de Nelson e Cox, 2011.[6]

Peptídeos e proteínas

Peptídeos e proteínas são formados pela sequência de aminoácidos unidos covalentemente entre si por meio de ligações amídicas, também chamadas de ligações peptídicas. Estas são formadas pela remoção de água do α-carbonila de um aminoácido e do α-amino do outro aminoácido (Figura 1.16). O inverso da reação de condensação é a reação de hidrólise. Quando poucos aminoácidos estão unidos por ligações peptídicas, o composto formado é denominado oligopeptídeo. Já quando o produto final possui massa molecular abaixo de 10.000, este é chamado de polipeptídeo. Proteínas possuem valores de massa molecular acima de 10.000 e podem variar consideravelmente, de acordo com o tamanho das cadeias polipeptídicas.

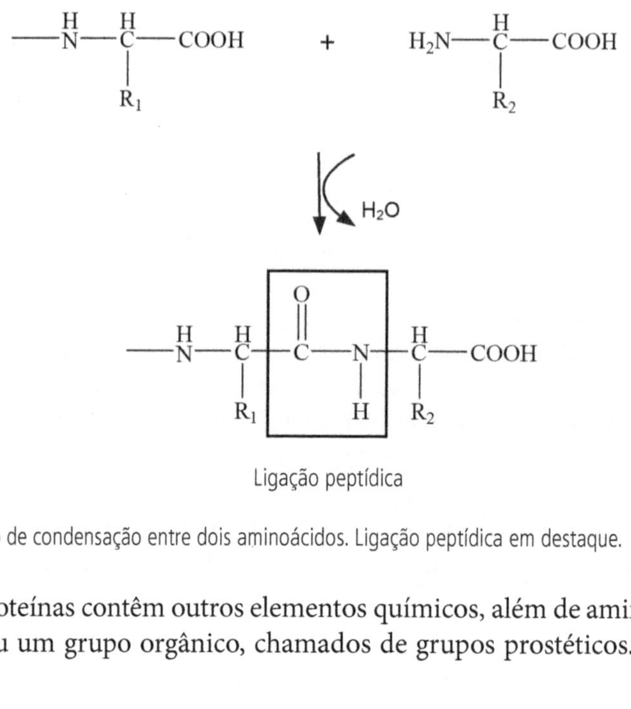

Figura 1.16. Reação de condensação entre dois aminoácidos. Ligação peptídica em destaque.

Algumas proteínas contêm outros elementos químicos, além de aminoácidos, que pode ser um metal ou um grupo orgânico, chamados de grupos prostéticos. Tais proteínas são chamadas de proteínas conjugadas e se subdividem em lipoproteínas, glicoproteínas, fosfoproteínas, hemeproteínas, flavoproteínas e metaloproteínas. Um exemplo de uma proteína conjugada é a caseína do leite, cujo grupo prostético é o grupo fosfato.

Estrutura da proteína

Os níveis estruturais que as proteínas assumem são quatro: estruturas primária, secundária, terciária e quaternária.

- Estrutura primária: refere-se à sequência linear dos resíduos de aminoácidos unidos por ligações covalentes (ligações peptídicas). Tal estruturação determinará como uma proteína se dobra sobre si mesma e, consequentemente, sua funcionalidade. A quebra da cadeia polipeptídica liberando os aminoácidos pode ser feita pela ação de enzimas (proteases) e por ácido.
- Estrutura secundária: refere-se a uma estrutura espacial da cadeia polipeptídica, e as mais conhecidas são as α-hélices, folhas-β e voltas β. A estrutura secundária se dá graças aos ângulos de torção ϕ e ψ ao redor do carbono α (Cα) e à estabilização da estrutura por ligações de hidrogênio entre os componentes da ligação peptídica e não dos grupos R dos aminoácidos.

  A estrutura α-hélice (Figura 1.17 A) é uma estrutura estável e ocorre quando a cadeia polipeptídica é firmemente enrolada em torno de um eixo imaginário desenhado longitudinalmente no centro da hélice, projetando os grupos R para fora. Cada volta da hélice possui 3,6 resíduos de aminoácidos. A conformação de hélice é a que se forma com mais facilidade, em virtude da maximização das ligações de hidrogênio entre os componentes da cadeia polipeptídica.

  Na estrutura folha-β (Figura 1.17 B), as cadeias polipeptídicas estão estendidas em forma de zigue-zague, dispostas lado a lado formando uma estrutura de prega. As cadeias polipeptídicas adjacentes estão unidas entre si por ligações de hidrogênio e os grupos R dos resíduos de aminoácidos estão localizados acima e abaixo do plano das folhas.

  As voltas β (Figura 1.17 C) são estruturas em que os resíduos de aminoácidos formam voltas ou alças, invertendo a direção da cadeia polipeptídica. Essa estrutura caracteriza-se por conectar estruturas sucessivas de α-hélices e folhas-β e geralmente é encontrada na superfície das proteínas.
- Estrutura terciária: consiste no arranjo tridimensional da estrutura secundária proteica, por meio das interações fracas (hidrofóbicas, eletrostáticas, van der Waals e ligações de hidrogênio) ou, algumas vezes, por ligações covalentes (ligações dissulfeto) entre os grupos R dos resíduos de aminoácidos. A otimização dessas ligações permite que a maioria dos resíduos de aminoácidos hidrofóbicos se direcione para o interior da estrutura proteica, afastando-se do ambiente aquoso na superfície da proteína, onde estão alocados os resíduos hidrofílicos, especialmente os resíduos carregados. No entanto, há uma porcentagem de resíduos hidrofóbicos localizados

na superfície e resíduos hidrofílicos no interior das proteínas, principalmente em decorrência das restrições espaciais.

- Estrutura quaternária: está relacionada ao arranjo tridimensional das várias cadeias polipeptídicas, formando dímeros, trímeros, tetrâmeros etc., também chamados de oligômeros. A formação dessas estruturas ocorre em virtude das interações não covalentes proteína-proteína, principalmente naquelas que possuem mais de 30% de seus resíduos hidrofóbicos expostos na superfície. Nesse nível de estrutura, podem-se classificar as proteínas em fibrosas e globulares. As primeiras consistem em proteínas cujas cadeias polipeptídicas estão arranjadas em filamentos, como a miosina e o colágeno. Nas proteínas globulares, as cadeias polipeptídicas se dobram de uma forma mais compacta formando esferas ou glóbulos, como a ovoalbumina e as lactoglobulinas. Tal dobramento permite maior diversidade estrutural às proteínas e, consequentemente, maior diversidade de funções.

A) B) C)

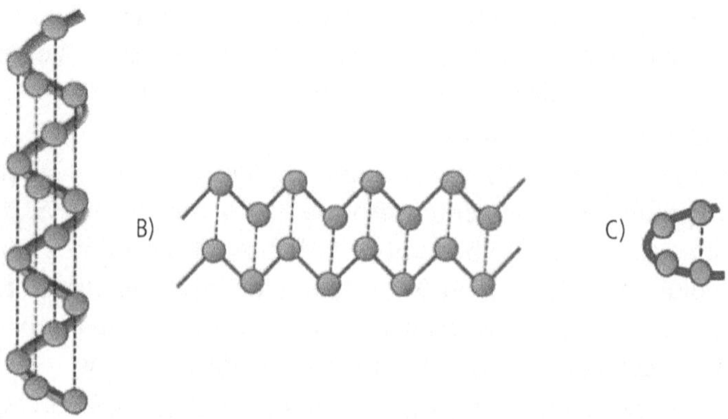

Figura 1.17. Estrutura secundária das proteínas: α-hélice (A), folha-β (B) e voltas β (C).

Funcionalidade das proteínas

Quando uma proteína apresenta suas propriedades biológicas naturais, ela se encontra em sua conformação nativa, na qual várias forças são responsáveis por estabilizá-la, como interações do tipo dipolo-dipolo, hidrofóbicas, ligações de hidrogênio e iônicas. A mudança na conformação nativa de uma proteína depende da variação dos fatores do ambiente onde ela se encontra, como pH, força iônica, temperatura, cisalhamento mecânico, radiação etc. Qualquer alteração na estrutura de uma proteína, seja ela secundária, seja terciária ou quaternária, é chamada de desnaturação, que pode ser reversível ou irreversível. A desnaturação irreversível é caracterizada quando ligações dissulfeto são rompidas, por exemplo.

Em geral, o processamento de alimentos causa a desnaturação irreversível de proteínas que, na sequência, podem participar de outras reações no sistema, podendo resultar tanto em perda da qualidade do alimento como em benefícios, como aumento da digestibilidade ou formação de gel. Os principais efeitos da desnaturação são mudanças no ponto isoelétrico, na capacidade de hidratação, solubilidade, consistência, atividade biológica e reatividade dos resíduos de aminoácidos.

As propriedades funcionais das proteínas em alimentos estão principalmente relacionadas a seus atributos sensoriais, como textura; no entanto, desempenham um papel importante no aspecto físico quando estão sendo preparados, processados ou armazenados. As propriedades mais importantes das proteínas são listadas na Tabela 1.5 e estão baseadas nas interações proteína-água, proteína-proteína e proteína-lipídio ou gases. Tais propriedades dependem dos solventes que as circundam, íons, outras proteínas, sacarídeos, lipídios e outros componentes.

Tabela 1.5. **Principais propriedades funcionais das proteínas**

Interações com		
Água	Água e proteínas	Lipídios ou gases
Molhabilidade	Consistência	Formação de emulsão
Inchamento	Formação de gel	Estabilização de emulsões
Hidratação	Formação de massa	Formação de espuma
Retenção de água	Formação de fibras	Estabilização de espumas
Solubilidade	Precipitação	Tensão superficial
Dispersibilidade	Formação de membranas	Aeração

Fonte: Sikorski, 2006.[7]

- Solubilidade: as principais interações que influenciam a solubilidade são as de natureza hidrofóbica (interações proteína-proteína) e iônica (proteína-água). Valores de pH abaixo ou acima do ponto isoelétrico da proteína resultam no aumento da solubilidade. A presença de sais nas soluções também afeta a solubilidade, causando os efeitos conhecidos como salting in (sais em baixas concentrações) e salting out (sais em altas concentrações, que podem causar a precipitação de proteínas). O conhecimento da solubilidade com a variação do pH e concentrações de sais é importante para vários processos, como a produção de salsichas, em que se faz necessária a extração de proteínas miofibrilares da carne.
- Retenção de água: a capacidade de retenção de água em alimentos relaciona-se com a capacidade da proteína embeber a água e retê-la dentro de uma matriz proteica. Esse efeito possui um grande impacto na maciez e suculência das carnes bovina e de peixe, além de propriedades de textura desejáveis de pães e produtos do tipo gel.
- Formação de gel: o gel consiste em uma rede tridimensional formada por polímeros em ligação cruzada que aprisionam água ou outras substâncias. O gel proteico é formado sob aquecimento em basicamente duas etapas: dissociação e desdobramento da estrutura quaternária da proteína a 40°C, seguidos de rearranjo e interação hidrofóbica entre as moléculas, o que forma a rede do gel. A formação do gel proteico pode resultar em benefícios, como no preparo de pudins de leite, ou em efeitos indesejáveis, como na deposição proteica no interior de trocadores de calor durante o processamento de leite. A contribuição na força do gel varia com a composição de cada

proteína, com o aquecimento, a extensão da desnaturação e as condições ambientais. Os géis proteicos podem ser translúcidos ou opacos (tipo coágulo), o que depende da composição em resíduos de aminoácidos de cada proteína; aquelas que são compostas por resíduos de aminoácidos apolares tendem a formar géis opacos, geralmente mais fracos e propensos à sinérese. Cátions divalentes também são empregados na formação de géis proteicos, sendo um exemplo o tofu, obtido de proteínas da soja.

- Formação de emulsões: a emulsão consiste na dispersão de um líquido, na forma de pequenas gotas, em uma fase contínua de outro líquido, imiscível. As proteínas possuem a função de formar e estabilizar emulsões, constituindo um filme em torno das pequenas gotas e, assim, evitando a coalescência. A eficiência de proteínas para estabilizar emulsões depende principalmente da exposição das cadeias laterais apolares dos resíduos dos aminoácidos, que são hidrofóbicos. Sendo assim, as proteínas globulares, altamente hidrofílicas, serão bons estabilizadores de emulsão quando desnaturadas, pois irão expor seu interior hidrofóbico. Proteínas da carne, do ovo e do leite são utilizadas para promover a emulsificação em alimentos como salsichas, sopas, bolos e molhos.
- Formação de espuma: a espuma consiste em bolhas de gás dispersas em fase contínua de um líquido ou em um semissólido. Em alimentos, a presença de espuma é responsável por propriedades reológicas desejáveis, como a textura em pães, bolos, chantilly, suflês, musses, merengues, sorvetes e cerveja, e sua estabilidade consiste em um dos critérios de qualidade. Assim como em emulsões, as proteínas formam e estabilizam espumas por produzirem uma camada fina e resistente na interface gás-líquido. Uma proteína com capacidade de formação de espuma (espumabilidade) geralmente não possui a habilidade de estabilizá-la ou vice-versa, indicando que as propriedades que regem ambas as funções são diferentes. Como as proteínas dos alimentos são constituídas de uma mistura de várias proteínas, tem-se que a formação de espuma é influenciada por interações entre os componentes proteicos na interface. O exemplo clássico é a clara do ovo, que é constituída pelas proteínas ovoalbumina, conalbumina e lisozima.
- Consistência: o modo como as proteínas interferem no comportamento da consistência ou viscosidade de um fluido está relacionado com o diâmetro aparente das moléculas dispersas, que, por sua vez, depende de suas características intrínsecas, como massa molecular, tamanho, volume, cargas elétricas, interações proteína-proteína e proteína-solvente. O conhecimento da viscosidade e consistência de sistemas é importante para o desenvolvimento de produtos como bebidas, cremes, sopas e molhos, visando à boa aceitabilidade por parte do consumidor, bem como para a otimização de operações e equipamentos como bombas, trocadores de calor, secadores etc.
- Formação de massa: a formação de massa está relacionada à interação das proteínas do trigo com a água em proporção de cerca de 3:1. A principal proteína do trigo responsável pela formação da massa viscoelástica é o glúten, formado principalmente pelas gliadinas e gluteninas, com solubilidade limitada em água. Mediante a aplicação de forças de tensão e cisalhamento na mistura de trigo e água, as proteínas são parcialmente desdobradas e então absorvem água. Além disso, interagem entre si por meio de interações hidrofóbicas e reações entre sulfidril (SH)-dissulfeto (S-S),

permitindo a formação de polímeros em forma de fio e, quanto maior for a viscoelasticidade, maior será sua extensão. A formação da massa viscoelástica é importante para a confecção de pães e outros produtos da panificação.

- Outras funcionalidades estão relacionadas às proteínas, como fixação de aroma e texturização (formação de fibras e extrusados).

Efeito do processamento nas proteínas

Os processamentos por meio dos quais os alimentos são submetidos, como aquecimento, resfriamento, secagem, uso de aditivos, fermentação e irradiação, acabam por afetar a integridade proteica, produzindo efeitos desejáveis ou indesejáveis.

- Tratamento térmico: importante para assegurar a qualidade microbiológica dos alimentos, pode causar desnaturação das proteínas culminando na perda de suas funções; entretanto, a desnaturação parcial pode melhorar a digestibilidade e a biodisponibilidade de aminoácidos essenciais. Outros benefícios incluem a inativação de várias enzimas oxidativas e hidrolíticas, além de toxinas proteicas, como a botulínica.

  Os aminoácidos também podem passar por várias alterações químicas sob processamento a altas temperaturas; essas alterações incluem a racemização e a formação de ligações cruzadas de proteínas. A racemização consiste no processo de transformação de L-aminoácidos para D-aminoácidos, causando redução da digestibilidade da proteína e, consequentemente, perda de seu valor nutricional, já que as enzimas gástricas e pancreáticas hidrolisam com mais eficiência os isômeros L. As ligações cruzadas intra e intermoleculares existem naturalmente em proteínas, como as pontes dissulfeto, no entanto, podem ser formadas mediante aquecimento em pH alcalino ou acima de 200°C em pH neutro. As ligações cruzadas não naturais promovem redução da digestibilidade e biodisponibilidade dos aminoácidos essenciais envolvidos ou próximos à ligação. Entretanto, com a utilização de condições mais brandas de temperatura, como ocorre no cozimento, tem-se o aumento da digestibilidade proteica.
- Agentes oxidantes: alguns agentes, como peróxido de hidrogênio e peróxido de benzoíla, promovem oxidação de vários resíduos de aminoácidos, especialmente metionina, cisteína, triptofano e histidina. Entre as alterações causadas pela oxidação estão a indisponibilidade biológica dos resíduos de aminoácidos e a formação de compostos carcinogênicos.
- Reações carbonila-amina: nessa categoria de reação, está incluída a modificação química mais importante em proteínas induzida pelo processamento, a reação de Maillard ou de escurecimento não enzimático. Nessa reação ocorre a degradação dos aminoácidos em aldeídos, amônia e dióxido de carbono, conhecida como degradação de Strecker. Os aldeídos resultantes da degradação de Strecker possuem diferentes notas de sabor, de acordo com o aminoácido envolvido na reação; assim, quando os envolvidos são Phe e Gly, produz-se sabor típico de caramelo. Leu, Arg e His produzem aldeídos com sabor típico de pão tostado; Pro, biscoito tipo cracker; Gln e Lys, sabor de manteiga, entre outros.

Lipídios

Os lipídios, diferentemente de carboidratos e proteínas, constituem uma classe heterogênea de compostos, sendo a insolubilidade em água e a solubilidade em solventes orgânicos, como hexano, benzeno, clorofórmio, éter e álcoois, a única característica em comum entre eles. Nessa classe estão incluídos triacilglicerídeos, ceras, ácidos graxos, esteróis, álcoois graxos, terpenoides, hidrocarbonetos, carotenoides e vitaminas lipossolúveis.

Sob o ponto de vista nutricional, os lipídios são altamente calóricos, fornecendo 9 kcal/g em comparação com carboidratos e proteínas, que fornecem 4 kcal/g. As principais fontes vegetais de lipídios são grãos e sementes inteiras, como soja, milho, amendoim, girassol, linhaça, gergelim e arroz e frutos como abacate, oliva, coco, palma e nozes. Dentre as fontes animais encontram-se banha suína, sebo bovino e óleos de peixe.

Na tecnologia de alimentos, os lipídios possuem uma grande importância no processamento e geralmente são conhecidos como óleos ou gorduras, os quais possuem composição triglicerídica predominante quando comparados aos demais constituintes lipídicos, que estão presentes em proporções inferiores a 5%. A principal diferença entre óleos e gorduras é o ponto de fusão. Os óleos apresentam-se no estado líquido à temperatura de 25°C, ao passo que as gorduras são sólidas na mesma temperatura.

A classificação dos lipídios pode estar baseada em diversos aspectos, como propriedades físicas à temperatura de 25°C, polaridade, essencialidade e estrutura química. Com base nesta última, os lipídios dividem-se em:

- Lipídios simples: com a hidrólise fornecem ácidos e álcoois graxos, a saber, acilgliceróis (mono, di e triacilgliceróis), ácidos graxos, ceras e ésteres de esteróis.
- Lipídios complexos: com a hidrólise fornecem outros compostos além de ácidos e álcoois graxos, a saber, glicerofosfolipídios, fosfolipídios, esfingolipídios, lipoprotídeos e gliceroglicolipídios.
- Lipídios derivados: não se enquadram em nenhuma das categorias anteriores, a saber, carotenoides, esteroides e vitaminas lipossolúveis.

Ácidos graxos

Os ácidos graxos são os principais componentes dos óleos e gorduras e sua estrutura química é formada por uma cadeia hidrocarbonada contendo um grupo metila em uma das extremidades e um grupo carboxila na outra. Na maioria, a cadeia hidrocarbonada é linear e composta por um número par de carbonos. Os ácidos graxos diferem entre si pelo número de carbonos na cadeia, sendo considerados de cadeia curta os que possuem de 4 a 10 carbonos, de cadeia média de 12 a 14 carbonos e de cadeia longa, os que apresentam 16 carbonos ou mais. Além disso, são diferenciados pela presença ou não de duplas ligações ou insaturações, sendo chamados de insaturados e saturados, respectivamente, e, quando insaturados, distinguem-se pela posição e pelo número das duplas ligações. Quando o ácido graxo possui mais de uma instauração, também é chamado de ácido graxo poli-insaturado.

Essas características estão intimamente relacionadas às propriedades físico-químicas, como ponto de fusão, viscosidade, calor específico e latente, índice de refração, solubilidade e suscetibilidade à oxidação, muito importantes para a tecnologia de alimentos.

Os ácidos graxos podem ser descritos de forma sistemática, de acordo com a padronização da União Internacional de Química Pura e Aplicada (IUPAC, do inglês International Union of Pure and Applied Chemistry), pelos nomes triviais, de acordo com o óleo ou gordura que predomina, ou por meio das abreviações numéricas, conforme apresentado na Tabela 1.6. A nomenclatura sistemática dos ácidos graxos saturados ($C_nH_{2n}O_2$) é proveniente dos nomes dos hidrocarbonetos parentais, conforme o número de carbonos (p. ex., 12 carbonos: dodecano). Em razão da presença do grupo ácido carboxílico nos ácidos graxos, o final "o" é substituído pela terminação "oico" (p. ex., ácido dodecanoico). Com relação à abreviatura numérica, o primeiro número refere-se ao número de carbonos e o segundo indica o número de insaturações (p. ex., para o ácido dodecanoico tem-se 12:0). No caso dos ácidos graxos insaturados (geralmente $C_nH_{2n-2}O_2$ e $C_nH_{2n-4}O_2$), a nomenclatura segue o mesmo padrão dos ácidos graxos saturados, no entanto, com substituição da terminação "anoico" destes para "enoico" àqueles, indicando a presença de insaturações. Quando existe mais de uma instauração, é acrescentado ao nome as expressões "di", "tri" etc., e antes do nome, a indicação da posição da(s) dupla(s) ligação(ões) em relação ao carbono do grupo carboxila. Por exemplo, ácido octadecanoico, saturado, com uma instauração, recebe o nome de 9-octadecenoico, com duas insaturações, 9,12-octadecadienoico e com três insaturações, 9,12,15-octadecatrienoico (Figura 1.18). Quanto à abreviação numérica, o segundo número indicará a quantidade das duplas ligações (p. ex., 9,12-octadecadienoico possui abreviação numérica 18:2).

Tabela 1.6. **Nomenclatura dos principais ácidos graxos nos alimentos e seus pontos de fusão**

Abreviação	Nome sistemático	Nome trivial	Ponto de fusão (°C)
4:0	Butanoico	Butírico	−7,9
6:0	Hexanoico	Caproico	−3,9
8:0	Octanoico	Caprílico	16,3
10:0	Decanoico	Cáprico	31,3
12:0	Dodecanoico	Láurico	44
14:0	Tetradecanoico	Mirístico	54,4
16:0	Hexadecanoico	Palmítico	62,9
16:1	9-hexadecanoico	Palmitoleico	0,5
18:0	Octadecanoico	Esteárico	69,6
18:1	9-octadecanoico	Oleico	13,4
18:2	9,12-octadecadienoico	Linoleico	−5
18:3	9,12,15-octadecatrienoico	Linolênico	−11
20:0	Eicosanoico	Araquídico	75,4
20:4	5,8,11,14-eicosatetraenoico	Araquidônico	−49,5
22:0	Docosanoico	Behênico	80
22:1	13-docosenoico	Erúcico	34,7
24:0	Tetracosanoico	Lignocérico	84,2

Fonte: Ordóñez et al., 2005.[8]

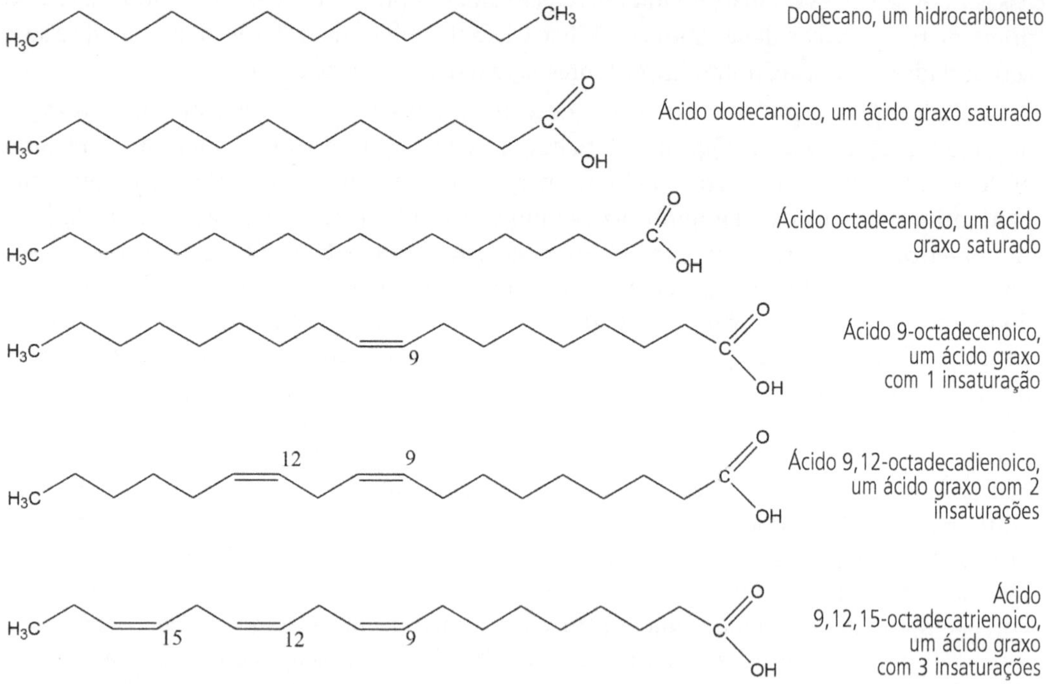

Figura 1.18. Estruturas e nomes de alguns ácidos graxos.

Acilgliceróis e suas propriedades

Em sua maioria, os ácidos graxos encontram-se esterificados às moléculas de glicerol formando os acilgliceróis, conhecidos como mono-, di- e triacilgliceróis, sendo estes últimos os mais comuns em alimentos (Figura 1.19). Óleos e gorduras naturais constituem uma mistura de triacilgliceróis com traços de mono e diacilgliceróis.

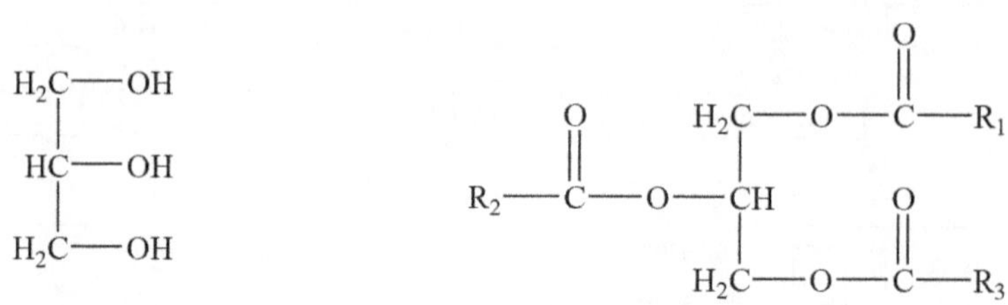

Glicerol

Triacilglicerol

Figura 1.19. Estrutura do glicerol e estrutura geral de um triacilglicerol. R1, R2 e R3 representam os ácidos graxos esterificados à molécula do glicerol.

Em geral, a nomenclatura dos triacilgliceróis é dada de acordo com os ácidos graxos que os compõem. Se o triacilglicerol possuir os mesmos ácidos graxos esterificados na molécula do glicerol, será chamado de acordo com o nome do ácido graxo – por exemplo, tripalmitina ou tripalmitoil glicerol, que é o triacilglicerol composto por três moléculas do ácido palmítico. Se for um triacilglicerol misto, ou seja, quando os ácidos graxos esterificados no glicerol são diferentes, a nomenclatura depende do tipo e da localização do ácido graxo na molécula. Por exemplo, se o triacilglicerol contiver os ácidos palmítico, oleico e esteárico, poderá ser chamado de palmitoil-oleoil-estearoil-glicerol.

As propriedades físicas dos triacilgliceróis são determinadas pelos ácidos graxos que os compõem. O ponto de fusão, por exemplo, aumenta com o número e o comprimento dos ácidos graxos saturados existentes na molécula triglicerídica; assim, à temperatura de 25°C, a tripalmitina e a triestearina são sólidas, ao passo que a trioleína e a trilinoleína são líquidas. A viscosidade também é mais alta quanto maior for o tamanho da cadeia dos ácidos graxos e diminui com a presença de insaturações.

Quanto à solubilidade em água, os triacilgliceróis são moléculas predominantemente apolares, no entanto, mono e diacilgliceróis possuem certa polaridade e, por isso, são utilizados pela indústria de alimentos como emulsificantes.

As principais funcionalidades dos triacilglicerídeos em alimentos consistem na influência da textura, aparência e desenvolvimento do sabor.

O desenvolvimento da textura depende de vários fatores, como estado físico do lipídeo, presença de cristais de gordura e a interação entre eles, tipo de emulsões (água em óleo ou óleo em água). A aparência depende da presença de pigmentos que absorvem luz, como clorofilas e carotenoides e da presença de cristais que dão a opacidade nas gorduras, enquanto óleos são translúcidos. O sabor e o aroma são influenciados pelo tipo e pela concentração de lipídios presentes nos alimentos e a presença de cristais possui um papel importante no sabor quando se fundem na boca, gerando uma sensação refrescante, um importante atributo sensorial de alimentos gordurosos.

Os sítios reativos das moléculas dos acilgliceróis compreendem as ligações éster, entre o ácido graxo e o glicerol, e os pontos de instauração das cadeias hidrocarbonadas dos ácidos graxos.

A reação de hidrogenação ocorre na cadeia hidrocarbonada dos ácidos graxos, na qual há adição de hidrogênio às duplas ligações dos ácidos graxos insaturados, tornando-os saturados ou com menor grau de insaturação. Entre os objetivos da reação de hidrogenação em óleos e gorduras pela indústria de alimentos está o aumento da estabilidade oxidativa dos óleos e também a produção de gorduras hidrogenadas, com ponto de fusão maior que 25°C, as quais são utilizadas na produção de margarinas e shortenings (óleos com consistência de gordura utilizados na elaboração de pães, tortas e biscoitos). A desvantagem da reação de hidrogenação é a presença de isômeros trans decorrente do processo incompleto, que aparecem em alta concentração e que são preocupantes do ponto de vista nutricional.

A reação de transesterificação ou interesterificação permite modificar a posição dos ácidos graxos na mesma molécula ou entre moléculas diferentes de triacilglicerídeos, com o objetivo de melhorar a utilidade e a consistência de óleos e gorduras, por exemplo, na elaboração de shortenings a partir da banha. A reação de transesterificação não modifica os ácidos graxos, ou seja, não ocorre na cadeia hidrocarbonada; sendo assim, não há formação de isômeros trans, o que torna esse tratamento um substituto à hidrogenação.

Quanto à integridade dos lipídios, esta é basicamente afetada de duas formas: pela hidrólise e pela oxidação.

A hidrólise em óleos, também chamada de lipólise, pode ser de ordem enzimática, como ocorre em grãos oleaginosos ou em óleos estocados sob umidade elevada e/ou por um longo período, e também pode ser catalisada por pressão da umidade e altas temperaturas. A consequência da reação da hidrólise é o aumento da acidez do óleo, afetando sua qualidade, e sua consequente perda após o refino. Em óleos de fritura de uso prolongado a hidrólise também pode ser facilmente observada, já que há presença de água proveniente do alimento, bem como o emprego de altas temperaturas, o que contribui para o aumento dos ácidos graxos livres e, consequentemente, para a diminuição do ponto de fumaça (temperatura na qual há o início da formação de fumaça no óleo) e para a estabilidade oxidativa do óleo.

A oxidação de óleos, ou rancificação oxidativa, está entre as principais reações de deterioração dos alimentos, já que resulta no aparecimento do ranço, que se caracteriza pela presença de odores e sabores indesejáveis. A reação possui caráter autocatalítico, e por isso também é conhecida como reação de autoxidação. A rancificação oxidativa ocorre na cadeia hidrocarbonada dos ácidos graxos insaturados, mais precisamente na região que inclui a dupla ligação e o carbono α-metilênico (carbono adjacente a uma dupla ligação). Essa reação será mais intensa quanto maior for o grau de instauração do ácido graxo que compõe o triacilglicerol. O início da reação e sua instalação dependem de vários fatores, como presença ou exposição ao oxigênio, composição do óleo ou gordura em ácidos graxos, exposição à luz e temperatura, atividade de água, presença de agentes pró e antioxidantes. Enzimas também podem catalisar reações de oxidação, e tais enzimas são chamadas de lipoxigenases, cuja atividade é mais alta na soja e em outras oleaginosas.

Fosfolipídios

Os fosfolipídios importantes em alimentos também são chamados de glicerofosfolipídios, cuja estrutura molecular é semelhante à dos triacilgliceróis, com a diferença de que, na posição do carbono 3 do glicerol, normalmente se encontra o grupo fosfato em ligação fosfodiéster. Os substituintes no grupo fosfato podem variar, e o mais simples é um –H, gerando o ácido fosfatídico ou fosfatidil. Os fosfolipídios mais importantes em alimentos incluem fosfatidilcolina (lecitina), fosfatidilserina, fosfatidiletanolamina (cefalina), fosfatidilinositol e fosfatidilglicerol (cardiolipina), cujas estruturas químicas estão apresentadas na Figura 1.20.

Os fosfolipídios são substâncias anfipáticas, possuindo uma porção hidrofóbica e uma porção hidrofílica na molécula. Por essa característica, possuem propriedades tensoativas, agindo como emulsificantes e estabilizantes de emulsões, em margarinas e maioneses, e também na instantaneização de pós, como em achocolatados e leites desnatados.

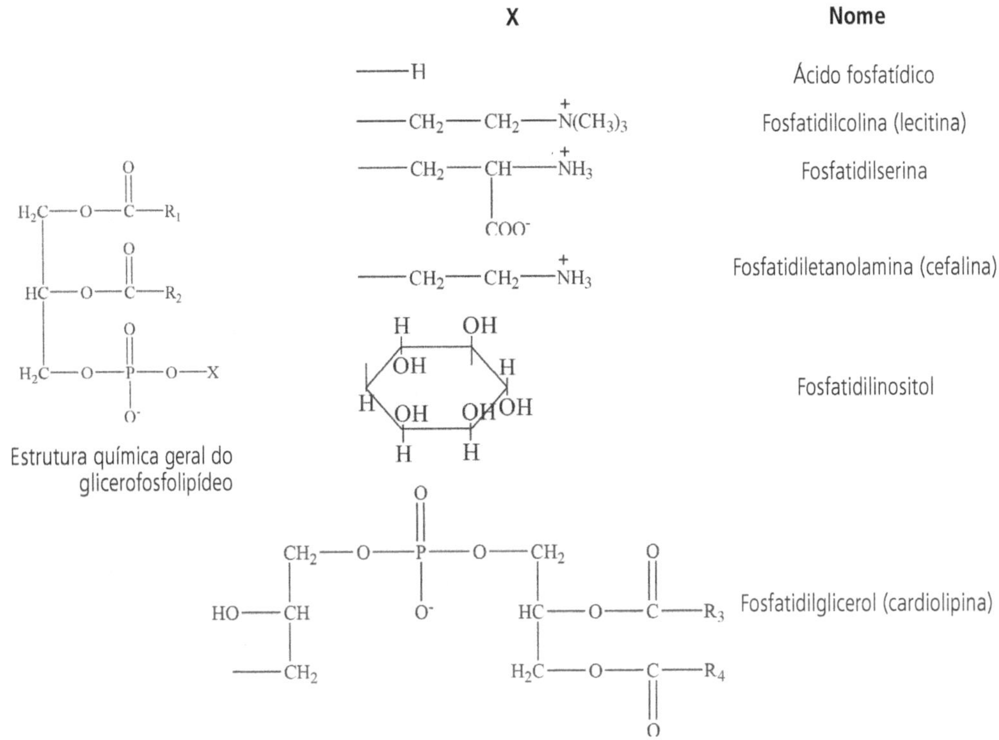

Figura 1.20. Estruturas químicas dos diferentes fosfolipídios em alimentos. R1, R2, R3 e R4 representam os ácidos graxos ligados ao glicerol.

Esteróis

Os esteróis são componentes minoritários presentes em óleos e gorduras e são classificados conforme a origem, animal (zooesteróis) ou vegetal (fitoesteróis). A estrutura química dos esteróis é constituída por três anéis de seis carbonos, e no carbono 3 do anel A existe um grupo hidroxila ligado, além de um anel de cinco carbonos unido a uma cadeia alifática. Os vários tipos de esteróis diferem entre si somente pela cadeia lateral, que se refere à cadeia alifática ligada ao anel de cinco carbonos, e ocorrem naturalmente na forma livre ou esterificados a ácidos graxos ou formando glicosídeos.

O colesterol (Figura 1.21) é o principal esterol presente em lipídios de origem animal, enquanto sitosterol, campesterol e sigmasterol predominam em lipídios de origem vegetal.

Os esteróis possuem propriedades de manutenção estrutural em membranas biológicas e também são precursores de alguns produtos, como hormônios esteroides e ácidos biliares.

O colesterol é precursor da vitamina D na pele; entretanto, sua presença em altos níveis no sangue, especificamente em lipoproteínas de baixa densidade (LDL), promove o aumento do risco de doenças cardiovasculares.

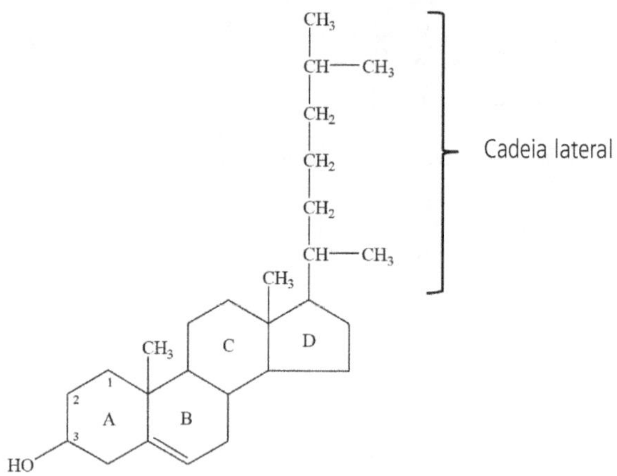

Figura 1.21. Estrutura química do colesterol.

Ceras

Ceras são ésteres de ácidos de cadeia longa com álcool de cadeia longa. Fisicamente, diferem das gorduras por serem mais quebradiças, mais duras e menos gordurosas. São classificadas, assim como os esteróis, de acordo com suas origens, se natural (animal, vegetal ou mineral) ou sintética.

Entre as propriedades das ceras estão a capacidade de dar brilho às superfícies, inibir a perda de água e repelir água. Portanto, costumam ser adicionadas às superfícies de frutas e hortaliças com o objetivo de evitar a perda de massa fresca, reduzir a taxa de respiração e a produção de etileno.

Minerais

Mineral é qualquer elemento químico inorgânico presente em alimentos e geralmente encontrado em baixas concentrações. Os principais e mais abundantes são cálcio, fósforo, magnésio, sódio, potássio e cloro. Outros elementos encontrados em menor concentração e, por isso, designados "traço" são ferro, enxofre (sulfato), iodo, zinco, selênio, cromo, cobre, flúor, cobalto, manganês, níquel e molibdênio. Esses elementos são essenciais à vida, pois estão presentes em hormônios, vitaminas, enzimas e outras proteínas e, assim, sua ausência provoca evidentes desequilíbrios de funções fisiológicas.

Os minerais, por meio do solo, chegam primeiro às plantas e, de forma secundária, aos tecidos animais. Assim, a composição mineral do solo influencia diretamente o conteúdo desses componentes no alimento e, como consequência, a diversidade mineral da dieta humana. Outros fatores também podem influenciar a constituição mineral dos alimentos, como os fatores genéticos, as práticas agrícolas, as condições climáticas, o estádio de maturação e práticas de processamento, como processos térmicos e separações físicas.

Os minerais desempenham vários papéis fisiológicos no organismo, pois são essenciais para que muitos processos enzimáticos ocorram. Além de participarem da regulação de rotas metabólicas, são importantes para a formação e rigidez do tecido ósseo, para o transporte de oxigênio e dióxido de carbono no sangue e estão envolvidos na divisão e adesão celular, entre outras funções. Do ponto de vista da tecnologia de alimentos, muitos minerais têm influência sobre o sabor e sobre a textura, bem como podem agir como catalisadores de reações enzimáticas e processos oxidativos.

O suprimento das necessidades de minerais na dieta humana depende não só da ingestão de alimentos ricos nesses nutrientes, mas também, e principalmente, da biodisponibilidade dos minerais que são ingeridos. Os minerais podem se apresentar nos alimentos de diversas formas, como complexos, compostos ligados e íons livres, e isso pode influenciar a capacidade de sua absorção pelo organismo. Além disso, a associação desses minerais com outros constituintes alimentares, como proteínas, peptídeos, aminoácidos, polissacarídeos, lignina, fitatos e ácidos orgânicos, também pode influenciar a biodisponibilidade mineral, por aumentar ou diminuir sua absorção.

As necessidades diárias de ingestão variam de acordo com o mineral, sua biodisponibilidade e certos fatores, como estágios da vida, gênero, atividade física, gravidez e lactação, e podem ser atingidas com poucos microgramas a cerca de um grama, a depender dos itens citados.

Assim, em 1997, o Instituto de Medicina dos Estados Unidos e a agência Health Canada elaboraram um guia de valores de referência nutricional, denominado Dietary Reference Intakes (DRI), ou ingestões dietéticas de referência, com base nas populações desses países. Esses valores são utilizados para o planejamento de um consumo adequado de nutrientes e energia, e para análises da qualidade nutricional de dietas, rotulagem e fortificação de alimentos. Desde então, as DRIs vêm sendo publicadas em substituição às RDA (Recommended Dietary Allowances), que foram lançadas em 1941 e tiveram sua última versão em 1989. No Brasil, a ingestão diária recomendada para a população brasileira é regulamentada e publicada pela Agência Nacional de Vigilância Sanitária (Anvisa, Resolução RDC n. 269, de 22 de setembro de 2005)[9] e foi elaborada com base nas recomendações da Organização das Nações Unidas para Agricultura e Alimentação (FAO) e Organização Mundial da Saúde (OMS), bem como nas DRIs do Instituto de Medicina dos Estados Unidos.

Baixa ingestão ou absorção de nutrientes causa sinais de deficiência, bem como quantidades de minerais ingeridas acima do recomendado podem resultar em toxicidade. Diante de exposições deficientes ou elevadas a minerais, o organismo possui mecanismos de regulação, com um processo denominado homeostase, por meio do qual são mantidos níveis adequados e constantes de nutrientes no corpo. Para isso, absorção, excreção, metabolismo e estocagem desses elementos são controlados. Caso não houvesse essa regulação pelo organismo, um controle rígido da dieta deveria ser adotado, de modo que as necessidades de nutrientes fossem atingidas de forma satisfatória, evitando deficiências ou excessos. Contudo, a homeostase de nutrientes é mantida somente diante de curtos períodos de exposição, tornando-se ineficiente quando há alta ou baixa ingestão por longo período. Por conta disso, ainda existem milhões de pessoas ao redor do mundo sofrendo de problemas de saúde advindos desses desequilíbrios, como anemia, bócio e hipertensão.

O teor de minerais em um alimento pode ser estimado por meio da quantificação de cinzas, que é a massa residual após a completa combustão do material orgânico de um alimento. Os minerais residuais após a combustão estão na forma de óxidos metálicos, sulfatos, fosfatos, nitratos, cloretos e o conteúdo mineral é superestimado por essa análise, pois se considera o oxigênio associado aos íons. Outros métodos incluem a espectroscopia de absorção atômica, que possui a desvantagem de quantificar somente um mineral por vez, e a espectrometria com plasma acoplado, técnica capaz de determinar múltiplos minerais simultaneamente.

A seguir, são apresentados os principais minerais encontrados em alimentos e de importância para a tecnologia e funções fisiológicas do organismo.

Principais minerais em alimentos

Cálcio

Apresenta-se como um cátion divalente (Ca^{2+}) e é o mineral mais abundante do organismo humano, compondo todo o tecido ósseo e dentes. É um mineral importante para vários processos bioquímicos fundamentais à vida, como fotossíntese, fosforilação oxidativa, coagulação sanguínea, contração muscular (sistema locomotor e batimentos cardíacos), divisão celular, transmissão de pulsos nervosos, entre outros.

A necessidade de ingestão de cálcio varia de 210 a 1.300 mg/dia, dependendo das características de cada indivíduo (idade, gênero, atividade física etc.). A absorção desse mineral pode ser afetada por oxalato e fitato/oxalato, pela formação de oxalato de cálcio, um quelato insolúvel que, além de diminuir a absorção de cálcio, pode se depositar nos rins e formar cálculos renais. Uma eficiente absorção de cálcio é ainda dependente de um suprimento adequado de vitamina D, a qual é sintetizada no organismo por sua exposição aos raios solares.

A deficiência de cálcio pode causar osteoporose, hipertensão e câncer. A principal fonte de cálcio é o leite.

Cloro

O cloro (Cl^-) está associado ao sódio (Na^+), sendo seu contraíon no ambiente extracelular, e ao H^+ no suco gástrico. Possui rápida absorção no organismo e o excesso é excretado na urina.

Por ser ingerido principalmente por meio do consumo de cloreto de sódio, sua função no metabolismo está fortemente relacionada às funções do sódio.

Fósforo

O fósforo desempenha papel importante para a estrutura de membranas celulares e está envolvido em diversos processos metabólicos. No organismo, pode ser encontrado como fosfato inorgânico (HPO_4^{2-}), participando da constituição de diversas moléculas, incluindo a hidroxiapatita ($C_{10}(PO_4)_6(OH)_2$), substância que compõe esqueleto e dentes, e que representa 99% da reserva mineral de cálcio e 80% da de fósforo no organismo.

Fosfatos orgânicos também estão presentes nos tecidos, como fosfolipídios na bicamada celular, DNA, RNA, ATP, entre outros. As formas orgânicas de fosfato são clivadas por fosfatases intestinais, transformando-o em sua forma inorgânica, a qual é absorvida.

Em função da ampla disseminação de fósforo, este se torna um elemento importante para diversas funções do organismo, como a reprodução, transporte através de membranas, metabolismo energético etc.

A necessidade diária de ingestão varia de 100 mg (para lactentes) a 1.250 mg (para adolescentes, lactantes e gestantes) e deficiências de fósforo são incomuns, pois esse é um elemento mineral facilmente encontrado em alimentos. As principais fontes são produtos de origem animal, como lácteos, carnes, aves, peixes, e os de origem vegetal, como legumes e grãos. Embora as fontes vegetais sejam ricas em fósforo, esse mineral encontra-se na forma de fitatos, o que diminui a biodisponibilidade do fósforo obtido a partir de fontes vegetais.

Magnésio

O magnésio é importante para a vida, pois participa da constituição e ativação de enzimas e contribui para a estabilidade da membrana plasmática e das membranas intercelulares, bem como participa de reações que dependem de adenosina trifosfato (ATP). A ingestão diária recomendada de magnésio varia de 300 a 400 mg e as principais fontes desse mineral são carne, leite e seus derivados.

Potássio

O potássio é amplamente usado em fertilizantes e, por isso, é um mineral facilmente encontrado em um grande número de alimentos. Assim, deficiências de potássio são raras, em virtude da alta exposição a esse elemento por meio da dieta. No organismo, o potássio encontra-se no meio intracelular, sendo de vital importância, juntamente com o sódio, para a regulação das bombas de sódio e potássio e, assim, são essenciais para o transporte de íons às células, regulando sua pressão osmótica. É importante também para a ativação de várias enzimas da via glicolítica e cadeia respiratória.

Batata, espinafre, lentilha, beterraba, banana e melaço são algumas fontes para a obtenção de potássio a partir da dieta.

Sódio

O sódio é o sexto mineral mais abundante da crosta terrestre, sendo, assim, facilmente acessível à dieta humana. Além disso, possui alta biodisponibilidade, o que torna raros os casos de deficiência nutricional relacionadas ao sódio.

Assim como o potássio, ocorre naturalmente na forma de sais e, no organismo, encontra-se localizado no fluido extracelular (50%), ossos (40%) e interior das células (10%).

É fundamental para o transporte de nutrientes às células e para a regulação do fluido extracelular, por meio do controle da pressão osmótica. Além disso, participa da ativação de algumas enzimas, como a amilase salivar, e também está relacionado ao controle da pressão sanguínea. Em decorrência disso, o alto consumo de sal está associado à maior incidência de hipertensão, AVC, doenças coronárias e renais. Em razão da alta ocorrência desses distúrbios, especialmente os casos de hipertensão, que se tornou um problema de saúde pública, recomenda-se a diminuição da ingestão de cloreto de sódio na dieta, limitando-se ao máximo de 6 gramas de sal por dia.

Minerais "traço" em alimentos

Cromo

É um micronutriente essencial. A forma oxidada Cr^{6+} é tóxica, ao contrário do Cr^{3+}. É um elemento importante para a utilização de glicose pelo organismo, pois ativa a fosfoglicomutase e aumenta a atividade de insulina.

As deficiências de cromo estão associadas à diminuição da tolerância à glicose e aumento do risco de doenças cardiovasculares.

A ingestão diária recomendada é de 5 a 200 μg e o cromo pode ser obtido na dieta por meio do consumo de produtos cárneos e lácteos.

Cobalto

O cobalto é o constituinte central da vitamina B_{12} (cobalamina), e por isso é considerado um nutriente essencial. Cobalto pode ser ingerido na dieta pelo consumo de queijos, leite e miúdos de animais, onde esse mineral se encontra em maior concentração do que na carne.

Cobre

O cobre é um mineral essencial e alimentos de origem animal são boas fontes. É um constituinte de enzimas oxidorredutoras, como citocromo oxidase, superóxido dismutase e amina oxidase. É fundamental para a estabilidade da glicoproteína ceruloplasmina, a qual é sintetizada no fígado e contém seis átomos de cobre. Essa proteína catalisa a oxidação do Fe^{2+} para Fe^{3+} – forma ativa para o transporte de ferro pela transferrina do sangue até o fígado.

A necessidade diária de cobre é de 1 a 1,5 mg, e essa quantidade é facilmente adquirida em uma dieta normal. O cobre é muitas vezes indesejável em alimentos processados, pois catalisa reações oxidativas, principalmente em alimentos ricos em ácidos graxos insaturados e ácido ascórbico.

Ferro

O ferro é o quarto elemento mais abundante da face da terra e é essencial para a vida de quase todos os seres vivos, pois participa de processos biológicos fundamentais, como o transporte de oxigênio por meio da hemoglobina no sangue e mioglobina no tecido muscular, do metabolismo energético e respiratório, da síntese de DNA, da destruição de peróxido de hidrogênio, entre outros.

Nos sistemas biológicos, o ferro encontra-se associado a porfirinas e proteínas, somando cerca de quatro gramas em homens adultos, e, desse total, dois terços estão na forma disponível para ser usada em processos metabólicos e o restante encontra-se presente em estoques no fígado, baço e ossos. Nas células, o estoque de ferro é feito no interior de proteínas denominadas apoferritinas, as quais são estruturas proteicas esféricas compostas por 24 unidades de polipeptídeos, dentro das quais podem ser armazenados até 4.500 átomos de ferro. Essa estratégia de reserva celular possibilita a rápida mobilização de ferro para a síntese de hemoglobina e mioglobina, ao mesmo tempo que evita a toxicidade causada pela circulação de ferro livre no interior das células, o que causaria a formação de espécies reativas de oxigênio e, como consequência, a oxidação lipídica, proteica e de DNA.

A absorção de cerca de dois miligramas de ferro é suficiente para suprir as necessidades diárias de um indivíduo saudável, mas, apesar de ser um valor pequeno, a anemia causada por deficiência de ferro ainda é um problema de grande prevalência mundial. Isso se deve ao fato de o ferro ter baixa disponibilidade quando obtido diretamente da alimentação normal, principalmente a partir de alimentos de origem vegetal. As funções biológicas do ferro dependem de sua capacidade de aceitar ou doar elétrons. Assim, em soluções aquosas, o ferro predomina em sua forma reduzida e mais solúvel (Fe^{2+}), porém, quando entra em contato com o oxigênio, é oxidado a Fe^{3+} e $Fe(OH)^3$. As formas oxidadas, férrica e hidróxido de ferro, possuem menor solubilidade, o que diminui sua absorção pelo intestino e isso explica a baixa biodisponibilidade de ferro.

O ferro encontra-se disponível nos alimentos como ferro heme e ferro não heme. Quando o íon ferroso (Fe^{2+}) encontra-se ligado no interior de um anel heterocíclico de porfirina, diz-se que é ferro heme (Figura 1.22). O ferro heme, sua forma orgânica, encontra-se associado à mioglobina e hemoglobina e é fundamental para o transporte de oxigênio através do sangue às células. Por estar ligado ao grupo heme, o ferro torna-se indisponível para se associar com outras substâncias, especialmente as inibidoras, como polifenóis, fitatos, algumas proteínas, cálcio e fosfatos. Sendo assim, o ferro tipo heme é o mais biodisponível. Fontes de ferro heme incluem carnes, aves e peixes.

Já o ferro não heme, em sua forma inorgânica, não se encontra associado a um grupo heme da hemoglobina e está presente principalmente em alimentos de origem vegetal. Por ser a forma não ligada, o ferro não heme torna-se disponível para a ligação de outros compostos, entre eles, os inibidores de absorção de ferro, como citrato, fitatos e oxalatos, diminuindo a absorção desse mineral. Assim, a absorção de ferro não heme é guiada pela composição e quantidade de inibidores ingeridos na dieta e, a depender dos tipos de alimentos consumidos, a biodisponibilidade de ferro não heme pode ser diminuída significativamente. O consumo de ferro heme proveniente de carnes, aves, peixes e alguns compostos, como ácido cítrico, ascórbico e EDTA, auxilia no aumento da biodisponibilidade do ferro não heme da dieta.

O armazenamento de alimentos por longo período em embalagens metálicas pode aumentar sua concentração de ferro. Muitas vezes, o ferro é um elemento indesejável para a tecnologia de alimentos, pois pode catalisar reações oxidativas em óleos e gorduras, contribuir para o aumento da turbidez de vinhos e para o crescimento de bactérias dependentes de ferro. Para evitar esses problemas, quelantes, como o EDTA, podem ser utilizados.

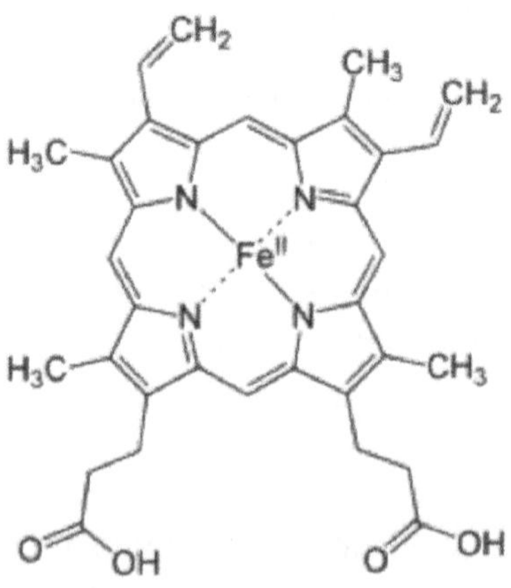

Figura 1.22. Grupo heme e o ferro quelado em seu interior. O estado de oxidação do ferro no grupo heme pode ser tanto II como III.

Flúor

O flúor é importante para o crescimento e a reprodução humana. Atua também na prevenção de cáries dentárias, por proteger o esmalte dental e inibir a ação das enzimas associadas ao surgimento das cáries. Uma concentração elevada desse elemento pode causar efeitos tóxicos ao organismo.

Iodo

O iodo é fundamental para a síntese dos hormônios tireoidais – tiroxina (T4) e tri-iodotironina (T3) – os quais são essenciais à vida, pois estão associados ao controle do metabolismo basal e do desenvolvimento neuronal, físico e mental.

Por ser fundamental à produção desses hormônios, a deficiência de iodo causa inúmeros e graves distúrbios no organismo, como bócio, decréscimo de fertilidade, aumento da mortalidade perinatal, retardo do crescimento infantil e déficit de desenvolvimento mental. As deficiências podem ocorrer mais facilmente em locais onde os alimentos são produzidos em solo pobre em iodo.

A iodização do sal utilizado na alimentação humana e na pecuária foi uma medida adotada como forma de diminuir a incidência dos problemas de saúde pública relacionados à deficiência de iodo. Iodato de potássio é usado para a fortificação do sal com iodo. Altas concentrações desse elemento, contudo, pode aumentar os riscos de distúrbios reprodutivos e de lactação.

Fontes alimentares naturais de iodo incluem leite, ovos e frutos do mar. A quantidade recomendada de ingestão é de 90 a 290 μg de iodo por dia.

Manganês

O manganês apresenta-se como um íon metálico divalente (Mn^{2+}) e é importante para a ativação de várias enzimas, como arginase, amino peptidase, fosfatase alcalina, lecitinase, enolase. Não apresenta toxicidade ao organismo mesmo em altas concentrações.

O requerimento diário é de 2 a 5 mg e as principais fontes de manganês são alimentos de origem animal, especialmente músculo bovino.

Molibdênio

O molibdênio é um constituinte de certas enzimas, como a aldeído oxidase e a xantina oxidase. É fundamental também para a composição da nitratoredutase bacteriana, a qual está envolvida nos processos de cura e fabricação de picles.

A ingestão diária recomendada desse micronutriente é de 0,3 mg. O molibdênio pode ser adquirido a partir do consumo de alimentos de origem animal, e está concentrado especialmente nos miúdos. Alta concentração desse mineral é tóxica ao organismo.

Níquel

O níquel é um elemento-traço essencial e está envolvido na ativação de enzimas como a fosfatase alcalina e a oxalacetato descarboxilase, além de aumentar a atividade da insulina. Deficiência de níquel pode provocar danos mitocondriais hepáticos. O requerimento dietético diário de níquel varia de 35 a 500 μg.

Selênio

O selênio é um micronutriente constituinte de certas proteínas do organismo, como glutationa peroxidase e selenoproteínas, sendo a selenocisteína a forma ativa desse elemento em animais e a selenometionina a forma de estoque de selênio. Possui também atividade antioxidante, podendo aumentar a atividade do tocoferol e é importante para a ação da glutationaperoxidase, uma enzima que atua na proteção oxidativa de membranas lipídicas.

O valor de referência para a ingestão de selênio é de 30 a 70 μg/dia. A ingestão adequada de selênio pode contribuir para a prevenção de alguns tipos de câncer, além de possuir efeito cardioprotetor. As principais fontes de selênio são a castanha-do-brasil (antigamente chamada castanha-do-pará), cereais, carnes, ovos e frutos do mar.

A concentração de selênio nos alimentos varia muito entre as regiões de produção e as deficiências de selênio ocorrem em dietas baseadas no consumo de alimentos produzidos em solos pobres nesse nutriente. A carência de selênio pode ocasionar esterilidade feminina, problemas cardíacos como inflamação do miocárdio, insuficiência cardíaca, aumento do coração e arritmia. O excesso desse nutriente, por outro lado, pode contribuir para o aumento do risco de câncer.

Sulfato

O sulfato inorgânico (SO_4^{2-}) é requerido para a síntese de sulfato ativo (3'-fosfoadenosina-5'-fosfosulfato), o qual é necessário para a biossíntese de vários compostos sulfurados essenciais para o organismo. A ingestão de sulfato será maior quanto maior for o consumo de uma dieta rica em aminoácidos sulfurados (metionina, cisteína, glutationa, taurina) e, por isso, sua deficiência é rara em populações que possuem ingestão adequada de proteínas.

As principais fontes de sulfato incluem frutas secas, alguns pães, farinha de soja, água mineral, cervejas e vinhos.

A ingestão excessiva de sulfato pode provocar diarreia.

Zinco

Em sistemas biológicos, o zinco encontra-se majoritariamente ligado a proteínas, especialmente aos compostos com grupo sulfidrila (–SH) e amina. Possui papel importante na estrutura e função de metaloenzimas, como álcool desidrogenase, lactato desidrogenase e malato desidrogenase, e tem ação antioxidante e regulatória da expressão gênica.

As principais fontes de zinco na dieta são carne e leite. O zinco não é facilmente estocado no organismo, portanto, a baixa ingestão desse mineral pode facilmente causar deficiências cujos sintomas principais são debilidade do sistema imune, dificuldade de cicatrização e falta de apetite. A ingestão excessiva de Zn^{2+} ativa o controle homeostático do organismo, que equilibra seus níveis diminuindo a absorção no intestino e aumentando a excreção. A dose diária recomendada de zinco é de 2 a 13 mg.

Como a maioria dos minerais, a absorção de zinco é afetada por ácido fítico. Uma dieta rica em cereais integrais e legumes diminui a biodisponibilidade de zinco e aumenta os riscos de deficiência. Os produtos refinados, como a farinha, por exemplo, possuem menor teor de ácido fítico, mas também de zinco, o qual é perdido durante o processamento. Dessa forma, a absorção de zinco ainda é maior no consumo de cereais integrais.

Metais tóxicos em alimentos

Todos os metais podem ser tóxicos se ingeridos em altas quantidades. Entretanto, alguns elementos apresentam alto grau de toxicidade mesmo em baixas concentrações, como o mercúrio, o chumbo e o cádmio, os quais podem representar alto risco à saúde humana.

Esses metais podem ser acumulados nos alimentos através de solo contaminado, água de irrigação, partículas que chegam e são depositadas nas plantas pelo ar, uso de fertilizantes, fungicidas e esgotos. Além disso, outras fontes de contaminação incluem a água utilizada no processamento, bem como o maquinário pelo qual o alimento entra em contato durante o processo de produção industrial. O cozimento, contudo, pode diminuir a concentração desses metais pesados em alimentos.

O chumbo é um metal neurotóxico, podendo causar problemas comportamentais e déficit de aprendizado, bem como anemia, problemas renais e, em altas doses, pode até mesmo provocar convulsão, coma e morte. O cálcio é um inibidor da absorção de chumbo por competir pelas proteínas receptoras no trato gastrintestinal que transportam esses minerais para as células. Pela alta afinidade do cálcio, esses receptores são saturados e tornam-se indisponíveis para a ligação com o chumbo.

O mercúrio também é um metal pesado tóxico, disperso naturalmente. É um elemento útil em fungicidas, antibacterianos e termômetros, porém pode causar sérios danos neurológicos e renais. Pode se acumular mais facilmente em peixes e mamíferos marinhos.

Outro metal tóxico para o organismo é o cádmio. É um elemento que ocorre naturalmente em solos, lagos e rios. O uso de fertilizantes contaminados pode promover aumento na contaminação do solo e, por ser mais biodisponível que chumbo e mercúrio, acumula-se mais facilmente nas plantas. Alguns vegetais, cereais e frutos do mar são fontes mais propícias de cádmio. A intoxicação com cádmio pode causar disfunção renal, distúrbios ósseos e alguns tipos de câncer.

Biodisponibilidade de minerais

A biodisponibilidade indica a proporção de determinado nutriente que é absorvido e utilizado pelo organismo em processos metabólicos. Assim, somente o conhecimento sobre a composição de um alimento não é suficiente para classificá-lo como fonte de certos componentes com funcionalidade nutricional.

De modo geral, ao serem ingeridos, os minerais sofrem pouca variação durante a mastigação, passando pela ação da amilase salivar quase inalterados. No ambiente estomacal ácido, entretanto, esses minerais, os quais encontravam-se ligados a proteínas e outros componentes alimentares, são liberados e podem se ligar a diferentes substâncias, formando complexos, muitas vezes com absorção diminuída.

Para minerais, a biodisponibilidade é dita como a eficiência com que são absorvidos do lúmen intestinal para a corrente sanguínea, e a solubilidade do mineral no conteúdo intestinal é um importante aspecto para que a absorção ocorra de forma eficiente. Mesmo absorvidos, os minerais ainda podem estar em determinadas formas nas quais não poderão ser utilizadas pelo organismo. Isso acontece com algumas formas de ferro quelado, por exemplo, o qual é absorvido no intestino, contudo, não é capaz de ser utilizado pelas células, sendo, assim, excretado na urina.

Vários fatores podem contribuir para o aumento ou a diminuição da biodisponiblidade de minerais em alimentos.

Ácidos orgânicos, como ascórbico, cítrico e lático, contribuem para o aumento da absorção de alguns minerais, por formarem quelatos solúveis ao mesmo tempo que inviabilizam esses minerais para a associação com outros agentes ligantes, impedindo, assim, a formação de complexos insolúveis. O ácido ascórbico, por exemplo, aumenta a absorção de ferro ao reduzi-lo para sua forma ferrosa (Fe^{2+}), que é mais biodisponível. De maneira semelhante, aminoácidos e polipeptídeos provenientes do consumo de carnes bovina, de aves e peixes, também são capazes de formar quelatos com o ferro, aumentando sua solubilidade ao reduzi-lo à sua forma mais absorvível.

Outras substâncias, contudo, podem diminuir a biodisponibilidade de minerais de forma significativa. É o caso dos fitatos, especialmente o ácido fítico, os quais se encontram em grande parte das plantas, especialmente em grãos e cereais, já que as reservas de fósforo estão nas sementes e são considerados os principais inibidores da absorção mineral. Em pH fisiológico, o ácido fítico se ioniza e torna-se capaz de quelar alguns minerais, como Ca^{2+}, Fe^{2+}, Fe^{3+}, Zn^{2+} e Mg^{2+}, diminuindo sua absorção. Diante disso, fitatos são considerados compostos antinutricionais e pesquisas têm buscado, por meio de melhoramento genético, a seleção de variedades vegetais com baixo teor desses compostos. Por outro lado, a presença de ácido fítico na dieta pode ter papel importante, já que ele possui ação protetora contra alguns tipos de câncer e é considerado um antioxidante natural por quelar ferro e cobre, minerais envolvidos em processos oxidativos.

Polifenóis também causam a diminuição da biodisponibilidade de ferro no organismo. Em especial, chás que possuem grande concentração de taninos são fortes inibidores da absorção de certos minerais.

De modo geral, os minerais, em suas formas ligadas a outros componentes, possuem biodisponibilidade reduzida.

Fortificação mineral de alimentos

As deficiências de minerais ocorrem pela baixa exposição a esses componentes, a qual pode ocorrer em função da baixa concentração desses nutrientes nos alimentos, dos hábitos alimentares de uma população, condição socioeconômica, tipo de solo onde os alimentos são produzidos, composição da dieta alimentar e práticas de processamento. Mesmo com uma ingestão adequada, outra causa muito importante de deficiências é a baixa biodisponibilidade desses minerais no organismo.

A deficiência de minerais pode causar vários problemas de saúde pública e, diante disso, a fortificação de alimentos foi adotada como medida de prevenção e diminuição da prevalência dos casos associados à deficiência nutricional.

A primeira fortificação mineral foi realizada nos Estados Unidos em 1941, quando o iodo foi adicionado ao sal de cozinha a fim de evitar o bócio. Em 1943, a farinha foi adicionada de ferro e algumas vitaminas, para diminuir os casos de anemia.

Por catalisar processos oxidativos, a fortificação de alimentos com ferro apresenta alguns problemas tecnológicos, como a oxidação de ácidos graxos insaturados, e, consequentemente, alterações de cor, sabor e odor.

O sulfato ferroso é a fonte mais barata de ferro para fortificação de alimentos, é altamente biodisponível, porém reativo, podendo desenvolver os problemas relacionados à oxidação lipídica citados anteriormente. Diante disso, o uso de complexos de ferro com quelantes, como o EDTA de ferro e sódio [NaFe(III)EDTA] e aminoácidos, como o bisglicinato ferroso (ferro ligado à glicina), representam algumas alternativas a esses problemas tecnológicos. Nesses casos, o ferro encontra-se indisponível para catalisar as reações oxidativas em alimentos e também para se ligar a outros componentes formando complexos insolúveis e de difícil absorção. Uma desvantagem, contudo, é que são fontes de ferro de custo mais elevado em relação ao sulfato ferroso.

O zinco também é usado para a fortificação de alimentos, a qual é feita pelo uso de óxido de zinco, que é um composto estável. A fortificação com zinco pode afetar a absorção de ferro.

A partir de 1993, a Organização Mundial da Saúde lançou uma estratégia de iodização de todo o sal, incluindo o utilizado para consumo humano, na pecuária e no processamento de alimentos. As formas mais usadas para a fortificação são o iodeto de sódio (NaI) e o iodato de sódio ($NaIO_3$), este último o mais usado por ser mais estável. Desde então, a incidência de bócio e o retardo mental, provenientes da deficiência desse mineral, diminuíram consideravelmente.

Efeitos do processamento sobre minerais e suas propriedades funcionais em alimentos

Os minerais, ao contrário de sua biodisponibilidade nutricional, não são afetados por fatores como luz, pH e aquecimento. Contudo, perdas desses componentes podem ocorrer por lixiviação ou separações mecânicas. O processo de moagem de cereais, por exemplo, em que certas estruturas são separadas do endosperma, é um dos principais fatores de perda de nutrientes minerais em alimentos. Por serem altamente solúveis, muitos minerais também são perdidos durante a produção de queijos, pois são eliminados com o soro de leite, e também durante o cozimento de alimentos, em que parte desses compostos é perdida na água de cocção.

Alguns minerais, adicionados ou naturalmente presentes em alimentos, são importantes para a tecnologia de alimentos por suas propriedades funcionais.

O cálcio, por exemplo, está associado à diminuição do tempo de coagulação em queijos, bem como uma elevada concentração desse mineral os torna mais elásticos. Coalhadas pobres em cálcio são mais quebradiças.

O fósforo, o qual pode ser adicionado aos alimentos por meio de aditivos fosfatos (ácido fosfórico, ortofosfatos, pirofosfato, entre outros), pode ser usado para a acidificação de refrigerantes, como tamponante em bebidas, como estabilizante, emulsificante e ligante de água. Quando adicionado em carnes e peixes, aumenta a capacidade de retenção de água (CRA) desses alimentos, aumentando assim a maciez.

O cloreto de sódio geralmente é usado buscando a intensificação de sabor e o controle microbiológico, o qual é alcançado pela diminuição da atividade de água, além de ser útil para aumentar a CRA, melhorar a cor e diminuir o amargor. Na produção de queijos, o NaCl também atua no controle da taxa de fermentação e, em produtos cárneos processados, age como conservante e emulsificante, por aumentar a solubilização de algumas proteínas. O cloreto de sódio também tem papel importante na estabilidade estrutural da rede de glúten em massas.

A presença de ferro em alimentos pode representar um problema, pelo poder catalisador de reações oxidativas desempenhado por esse elemento. Assim, quando o ferro é indesejável, especialmente em alimentos ricos em ácidos graxos insaturados, utilizam-se agentes quelantes, como o EDTA. O ácido ascórbico, reconhecido antioxidante, pode desempenhar papel pró-oxidante na presença de ferro, por reduzi-lo de sua forma férrica (Fe^{3+}) para a ferrosa (Fe^{2+}), o qual é mais reativo no processo de peroxidação lipídica.

Níquel é um elemento utilizado como catalisador da reação de hidrogenação de óleos vegetais.

O cobre está presente em alimentos como complexos e quelatos e, assim como o ferro, participa das reações de peroxidação lipídica em alimentos. Promove a estabilidade da albumina e, consequentemente, da estrutura aerada das claras em neve.

Vitaminas

As vitaminas são os micronutrientes que compõem o grupo de compostos orgânicos essenciais para a manutenção do bom funcionamento do organismo, já que este não é capaz de sintetizá-las, exceto a vitamina D e a niacina. Nos alimentos, estão presentes em pequenas quantidades e possuem variadas funções no organismo, entre as quais se encontram atuando como coenzimas ou seus precursores, como componentes do sistema antioxidante, como fatores na regulação genética, e nos alimentos, como precursores de sabor, como reagentes de reações de escurecimento e outras funções específicas. As vitaminas são classificadas de acordo com a solubilidade, a saber, as lipossolúveis e as hidrossolúveis. As vitaminas lipossolúveis são representadas pelas vitaminas A, D, E e K, as hidrossolúveis pelas vitaminas C e as do grupo B (tiamina - B1, riboflavina - B2, niacina, vitamina B6, ácido pantotênico, ácido fólico e vitamina B12).

As perdas de vitaminas durante o processamento de alimentos são inevitáveis e iniciam-se no momento da colheita; assim, a maior parte do processamento até que o alimento chegue ao consumidor final deve ser realizada com o objetivo de minimizar essas perdas. Os fatores que possuem papel significativo na perda de vitaminas durante processamento e armazenamento incluem temperatura, contato com oxigênio, luz, umidade, atividade de água, pH, enzimas e presença de metais como cobre e ferro.

Vitaminas hidrossolúveis

Ácido ascórbico

O termo vitamina C é um descritor de todos os compostos que possuem a atividade biológica do ácido ascórbico. Este é altamente solúvel em soluções aquosas, possuindo propriedades ácidas e um forte poder redutor e antioxidante sendo, portanto, utilizado como ingrediente alimentar. O isômero ácido L-ascórbico é a forma natural encontrada, ocorrendo principalmente em frutas (especialmente nas cítricas) e vegetais verdes frescos e é fácil e reversivelmente oxidado ao ácido deidroascórbico, o qual possui plena atividade de vitamina C (Figura 1.23). O total de vitamina C nos alimentos resulta do somatório dos teores de ambos os ácidos.

O ácido ascórbico é extremamente sensível à oxidação química e enzimática durante processamento, armazenamento e cocção de alimentos. A oxidação do ácido ascórbico é considerada a principal reação causadora da perda da vitamina C na matriz alimentar. Também ocorrem perdas de vitamina C por lixiviação, principalmente por meio de aquecimento. Pela via anaeróbica, a degradação do ácido ascórbico leva à formação do ácido dicetogulônico, que não apresenta atividade vitamínica.

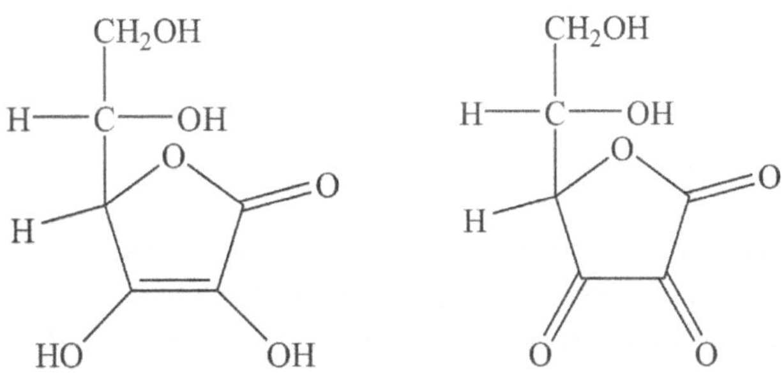

Ácido ascórbico — Ácido deidroascórbico

Figura 1.23. Estruturas dos ácidos ascórbico e deidroascórbico.

A oxidação da vitamina C pelas vias aeróbicas ou anaeróbicas levam à formação de furaldeídos, os quais formam polímeros que resultam em pigmentos escuros.

Tiamina (vitamina B_1)

A tiamina ocorre naturalmente na forma de pirofosfato de tiamina (Figura 1.24) e funciona como coenzima para enzimas envolvidas no metabolismo de carboidratos e aminoácidos. A maior demanda no organismo ocorre em momentos de intensificação do metabolismo, como durante atividade muscular intensa, gravidez, lactação, febre prolongada e hipertireoidismo. Fontes ricas em tiamina incluem extrato de levedura, farelos de trigo e arroz, farinha de aveia, cereais integrais, leguminosas, nozes, fígado e rins.

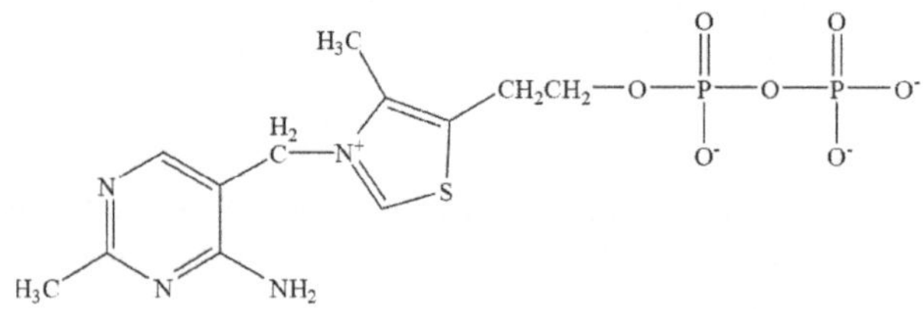

Pirofosfato de tiamina+

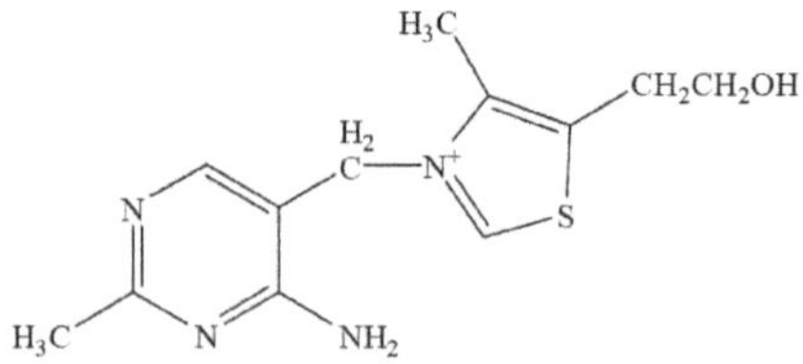

Tiamina+

Figura 1.24. Estrutura da tiamina e do pirofosfato de tiamina.

Vários fatores promovem a perda de tiamina em alimentos, como pH, temperatura, teor de umidade e radiação UV. Além disso, a ação do dióxido de enxofre ou sulfitos, os quais normalmente são utilizados em alimentos como conservantes, também leva à perda da atividade vitamínica da tiamina.

Riboflavina (vitamina B_2)

A riboflavina (Figura 1.25) ocorre naturalmente na forma fosforilada e a seus derivados dá-se o nome genérico de flavinas, dentre as quais se encontram a flavina mononucleotídeo (FMN) e a flavina adenina dinucleotídeo (FAD). Elas funcionam como coenzimas em enzimas que catalisam diferentes processos metabólicos de oxirredução. As importantes fontes de vitamina B2 incluem extrato de levedura, fígado, rins, farelo de trigo, ovos, leite e queijo.

A riboflavina é estável em meio ácido, sob a ação do calor e oxigênio; no entanto, em ambientes alcalinos e quando exposta à luz, sofre degradação.

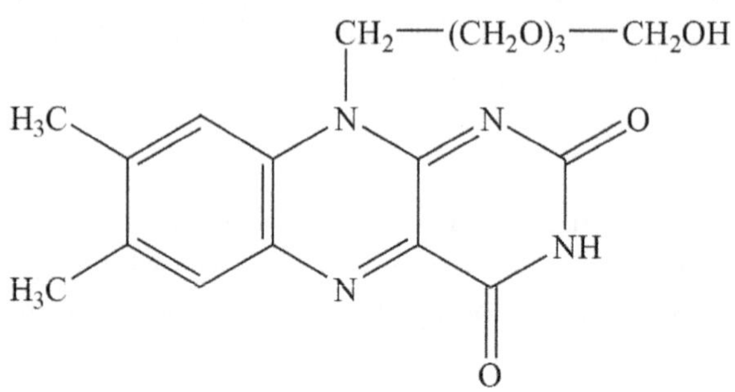

Figura 1.25. Estrutura da vitamina B_2.

Niacina

Niacina é o nome genérico dado ao ácido nicotínico e à nicotinamida (Figura 1.26), e tem como seu precursor o triptofano. As principais fontes da niacina compreendem carne vermelha magra, carne de frango, fígado e cereais.

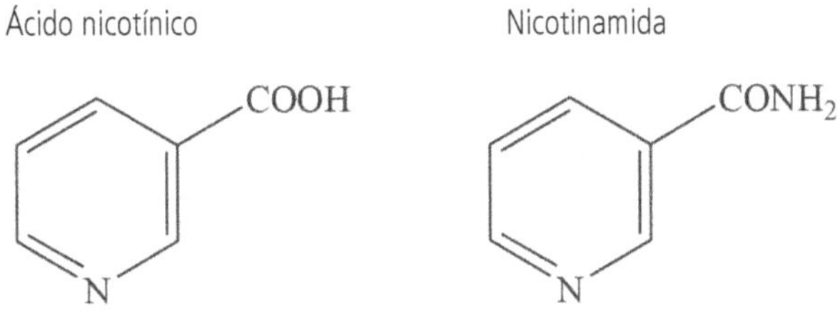

Figura 1.26. Estruturas das formas da niacina.

A niacina é estável durante processamento, armazenamento e cocção dos alimentos, sendo considerada a mais estável entre todas as vitaminas. As perdas de niacina se dão por lixiviação.

Vitamina B_6

O termo vitamina B_6 designa o grupo de compostos que possuem atividade vitamínica da piridoxina. Existem três compostos principais relacionados à atividade da vitamina B_6. São eles: piridoxal, piridoxamina e a própria piridoxina (Figura 1.27). Funcionam como coenzimas em mais de 100 diferentes enzimas envolvidas no metabolismo. Na maioria das frutas, vegetais, cereais e grãos, a vitamina B_6 encontra-se na forma de glicosídeo.

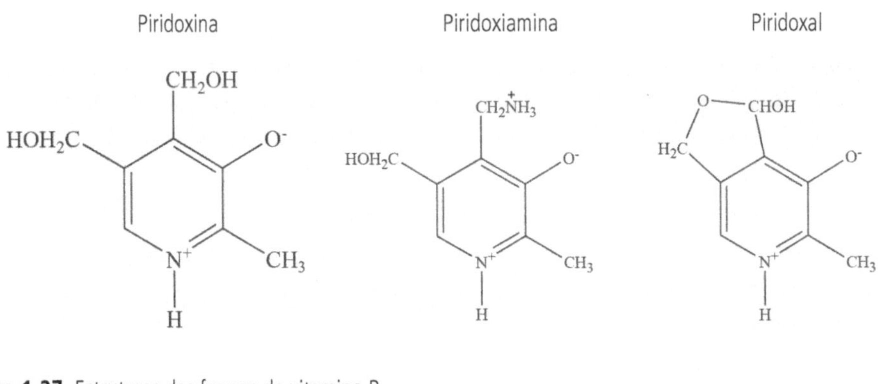

Figura 1.27. Estruturas das formas da vitamina B_6.

As três vitaminas apresentam estabilidade ao calor e ao oxigênio, no entanto, são destruídas pela ação da luz e, quando expostas à água, sofrem lixiviação.

Ácido pantotênico

A atividade biológica do ácido pantotênico (Figura 1.28) está relacionada à sua incorporação na estrutura molecular da coenzima A e como grupo prostético à proteína transportadora de acil. É encontrado praticamente em todos os gêneros alimentícios, principalmente sob a forma de coenzima A.

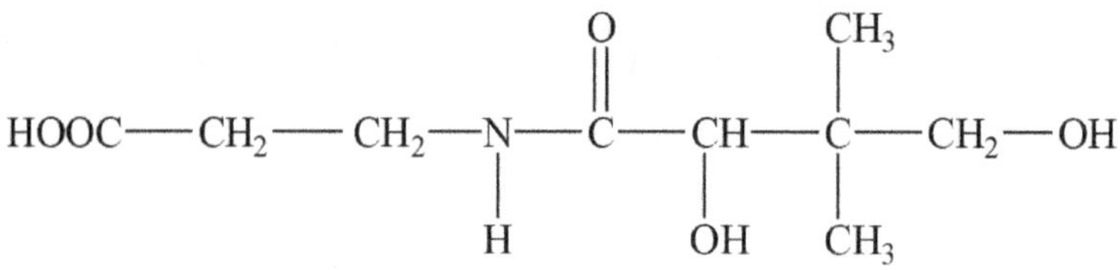

Figura 1.28. Estrutura do ácido pantotênico.

As perdas do ácido pantotênico ocorrem na cocção, durante o processamento térmico dos alimentos e por lixiviação.

Folato

A estrutura dos folatos consiste em uma 2-amino-4-hidroxipteridina (pterina) ligada a um ácido p-aminobenzoico que está ligado ao ácido L-glutâmico (Figura 1.29). Os folatos ocorrem naturalmente na forma reduzida (tetraidrofolatos) e estão envolvidos em reações bioquímicas que levam à síntese de purinas (adenina e guanina) e pirimidinas (timina), que constituem o DNA; portanto, uma deficiência em folato pode levar à replicação inadequada do DNA. O ácido fólico ocorre naturalmente em quantidades-traço e está presente principalmente em frutas, folhas verdes e legumes, como espinafre, aspargo e brócolis. Em 1998, a FDA (Food and Drug Administration), nos Estados Unidos, determinou que alimentos como farinha, arroz, pães e macarrão fossem enriquecidos com ácido fólico na concentração de 0,14 mg/100 g e no Brasil, a Anvisa, por meio da RDC n. 344, de 13 de dezembro de 2002,[10] determinou que farinhas de trigo e milho fossem fortificadas com 0,15 mg de ácido fólico para cada 100 g dessas farinhas, a partir de junho de 2004.

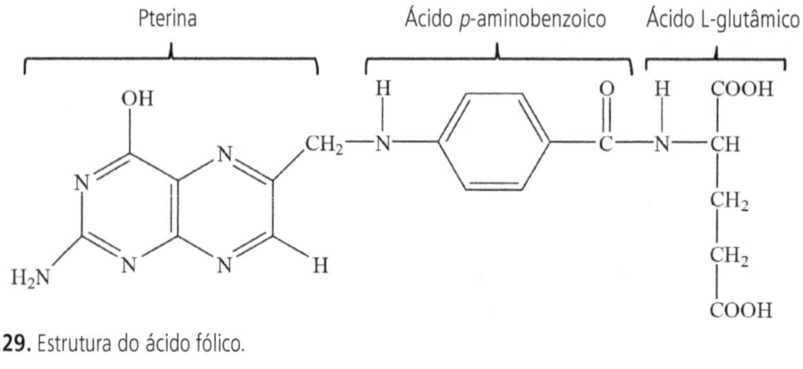

Figura 1.29. Estrutura do ácido fólico.

Com relação à estabilidade, o ácido fólico possui excelente retenção durante o processamento e o armazenamento de alimentos fortificados.

Vitamina B_{12}

A vitamina B_{12} é o termo genérico utilizado para o grupo de compostos chamados de cobalaminas, com atividade biológica semelhante à da cianocobalamina. A deficiência de vitamina B_{12} causa transtornos hematológicos, neurológicos e cardiovasculares. A fonte natural dessa vitamina restringe-se a alimentos de origem animal, especialmente leite, carne e ovos.

As cobalaminas presentes nos alimentos em geral são resistentes ao processamento térmico e à cocção.

Vitaminas lipossolúveis

Vitamina A

A vitamina A designa o grupo de hidrocarbonetos insaturados com atividade vitamínica semelhante à do retinol. Para que compostos possuam tal atividade, eles devem apresentar na estrutura molecular um anel β-ionona intacto e não oxigenado e uma cadeia lateral isoprenoide com terminação contendo uma função de álcool, aldeído ou carboxila. Os representantes desse grupo são os retinoides e seus precursores, os carotenoides (pró-vitamina A). Os retinoides comuns compreendem retinol, retinal, ácido retinoico, palmitato de retinil e acetato de retinil e alguns exemplos de carotenoides são α, β, γ caroteno, criptoxantina, cantanxantina e licopeno, cujas estruturas químicas estão apresentadas na Figura 1.30. Tanto retinoides quanto carotenoides são compostos lipofílicos, portanto, estão associados a sistemas lipídicos; por exemplo, no leite estão presentes nos glóbulos de gordura e, no suco de laranja, os carotenoides são encontrados em óleos dispersos. No organismo, a vitamina A atua no crescimento e na diferenciação celular, na reprodução, na embriogênese, na manutenção do sistema imune e na visão.

Em geral, a vitamina A é obtida de alimentos de origem animal, ao passo que os de origem vegetal são fontes de pró-vitamina A. A principal fonte de vitamina A é o fígado de animais, órgão em que o organismo estoca tal vitamina; além disso, são fontes importantes leite integral, manteiga, queijo e ovos, crustáceos e alguns peixes. A pró-vitamina A pode ser obtida principalmente de cenouras, batata doces e vegetais de folhas verde-escuras.

Os retinoides são rapidamente oxidados pelo oxigênio atmosférico, perdendo sua atividade biológica, e os carotenoides são sensíveis ao calor, à luz, ao oxigênio e a ácidos.

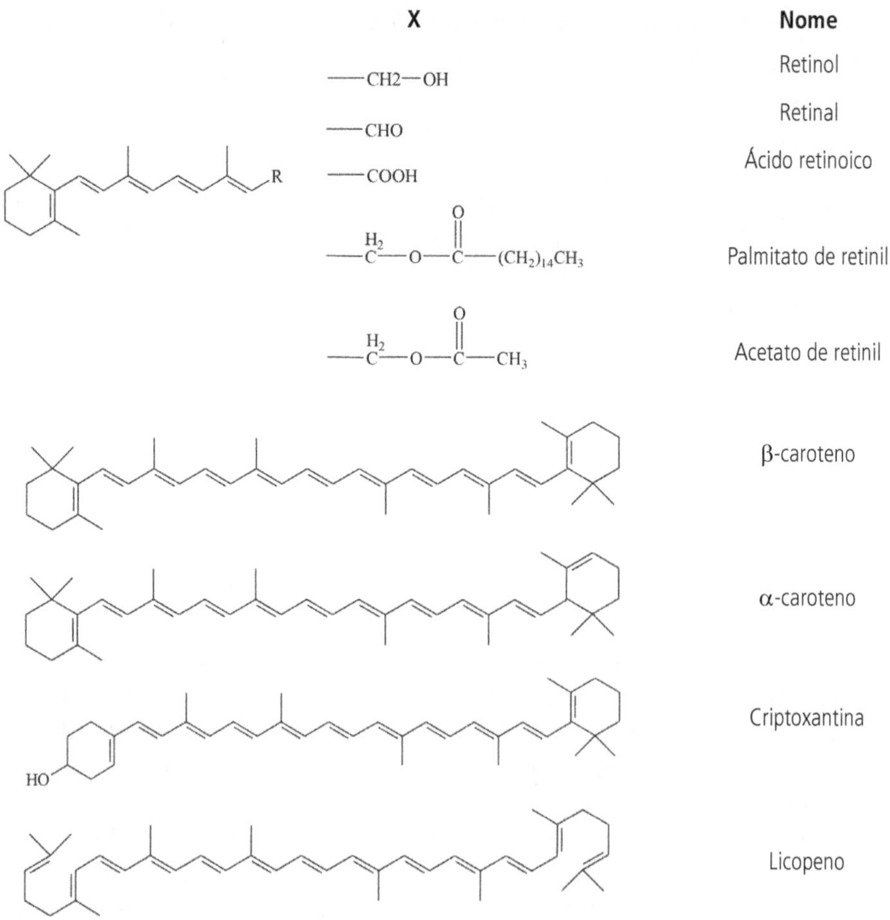

Figura 1.30. Estruturas de retinoides e alguns carotenoides.

Vitamina D

A vitamina D apresenta-se de duas diferentes formas: como vitamina D2 (ergocalciferol) ou como vitamina D3 (colecalciferol) (Figura 1.31). A vitamina D3 é sintetizada na pele mediante a exposição à luz ultravioleta, a partir de seu precursor, o 7-deidrocolesterol, e a vitamina D2 é produzida em plantas, fungos e leveduras pela irradiação solar do ergosterol. A vitamina D, em sua forma ativa, é responsável pela regulação da homeostase do cálcio e fósforo no organismo, e a principal condição decorrente da deficiência dessa vitamina é a malformação dos ossos. As principais fontes da vitamina D são os óleos de peixe e pequenas quantidades podem ser encontradas em fígados de mamíferos, ovos e produtos lácteos. O teor de vitamina D no leite varia com a sazonalidade, relacionada à quantidade de radiação solar à qual o animal foi submetido; assim, a fortificação de alimentos com esse micronutriente contribui de maneira significativa para as necessidades dietéticas.

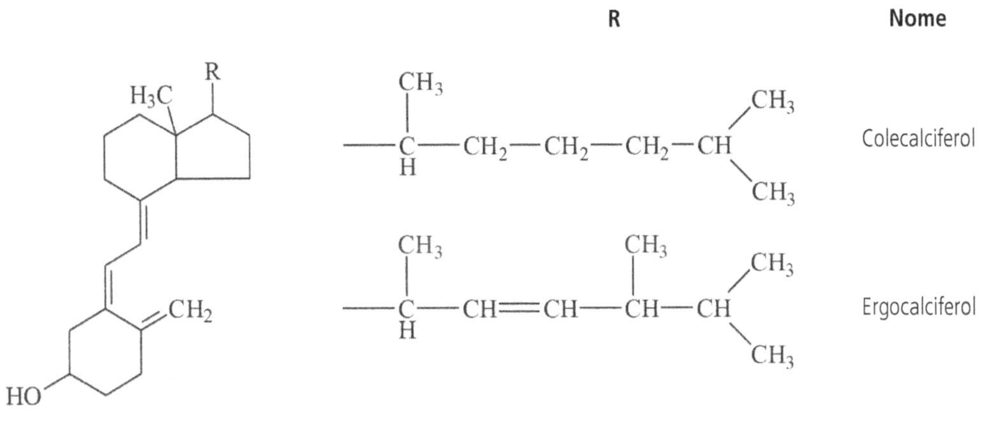

Figura 1.31. Estruturas das vitaminas D2 (ergocalciferol) e D3 (colecalciferol).

A principal perda da vitamina D ocorre pela oxidação, em alimentos expostos à luz e ao oxigênio.

Vitamina E

A vitamina E é representada por oito compostos, quatro tocoferóis e quatro tocotrienóis, designados por alfa (α), beta (β), gama (γ) e delta (δ), que apresentam atividade vitamínica semelhante à do α-tocoferol (Figura 1.32). A principal função biológica da vitamina E é a ação antioxidante, protegendo a membrana celular da oxidação, e nos alimentos, presente principalmente na fase lipídica, garante a estabilidade de óleos vegetais que apresentam insaturações.

As principais fontes de vitamina E são os óleos provenientes de grãos, sementes e nozes, como milho, amendoim, soja, girassol, palma e algodão. A degradação dessa vitamina ocorre por oxidação e é acelerada pela presença de luz, oxigênio, calor, alcalinidade e íons metálicos.

Vitamina K

A vitamina K compreende as formas filoquinona (K_1), menaquinona (K_2) e menadiona, forma sintética da vitamina utilizada em suplementos e fortificação de alimentos. A filoquinona (Figura 1.33) é a forma predominante e é proveniente de plantas, ocorrendo em quantidades elevadas em folhosos verde-escuros, como espinafre, couve e brócolis. Entre os óleos vegetais, destacam-se os de canola, soja e oliva, por apresentarem teores consideráveis da vitamina K (filoquinona). A menaquinona é sintetizada por bactérias. A vitamina K é essencial para a ativação de proteínas específicas que participam do processo de coagulação sanguínea e mineralização dos ossos.

A estabilidade da vitamina K é afetada pela exposição ao calor, bem como à luz fluorescente e solar.

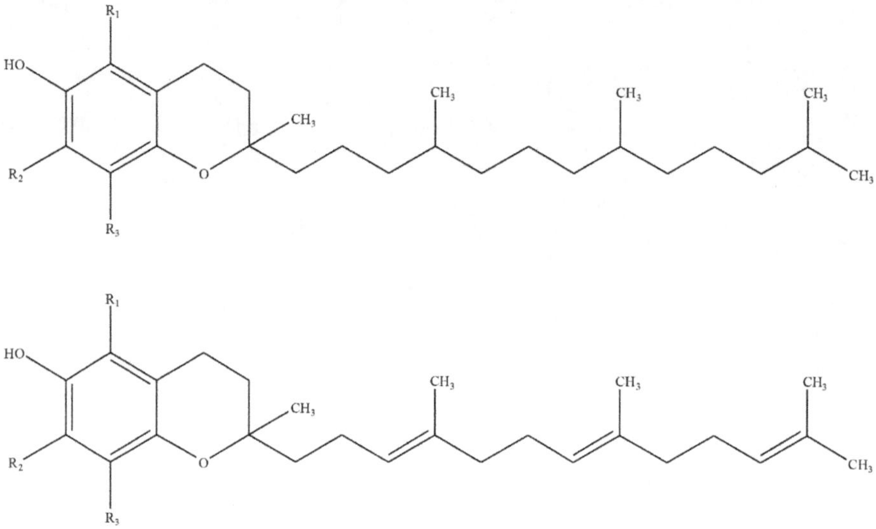

	R1	R2	R3
α	CH3	CH3	CH3
β	CH3	H	CH3
γ	H	CH3	CH3
δ	H	H	CH3

Figura 1.32. Estruturas da vitamina E (tocoferóis e tocotrienóis).

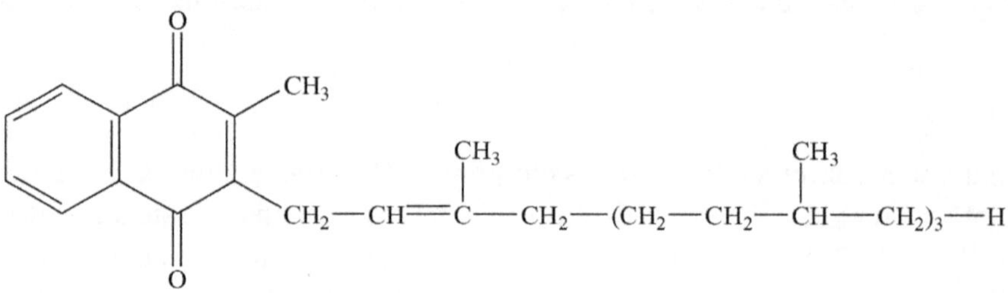

Figura 1.33. Estrutura da vitamina K_1 (filoquinona).

Conclusões

A determinação da composição química dos alimentos possui importância para o conhecimento de sua qualidade, bem como para o entendimento de como cada componente se comporta em um processamento tecnológico e durante sua vida útil.

O capítulo descreveu as principais características dos componentes dos alimentos e pode ser usado para o melhor entendimento dos capítulos subsequentes.

Informações complementares a respeito dos componentes em alimentos podem ser encontradas nos trabalhos de BeMiller e Huber (2010),[11] Tomasik (2006)[12] e Whistler e Daniel (1985)[13] sobre carboidratos; Damodaran (2010)[14] e Cheftel et al. (1985)[15] sobre proteínas; McClements e Decker (2010)[16], Stołyhwo (2006),[17] Regitano d'Arce (2006)[18] e Nawar (1985)[19] sobre lipídios; Gregory III (2010),[20] Miller (2010),[21] Grembecka e Szefer (2006),[22] Ball (2005)[23] e Tannenbaum (1985)[24], sobre vitaminas e minerais.

REFERÊNCIAS

1. Belitz H-D, Grosch W, Schieberle P. Food chemistry. 3. ed. revisada. Tradução da 5. edição alemã por M. M. Burghagen. Berlim: Springer-Verlag; 2004. 1070p.
2. Reid DS, Fennema OR. Água e gelo. In: Damodaran S, Parkin KL, Fennema OR. Química de alimentos de Fennema. 4. ed. Tradução de Adriano Brandelli (et al.). Porto Alegre: Artmed; 2010. p.25-74.
3. Cybulska EB, Doe PE. Water and food quality. In: Sikorski ZE (ed.). Chemical and functional properties of food components. 3. ed. Boca Raton: CRC Press; 2006. p.29-60.
4. Labuza TP. The properties of water in relationship to water binding in foods: a review. J Food Process Preserv. 1977;1(2):167-90.
5. Oetterer M, Sarmento SBS. Propriedades dos açúcares. In: Oetterer M, Regitano-d'Arce MAB, Spoto MHF. Fundamentos de ciência e tecnologia de alimentos. Barueri: Manole; 2006. p.135-95.
6. Nelson DL, Cox MM. Estrutura e catálise. In: Princípios de bioquímica de Lehninger. 5. ed. Tradução de Fabiana Horn [et al.]. Porto Alegre: Artmed; 2011. p.41-484.
7. Sikorski ZE. The role of proteins in foods. In: Sikorski ZE (ed.). Chemical and functional properties of food components. 3. ed. Boca Raton: CRC Press; 2006. p.129-75.
8. Ordoñez JA. Tecnologia de alimentos. Tradução de Fátima Murad. Porto Alegre: Artmed; 2005.
9. Brasil. Resolução Anvisa/MS RDC n. 269, de 22 de setembro de 2005. Regulamento técnico sobre a Ingestão Diária Recomendada (IDR) de proteína, vitaminas e minerais. Brasília: Anvisa; 2005.
10. Brasil. Resolução Anvisa RDC n. 344, de 13 de dezembro de 2002. Regulamento técnico para a fortificação de farinhas de trigo e das farinhas de milho com ferro e ácido fólico. Brasília: Anvisa; 2002.
11. BeMiller JN, Huber KC. Carboidratos. In: Damodaran S, Parkin KL, Fennema OR. Química de alimentos de Fennema. 4. ed. Tradução de Adriano Brandelli [et al.]. Porto Alegre: Artmed; 2010. p.75-130.
12. Tomasik P. Saccharides. In: Sikorski ZE (ed.). Chemical and functional properties of food components. 3. ed. Boca Raton: CRC Press; 2006. p.93-128.
13. Whistler R, Daniel JR. Carbohydrates. In: Fennema OR. Food chemistry. 2. ed. New York: Marcel Dekker; 1985. p.69-137.

14. Damodaran S. Aminoácidos, peptídeos e proteínas. In: Damodaran S, Parkin KL, Fennema OR. Química de alimentos de Fennema. 4a ed. Tradução de Adriano Brandelli [et al.]. Porto Alegre: Artmed; 2010. p.179-262.
15. Cheftel JC, Cuq J-L, Lorient D. Amino acids, peptides, and proteins. In: Fennema OR. Food chemistry. 2. ed. New York: Marcel Dekker; 1985. p.245-369.
16. McClements DJ, Decker EA. Lipídeos. In: Damodaran S, Parkin KL, Fennema OR. Química de alimentos de Fennema. 4a ed. Tradução de Adriano Brandelli [et al.]. Porto Alegre: Artmed; 2010. p.131-78.
17. Stołyhwo A. Lipids and food quality. In: Sikorski ZE (ed.). Chemical and functional properties of food components. 3. ed. Boca Raton: CRC Press; 2006. p.177-207.
18. Regitano-d'Arce MAB. Deterioração de lipídeos-ranço. In: Oetterer M, Regitano-d'Arce MAB, Spoto MHF. Fundamentos de ciência e tecnologia de alimentos. Barueri: Manole; 2006. p.243-99.
19. Nawar WW. Lipids. In: Food chemistry. 2. ed. New York: Marcel Dekker; 1985. p.139-244.
20. Gregory III JF. Vitaminas. In: Damodaran S, Parkin KL, Fennema OR. Química de alimentos de Fennema. 4. ed. Tradução de Adriano Brandelli [et al.]. Porto Alegre: Artmed; 2010. p.345-408.
21. Miller D. Minerais. In: Damodaran S, Parkin KL, Fennema OR. Química de alimentos de Fennema. 4. ed. Tradução de Adriano Brandelli [et al.]. Porto Alegre: Artmed; 2010.p.409-44.
22. Grembecka M, Szefer P. Mineral components in foods of animal origin and in honey. In: Nriagu J, Szefer P. Mineral components in foods. Boca Raton: CRC Press; 2006. p.163-229.
23. Ball GFM. Vitamins in foods: analysis, bioavailability, and stability. Boca Raton: CRC Press; 2005.
24. Tannenbaum SR, Young VR, Archer MC. Vitamins and minerals. In: Food chemistry. 2. ed. New York: Marcel Dekker; 1985. p.477-544.

CAPÍTULO 2

Desenvolvimento microbiano

■ Ana Lourdes Neves Gândara

CONTEÚDO

Introdução

Os microrganismos na natureza estão presentes da superfície do solo até as camadas mais altas da atmosfera, normalmente transportados por correntes aéreas. Como se espalham facilmente no ambiente, microrganismos típicos dos mares são, muitas vezes, encontrados distantes desse habitat, em montanhas, enquanto muitos desse ambiente são encontrados até em sedimentos marinhos. São facilmente disseminados pela água de chuva até rios, lagos e mares e, através desses meios, são importantes nos ciclos biológicos.

Esses organismos ocorrem mais abundantemente onde houver alimento, umidade e temperatura adequada para seu crescimento ou multiplicação; portanto, ocorrem no ar, na água, nos alimentos e em quase todas as superfícies. A maioria deles é inofensiva para o homem, sendo, portanto, uma barreira de resistência àqueles organismos que são potencialmente patogênicos.

Os microrganismos veiculados por alimentos incluem os fungos, as bactérias, os protozoários e também os vírus, embora esses não sejam considerados propriamente um organismo. Para a tecnologia de alimentos quando se trata de conservação de alimentos, são particularmente importantes os microrganismos envolvidos nos processos de deterioração e os utilizados em tecnologias para a elaboração de alimentos e ingredientes, além dos patógenos, por estarem envolvidos com a saúde alimentar. Assim, os fungos (bolores e leveduras) e as bactérias, por sua facilidade de multiplicação, são os microrganismos considerados de importante controle para a conservação de alimentos.

Já como causadores de doenças veiculadas por alimentos, espécies particulares de fungos, bactérias, protozoários e também vírus, além de outros parasitas, podem ocorrer dependendo das boas práticas usadas na cadeia produtiva de alimentos.

Muitos microrganismos também são utilizados na elaboração de alimentos e de ingredientes, e para esse uso as espécies microbianas específicas são escolhidas não só pela habilidade de produzir em quantidade e qualidade o produto desejado, mas também de modo a garantir que as espécies usadas na produção sejam seguras para a saúde do consumidor.

Portanto, os microrganismos em alimentos devem ser considerados em três aspectos diferentes:

- Como causadores de deterioração de alimentos.
- Como causadores de doenças alimentares.
- Como transformadores benéficos na produção de determinados alimentos e ingredientes.

A interação desses organismos com os alimentos pode ocorrer através da água e do solo, das plantas, do ar e da poeira, de utensílios, da ração animal, da pele dos animais, de manipuladores de alimentos e do trato intestinal do homem e de animais, sendo essas as fontes de contaminação mais frequentes dos alimentos.

Considerando bactérias, leveduras e bolores como os microrganismos que têm condições para se multiplicar nos alimentos, estes são importantes para os processos de conservação, e o conhecimento sobre as características desses tipos celulares é fundamental para o entendimento e a definição dos tipos de controle necessários aos processos de produção e industrialização de alimentos.

Características dos microrganismos importantes em alimentos

Bactérias

As bactérias são organismos procariontes que apresentam características próprias. Entre essas características estão a dimensões, a forma, o grupamento ou arranjo, além da estrutura celular típica desse microrganismo. Esse conjunto de atributos definido como característica morfológica de uma célula é um conhecimento importante para a identificação e o reconhecimento das diferentes espécies bacterianas que podem ocorrer em um ambiente.

Característica morfológica

A característica morfológica das bactérias deve ser considerada em termos práticos, uma vez que auxilia os profissionais da área de alimentos a identificar espécies desses organismos normalmente presentes em alimentos, além de facilitar a identificação de outras que podem ter características em potencial para uso em processos tecnológicos na área de alimentos.

A dimensão desses tipos celulares é bastante variável, sendo da ordem de 0,5 a 5,0 μm o tamanho mais comum das bactérias frequentemente encontradas nos alimentos. Essa característica de tamanho é útil na diferenciação das espécies, particularmente quando se trata do estudo de bactérias com mesma característica de forma, já que a diferenciação, nesse caso, também pode ser feita pela dimensão das células.

Já a forma das células bacterianas varia de acordo com os diferentes gêneros de bactéria existentes. Células podem ter forma esférica ou elipsoidal, as quais são chamadas de cocos; as células cilíndricas são os bastonetes ou bacilos; as helicoidais ou espiraladas são os espirilos ou espiroquetas e as vírgulas são chamadas de vibriões. Existem células com outros formatos, além dessas três formas mais comuns, mas são pouco frequentes nos alimentos. A característica de forma é particular para uma dada espécie. Embora a maioria das células bacterianas possua forma constante, algumas espécies podem ter variações de tipos celulares em função das condições ambientais e da idade celular. Por essa característica de forma, diferentes células são chamadas de pleomórficas, ou seja, essa terminologia é usada para definir espécies de bactérias, como os *Bifidobacterium*, que apresentam irregularidade na forma das células ao longo da vida ou de acordo com o meio utilizado para seu crescimento.

Outra característica importante na identificação das bactérias está relacionada com o grupamento ou arranjo que pode variar nas células bacterianas, dependendo especialmente de sua forma. Os mais comuns são os grupamentos de células aos pares, em aglomerados ou grumos, em cadeias e em filamentos, além dos isolados. Muitos desses grupamentos ocorrem particularmente para os cocos. O arranjo de células é definido pelo plano em que ocorre a divisão celular e se as células-filhas permanecem juntas após essa divisão. Deve-se observar que raramente todas as células de uma dada espécie estão arranjadas exatamente no mesmo padrão, por isso o arranjo predominante é o mais importante no estudo da morfologia bacteriana. Essas características de grupamento ou arranjo são utilizadas na identificação de diferentes gêneros de bactérias, uma vez que os arranjos são específicos para cada espécie.

Os grupamentos mais comuns para as diferentes formas são particulares para os cocos, para os bastonetes e para os espiralados.

Os cocos se agrupam de maneira típica, variando dependendo do plano em que ocorrem as divisões celulares. Assim, são comuns arranjos de diplococos (células em duplas) e arranjos em cadeias de células chamadas de grupamento estreptococo. Já os estafilococos ocorrem pelos aglomerados irregulares de células, os tétrades ocorrem pelo arranjo de quatro células, e aqueles chamados sarcina se organizam em cubos de oito células. Exemplos dos diferentes tipos de arranjos ou grupamentos para os cocos podem ser observados na Figura 2.1.

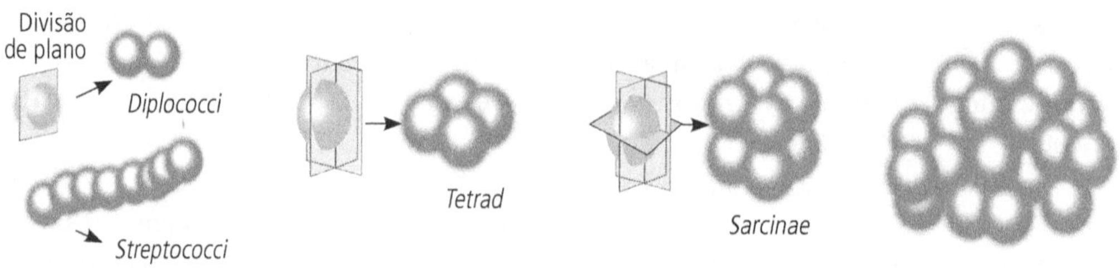

Figura 2.1. Grupamentos ou arranjos celulares de cocos formados em função das divisões celulares.

Fonte: adaptada de Tortora et al., 2001.[1]

Os bastonetes (bacilos ou *bacillus*), na maioria das vezes, se apresentam como células isoladas. Ocasionalmente ocorrem em pares, cadeias ou em grupamento tipo paliçádico (células justapostas).

Os espiralados são tipos celulares (singular *spirillum*, plural *spirilla*) que ocorrem mais frequentemente isolados. As células individuais de espécies diferentes exibem diferenças de comprimento, número e amplitude das espirais e de rigidez da parede celular. Alguns são bastonetes curtos com espiral fechada, outros são longos com várias torções e incurvações. As bactérias curtas com espiral incompleta são conhecidas como bactérias na forma de vírgula ou vibrião.

Essas características que diferenciam as células em tamanho, formato e grupamento são muito úteis no estudo das bactérias importantes em alimentos, pois possibilitam caminhos de decisões para o estudo dos diferentes problemas práticos nos processos tecnológicos pela indicação dos prováveis tipos celulares envolvidos.

Além das características morfológicas para tamanho, forma e grupamento ou arranjo, o estudo da estrutura celular permite o conhecimento de atributos importantes relativos ao comportamento e crescimento das bactérias que são relevantes em alimentos.

A estrutura das células bacterianas é aquela típica das células procariontes (Figura 2.2). A camada superficial, ou seja, a estrutura de contenção da célula, da parte mais interna para lado externo, inclui membrana citoplasmática, parede celular, cápsula, flagelos e pelos ou fímbrias. Internamente, além da membrana de contenção, a membrana citoplasmática, temos o citoplasma, região onde podem ocorrer várias estruturas citoplasmáticas, como mesossomos, ribossomos, inclusões granulares e o material nuclear. Algumas estruturas celulares são importantes para a viabilidade celular, enquanto outras são dispensáveis e ocorrem somente em determinados gêneros de bactéria, podendo ocorrer algum momento da vida da célula, como se verifica por exemplo, com os esporos bacterianos.

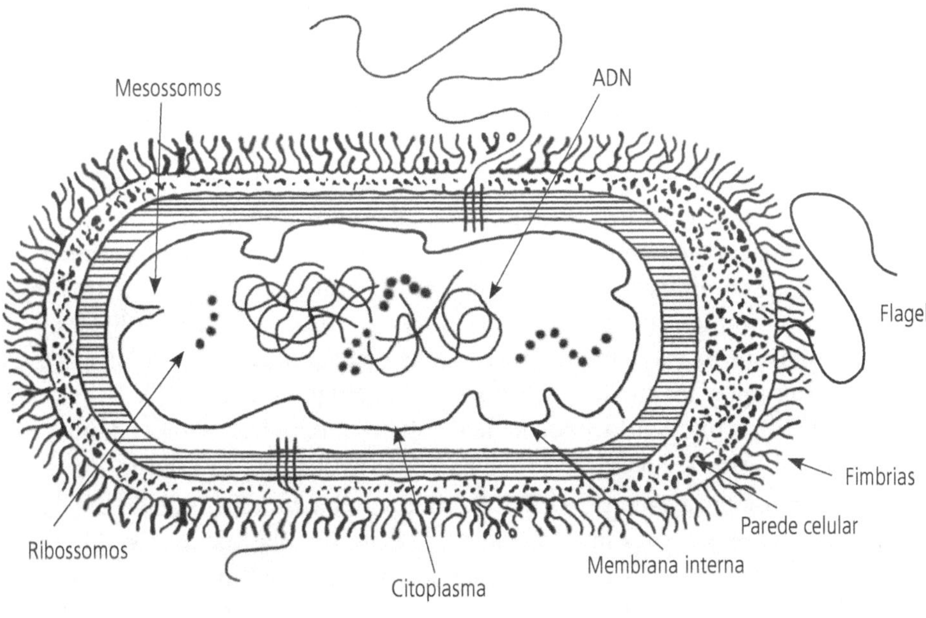

Figura 2.2. Estrutura da célula bacteriana.

A membrana citoplasmática ou plasmática é uma estrutura bastante complexa, que contém lipídios, na maior parte como fosfolipídios (20-30%) e proteínas (50-60%). As principais funções são conter o citoplasma e regular a entrada e saída de substância da célula; serve, portanto, como barreira osmótica para a célula, além de conter o sistema de transportes de nutrientes da célula. É uma estrutura impermeável às substâncias ionizadas, formando assim uma barreira para a maior parte das moléculas solúveis em água, sendo muito mais seletiva que a parede celular. Na membrana ocorrem vários tipos de enzimas importantes para o metabolismo celular; portanto, para a parede celular e para o transporte de elétrons é o sítio de atividade enzimática e do transporte de moléculas para dentro e para fora da célula. Qualquer dano nessa membrana normalmente resulta em morte celular, aspecto importante nos processos de controle do crescimento e de destruição de bactérias, recurso muito usado na tecnologia de alimentos, pelo uso de agentes químicos ou físicos.

A movimentação de substâncias através da membrana citoplasmática ocorre por dois processos: passivo e ativo. No processo passivo, a substância se move da área de maior concentração para a área de menor concentração por gradiente, portanto, não há uso de energia de adenosina trifosfato (ATP). Esses processos são conhecidos como difusão simples, facilitada e osmose. Já no processo ativo, há necessidade de energia para mover substâncias de área de baixa concentração para área de alta concentração, portanto, ocorre contra o gradiente para substâncias presentes em baixa concentração no meio é importante para a nutrição e multiplicação celular.

Parede celular

A parede celular confere rigidez para a célula, portanto, define seu formato, protegendo-a contra lesão mecânica e ruptura osmótica, além de conferir uma permeabilidade seletiva à célula. O componente da parede celular que determina a sua forma é em grande parte o peptideoglicano, um polímero poroso e insolúvel, de grande resistência. É uma molécula bastante grande e simples que circunda a célula como uma rede. Difere ligeiramente na composição química e na estrutura de uma espécie de bactéria para outra, mas a estrutura básica contém três tipos de unidades estruturais: N-acetilglicosamina (NAG), ácido N-acetilmurâmico (NAM) e um peptídeo formado de quatro aminoácidos, ou seja, um tetrapeptídeo. O peptideoglicano é encontrado somente em organismos procariotos.

Essa estrutura de proteção que delimita uma célula bacteriana pode ter até três camadas, considerando a parte mais interna como a membrana plasmática, seguida da parede celular, que pode ter uma ou duas camadas, sendo esta segunda camada a membrana externa. De acordo com essas camadas de contenção da célula, as bactérias são divididas em três grupos: Gram-positivas, Gram-negativas e micoplasmas.

As bactérias Gram-negativas possuem, além da membrana plasmática, uma camada de peptideoglicano e a membrana externa. Como ela possui duas membranas, uma interna e outra externa, existe nesse tipo celular um compartimento extra, chamado de periplasma, entre a membrana plasmática e a camada de peptideoglicano. Já as células Gram-positivas não possuem a membrana externa. Por sua vez, os micoplasmas não têm a membrana externa nem a camada de peptideoglicano, assim, não têm parede celular.

Considerando essas características da parede celular, as bactérias importantes em alimentos são de dois grupos: as Gram-negativas e as Gram-positivas. Assim, a parede celular desses organismos é constituída por camadas de diferentes substâncias que definem sua composição e que influenciam sua espessura, e a parede das bactérias Gram-positivas tem, em média, uma espessura na faixa de 20 a 25 nm e são bastante mais simples que a das Gram-negativas, que tem espessura variando de 10 a 15 nm e são mais complexas que as Gram-positivas.

A parede das bactérias Gram-positivas contém maior quantidade de peptideoglicano em sua parede celular, o que torna a parede mais espessa (Figura 2.3). Esse composto representa cerca de 50% (em base seca) da parede de algumas espécies Gram-positivas. Esse tipo celular ainda tem na parede outro composto, o ácido teicoico, que é ligado ao peptideoglicano ou à membrana citoplasmática.

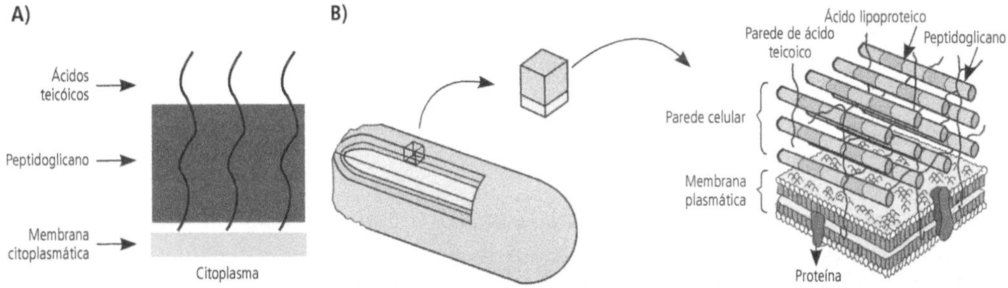

Figura 2.3. Parede celular de bactérias Gram-positivas. A: Esquema simplificado; B: componentes estruturais.

Fonte: adaptada de Tortora et al., 2001;[1] Borges, 2013.[2]

A parede celular das bactérias Gram-negativas contém uma menor quantidade de peptideoglicano em sua parede celular, portanto, uma camada mais fina desse composto, como pode ser observado na Figura 2.4. Esse composto representa somente 10% (em base seca) da parede de espécies Gram-negativas. Na parte mais externa desse tipo de parede há uma membrana composta de fosfolipídio e lipopolissacarídeo (LPS). O LPS é um composto incomum, encontrado apenas na membrana externa de bactérias Gram-negativas, que é barreira para moléculas polares e não polares, e tem a função de proteção, pois bactérias com esse tipo de parede são geralmente mais resistentes que outras bactérias a substâncias tóxicas do ambiente, incluindo os antibióticos, que muitas vezes, pelo caráter químico, não conseguem atravessar essa membrana externa. A porção lipídica do LPS também é considerada uma endotoxina, pois pode ser tóxica ao hospedeiro, causando reações como febre e diarreia, entre outros efeitos, dependendo da bactéria envolvida.

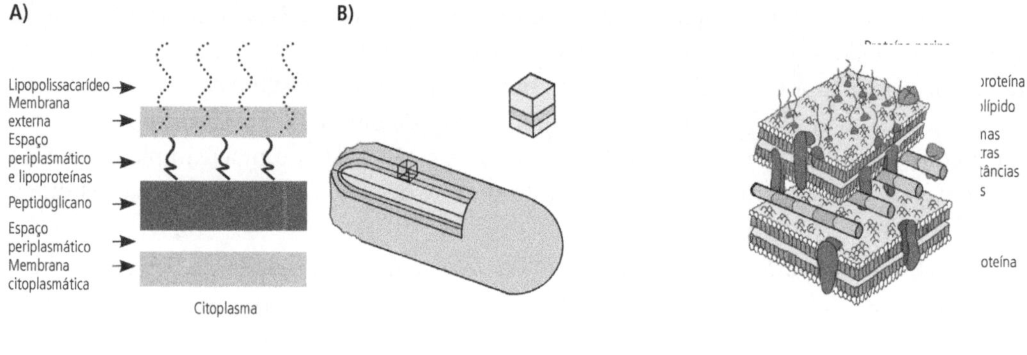

Figura 2.4. Parede celular de bactérias GRAM negativas. A: Esquema simplificado; B: componentes estruturais.

Fonte: adaptada de Tortora et al., 2001;[1] Borges, 2013.[2]

Essa composição de parede celular das bactérias é um recurso muito usado na prática para a classificação inicial e a definição de caminhos para a identificação das espécies bacterianas.

Glicocálice, cápsula ou camada limosa

É uma estrutura viscosa que envolve a célula bacteriana externamente à parede celular, formando uma camada de cobertura ou um envelope ao redor da célula. É chamada de cápsula quando ocorre firmemente aderida à superfície da célula e tem natureza química variada, sendo normalmente composta de polissacarídeos, ácido hialurônico e polipeptídeos do ácido D-glutâmico. Quando ocorre de maneira desorganizada, sem forma e ligada frouxamente à parede celular, é chamada de camada limosa. Essa camada, normalmente por ser formada de compostos solúveis em água, muitas vezes torna o meio de crescimento com aspecto viscoso.

Esse material capsular funciona como protetor celular contra a desidratação, evita a adsorção de bacteriófagos na célula, e nas bactérias patogênicas muitas vezes está relacionado ao poder infectante, além de proteger essas células patogênicas da fagocitose. As substâncias da cápsula são mediadoras da adesão de bactérias às superfícies, já que facilitam a formação de microcolônias protegidas, facilitando a formação de biofilme em superfícies.

Essa capacidade de formar cápsula, comum a muitas espécies bacterianas, é relevante na área de alimentos, já que os biofilmes são fontes de contaminação dos alimentos, especialmente relacionada com a deficiência nos processos de higienização de superfícies de contato com os alimentos.

A composição da cápsula varia de acordo com a espécie bacteriana, sendo na maioria das vezes composta de polissacarídeos. Muitas espécies não patogênicas produzem substância capsular que, pela qualidade química, tem diversas aplicações nas indústrias de alimentos e também na indústria farmacêutica.

Flagelo

São estruturas de locomoção, formadas por longos filamentos, de natureza proteica, que se originam de uma estrutura granular – o corpo basal – situada no citoplasma imediatamente abaixo da membrana citoplasmática. O comprimento do flagelo, em geral, é muitas vezes maior que o da célula, embora seu diâmetro seja bastante menor que o diâmetro celular. Não é estrutura obrigatória, presente em todas as espécies bacterianas, e ocorre mais frequentemente nos bastonetes e espirilos e raramente nos cocos. Os flagelos das bactérias móveis são distribuídos sobre a superfície da célula de acordo com padrões característicos: flagelos polares ocorrem em uma ou ambas as pontas da célula bacteriana, e os flagelos perítricos ocorrem em toda a superfície celular. A proteína flagelar, antígeno H, é usada para diferenciar os diversos sorotipos de uma dada espécie bacteriana.

Pelos ou fímbrias

São estruturas mais curtas que os flagelos, semelhantes a pelos, que se estendem da membrana plasmática para fora da célula através da parede celular. São mais finos e retos, ocorrendo em maior número que os flagelos; também são de natureza proteica. Não estão relacionados com a locomoção celular, mas sim com a fixação celular a superfícies, seja com finalidade nutricional, seja para a reprodução celular. Essas estruturas são responsáveis pela colonização e, portanto, são importantes no processo de adesão de bactérias às superfícies. Essa capacidade de aderência das fímbrias pode ser importante para a ecologia bacteriana em seu meio natural, porque permite a fixação da bactéria aos tecidos dos quais extraem nutrientes importantes para seu crescimento. Os diferentes tipos de pelos, de acordo com a característica química, estão associados com diferentes funções, como o pelo F (*pili F*), que liga uma célula bacteriana a outra no processo de conjugação e está relacionado com a transferência de material genético entre as células. Outras fimbrias prendem as bactérias às plantas e às células animais. Muitas bactérias que causam doenças se fixam às células de hospedeiros específicos através dessas fímbrias. Praticamente todas as bactérias Gram-negativas possuem fímbrias e muitas Gram-positivas não as possuem.

Invaginações membranosas e mesossomo

As invaginações, tanto externas como internas, formadas pela membrana citoplasmática, têm função variada nos processos metabólicos e de reprodução, envolvendo-se, por exemplo, na formação de septos durante o processo de divisão celular das bactérias. O mesossomo, que é uma extensão da membrana citoplasmática, se associa de modo complexo com o material nuclear e sua replicação. Os processos enzimáticos, como o transporte de elétrons, também estão relacionados com o material mesossômico, estrutura importante em vários processos vitais da célula bacteriana.

Citoplasma

É a parte da célula que contém as organelas e inclusões típicas de uma célula procarionte. Nele estão o material nuclear, os ribossomos, o mesossomo e granulações. Normalmente no citoplasma é possível distinguir duas regiões distintas: uma de aparência granular e rica em RNA e a nuclear, rica em DNA, além de uma porção fluida com nutrientes dissolvidos.

Ribossomos

São estruturas densas dispersas no citoplasma, constituindo-se no sítio da síntese de proteínas nas células bacterianas. Essa estrutura difere dos ribossomos das células eucariontes, já que não possuem membranas internas como ocorre nos eucariotos. Essa estrutura é o alvo de ação de muitos antibióticos, uma vez que essas substâncias inibem a síntese de proteína e, portanto, interferem na reprodução celular.

Inclusões citoplasmáticas ou granulações

São depósitos de substâncias de reserva que podem ser encontrados em algumas células bacterianas, como grânulos constituídos de polímeros insolúveis de diferentes substâncias, como glicogênio, amido, lipídios, polifosfatos ou enxofre, comuns em muitas bactérias que ocorrem em alimentos.

Área nuclear

É a região onde se localiza o material genético, o ácido desoxirribonucleico (DNA). Esse material nucleoide é constituído, na maioria das vezes, de um único cromossomo circular, localizado mais ou menos no centro da célula e, como toda célula procarionte, não é limitado por membrana.

Plasmídeos

São pequenas moléculas de DNA extracromossômico, geralmente circulares, encontradas em algumas bactérias e também em alguns outros microrganismos, que são responsáveis por codificar características não essenciais às células, mas que podem conferir vantagens seletivas para as bactérias que os possuem. Essas informações gênicas são particulares de uma espécie; assim, há diferentes tipos de plasmídeos com funções específicas, como: plasmídeo F, responsável pela recombinação gênica das bactérias pelo processo de conjugação; e plasmídeo R, que confere resistência bacteriana aos antimicrobianos.

Essa recombinação gênica é fundamental para que esses novos genes sejam mais eficientemente distribuídos nas populações. Na maioria dos seres vivos, a recombinação se dá por meio da reprodução sexuada, processo que envolve a meiose. Como o processo de reprodução bacteriano é assexuado, a troca de informação gênica nas bactérias ocorre pelo mecanismo de conjugação, embora esse mecanismo não seja comum em todas as bactérias.

Os plasmídeos conjugativos são aqueles que codificam a capacidade de transferência de uma cópia desse DNA para outra célula bacteriana, que é transferida por contato entre células pelo processo de conjugação. A bactéria que recebe esse plasmídeo adquire as informações genéticas do plasmídeo da bactéria de origem.

Existem ainda outros tipos de plasmídeos, como aquele que degrada metais pesados e outros ainda que codificam algumas toxinas bacterianas; portanto, há variação de informação gênica dos plasmídeos entre as diferentes espécies bacterianas.

Endosporos ou esporos bacterianos

Entre os tipos bacterianos existem determinados gêneros que possuem estruturas particulares, como os esporos bacterianos. Esses esporos que ocorrem nas bactérias esporogênicas são estruturas de latência que podem sobreviver até centenas de anos, são resistentes a altas temperaturas, à desidratação, a substâncias químicas e também à radiação, portanto, suportam a ação de agentes físicos e químicos. Nessas bactérias, os esporos ou endósporos representam uma forma de resistência ou um estágio de dormência ou latência da célula. A formação desse corpúsculo está sempre associada com a existência de substratos e ambientes desfavoráveis para multiplicação e crescimento normais da bactéria esporogênica. Esgotamento de nutrientes, restrição de água, produção de determinados metabólitos e condições ambientais desfavoráveis são, entre outros, estimuladores da esporulação.

Assim, o esporo ou endósporo se forma internamente na célula das bactérias esporogênicas. O esporo tem, na maioria das vezes, um formato arredondado e é composto por diversas camadas concêntricas que se formam a partir de células que estejam em ambiente com algum tipo de restrição para seu crescimento. É uma estrutura que ocorre em algum momento da vida celular e são formados a partir das células em estado vegetativo, ou seja, células que ainda possuem atividade metabólica.

Um esporo bacteriano típico apresenta-se como uma estrutura constituída de diferentes camadas, descritas a seguir:

- Região central ou protoplasto: em termos de componentes celulares, equivale à célula em estado normal de funcionamento. A maioria das enzimas celulares, assim como DNA, RNA e a maioria dos minerais, como cálcio, potássio, magnésio, manganês e fósforo, está presente nessa região. No entanto, ao contrário das células vegetativas, a região central apresenta um elevado teor de ácido dipicolínico, normalmente associado com o cálcio, e que é o provável responsável pela maior resistência térmica dos esporos.
- Córtex: camada que envolve o protoplasto, composta principalmente de peptideoglicano ou mucopeptídeo, similar, mas não idêntico, ao encontrado em células vegetativas. Essa camada também parece ter participação importante na resistência térmica dos esporos.
- Capas do esporo: envolvendo o córtex, essas capas correspondem a aproximadamente 50% do volume do esporo. Essas capas são constituídas principalmente de

proteínas e menores teores de carboidratos e lipídios, sendo ricas em fósforo. Um esporo pode conter duas ou três dessas capas, dependendo da espécie bacteriana. Essas capas têm um papel importante na resistência dos esporos a certos agentes antibacterianos, como a lisozima.

- Exósporo: camada que ocorre em alguns esporos, entre eles os de *Bacillus cereus* e é uma capa externa adicional, normalmente constituída por proteínas, com teores significativos de lipídeos e glicose, presença de manganês, compostos nitrogenados e carboidratos.

A conversão do esporo em célula vegetativa envolve quatro fases bem estabelecidas: as fases de ativação, de germinação, de crescimento pós-germinação e de multiplicação (Figura 2.5). Essas fases definem o ciclo de esporulação de uma bactéria.

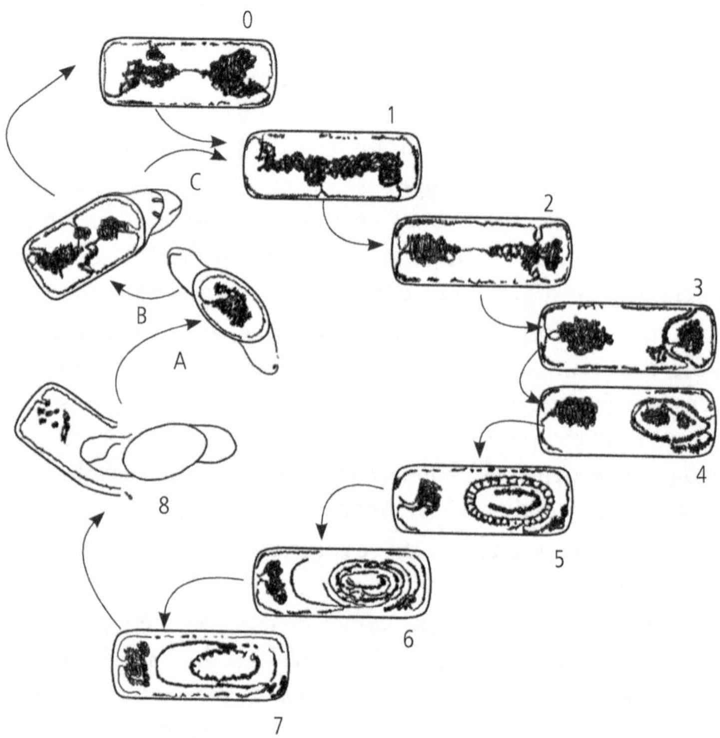

Figura 2.5. Ciclo de formação de esporos bacterianos.

Fonte: Pelczar et al., 1996.[3]

Resumo esquemático em espécies do gênero *Bacillus*:

- **0-1:** transição da célula vegetativa à fase axial.
- **2-3-4**: etapas de desenvolvimento do pré-esporo. Na fase 4, a célula se torna comprometida a seguir até a fase 8; portanto, uma célula na fase 3 pode reverter à forma vegetativa quando transferida a um meio de crescimento novo.
- **5-6:** começa o desenvolvimento do córtex que continua na fase 6 pela deposição de proteína da cobertura.
- **7:** caracteriza-se pela desidratação do protoplasto do esporo e pelo acumulo de ácido dipicolínico e cálcio.
- **8:** completa a refringência; uma enzima lítica atua para liberar o esporo.
- **A**: germinação, pelo crescimento para formar célula primária **B** a partir da qual, em condições especiais, a célula entrar em esporulação pelo atalho **C**, embora normalmente passe pelo crescimento logarítmico (seta em espiral).

A fase da ativação antecede a etapa de germinação e geralmente ocorre a partir de um tratamento subletal, que não provoca profundas alterações no esporo. Um tratamento térmico subletal, exposição a pHs extremos, abrasão e radiação são exemplos de exposição que provocam a ativação do esporo bacteriano.

A germinação é o estágio celular no qual a dormência é finalizada. Os esporos tornam-se sensíveis ao calor e aos agentes químicos, perdem cálcio, ácido dipicolínico e também a refratabilidade, aumentam a capacidade de coloração e diminuem a densidade óptica. A germinação pode ser iniciada pelo denominado mecanismo de gatilho. Esse mecanismo requer a presença de germinantes, que podem ser vários, dependendo do mecanismo e de outras condições particulares de uma célula. São considerados germinantes alguns aminoácidos (L-alanina, L-cisteína), ribosídeos (inosina, adenosina), açúcares (glicose, frutose), lactato, bicarbonato, dipicolinato de cálcio, entre outros. Já no crescimento pós-germinação, o esporo intumesce pela entrada de água e de nutrientes e em seguida alonga-se resultando na nova célula vegetativa, ou seja, uma célula metabolicamente ativa.

Finalmente, a multiplicação é a última etapa do processo de conversão do esporo em célula vegetativa e ocorre quando as células aumentam em número, ou seja, a população bacteriana aumenta.

Entre as características típicas importantes dos esporos está sua composição química, em que o ácido dipicolínico ocorre em grande quantidade, não sendo essa substância encontrada nas células em estado vegetativo; é, portanto, substância particularmente presente no esporo. Os esporos também contêm cálcio em quantidades elevadas, composição que contribui para a alta resistência dessa estrutura.

A localização do esporo dentro das células de uma bactéria pode variar entre central, subterminal e terminal, dependendo da espécie bacteriana. O tamanho do esporo pode ser, em alguns casos, maior ou menor que a célula vegetativa, podendo a célula apresentar característica aparente normal ou dilatada em razão de o tamanho do esporo ser maior que o tamanho da célula. Essa estrutura, sua posição na célula e também seu estado dilatado ou não são atributos importantes usados para classificação e identificação das bactérias esporogênicas, importantes em alimentos, particularmente na definição de processos tecnológicos aplicados à conservação de alimentos.

Reprodução bacteriana

As bactérias se reproduzem assexuadamente por divisão binária, ou seja, seu material genético se duplica e ela sofre uma mitose. Esse tipo de reprodução gera células idênticas à original, porém, como já mencionado, existem mecanismos que permitem que as bactérias mantenham sua variabilidade genética, característica fundamental considerando o aspecto evolutivo.

O processo de reprodução mais comum para as bactérias e o processo de reprodução por fissão binária, ou seja, uma célula se divide em duas de maneira sucessiva e em velocidade variada durante um mesmo processo, já que as células passam por fases distintas nas condições ambiente intrínsecas para a multiplicação. Assim, partindo-se de uma única célula, a população aumenta progressivamente de maneira geométrica, conforme indicado a seguir:

$$1 \rightarrow 2 \rightarrow 2^2 \rightarrow 2^3 \rightarrow 2^4 \rightarrow 2^5 \ldots 2^n$$

As bactérias são capazes de se multiplicar em uma ampla faixa de condições físicas, podendo utilizar diferentes tipos de alimentos, mas para o crescimento ótimo, as condições normalmente são específicas e diferenciadas para uma dada espécie. A partir de dados experimentais, sob condições definidas, se pode facilmente determinar o tempo de geração de uma espécie bacteriana.

O intervalo de tempo necessário para que as células se dividam e a população se duplique é definido como o "tempo de geração". Esse valor é determinado, experimentalmente, a partir de cálculos da fase exponencial da curva de crescimento bacteriano e esse tempo é variável para as diferentes bactérias. No caso das bactérias mesófilas, esse tempo varia em média de 15 a 20 minutos, podendo variar até em horas, dependendo das condições para crescimento e das espécies envolvidas. Esse tempo de geração varia também para uma mesma bactéria, dependendo do meio de crescimento e das condições ambientais que estão expostas. O tempo de geração é principalmente dependente dos nutrientes existentes no meio e das condições físicas usadas para o crescimento. Por exemplo, o tempo de geração para *Escherichia coli* em leite é de 12,5 minutos e em meio de cultura (caldo específico) é de 17 minutos; já para *Lactobacillus acidophilus* em leite, o tempo pode variar de 66 a 87 minutos.

Esse conhecimento é importante, uma vez que facilita o entendimento sobre o comportamento da multiplicação de espécies bacterianas em substratos como os alimentos, considerando a variabilidade possível de situações até mesmo em um único alimento.

Curva de crescimento

A multiplicação celular de uma população bacteriana varia dependendo das condições ambientais intrínsecas e extrínsecas usadas para esse crescimento. O perfil do número de células durante a multiplicação pode ser avaliado pela Figura 2.6.

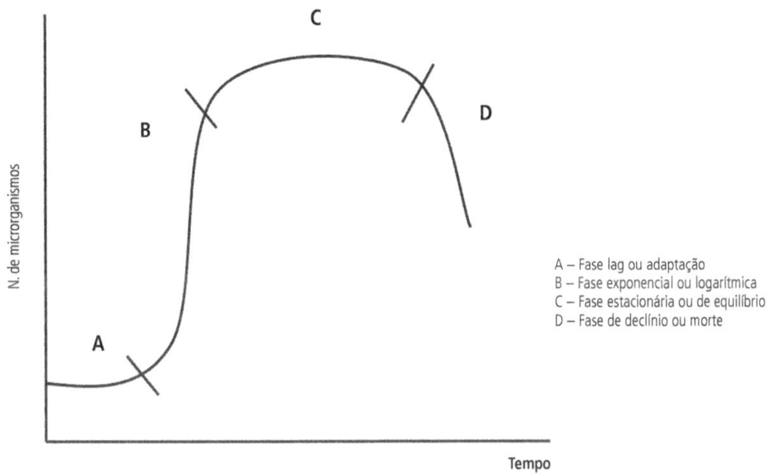

Figura 2.6. Curva normal de crescimento bacteriano.

Fonte: Pelczar et al., 1980.[4]

Uma espécie bacteriana, quando em multiplicação em um frasco ou tubo contendo meio de cultura líquido, em sistema fechado, ou seja, sem adição de novos nutrientes e remoção dos metabólitos formados, apresenta um perfil de crescimento celular, conforme apresentado na Figura 2.6, resultando em uma curva de crescimento chamada de "normal". As células nesse sistema inicialmente se dividem e o número de células aumenta por um período de tempo, em velocidade variável nas diferentes fases da curva de crescimento. Esse aumento cessa quando os nutrientes são utilizados ou os produtos de excreção metabólica se acumulam em quantidades suficientes para, nessas condições, afetar a continuidade da multiplicação celular, causando interrupção ou lentidão do tempo de formação de novas células. Esse comportamento nas diferentes fases da curva normal ocorre conforme segue, uma vez estabelecidas e fixadas as condições de crescimento para o estudo.

- **A – Fase *lag* ou de adaptação:** o número de células nessa fase permanece inalterado por um tempo. Isso não significa que as células estejam em repouso ou dormência; ao contrário, nessa etapa as células aumentam de tamanho, em geral maior que suas dimensões normais, já que são fisiologicamente muito ativas e estão sintetizando novos conteúdos no protoplasma, podendo ser deficientes em enzimas e outros componentes que nessa etapa devem ser sintetizadas em quantidade suficiente para o funcionamento ótimo de toda a química celular. É também a fase de adaptação da célula ao ambiente físico, como temperatura e atmosfera, ao seu redor. Ao final dessa fase, cada organismo se divide e como nem todas as células completaram sua etapa *lag* simultaneamente, o aumento da população ocorre de maneira gradual, e ao final normalmente todas as células passam a ter capacidade de divisão em tempos regulares, indicando o início da fase exponencial.

- **B – Fase logarítmica ou exponencial:** nessa fase, as células se dividem regularmente, em ritmo constante, e o logaritmo do número de células por um determinado tempo resulta em uma reta. Em condições apropriadas, o ritmo de multiplicação é máximo nessa fase. A população é bastante uniforme, tanto em composição química e atividade metabólica, quanto em outras características fisiológicas e morfológicas. A fase logarítmica começa a diminuir após várias horas, também de maneira gradual, dando início à fase estacionária.
- **C – Fase estacionária ou de equilíbrio:** a queda no intervalo de tempo das reproduções, no final da fase exponencial e início da estacionária, é atribuída a fatores ou circunstâncias como esgotamento de alguns nutrientes do meio e, em menor extensão, produção de metabólitos tóxicos. Nessa fase a população permanece constante por determinado tempo em razão da acentuada diminuição das divisões celulares ou do equilíbrio entre o ritmo de reprodução e a morte de células. Assim, após um tempo, tem início a fase de morte.
- **D – Fase de declínio ou morte:** após a fase anterior, as células morrem mais rapidamente do que se reproduzem. Várias são as condições que contribuem para esse estado: esgotamento de nutrientes essenciais e acúmulo de substâncias inibidoras (p. ex., ácido, com alteração do pH). Na fase de morte, as células viáveis decrescem geometricamente, já que a morte celular ocorre em velocidade diferente das novas reproduções. Portanto, essa fase tem um comportamento inverso ao que ocorre na fase de crescimento exponencial. O comportamento nessa fase da curva é bastante variável, dependendo da bactéria, e pode ocorrer de forma acentuada em 72 horas ou mesmo levar meses ou anos para a cultura ter número mínimo de células viáveis ou para que ocorra a morte dessa cultura.

Vale observar que, com base nas características de multiplicação ou "crescimento" expostas, a melhor fase para estudar ou identificar a morfologia celular de uma bactéria é a fase exponencial de crescimento, em razão de suas características, tanto fisiológicas quanto morfológicas, serem mais uniformes nessa fase. Outras características importantes podem ser avaliadas em fases distintas, como a formação de esporos em bactérias esporogênicas. A esporulação tem início na fase de equilíbrio da curva e essa fase de formação dos esporos é importante para a classificação dos esporos quanto à posição na célula (central, subterminal ou terminal) e quanto ao tamanho (normal ou dilatado). Em uma população de bactérias esporogênicas os esporos podem ser observados e classificados já na fase de equilíbrio intermediária até ao final dessa fase. Já para preparo de suspensão de esporos, o mais comumente utilizado é uma população de células que esteja na fase de declínio do crescimento, ou seja, com a morte e o estresse celular, maior número de esporos é formado.

O conhecimento da curva de crescimento de bactérias tem importância na área de alimentos em vários aspectos, já que o desejado para um maior tempo de conservação de alimentos é que as bactérias permaneçam no estágio *lag* da curva por mais tempo. Assim, esse conhecimento sobre o crescimento das bactérias mais comumente encontradas em alimentos pode ser usado para definir barreiras que dificultem a multiplicação celular com a finalidade de prolongar a conservação de produtos alimentícios.

As bactérias representam o grupo de microrganismo mais relevante no controle em alimentos, pelo crescimento rápido e consequentes alterações que provocam, tendo um papel significativo na deterioração dos alimentos e também por muitas delas serem patógenos que podem ser veiculados por alimentos.

Fungos filamentosos e não filamentosos

O termo fungo deriva daquele usado para o reino *Fungi* e inclui os macrofungos, os cogumelos e os microfungos, os bolores (fungos filamentosos) e as leveduras (fungos não filamentosos). Historicamente, o termo bolor foi usado para designar doenças veiculadas por esses microrganismos em gramíneas. Essas doenças são até hoje conhecidas como "ferrugem ou carvão" como as que ocorrem em cana-de-açúcar, a "ferrugem alaranjada", e o "carvão" em plantas do milho. Há mais de 100 mil espécies de fungos, mas somente cerca de mil são patogênicas para o homem e animais.

Os fungos são organismos eucariontes. A maioria possui parede celular, contendo principalmente o polissacarídeo quitina e eles obtêm seus nutrientes pelo processo de absorção. Os fungos se reproduzem por esporos, que são dispersos por correntes aéreas e são comumente encontrados no solo, na água, nos vegetais, em animais, no homem e em detritos em geral.

Para a classificação dos fungos são usados critérios básicos como:

- O ciclo de vida do organismo.
- Características dos esporos sexuais e corpos de frutificação que ocorrem no ciclo de vida desses organismos.
- Características morfológicas de seu micélio vegetativo ou de suas células.

Os fungos são organismos heterotróficos. Nutrem-se decompondo matéria orgânica sem vida ou parasitam hospedeiros vivos. A maioria é saprófita (*sapros*, podre; *phyton*, plantas), decompondo resíduos complexos de plantas e animais, transformando-os em formas mais simples que retornam ao solo, contribuindo, portanto, para sua fertilização e para os ciclos biológicos comuns na natureza.

O crescimento de fungos pode ser prejudicial, provocando o apodrecimento de madeira e tecidos e a deterioração dos alimentos, assim como de muitos produtos industrializados.

Em muitos casos provocam grandes perdas econômicas, como na agricultura (chuva em época de colheita provoca excesso de umidade nos grãos, causando problemas no armazenamento). Por outro lado, são importantes em fermentações industriais, como no caso de cerveja, vinho, vitaminas, ácidos orgânicos (ácido cítrico) e na fabricação de certos alimentos como pães e queijos (maturação). Como parasitas normalmente causam muitas doenças em vegetais, e um pequeno número de doenças em humanos e animais.

Os fungos já foram classificados como vegetais, porém, a partir das novas tecnologias de laboratório, foi possível separá-los, já que possuem características muito diferentes. Ambos, vegetais e fungos, possuem parede celular, mas a parede dos fungos contém o polissacarídeo quitina (presente também em alguns animais), ao passo que a parede celular dos vegetais é composta pelo polissacarídeo celulose. Vegetais são autotróficos (utilizam CO_2 como fonte de carbono), já que fazem fotossíntese, diferente dos fungos que são heterotróficos. A reserva energética desses organismos é o glicogênio, presente também nos animais. Portanto, vegetais e fungos têm características distintas.

Entre os fungos, os importantes em alimentos são os bolores e as leveduras, pois são deterioradores, particularmente em grãos, e muitos são usados em processos de fermentações industriais para a produção de alimentos e ingredientes.

Bolores – fungos filamentosos

Fungos filamentosos ou bolores são organismos eucariontes, pluricelulares, com reprodução natural por esporos com raras exceções e, como já mencionado, não têm clorofila. A reprodução se faz por esporos que podem ser sexuados ou assexuados.

- **Esporos sexuados:** resultam do cruzamento pela fusão do núcleo de duas linhagens de mesma espécie. Geralmente o organismo gerado tem características genéticas das duas linhagens envolvidas no cruzamento. Muitos tipos de esporos sexuados são encontrados entre os fungos, e em geral são produzidos menos frequentemente e em menor número que os esporos assexuados.
- **Esporos assexuados:** a formação destes não envolve a fusão de gametas e esses esporos são produzidos pelo talo em centenas de milhares, aparecendo nas estruturas aéreas chamadas hifas. Sua finalidade é disseminar a espécie e são especialmente estruturados para serem dispersos a partir do talo-mãe. Os esporos de fungos aquáticos podem ser móveis na água; os esporos dos fungos do solo podem ser recobertos por camadas espessas para evitar ressecamento ou podem ser leves o suficiente para serem carregados pelas correntes de ar. Os esporos assexuados são normalmente brancos quando recém-produzidos no talo, mas adquirem uma cor característica da espécie quando completamente formado, sendo os *Penicillium candidum* tipicamente brancos, e os *Aspergillus niger*, tipicamente negros.

Embora um único fungo filamentoso possa produzir esporos sexuados e assexuados por vários métodos em épocas diferentes, as estruturas dos esporos são suficientemente constantes e, desse modo, podem ser usadas para identificação e classificação desse tipo de fungo.

Características morfológicas

Todos os bolores crescem como um sistema interconectado de filamentos ramificados em tubos. Esses tubos ou filamentos individuais são chamados hifas. O corpo ou talo de um fungo filamentoso é chamado de micélio, que é constituído pela massa de filamentos ou hifas.

O crescimento de um bolor tem início a partir dos esporos ou de fragmentos de hifas, na forma de tubos, pelo alongamento de suas pontas. A porção da hifa que obtém nutriente é chamada de hifa vegetativa; já a porção mais aérea é chamada de hifa reprodutiva, pois, na maioria dos bolores, são as formadoras de esporos. Esses esporos são adaptados para a dispersão e se deslocam para um ambiente favorável, onde germinam produzindo novos talos. As hifas de reprodução em geral são aéreas e as vegetativas crescem ao longo da superfície de um substrato, já que são as responsáveis pela nutrição do bolor. Dependendo do tipo de bolor podem ocorrer também hifas especializadas que penetram no meio em busca de nutrientes, as quais são chamadas hifas rizoides.

As hifas também são classificadas de acordo com a presença de divisão cruzada na célula, chamada de septo. Hifas de bolores podem ser classificadas como cenocíticas, quando sem septo, ou como hifas septadas. Essa característica é mais um atributo usado para agrupar e classificar os fungos filamentosos.

Reprodução

Os esporos assexuais dos fungos na maioria das espécies são dos tipos esporangiosporo ou conidiosporo. Os esporangiosporos são produzidos dentro de uma estrutura contendo esporos chamados esporângios (bolsa que contém os esporangiosporos), como o gênero *Rhizopus*. Os conidiosporos ou simplesmente conídios são mantidos livres nas pontas de hifas especializadas, chamadas de conidióforos, como ocorre nos gêneros de *Aspergillus* e *Penicillium*, comuns em alimentos.

A reprodução sexuada envolve a produção de esporos sexuais, formado pela fusão de gametas sexuais por meiose, envolvida nesse processo. Esse processo pode ocorrer antes ou após a formação dos esporos. Os fungos homotálicos produzem gametas masculinos e femininos no mesmo talo, já os heterotálicos são produzidos em talos diferentes.

A estrutura das hifas e dos diferentes tipos de esporos é utilizada para dividir os fungos em dois grupos: fungos superiores e inferiores, conforme o Quadro 2.1.

Quadro 2.1. Características dos principais grupos de fungos

Classe	Características diferenciais	Exemplos
Fungos inferiores	Micélios cenocíticos, sem septos	
Quitridiomicetos	Bolores aquáticos com esporangiosporos uniflagelados e gametas	*Allomyces* – encontrados em lagoas e riachos tropicais
Oomicetos	Bolores aquáticos com esporangiosporos biflagelados e gametas masculinos, gametas femininos não móveis e esporos sexuais	*Saprolegnia* – encontrados em camadas filamentosas sobre peixes em riachos
Zigomicetos	Fungos terrestres com esporangiosporos não móveis e zigosporos. Diversos gêneros parasitam humanos debilitados	*Rhizopus* – fungos negros do pão
Fungos superiores	Micélios com septos: todas as espécies são terrestres; conídios e gametas, se presentes, não são móveis	
Ascomicetos	Ascósporos formados em sacos (asco); alguns parasitam plantas e animais	*Peziza* – fungo em forma de cálice alaranjado, encontrado no solo de florestas úmidas
Basidiomicetos	Basidiósporos formados em um basídio em forma de bastão; alguns parasitam plantas e animais	*Amanita* – cogumelos vermelhos e brancos encontrados em florestas
Deuteromicetos (fungos imperfeitos)	Fungos superiores que não possuem esporos sexuais; alguns parasitam plantas e animais	*Penicillium* – bolores azuis ou verdes comuns em frutas
Leveduras	Organismos unicelulares ovais, a maioria ascomicetas e deuteromicetos, mas alguns são basidiomicetos; algumas espécies parasitam plantas ou animais	*Saccharomyces cerevisiae* – levedura de pães e fermentações diversas como vinho

Fonte: Ingraham e Ingraham, 2010.[5]

Fungos superiores não são cenocíticos, ou seja, suas hifas possuem septos. Existem dois grupos: os ascomicetos e os basidiomicetos, diferenciados pelos tipos de esporos sexuais que formam. Um terceiro grupo, os deuteromicetos, incluem aqueles bolores que não formam esporos sexuais e só produzem conídios; crescem como bolores e leveduras e também são chamados de fungos imperfeitos (porque os micologistas do século XIX consideravam imperfeitos os fungos que não passavam por uma fase sexual). Por essa característica, eles não são incluídos nem como ascomicetos, nem como basidiomicetos.

Assim, a classificação como deuteromicetos nos fungos superiores é uma situação particular, pois fungos que não formam esporos sexuais não podem ser classificados como ascomicetos, nem como basideomicetos. Pode ser que esses esporos não sejam formados porque seu tipo oposto correspondente seja pouco disponível, de ocorrência menos frequente, ou mesmo porque tenham perdido a capacidade de formar esses esporos. Quando a formação de esporos sexuais ocorre nos fungos deuteromicetos, eles são reclassificados como ascomicetos ou basideomicetos, como destacado na Tabela 2.1.

Tabela 2.1. **Reclassificação dos deuteromicetos quando ocorre formação de esporos sexuais**

Gênero deuteromiceto (sem esporos sexuais)	Reclassificação sexual com a formação de esporos	
	Classe	Gênero
Aspergillus	Ascomiceto	*Eurotium*
Blastomyces	Ascomiceto	*Ajellomyces*
Candida	Ascomiceto	*Pichia*
Cryptococcus	Basidiomiceto	*Filobasidiella*
Histoplasma	Ascomiceto	*Gymnoascus*
Penicillium	Ascomiceto	*Talaromyces*
Trichophyton	Ascomiceto	*Arthroderma*

Fonte: Ingraham e Ingraham, 2010.[5]

Leveduras – fungos não filamentosos

As leveduras, assim como os bolores, são fungos; portanto, células eucariontes se diferenciam destes por se apresentarem, usual e predominantemente, sob a forma unicelular, não filamentosa. A reprodução mais frequente ocorre por gemulação ou brotamento, sendo seu crescimento e reprodução mais rápidos que os dos bolores. Algumas leveduras não formam esporos e são consideradas como "fungos imperfeitos", outras produzem esporos sexuados e outras ainda se dividem por fissão binária.

Existem centenas de espécies de leveduras, número pequeno em relação às espécies de algas, bactérias e protozoários, que ocorrem aos milhares. Elas são amplamente distribuídas na natureza, disseminadas por insetos, pelas correntes aéreas e pelo vento. A maior parte das espécies é saprófita, algumas são parasitas, dependendo do hospedeiro vivo para sua sobrevivência. As espécies de leveduras que ocorrem em alimentos são deterioradoras; praticamente não há leveduras patogênicas transmitidas por alimentos.

Características morfológicas

Muitas leveduras são maiores que as bactérias, outras podem ser tão pequenas quanto muitas bactérias. As dimensões variam desde 1 a 5 μm de largura e 5 a 30 μm de comprimento. A forma é característica para as diferentes espécies, variando as células em tamanho e forma, mesmo em culturas puras. Dependendo do ambiente e da idade, as formas podem ser ovuladas, alongadas, arredondadas e apiculadas.

A parede celular é fina nas células jovens e espessa com a idade, sendo constituída de polissacarídeos – glucano e manano, variáveis nas espécies, proteínas (6 a 8%) e lipídios 8,5 a 13,5%. A quantidade de quitina é variável e algumas espécies não a possuem. Contêm ainda glicosamina, sendo os constituintes inorgânicos variáveis. Algumas leveduras são cobertas por material extracelular limoso, viscoso e aderente, que é a substância capsular, a maior parte das vezes composta de polissacarídeos. As leveduras não têm flagelos ou outros órgãos de locomoção. A estrutura mais interna das células de leveduras são aquelas típicas de células eucariontes, com destaque para as inclusões citoplasmáticas.

Nessas inclusões, algumas espécies armazenam enorme quantidade de gordura, carboidratos, proteínas como o glicogênio, enzimas e vitaminas. Em algumas outras espécies, eles contêm pigmentos variando entre amarelo, laranja, rosa, pardo ou negro, além de pigmentos carotenoides lipossolúveis relacionados com a vitamina A. Essa característica particular de dada espécie é muitas vezes explorada pela biotecnologia para a produção de ingredientes e produtos.

Reprodução

A reprodução das leveduras pode ocorrer por esporulação, por fissão ou por gemulação, esta última a mais comum entre as leveduras.

Gemulação ou brotamento: ocorre pela formação de um tubo interno na célula, orientado para um ponto da parede celular, formando uma protuberância na superfície externa da célula, provocada pelo enfraquecimento local da parede celular existente. O tubo que se forma internamente na célula passa para a protuberância, que aumenta de volume e se enche com material nuclear e citoplasmático da célula-mãe. Completada a divisão celular, normalmente quando o broto atinge o tamanho próximo ao da célula-mãe, ocorre então a separação dessas células. Uma célula madura produz por gemulação 24 células-filhas em média. As gemulações sucessivas são sempre formadas em locais diferentes na superfície celular, formando cicatrizes como resultado desse tipo de reprodução (Figura 2.7).

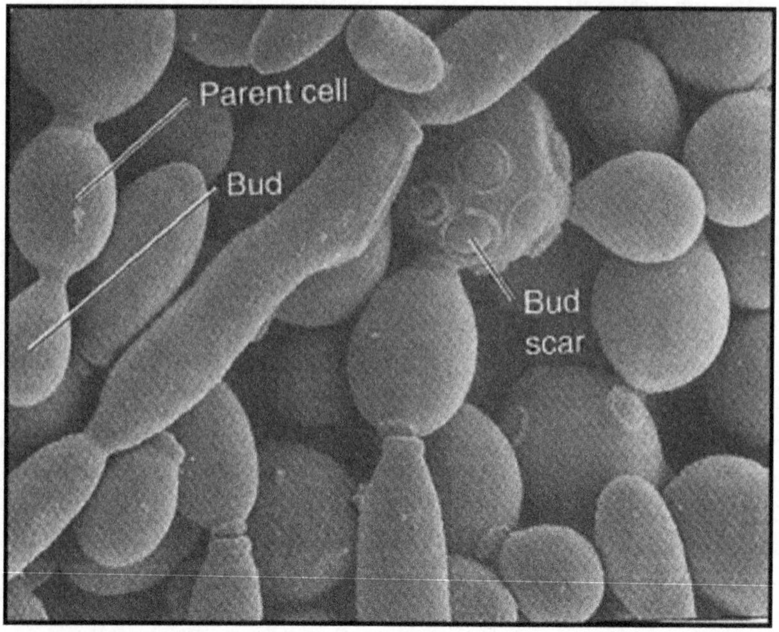

Figura 2.7. Micrografia (SEM) de *Saccharomyces cerevisiae* em vários estágios de brotamento.

Fonte: Tortora et al., 2001.[1]

A reprodução típica para *Saccharomyces cerevisiae* é o brotamento e envolve a fase de síntese de DNA (S), a mitose (M), e as fases intermediárias do período de crescimento (G1 e G2) estão indicadas no centro do esquema da Figura 2.8. As quatro fases têm duração aproximadamente equivalente para o rápido crescimento celular, mas, no crescimento lento, a fase G1 é a mais longa. O ciclo começa em G1 com a duplicação da região do fuso intracelular, a partir de onde os microtúbulos se estendem no citoplasma e é a partir desse sítio marcado (placa) que surgirá o brotamento, tendo início, na sequência, a fase S. As placas do fuso são separadas e os microtúbulos se estendem no núcleo (inicia-se a síntese do DNA), e aparece então o brotamento. No final da fase S, as placas estão nos polos opostos do núcleo e estão ligadas pelos microtúbulos. Durante a fase G2, os núcleos se movem para a construção do tubo entre a célula-mãe e o brotamento (célula-filha). Na metáfase da mitose, cada cromossomo divide-se em duas cromátides, cada uma delas ligada a um fuso intracelular por um microtúbulo. Na telófase da mitose, as cromátides, agora cromossomos-filhos, separam-se para os polos dos núcleos divididos. A formação do septo entre células mãe e filha ocorre no início de fase G1 e a separação celular segue.

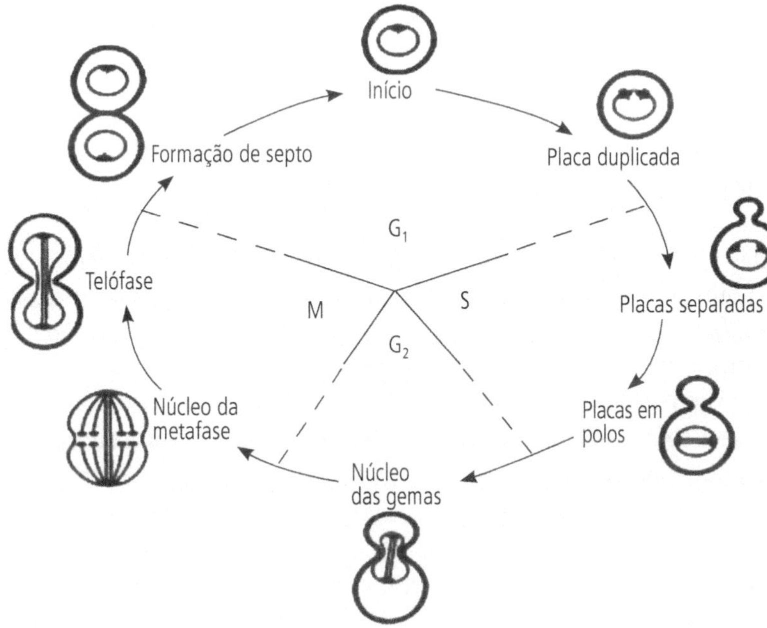

Figura 2.8. Ciclo da reprodução por brotamento das leveduras.

Fonte: Carlile e Watkinson, 1997.[6]

- **Fissão binária:** é um processo reprodutivo vegetativo ou assexuado, como o que ocorre nas bactérias. A levedura aumenta de tamanho ou se alonga, o núcleo se divide, as células se expandem e se separam, resultando em duas células-filhas. Durante o período de rápida multiplicação, as células podem se dividir sem se separar, formando, em consequência disso, cadeias de células chamadas de pseudomicélios.

- **Esporulação:** processo inespecífico para as leveduras, que ocorre pela formação de esporos sexuados, normalmente por ascosporos ou basidiosporos, em associação com células diferenciadas (ascos ou basídios), por mecanismo que envolve divisão redutora: a meiose.

Necessidades nutricionais dos microrganismos

As necessidades nutricionais dos microrganismos são, em essência, similares a aquelas comuns a todos os organismos vivos. A composição do meio onde os diferentes tipos de microrganismos (bactérias, bolores e leveduras) se abrigam propicia maior multiplicação celular dependendo dos nutrientes disponíveis, variando desde os mais simples constituintes até os mais complexos.

As substâncias ou elementos disponíveis para o crescimento microbiano e usadas para construir novos compostos celulares são, normalmente, divididas em duas classes: macronutrientes e micronutrientes. Ambos são imprescindíveis para o crescimento celular, mas os macronutrientes são necessários em maior quantidade, por serem os principais constituintes dos compostos orgânicos celulares. As principais fontes de nutrientes devem suprir as necessidades de carbono, hidrogênio, nitrogênio, fósforo e enxofre, responsáveis por cerca de 90% da composição celular, sendo os 10% restantes constituídos por outros minerais, como potássio, cálcio, ferro e manganês, além de vitaminas.

Como ocorre em outros tipos celulares, o componente que se apresenta em maior quantidade nas células microbianas é a água. As reações químicas que preservam a vida celular são restritas ao meio aquoso e às propriedades particulares que a água apresenta como solvente. As propriedades funcionais dos constituintes estruturais das células são dependentes da interação com a água e muitas das substancias e íons têm características hidrofílicas, sendo o meio aquoso o grande responsável pela maioria das reações químicas celulares, seja como substrato, seja como produto, já que todo mecanismo de troca entre células e o meio intrínseco se dá por absorção.

Alimentos, por toda sua variabilidade de composição, são substratos ricos para os microrganismos, já que incluem diferentes fontes de nutrientes, como proteínas, carboidratos, lipídios e minerais, além de outros compostos, como vitaminas fundamentais utilizadas para a multiplicação desses organismos.

As exigências nutricionais são bastante diversas para as diferentes espécies microbianas, seja para o crescimento, seja para o funcionamento celular. Particularmente considerando as fontes de nutrientes disponíveis, os microrganismos podem ser classificados, de acordo com suas exigências nutricionais em função particularmente da fonte de energia e carbono, da seguinte maneira:

- **Fonte de energia:** todos os seres vivos necessitam de fonte de energia para o funcionamento celular. Os organismos são chamados de fototróficos quando utilizam a energia luminosa para crescimento ou multiplicação; e de quimiotróficos quando dependem da oxidação ou transformação de compostos químicos para obtenção de energia para seu crescimento.

- **Fonte de carbono:** da mesma maneira, os organismos necessitam de uma fonte de carbono para o crescimento. Alguns exigem pequenas quantidades de CO_2, já a maior parte deles também exige compostos orgânicos como diferentes tipos de carboidratos, na forma de açúcar, amido ou outros. Quanto ao carbono, os microrganismos que necessitam apenas de CO_2 como fonte de carbono são chamados autotróficos. Já aqueles que utilizam outras substâncias orgânicas, que não o CO_2 atmosférico, como fonte de carbono, são chamados de organismos heterotróficos.
- **Fonte de nitrogênio:** os microrganismos têm as mais variadas possibilidades quanto ao uso de compostos nitrogenados: algumas podem utilizar nitrogênio gasoso ou atmosférico, usados normalmente por um grupo restrito de organismos presentes no solo ou água que promovem sua fixação; outras crescem a partir de compostos nitrogenados inorgânicos como NH_3 e NO_3^-. A forma mais prontamente assimilável pelos microrganismos é a amônia (NH_3), por ser diretamente incorporada a compostos orgânicos. Outros microrganismos ainda crescem a partir de compostos orgânicos nitrogenados como proteínas, peptídeos, aminoácidos ou qualquer outro composto orgânico desse grupo disponível na natureza, como a ureia.
- **Fonte de enxofre e fósforo:** a obtenção de enxofre por esses organismos pode ser feita a partir de compostos inorgânicos que o contenha em sua composição, a partir de enxofre elementar ou ainda de sulfatos e aminoácidos sulfurados como cisteína, cistina e metionina. Já os fosfatos comumente são os compostos fornecedores de fósforo.
- **Fontes minerais:** os microrganismos necessitam de minerais como cálcio, sódio, potássio, magnésio, manganês, ferro, zinco, cobre, cobalto, entre outros, para seu desenvolvimento normal. As necessidades podem ser variáveis considerando as diferentes espécies microbianas.
- **Fonte de vitaminas:** para as bactérias, entre outros microrganismos, essa necessidade é variável. Embora todas elas exijam vitaminas para seus processos metabólicos normais, algumas são capazes de sintetizar todas as suas necessidades a partir de outros compostos do meio; já outras necessitam de fontes disponíveis dessas substâncias no meio de crescimento. As leveduras também são produtoras de vitaminas, particularmente do complexo B.
- **Fonte de água:** assim como para todos os organismos, a água é fundamental no desenvolvimento dos microrganismos. Os nutrientes que a célula consome, o oxigênio usado na oxidação e os produtos residuais formados são todos transportados por H_2O. É, portanto, o solvente fundamental para o funcionamento celular.

Esses nutrientes, considerados essenciais, são utilizados pelos organismos por meio de reações químicas específicas, em um conjunto de transformações que constituem um sistema complexo de reações chamado de metabolismo, sistema esse que envolve diferentes reações de síntese (anabolismo) e reações de degradação (catabolismo) que liberam energia, processos fundamentais para crescimento e funcionamento celulares. Portanto, a composição em nutrientes é um dos fatores intrínsecos que influencia e define o crescimento dos microrganismos no meio.

Metabolismo

A utilização dos nutrientes pelas células visa ao armazenamento e ao consumo de energia para suas atividades biológicas. Esses processos ocorrem em duas fases: fase construtiva (anabolismo) e fase destrutiva (catabolismo).

O metabolismo pode ser visto como o balanço energético da célula, uma vez que as reações químicas nesse processo tanto usam quanto liberam energia. Assim, o metabolismo é dividido em duas classes de reações químicas: aquelas que liberam energia e aquelas que necessitam de energia.

As enzimas que liberam energia normalmente estão envolvidas no processo de catabolismo, ou seja, quebram compostos orgânicos complexos em compostos mais simples. Essas reações são chamadas reações catabólicas ou de degradação (fase destrutiva). As reações catabólicas geralmente são reações hidrolíticas (reações que usam água e nas quais pontes químicas são quebradas) e elas são reações que liberam energia (reações exergônicas) que produzem mais energia do que consomem. Exemplo: quebra açúcar em CO_2 e água.

As reações que requerem energia são principalmente envolvidas no anabolismo, ou seja, na produção ou construção de moléculas orgânicas complexas a partir de substâncias mais simples. Essas reações são conhecidas como anabólicas ou de biossíntese (fase construtiva). Processos anabólicos frequentemente envolvem reações de síntese com desidratação (reações que liberam água) e são reações endogônicas (consomem mais energia que aquelas que produzem). São exemplos processos anabólicos para a formação de proteínas a partir de aminoácidos, de ácidos nucleicos a partir de nucleotídeos e polissacarídeos a partir de açúcares simples. Essas reações de biossíntese geram substâncias para crescimento e multiplicação celular.

As reações catabólicas fornecem energia necessária para conduzir as reações anabólicas. Esse conjunto de reações de liberação e consumo de energia é possível por meio da ATP. A energia estocada em ATP é derivada de reações catabólicas e que são liberadas para conduzir reações anabólicas que conduzem outros trabalhos celulares.

As vias metabólicas são determinadas por vários fatores, entre eles o habitat: água, solo, vegetais, animais, habitante de mucosas e do sistema digestivo como intestino, além da forma de vida: livre, associações simbióticas ou parasitárias aos quais as espécies estão adaptadas ou encontrem facilidades para seu crescimento.

Todos os processos metabólicos são importantes para a reprodução e manutenção das células através de diferentes vias de obtenção de substâncias que sustentam a vida celular, como exemplifica a Figura 2.9 para o crescimento bacteriano.

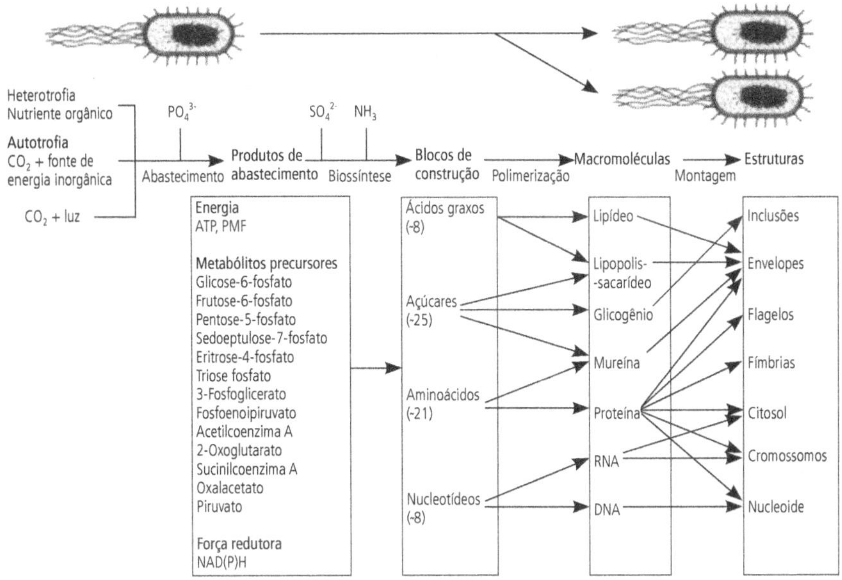

Figura 2.9. Sequência metabólica envolvida na reprodução das bactérias.

Fonte: Schaechter et al., 2010.[7]

Assim, uma célula viva requer energia para realizar diferentes tipos de trabalho, incluindo:

- Biossíntese de partes estruturais da célula, como parede celular, membrana, entre outros.
- Síntese de enzimas, ácidos nucleicos, polissacarídeos, fosfolipídios e outros tantos componentes químicos da célula.
- Reparo de danos e manutenção da célula em condições viáveis.
- Crescimento e multiplicação celular.
- Armazenamento de nutrientes e excreção de produtos.
- Mobilidade.

Fatores que influenciam o crescimento de microrganismos

A capacidade de crescimento e sobrevivência de microrganismos depende de fatores intrínsecos e extrínsecos do ambiente onde estes se abrigam. Os fatores intrínsecos são os relacionados com o próprio alimento, ou seja, com a quantidade de água livre disponível, com o pH ou potencial hidrogênio iônico desse meio, com o potencial de oxirredução e com a composição nutricional disponível, incluindo também a presença de agentes antimicrobianos naturais, que ocorre em determinado tipo de alimento. Os fatores extrínsecos são definidos pelo ambiente onde o alimento se encontra; são a temperatura, a atmosfera e a umidade relativa do ar.

Assim, o êxito no controle ou no processo de multiplicação microbiana requer uma combinação de nutrientes, além de outros fatores como pH, atividade de água (Aw), potencial de oxirredução (Eh) e de ambiente físico apropriados. Esses aspectos importantes para o crescimento e a multiplicação dos microrganismos devem ser considerados e esses fatores são classificados em dois grupos: os fatores intrínsecos e os fatores extrínsecos.

Como fatores intrínsecos são incluídos: Aw, pH, Eh e a composição do meio de crescimento. Já como fatores extrínsecos incluem-se a temperatura, a atmosfera e a umidade relativa do ar.

Fatores intrínsecos

Atividade de água (Aw)

A atividade de água é um parâmetro que mede a disponibilidade de água livre de um alimento; é a água não ligada a moléculas que constituem os alimentos, portanto, é a água que pode ser usada pelos microrganismos nas transformações químicas necessárias ao seu crescimento.

Assim, ao contrário dos organismos superiores, que podem reter água, o crescimento e a fisiologia dos microrganismos dependem da presença de água disponível no ambiente. O valor 0,60 de atividade de água é limitante para o desenvolvimento e a multiplicação celular, variando o grupo de microrganismos quanto maior for o teor de água livre. Em atividade de água alta (1,00-0,98), quase todos os microrganismos crescem, mas as bactérias predominam porque se multiplicam mais rapidamente que bolores e leveduras. Abaixo de 0,87-0,80, quase todas as bactérias são inibidas, com exceção dos *Staphylococcus aureus* (limite para multiplicação celular Aw 0,83). As leveduras se tornam importantes entre 0,80 e 0,75. Na faixa de Aw 0,65, leveduras osmofílicas e bolores xerofílicos são os que conseguem se multiplicar. Em valores abaixo de 0,60 de Aw praticamente não existe atividade celular (Tabela 2.2).

Tabela 2.2. **Divisão de grupos de alimentos com base na Aw e suscetibilidade à deterioração**

Intervalo Aw	Tipos de alimentos	Microrganismos capazes de crescer
> 0,98	Carnes frescas, leite, frutas, hortaliças	Bactérias deterioradoras e patogênicas, bolores e leveduras
0,98 a 0,93	Carnes curadas, ovos, sucos de frutas, queijos, pão, alimentos contendo até 50% de sacarose ou 10% de NaCl	Principalmente bactérias deterioradoras Gram + (das famílias *Lactobacillaceae, Bacillaceae, Micrococcaceae*), bolores e leveduras. Algumas bactérias patogênicas, principalmente *Staphylococcus aureus*
0,93 a 0,85	Leite condensado, salame, queijos duros, produtos de confeitaria, marmeladas, alimentos contendo até 65% de sacarose ou até 18% de NaCl	Algumas bactérias Gram + na forma de cocos, inclusive *Staphylococcus aureus*, sem crescimento de outras bactérias patogênicas. Os bolores e as leveduras são agentes de deterioração
0,85 a 0,60	Melaço, geleias, farinhas, mel, frutas secas, caramelos, sucos cítricos concentrados, goiabada, coco ralado, pescado salgado, alimentos com até 26% de NaCl (carne seca etc.)	Bolores xerofílicos e leveduras osmofílicas; das bactérias, somente as halófilas (até Aw = 0,75)

Fonte: Leitão et al.,1988.[8]

pH

As diferentes espécies de microrganismos têm pH mínimo e máximo para o funcionamento celular, variando entre 4 e 9, sendo poucos os que se desenvolvem nos limites extremos de pH. Para a maioria deles, o pH ótimo está na faixa neutra, entre 6,5 e 7,5, a mais comum para as bactérias. Para bolores e leveduras, a variação comumente fica em torno de 5 a 6. Durante a multiplicação microbiana, o pH inicial se altera, podendo se tornar tanto ácido quanto alcalino, dependendo das transformações químicas que ocorrem em função do microrganismo envolvido. Para crescer bem em um meio ácido ou básico, um microrganismo deve ser capaz de manter seu pH intracelular em torno de 7,5, não importando qual o valor do pH externo. Assim, o pH do meio externo normalmente tem de ser drasticamente alterado para afetar o pH interno da célula. Portanto, por esse comportamento do pH, um meio de crescimento pode se tornar limitante para a multiplicação do próprio microrganismo. Muitas vezes esse efeito pode ser minimizado pelo efeito tampão do meio de crescimento, definido pela sua composição; naturalmente, essa característica pode controlar as alterações drásticas do pH. As faixas de pH variam para diferentes grupos de microrganismos e cada espécie tem um pH ótimo para a multiplicação celular (Tabela 2.3). Um pH baixo pode inibir, por exemplo, o crescimento de muitas bactérias Gram-negativas, assim como *Clostridium botulinum*, que é Gram-positivo, e que não germina e não cresce em pH abaixo de 4,6. Bactérias acidófilas como *Lactobacillus*, *Alicyclobacillus*, *Sporolactobacillus* e *Streptococcus* crescem em pH na faixa de 3 a 4, já espécies de *Acetobacter* crescem em pH 2,9 ou menos. No caso dos fungos a faixa pode ser ampla, variando entre 2,0 e 8,5. Muitos patógenos importantes em alimentos têm uma faixa estreita de tolerância a pH. Os limites de pH também podem ter variações dependendo de outros fatores envolvidos como composição em nutrientes e Aw do meio de crescimento, além de temperatura e atmosfera, ou seja, pela variação de outros fatores que influenciam o crescimento microbiano.

Potencial de oxirredução (Eh)

Em um sistema biológico, o potencial redox é o índice do grau de oxidação de um sistema. Quando um elemento ou composto químico perde elétrons, o substrato é oxidado e o composto que ganha os elétrons é reduzido. Quanto mais reduzido é um composto, mais negativo é seu potencial redox e, quanto mais oxidado, mais positivo será esse potencial. A transferência de elétrons entre compostos estabelece uma diferença de potencial elétrico entre eles e essa diferença pode ser medida por instrumentos e expressa em unidades de milivolt (mV) ou volt (V).

(reduzido) – mV 0 +mV (oxidado)

|--------------------|---------|---------|---------------------|

Tabela 2.3. Valores-limite de pH que permitem o crescimento de microrganismos deterioradores e patogênicos

Microrganismo	Valores-limite de pH	
	pH mínimo	pH máximo
*Bactérias deterioradoras		
Bacillus subtilis (atualmente: *Bacillus atrophaeus*)	4,2-4,4	8,5-10,0
B. stearothermophilus	5,2	9,2
Clostridium sporogenes	5,0-5,8	8,5-9,0
Escherichia coli	4,3-4,4	9,0-10,0
Proteus vulgaris	4,4	8,4-9,2
Pseudomonas aeruginosa	4,4-5,6	8,0-9,0
Pseudomonas spp.	5,6	8,0
Alcaligenes faecalis	6,4	9,7
Acetobacter acidophilum	2,8	4,3
Lactobacillus spp.	3,0-4,4	7,2-8,0
*Bactérias patogênicas		
Bacillus cereus	4,3	9,3
Clostridium botulinum	4,7-5,0	8,5
C. perfringens	5,0	8,6-9,0
Salmonella spp.	4,0-5,0	8,0-9,6
Vibrio parahaemolyticus	5,8	11,0
Staphylococcus aureus	4,0-4,7	9,5-9,8
*Leveduras		
C. pseudotropicalis	2,3	8,8
Hansenula canadensis	2,2	8,6
Saccharomyces cerevisiae	2,0-2,4	8,6
Rhodotorula mucilaginosa	1,5	---
*Bolores		
Aspergillus niger	1,2	---
A. oryzae	1,6	9,3
Penicilium italicum	1,9	9,3
Fusarium oxysporum	1,8	11,1

Fonte: Leitão et al., 1988.[8]

A classificação dos microrganismos quanto à capacidade de usar um substrato oxidado ou reduzido se faz em relação ao Eh crítico para seu crescimento. Há microrganismos que não suportam a presença de O_2 (anaeróbios) e, portanto, têm exigência de meios reduzidos para um crescimento eficiente; já outros que necessitam do O_2, como os aeróbios, têm facilidade para crescer em meios oxidados. Há os que possuem fisiologia celular para crescimento em sistema tanto oxidado quanto reduzido – os anaeróbios facultativos –, e outros ainda, com características para crescimento em baixo potencial reduzido ou oxidado, são chamados de microaerófilos. Essa característica do sistema eletroquímico de um meio define muito os grupos de microrganismos que podem crescer em um substrato, portanto, em alimentos.

A determinação do valor de Eh de um alimento é bastante difícil, uma vez que é influenciado pela interação do oxigênio que envolve o alimento e os compostos químicos do próprio alimento. De modo geral, alimentos de origem vegetal têm valores de Eh entre +300 e +400 mV, o que explica a deterioração desses produtos por microrganismos aeróbicos, sejam bactérias, sejam bolores e leveduras. Já o tecido animal, como as carnes em pedaços grandes, normalmente tem um Eh em torno de –200 mV, diferente da carne moída, em que os valores podem subir para até +200 mV pela interação com a atmosfera de exposição. O músculo animal, imediatamente após a morte, tem potencial redox de +250 mV, porém após aproximadamente 30 horas esse valor pode chegar a –250 mV, condição que favorece a multiplicação da microbiota anaeróbica da carne. O mesmo ocorre com os queijos, que, pela sua gama de variações de fabricação e características, podem ter valores variando desde –20 até –200 mV.

Os microrganismos de importância em alimentos têm necessidade de potencial redox em faixas especificas. Os aeróbios são de ocorrência frequente em vegetais, pelo fato e do tecido vegetal ser mais oxidado. Essas condições são favoráveis para a maioria dos bolores, leveduras oxidativas e muitos gêneros de bactérias como *Pseudomonas, Acinetobacter, Micrococcus* e alguns *Bacillus.* Para estes o intervalo de potencial de oxirredução varia de +350 a +500 mV. Já dos microrganismos anaeróbios facultativos são importantes os da família *Enterobacteriaceae,* espécies de *Bacillus* e o *Staphylococcus aureus*, além das leveduras fermentativas. Seu crescimento é favorecido em intervalo de potencial oscilando entre +100 a 350 mV. Dos anaeróbios, os gêneros importantes são *Clostridium* e *Desulfotomaculum*, que apresentam crescimento melhor em ambiente com potencial abaixo de –150 mV ou valores máximos entre +30 e –250 mV. O *Clostridium perfringens*, por exemplo, é aerotolerante e cresce em intervalos de –125 a +287 mV; assim, há variações de comportamento para diversas espécies dos anaeróbios.

Portanto, as variações ocorrem em decorrência das características e interações do meio de crescimento (Tabela 2.4) e dos microrganismos presentes.

Tabela 2.4. Valores-limite de potencial redox (Eh) em mV para diferentes alimentos

Alimento	Faixa de potencial redox (Eh) em mV
Vegetais em folhas	+300 e +400
Tubérculos de batata	–150
Suco de uva	+400
Carne logo após o abate	Aprox. +250
Carne 30h após o abate	–250 mV
Carne em pedaços grandes	Aprox. – 200 mV
Carne moída	+200 mV
Queijo cheddar	+300 a –100
Queijos suíços	–50 a –200

Fonte: Leitão et al., 1988.[8]

Composição do meio de crescimento

É um fator crítico na definição da natureza e intensidade do crescimento de microrganismos e está relacionado com o fornecimento ou presença adequada dos nutrientes essenciais para a multiplicação dos diferentes tipos celulares. As fontes de nutrientes essenciais são: fonte de energia, de carbono, de nitrogênio, de enxofre e fósforo, de sais minerais, vitaminas e de água, conforme já discutido no item "Necessidades nutricionais dos microrganismos".

Outro aspecto importante quando se estuda o crescimento ou a multiplicação de microrganismos em alimentos é considerar a presença ou não de componentes antimicrobianos do próprio alimento, já que esses são componentes naturais em muitos alimentos. Nesse aspecto, a presença de determinadas substâncias em alimentos tem a capacidade de retardar ou até mesmo impedir a multiplicação microbiana e muitas vezes define a estabilidade de um alimento diante da ação de microrganismos.

Entre os alimentos com agentes antimicrobianos naturais, temos os condimentos, por meio de seus óleos essenciais, como o eugenol do cravo, a alicina do alho, o aldeído cinâmico e o eugenol da canela e o alil-isotiocianato da mostarda. Temos também a lisozima da clara do ovo, as lactoperoxidases e a lactoferrina do leite e outros, dependendo do alimento.

Outra barreira que tem função antimicrobiana natural, dependendo da maneira como os alimentos são disponibilizados, são as estruturas biológicas naturais do alimento, como a casca, que também funciona como barreira mecânica à penetração de microrganismos.

Fatores extrínsecos

Temperatura

Uma vez que o crescimento e a multiplicação dos microrganismos são dependentes de reações químicas e essas, por sua vez, são afetadas pela temperatura, a multiplicação dessas células pode, portanto, ser afetada por esse parâmetro ou fator. A temperatura influi no ritmo e na quantidade total do crescimento ou multiplicação, assim como nos processos metabólicos e na morfologia celular.

A temperatura é o fator ambiental mais importante para o crescimento microbiano. Os microrganismos se multiplicam em ampla faixa de temperatura e, de acordo com a temperatura ótima ou ideal para sua multiplicação, eles são classificados em diferentes grupos.

Esses grupos são definidos pela temperatura ótima do microrganismo, que é a temperatura que possibilita o crescimento ou a multiplicação mais rápida e abundante do organismo em um menor tempo. Assim, com base na temperatura ótima e na faixa comum de multiplicação, os microrganismos podem ser agrupados em faixas de temperatura (Tabela 2.5), embora haja variações desses limites para alguns autores.

Tabela 2.5. **Classificação dos microrganismos por faixas de temperatura de crescimento**

Grupo	Temperatura (°C)		
	Mínima	Ótima	Máxima
Termófilos	40	55 a 75	90
Mesófilos	5	30 a 45	47
Psicrófilos	–5	12 a 15	20
Psicrotróficos	–5	25 a 30	35

Fonte: Leitão et al.,1988.[8]

Os microrganismos psicrófilos e psicrotróficos multiplicam-se bem em alimentos refrigerados, sendo os principais deterioradores de alimentos de origem animal. Os mesófilos correspondem à grande maioria dos microrganismos de importância em alimentos, inclusive a maior parte dos patógenos de interesse. Já os termófilos incluem algumas espécies de *Clostridium* e de *Bacillus,* tanto deterioradores quanto patogênicos. Muitos fungos crescem em faixa ampla de temperatura, e deles as leveduras preferem as faixas mesófila e psicrófila.

Atmosfera

Os principais gases que influenciam a multiplicação dos microrganismos são o O_2 e o CO_2. Com base na variação da presença de O_2 livre, os microrganismos podem ser divididos em:

- Aeróbicos: quando crescem na presença de oxigênio livre.
- Anaeróbicos: quando crescem na ausência de oxigênio livre.
- Anaeróbicos facultativos: crescem tanto na presença quanto na ausência de oxigênio livre.
- Microaerófilos: crescem na presença de pequena quantidade de oxigênio livre.

A composição gasosa do ambiente no qual um alimento é exposto ou conservado pode selecionar tipos de microrganismos que podem predominar no alimento.

Recursos tecnológicos que modificam a composição dos gases do ambiente de acondicionamento são muito utilizados na indústria alimentícia para controlar determinados tipos de microrganismo em um ambiente. A atmosfera modificada é um dos recursos usados em que o O_2 é total ou parcialmente substituído por outros gases, para facilitar a conservação de determinados alimentos. Embalagens contendo combinações de oxigênio, nitrogênio, gás carbônico, outras com ausência de gás, através de vácuo parcial, são recursos utilizados na indústria para maior conservação de determinados alimentos. Muitas vezes esse recurso também é usado para a estabilidade química do produto.

Umidade relativa do ambiente (UR%)

Quando um alimento está em equilíbrio com a atmosfera, a UR% é igual a Aw × 100. Essa é uma relação importante, pois alimentos expostos em ambiente com UR mais alta tendem a absorver umidade se a Aw do alimento for menor; ao contrário, podem perder umidade para o ambiente quando alimentos com alta Aw forem expostos a ambiente com UR baixa. Esse comportamento é de fundamental importância na conservação de alimentos, pois filme de umidade em superfície de alimento pode contribuir para a proliferação de microrganismos como ocorre quando há falha, por exemplo, no controle da UR em câmeras frias para armazenamento de carnes. O filme de água superficial favorece o crescimento dos microrganismos comumente presentes nesse alimento.

Particularidade dos fatores de crescimento para leveduras e bolores

Os bolores, assim como as leveduras, crescem mais lentamente que as bactérias, não competindo bem em situações que permitem o crescimento bacteriano, como alta atividade de água, pH próximo do neutro e temperaturas ótimas de bactérias mesófilas. Assim, esses organismos apresentam particularidades relacionadas à velocidade de crescimento, e bactérias têm um tempo de geração bem mais curto que leveduras. Os bolores são aqueles que necessitam de mais tempo para formar todas as estruturas morfológicas comuns desse tipo de organismo. Assim, o comportamento diante dos fatores que influenciam o crescimento apresenta particularidades.

Bolores

Os bolores se adaptam facilmente a sobrecargas pesadas de nutrientes, ao contrário do que ocorre com as bactérias. As fontes de nutrientes básicos são as mesmas exigidas para as bactérias e leveduras, porém com variações específicas entre as espécies de bolores, já que esses organismos apresentam variações quanto à facilidade de crescimento em substratos com altas concentrações de açúcar e até de sal. A glicose é a fonte de carbono adequada para praticamente todos os bolores, embora muitas espécies também utilizem sacarose, maltose e compostos orgânicos complexos, como amido e celulose. O nitrogênio inorgânico como os sais de amônio ou nitratos são usados por algumas espécies, outras exigem ou podem utilizar substrato nitrogenado orgânico. Minerais como ferro, fósforo, potássio, zinco, cobre, manganês e molibdênio são necessários para seu crescimento, assim como vitaminas específicas são essenciais para algumas espécies.

Esses organismos toleram e crescem em altas concentrações de ácidos, em faixa de pH variando entre 2 e 9, sendo o ótimo para muitas espécies valores próximos ou inferiores a 5. São organismos que sobrevivem em ambientes desidratados que inibiriam a maioria das bactérias. Nessas condições, normalmente produzem esporos ou entram em estado de latência.

A faixa de atividade de água para o crescimento pode ocorrer de 0,87 a 0,65, e entre 0,75 e 0,65, ocorre somente o crescimento de bolores xerofílicos.

A maioria dos bolores é estritamente aeróbica e seu crescimento é estimulado pelo fornecimento abundante do O_2. São organismos que crescem em ampla faixa de temperatura (0-62°C), sendo a faixa ótima entre 22 e 30°C para a maioria das espécies.

As espécies deterioradoras de carne e vegetais crescem a 0°C, e os bolores que crescem a temperaturas perto do ponto de congelamento são classificados como psicrotolerantes e, desses, os incapazes de crescer a 20°C são classificados como psicrófilos. Já os bolores que crescem a temperaturas de 50°C ou mais são considerados termotolerantes, e desses os que são incapazes de crescer a 20°C são considerados termófilos.

Em termos práticos, quanto aos aspectos estruturais, os esporos sexuais são mais resistentes ao calor, à dessecação e a outras condições extremas que os esporos assexuais e as células vegetativas. Esses aspectos são importantes na definição dos processos de conservação em alimentos.

Os fungos de controle importante em alimentos estão incluídos nas classes de zigomicetos, ascomicetos e deuteromicetos.

Os aspectos relevantes dos zigomicetos na deterioração dos alimentos são: crescimento rápido, especialmente em alimentos frescos de alta atividade de água; não crescem em baixa atividade de água, portanto, nenhum zigomiceto é xerofílico; baixa resistência aos tratamentos térmicos ou químicos e raramente são reportados como produtores de micotoxinas.

Já os ascomicetos geralmente têm crescimento mais lento que os zigomicetos, com exceções; sua estrutura reprodutiva se dá pela formação de ascósporos em saco chamado de asco; são estruturas condensadas, refratárias e geralmente resistentes aos tratamentos térmico e químico; quase todos os fungos xerofílicos pertencem a essa classe ou à dos deuteromicetos.

Os deuteromicetos, por não formarem ascósporos, são menos resistentes ao tratamento térmico, mas os conídios podem ser bastante resistentes a tratamentos químicos e alguns deuteromicetos, como já relatado, são xerofílicos.

Os grupos de bolores importantes como deteriorantes em alimentos são:

- Xerofílicos, sendo os que crescem em condições extremas de Aw (0,61). O *Xeromyces bisporus* é um importante deteriorador de alimentos, que é conhecido até o momento como o microrganismo mais xerofílico.

- Termorresistentes, sendo o de ocorrência mais frequente a *Byssochlamys fulva*, que resiste a 90°C ou mais por período prolongado.
- Toxigênicos os produtores de micotoxinas, sendo os mais comuns espécies de *Aspergillus*, de *Penicillium* e de *Fusarium*.

Leveduras

No crescimento de leveduras, as reações para o uso de substâncias são bastante variadas. A utilização de açúcares como a glicose pode, dependendo da espécie desse organismo, ser feita por via anaeróbia (fermentação) ou aeróbia (respiração), sendo a forma de utilização mais característica a via anaeróbica, ou seja, pela fermentação alcoólica que produz álcool etílico e CO_2. Já para o crescimento aeróbico esses organismos utilizam pentoses, polissacarídeos (amido), alcoóis, manitol, sorbitol, ácidos orgânicos (lático, acético, cítrico) e outros substratos orgânicos. O nitrogênio necessário para a síntese proteica é obtido de fonte orgânica e inorgânica pelo uso de íons amônio. Exigem enxofre para crescimento, sendo a fonte principal os sulfatos inorgânicos e outras vezes substâncias como cisteína e metionina. Minerais importantes para o crescimento desses organismos são: potássio, magnésio, sódio e cálcio, traços de boro, cobre, zinco, manganês, ferro, iodo e molibdênio. São organismos capazes de crescer em altos teores de açucares e sais, e as espécies com essas características são chamadas de leveduras osmofílicas, quando substrato usado é o açúcar.

As leveduras crescem melhor em meio ácido, em geral na faixa de pH 3,5 a 3,8, e os limites de tolerância oscilam entre pH 2,2 e 8,0. A atividade de água para a maioria das leveduras varia entre 0,99 e 0,87, que espécies osmofílicas crescem de 0,65 a 0,60.

A temperatura de crescimento para as leveduras oscila entre 0 e 47°C e muitas têm mais facilidade de crescimento a 15°C, com temperatura ótima para a maioria das espécies que ocorrem em alimentos variando entre 20 e 30°C. As espécies patogênicas de levedura, que não são comuns em alimentos, têm sua temperatura ótima entre 30 e 37°C. A maioria das espécies é aeróbica, mas as fermentativas produzem um crescimento anaeróbico.

As leveduras têm facilidade para multiplicação rápida em meio líquido, o qual favorece sua dispersão; muitas crescem sob condições anaeróbicas, o que também favorece sua multiplicação em meios líquidos. As leveduras deteriorantes ocorrem principalmente em alimentos ácidos, líquidos ou semissólidos, no interior dos quais a dispersão das células é facilitada e a disponibilidade de oxigênio é reduzida, uma condição que facilita a multiplicação dessas células. Algumas leveduras são bastante conhecidas, como *Saccharomyces cerevisiae*, levedura fortemente fermentativa que é amplamente distribuída nos alimentos e eventualmente pode provocar deterioração. Diferentes linhagens dessa levedura são muito utilizadas na produção de bebidas, fermento biológico e também em outras aplicações.

São consideradas leveduras osmofílicas, importantes em alimentos, aquelas que crescem em alto teor de açúcar, em geral na faixa de Aw de 0,61 a 0,70. A espécie mais comumente implicada nesse processo é a *Zygosaccharomyces rouxii*, associada à deterioração de xaropes de frutas e de cana-de-açúcar, mel, geleias e concentrados de frutas. É uma espécie de levedura extremamente resistente à baixa Aw, sendo considerado o segundo microrganismo mais xerofílico conhecido na natureza e é a segunda levedura mais frequentemente associada à deterioração de alimentos processados, perdendo apenas para a *Z. bailii.*

Grupos de microrganismos importantes em alimentos

Dos microrganismos importantes em alimentos, vale destacar os considerados patogênicos e causadores de doenças, portanto, de importância em saúde pública. Nesse aspecto, é importante considerar as características distintas das doenças alimentares, normalmente divididas em dois grupos: as intoxicações alimentares, causadas pela ingestão de alimentos contendo toxinas microbianas pré-formadas, produzidas durante o crescimento do microrganismo patogênico no alimento; e as infecções alimentares, causadas pela ingestão de alimentos contendo células viáveis de microrganismos patogênicos. Esses microrganismos, após a ingestão, aderem à mucosa do intestino humano e proliferam, colonizando-o. Depois dessa colonização podem ocorrer a invasão da mucosa e a penetração do microrganismo nos tecidos, ou ainda a produção de toxinas que alteram o funcionamento das células do trato gastrintestinal.

Entre os microrganismos, bactérias, leveduras e bolores, importantes em alimentos, os citados a seguir são os de ocorrência mais frequente e devem ser considerados no estudo da microbiologia de alimentos.

As características de alguns gêneros de bactérias mais comumente presentes em alimentos seguem listadas por serem deterioradores ou patógenos importantes, e outros pela aplicação na produção de alimentos.

Bactérias

Bastonetes Gram-positivos não esporogênicos

Lactobacillus

São bastonetes, regulares, Gram positivos, não esporogênicos, microaerófilos, móveis ou não, que possuem metabolismo fermentativo, cujo produto final principal é o ácido lático. A quantidade de ácido lático produzido é variável entre as espécies e essa característica diferencia as espécies homofermentativas (teor de ácido em geral maior que 85%) das heterofermentativas (teor de ácido em geral menor que 85%), que além do ácido também produzem CO_2 e outros compostos, em geral aromáticos. O habitat é muito variado e ocorrem principalmente em produtos de laticínios, vegetais, frutas, em produtos de carne embutida e curada. Espécies importantes são *L. acidophilus*, *L. bulgaricus* e *L. casei*, principalmente em produtos de laticínios.

Listeria

São bastonetes pequenos, regulares, Gram-positivos, não esporogênicos, microaerófilos, capazes de se multiplicar à temperatura de refrigeração. Ocorrem de maneira geral no ambiente. Têm sido isolados do solo, dejetos, ração animal, água, alimentos crus como leite, carne vermelha, frango, alimentos marinhos, vegetais e frutas. A espécie importante é a *Listeria monocytogenes*, causadora de infecção alimentar, veiculada mais comumente por produtos de leite.

Bastonetes Gram-positivos esporogênicos

Alicyclobacillus

São bastonetes Gram-positivos, esporogênicos, aeróbios, termófilos. São acidófilos, portanto, toleram meio ácido e sobrevivem a temperaturas elevadas. Habitam o solo. Espécie importante: *A. acidoterrestris,* entre outras espécies. são importantes contaminantes de sucos de frutas.

Bacillus

São bastonetes Gram-positivos. A maioria das espécies é aeróbica e outros são anaeróbios facultativos, esporogênicos, que apresentam características bastante diferentes entre as muitas espécies desse gênero, incluindo espécies mesófilas, termófilas e psicrotróficas, com temperaturas mínimas variando desde –5 a 45°C e as máximas entre 25 e 75°C. Podem ocorrer no solo, na água e no ar, e os esporos podem sobreviver por longo tempo em condições adversas. Espécies importantes: *B. polymixa* e *B. macerans* como deterioradores, por serem pectinolíticos; *B. stearothermophilus* e *B. coagulans* (*flat-sour*), produtores de ácido e deterioradores de produtos ácidos, principalmente produtos de tomate. Muitas espécies desse gênero são importantes deterioradoras de alimentos enlatados; já *B. cereus* pode provocar toxinfecção alimentar, veiculada principalmente por alimentos como cereais e produtos à base deles.

Clostridium

São bastonetes Gram-positivos, esporogênicos, anaeróbios obrigatórios, móveis. O pH ótimo para a maioria das espécies está entre 6,0 e 7,0. São amplamente distribuídos na natureza, particularmente no solo, podem ocorrer na água e algumas espécies no trato intestinal do homem e de animais Espécies importantes: o *Clostridium botulinum* é uma espécie importante em alimentos por provocar intoxicação alimentar grave, geralmente com 40% de óbito. O pH 4,5 é o limite crítico para o controle de *C. botulinum* em alimentos, abaixo do qual normalmente não ocorre crescimento. O *C. perfringens* também está incluído na lista dos patogênicos, pois também provoca toxinfecção alimentar, principalmente por produtos cárneos, sopas e carnes preparadas e/ou manuseadas fora das boas práticas. Outras espécies, como *C. pasteurianum* e *C. butiricum*, conseguem se desenvolver em pH ao redor de 4,0 e são importantes deterioradores de alimentos em pastas, purês e néctar de frutas; já o *C. sporogenes* é termófilo e pode ocorrer em pescado enlatado. Espécies desse gênero de bactéria também são importantes deterioradoras de alimentos enlatados.

Desulfotomaculum

São bastonetes retos a ligeiramente encurvados, Gram-positivos, esporogênicos, anaeróbios, resistentes a aquecimento e dessecação. O pH ótimo varia de 6,6 a 7,4; para espécies mesófilas, a temperatura varia de 25 a 40°C e para os termófilos, entre 40 e 65°C. O habitat comumente é o solo inundado como em arrozais; ocorre também em água livre de O_2 dissolvido, em sedimento marinho e no intestino de animais. Espécie importante: em alimentos é o *D. nigrificans*, pela sua capacidade de reduzir compostos sulfurados, produzindo H_2S. Em alimentos enlatados, essa reação leva à formação de sulfeto ferroso, que causa o enegrecimento do alimento.

Cocos Gram-positivos

Micrococcus

São cocos, Gram-positivos, aeróbios estritos, que ocorrem isolados aos pares ou agrupados e aglomerados de maneira irregular; conseguem se multiplicar na presença de até 5% de NaCl. Ocorrem na pele do homem e dos animais, na poeira, no solo, na água e em muitos alimentos. Podem ser deterioradores de produtos de laticínios e de carnes processadas e muitas vezes são associados à falta de higiene adequada no manuseio de alimentos. Espécies importantes: são comumente encontradas em alimentos, especialmente em leite e derivados, carcaças de animais e produtos cárneos. São deterioradores importantes e a espécie *M. varians* é de ocorrência frequente.

Staphylococcus

São cocos Gram-positivos, podendo ocorrer desde isolados, aos pares e caracteristicamente em cachos irregulares, são anaeróbios facultativos e crescem mais rápido em aerobiose. A maioria cresce em presença de NaCl, variando a concentração para muitas espécies entre 7,5 e 15%. Podem ocorrer em alimentos particularmente os de origem animal. Ocorrem na pele e nas mucosas do homem e de animais, além de outras partes do corpo. Espécies importantes: o *Staphylococcus epidermidis* (coagulase-negativa) e *Staphylococcus aureus* (coagulase-positiva) podem ocorrer em alimentos, sendo este último (a espécie *aureus*) importante por causar intoxicação alimentar e, portanto, sua presença em número elevado torna o alimento inseguro e de risco para o consumo.

Streptococcus

São cocos ou ovoides, Gram-positivos, anaeróbios facultativos. Ocorrem em pares e predominantemente em cadeia. Algumas espécies podem ocorrer nas vias respiratórias do homem e animais e causar doenças como escarlatina, anginas etc.; outras se encontram no trato intestinal do homem e de animais, podendo contaminar plantas e produtos de laticínios. Há algumas espécies que causam mastite em vacas, e outras espécies ainda podem ser causadoras de doença alimentar. A presença de algumas espécies em quantidade elevada em alimentos pode indicar contaminação fecal. Como fermentam açúcares como glicose e lactose, produzindo ácido lático, linhagens específicas de determinadas espécies são importantes na indústria de laticínios na elaboração de leites fermentados. Espécies importantes: *Streptococcus salivarius* spp. *thermophilus*, utilizado na elaboração de iogurtes e queijos, além de outros fermentados.

Enterococcus

São cocos ou ovoides, Gram-positivos, anaeróbios facultativos. Ocorrem em pares e predominantemente em cadeia. Esse gênero inclui espécies de *Streptococcus* de origem fecal que pertenciam ao grupo D de Lancefield: *Streptococcus faecalis*, *S. faecium*, *S. bovis*, *S. equinus*, hoje reclassificados respectivamente como *Enterococcus faecalis*, *Enterococcus faecium*, *Enterococcus bovis* e *Enterococcus equinus*. São encontrados no solo, em alimentos, na água, em plantas, animais, pássaros e insetos. O hábitat em humanos é o trato gastrintestinal. Espécies importantes; as espécies envolvidas em alimentos não são consideradas patógenas, sendo as espécies *E. faecalis e E. faecium*, por serem de origem fecal, muitas vezes usadas como microrganismos indicadores na avaliação da qualidade microbiológica de alimentos.

Leuconostoc

São cocos, Gram-positivos, microaerófilos. Ocorrem geralmente aos pares e cadeias curtas. São produtores de ácido lático e outros compostos secundários no processo fermentativo. Podem ser encontrados em vegetais fermentados, em leite e produtos de leite, assim como em usinas açucareiras, em vinho e em vários outros alimentos. Algumas espécies são utilizadas na fabricação de fermentados de leite, principalmente pelas características de produção de compostos aromáticos e de sabor. A espécie mais comum é o *Leuconostoc mesenteroides.*

Pediococcus

São cocos, Gram-positivos, normalmente aos pares e tétrades. Podem ser encontrados em vegetais e alimentos fermentados e são importantes deterioradores de cervejas e vinhos. Algumas espécies também podem ser utilizadas na produção de produtos cárneos embutidos e fermentados; as espécies presentes nos "*starters*" normalmente são *P. cerevisiae, P. acidilactici* e *P. pentosaceus.*

Lactococcus

São cocos ou ovoides, agrupados aos pares e cadeias, Gram-positivos, microaerófilos. Podem ser encontrados em leite cru e produtos de leite. Espécies importantes: as espécies *Lactococcus lactis*, *L. lactis* spp. *diacetylactis e L. cremoris* são de interesse para a fabricação de queijo e outros produtos fermentados.

Bastonetes Gram-negativos aeróbios

Pseudomonas

São bastonetes curtos, Gram-negativos, móveis. Muitas espécies são psicrotróficas e mesófilas e normalmente têm atividade proteolítica e lipolítica. Algumas espécies produzem pigmento fluorescente, como a *P. fluorescens*. Podem ser encontradas no solo, na água salgada ou doce, em plantas e no intestino do homem e dos animais. Esse gênero de bactéria se destaca por produzir alterações em carnes, aves e seus derivados, ovos, pescados e mariscos conservados em baixa temperatura, causando problemas como limosidade superficial e odores desagradáveis, em decorrência da ação proteolítica ou lipolítica provocada por esses organismos. Espécies comuns em alimentos são *Pseudomonas fluorescens* e *P. aeruginosa.*

Acetobacter

São bastonetes Gram-negativos. Pertencem ao grupo das bactérias acéticas por produzirem ácido acético a partir do etanol. São comuns em frutas e vegetais. Espécies importantes: *Acetobacter aceti* é utilizada na produção de vinagre, embora essa e outras espécies sejam deterioradoras de bebidas fermentadas como vinho e cerveja, além de serem deterioradoras importantes de frutas e verduras, por provocarem acidificação.

Xantomonas

São bastonetes Gram-negativos. Sua temperatura ótima está entre 25 e 30°C. Muitas espécies ocorrem em vegetais, sendo a *X. maltophilia* um patógeno oportunista em humanos. Espécie importante: *Xanthomonas axonopodis* provoca lesões nas folhas do pé de maracujá, conhecida como a doença do maracujá ou bacteriose do maracujá, e torna o fruto impróprio para consumo. Ocorre queda de 20 a 30% na produção e todo o pomar deve ser eliminado, pois não há como controlar essa doença. Essa bactéria também ataca outros vegetais, como uva, alho, mandioca e feijão.

Bastonetes Gram-negativos anaeróbios facultativos

Família *Enterobacteriaceae*

Inclui os bastonetes curtos, Gram-negativos, anaeróbios facultativos. Habitat: certas espécies são saprófitas em plantas ou ainda patógenos de vegetais. Vivem no trato intestinal do homem e dos animais. São importantes no controle de alimentos sob vários aspectos:

- São usados como indicador higiênico-sanitário em alimentos e, quando utilizados dessa maneira, são chamados de coliformes. Estes incluem os gêneros *Escherichia, Citrobacter, Enterobacter* e *Klebsiella.* Em geral, eles retratam as condições higiênicas de produção e manuseio dos alimentos; o grupo dos coliformes fecais é representado principalmente pela *Escherichia coli*, por ser um habitante exclusivo do intestino de animais de sangue quente, indicando que, uma vez presente em números fora dos padrões de segurança, representam possibilidade de presença de microrganismos patogênicos, transmitidos normalmente pelas fezes. Também indicam produção ou manuseio inadequado de alimentos.
- As espécies patogênicas incluem os gêneros *Salmonella, Shigella*, algumas cepas de *E. coli*, por serem enteropatogênicas, e a *Yersinia enterocolitica.* Estes organismos causam infecção alimentar.
- Os deterioradores são principalmente *Proteus vulgaris* em produtos de origem animal, como carnes, pescado, aves, ovos em refrigeração; o gênero *Serratia* pode estar envolvido na deterioração de pães, de carnes, de ovos e de pescados; o gênero *Erwinia*, na deterioração de vegetais como frutas e hortaliças.

Família *Vibrionaceae*

Gênero *Vibrio*: são bastonetes Gram-negativos, anaeróbios facultativos e necessitam geralmente de 3% de NaCl para seu crescimento. Habitat: vivem em água doce ou salgada. O principal veículo dessas bactérias geralmente é a água e/ou os alimentos altamente contaminados. Isso ocorre pelo uso de água contaminada por esgoto e pelo uso de esterco como fertilizante de vegetais como hortaliças, consumidas normalmente sem cocção; pelo uso de água contaminada no preparo de refrescos e de alimentos não cozidos e água imprópria na lavagem de frutas e hortaliças consumidas sem prévia cocção; pela captura de peixes e moluscos em águas contaminadas; pelo armazenamento de alimentos em recipientes contaminados; pelo contato dos alimentos com moscas ou outros insetos; pelo manuseio de alimentos em condições higiênicas inadequadas. São importantes patógenos causadores de infecção alimentar as espécies de *Vibrio cholerae* (causador da cólera), *V. parahaemolyticus* e V. *vulnificus.*

Bastonetes Gram-positivos, não esporogênicos, irregulares

Bifidobacterium

São bastonetes irregulares, pleomórficos, podendo ocorrer em cadeia e em células paralelas, anaeróbicos. Sua temperatura ótima é entre 37 e 41°C. Ocorre no trato gastrintestinal de animais e em insetos. Espécie importante: o *B. bifidum*, entre outras espécies desse gênero, é usado como probiótico em alimentos.

Propionibacterium

São bastonetes irregulares, pleomórficos, podendo ocorrer como filamentos, Gram-positivos, não esporogênicos, variando de aerotolerantes a anaeróbios. Podem ser encontrados na pele e no trato respiratório e intestinal de muitos animais. Espécie importante é a *P. shermanii*, que, pela produção de CO_2 e ácido propiônico, entre outros compostos, é normalmente utilizada na fabricação de queijos como o tipo suíço.

Archaebacteria aeróbica, halófilos extremos

Halobacterium

São bastonetes irregulares, Gram-negativos. Seu ambiente de ocorrência natural é o marinho, sendo veiculado para os alimentos geralmente pelo sal. São conhecidos como halofílicos, crescendo geralmente em altas concentrações de sal de até 20%. São responsáveis pela deterioração de produtos salgados como carnes, por exemplo, causando o chamado "vermelhão do charque". Espécies importantes são *Halobacterium salinarum* e *H. halobium.*

Leveduras – Fungos não filamentosos

Os gêneros de leveduras de ocorrência em alimentos são principalmente deterioradores e muitos são utilizados na produção de alimentos por fermentação.

Saccharomyces

São células ovais ou redondas ou alongadas e podem produzir pseudomicélio. A reprodução mais frequente ocorre por gemulação. São anaeróbias facultativas, apresentando metabolismo, preferencialmente, fermentativo. São importantes na produção de etanol e bebidas as espécies *S. cerevisiae* e *S. uvarum*, e como fermento de panificação, a *S. cerevisiae,* de linhagem especifica para esse fim. Esse gênero e suas diferentes espécies também podem estar envolvidos na deterioração de alimentos como vegetais fermentados, sucos e refrigerantes, e pela ação de espécies osmofílicas como *S. bailii* e *S. rouxii* podem deteriorar outros tipos de alimentos. Espécies de *Saccharomyces* como a *S. cerevisiae,* em linhagens específicas, são utilizadas na obtenção de bebidas fermentadas e destiladas (rum, vodca, uísque, entre outras) e das fermentadas (vinho e cerveja).

Kluyveromyces

São células esféricas, elipsoides, cilíndricas ou alongadas com características morfológicas e fisiológicas semelhantes à *Saccharomyces.* Reproduzem-se por brotamento multilateral e também são importantes deterioradoras de produtos de laticínios, carnes e sucos de frutas, provocando sua fermentação. São importantes também na produção de proteínas específicas, a partir da fermentação do soro de leite.

Hansenula e *Pichia*

Possuem células arredondadas e em meio líquido formam película ascendente na superfície. Podem ser oxidativas e fermentativas. São gêneros frequentemente envolvidos em deterioração de produtos ácidos, como picles e outras conservas. São deterioradores de frutas e vegetais fermentados, nesse caso, envolvendo *Pichia membranifaciens* e *Hansenula anomala.* Muitas espécies são tolerantes ou resistentes a concentrações elevadas de sal, deteriorando queijos e outros produtos. Também formam película esbranquiçada nas conservas abertas. Podem utilizar os ácidos orgânicos presentes nas conservas, diminuindo sua acidez, o que pode ser um risco dependendo do tipo de alimento.

Debaryomyces

A espécie *D. hansenii* está frequentemente envolvida na deterioração de produtos ácidos, como picles e outras conservas. Formam película, não ascendente, toleram altas concentrações de sal (até 24%) e são importantes deterioradores de salsichas, formam limosidade e crescem em salmouras usadas para a produção de queijos, bacon, presuntos e outros, formando um filme superficial no meio de crescimento. Podem utilizar os ácidos orgânicos presentes nas conservas, diminuindo sua acidez.

Zygosaccharomyces

São osmofílicas e importantes deterioradoras de mel, melaços, doces, sucos concentrados e produtos açucarados em geral. Compreende espécies envolvidas em deterioração de alimentos como maionese, molhos de saladas, frutas e sucos de frutas e refrigerantes. São resistentes aos sorbatos e benzoatos. Importantes espécies são: *Z. bailii,* causando deterioração fermentativa e explosiva em molhos tomate, maionese, refrescos, entre outros; *Z. bisporus*, mais xerofílica que a espécie anterior, causa deterioração em xaropes de sacarose com Aw 0,70 e também tem resistência ao calor com 60°C/10 min.; *Z. rouxii*, muito resistente à baixa Aw, é a mais xerofílica das leveduras, com crescimento a Aw 0,62 em xaropes de açúcar.

Schizosaccharomyces

A *S. pombe*, com células esféricas ou cilíndricas, tem particularidades entre as leveduras: a reprodução assexuada não se dá por brotamento, mas sim por fissão lateral formando micélios verdadeiros e cresce melhor a 37°C que a 25°C, diferente da maioria das leveduras. São xerofílicas e resistentes a conservantes. São utilizadas na fabricação de bebida tipo rum, por exemplo. São incomuns como deteriorantes, embora possam causar deterioração de frutas e vinho. As espécies osmofílicas podem estar envolvidas na deterioração de produtos açucarados.

Rhodotorula

São espécies oxidativas, que se distinguem das demais por formar pigmentos tipo carotenoide, que lhe confere coloração variando do laranja ao vermelho intenso, crescem bem em baixas temperaturas como 5°C, o pH mínimo é 2,2 e são sensíveis a baixa Aw (não crescem a menos que 0,92 Aw), e também a conservantes, porém são resistentes ao calor, como 62,5°C/10 min. São muito comuns em frutas e vegetais, mas menos frequentes como deteriorantes em produtos processados. *R. rubra* e *R. glutinis* são as espécies mais comumente envolvidas.

Kloeckera

São células apiculadas, encontradas principalmente no início da fermentação de líquidos açucarados, como no caldo de cana e em sucos de frutas.

Candida ou Torulopsis

São oxidativas ou fermentativas, fermentam variados tipos de açúcar e resistem a conservantes. A *C. holmii* cresce em extremo de ácido, pH 1,5. Compreendem espécies que são importantes na deterioração de alimentos, como *Candida lipolytica* em gorduras, manteigas e margarinas, e *Candida mycoderma* em azeitonas e produtos cítricos de picles no início da fermentação.

Bolores – Fungos filamentosos

Os gêneros de bolores importantes em alimentos são vários, seja como deterioradores, seja como produtores de micotoxina e outros usados na produção de alimentos e ingredientes.

Bolores

Alternaria

Pode estar presente na deterioração de vegetais. È a causa mais comum de deterioração em tomates, pimentões, maçãs e frutas cítricas, provocando escurecimento do tecido vegetal. Também podem ocorrer em carnes vermelhas e algumas espécies produzem micotoxinas.

Aspergillus

São importantes por estarem envolvidos em intoxicação alimentar por meio da produção de micotoxina, como ocorre com as espécies *Aspergillus flavus* (aflatoxina) e *A. patulum* (patulina). São também deterioradores, participando da decomposição negra de frutas cítricas provocada pelo *A. niger*. Ocorrem em cereais e derivados, produtos desidratados armazenados inadequadamente, em queijos e embutidos cárneos.

Botrytis

A espécie *B. cinerea* é a mais comum em alimentos, provocando podridão cinza em maçãs, peras, morangos e frutas cítricas.

Byssochlamys

Os esporos são resistentes à alta temperatura. Toleram baixa tensão de oxigênio, característica incomum entre os bolores; por isso, eles são importantes deterioradores de frutas enlatadas e néctares.

Cladosporium

São deterioradores de carnes, causando as chamadas manchas negras. As espécies *C. herbarum* e *C. cladosporioides* são comuns em frutas e outros vegetais.

Geotrichum

Desenvolvem-se em baixas temperaturas e podem provocar deterioração em produtos de laticínios e em tomates enlatados. As espécies importantes em alimentos são *G. candidum* e *G. albidum*.

Mucor, Rhizopus e Thamnidium

Podem estar envolvidos na deterioração de legumes e frutas; o *Rhizopus nigricans* em pães e o *Thamnidium* em carnes refrigeradas e congeladas. Algumas espécies de *Mucor* são usadas na produção de enzimas e o *Mucor rouxii* ou *Rhizopus oligosporus*, no preparo de comida oriental, como Temph.

Penicillium

Os mais comuns são os que ocorrem nas cores verde e verde-azulado e algumas linhagens são importantes na maturação de queijos como gorgonzola pelo *Penicillium roqueforti* e do queijo camembert pelo *P. camemberti* ou *albican*. Espécies desse gênero também são usadas na maturação de embutidos cárneos fermentados; ocorrem como deterioradores em frutas, como na podridão verde ocasionada pelo *Penicillium digitatum* e na verde-azulada pelo *P. italicum*. Podem ocorrer ainda em carnes e derivados e produtos de laticínios, como nos queijos.

Sporotrichum

Conseguem crescer a baixas temperaturas e, como deterioradores, podem causar as manchas brancas em superfície de carnes mantidas em refrigeração.

Xeromyces

A espécie *X. bisporus* é um ascomiceto que cresce vagarosamente, produz colônias baixas e esparsas de coloração branca a rosada. É provavelmente o mais xerofílico de todos os organismos vivos conhecidos, capaz de crescer em Aw de até 0,61, e não cresce em Aw superior a 0,97. Os ascósporos são bastante resistentes ao calor, com redução decimal a 80°C ocorrendo em 2,7 a 3,6 minutos.

Microbiota de alimentos

Durante a produção, os alimentos são expostos ao ambiente e a manuseios e assim entram em contato com diferentes tipos de microrganismos, o que os tornam portadores ou veículos de muitos desses organismos. Esta associação de microrganismos com os alimentos varia de acordo com as características inerentes do alimento, com o meio em que são produzidos e também o tipo de manuseio, desde o campo até a disponibilização para o consumo. Portanto, diferentes gêneros de microrganismos podem ser encontrados e veiculados por alimentos.

Cada microrganismo tem sua forma particular de nutrição e utilização de nutrientes, influenciados por fatores como pH, Aw e Eh, além de temperatura, atmosfera e UR%. Assim, a variabilidade de espécies microbianas facilmente encontra condições de crescimento nos alimentos, provocando os processos de deterioração nesses substratos.

As associações de microrganismos com os alimentos ocorrem de diferentes maneiras, especialmente pelas particularidades do ambiente em que normalmente são produzidos ou expostos, como solo, água, plantas, utensílios, manipuladores, ar, poeira, dejetos humanos e de animais, entre outros.

Todo alimento tem uma microbiota típica, geralmente composta de bactérias, bolores e leveduras, entre outros, influenciada pela sua origem e pelas características intrínsecas do alimento e do ambiente de exposição. Procedimentos inadequados de produção e manipulação ou descuido no acondicionamento, transporte e armazenamento permitem que esses organismos encontrem no alimento sua forma particular de nutrição, com consequentes processos de degradação, os quais podem causar grandes perdas econômicas e mesmo tornar o alimento veículo de microrganismos causadores de doença alimentar. A predominância dos diferentes grupos e a quantidade de microrganismos presentes em um alimento é dependente, portanto, das condições adequadas ou não em toda a cadeia produtiva.

Com relação à exposição ambiental, os microrganismos veiculados ou presentes nos alimentos serão diferentes, dependendo principalmente da origem de sua exposição e do tipo de manipulação. Assim, deve-se considerar que:

- O solo e a água podem incluir nos alimentos microrganismos de diferentes gêneros, como *Enterobacter, Alcaligenes, Bacillus, Clostridium, Corynebacterium, Micrococcus, Proteus, Pseudomonas, Serratia* e *Sarcina*, entre outros.
- As plantas contribuem com os gêneros mais comumente encontrados nesses tipos de vegetais, como *Acetobacter, Enterobacter, Erwinia, Flavobacterium, Kurthia, Lactobacillus, Leuconostoc* e *Streptococcus* ou *Lactococcus*. Das leveduras, *Saccharomyces, Rhodotorula* e *Torula*.
- Já os utensílios podem acrescentar os mais diferentes tipos de microrganismos dependendo do manuseio, da higiene e do acondicionamento desses utensílios, além dos tipos de alimentos nele utilizados e dos cuidados e conservação desses utensílios. Como exemplo temos o caso de verduras manejadas em utensílios não desinfetados, que passariam a conter todos os tipos de microrganismos desse vegetal. Se esses utensílios forem higienizados com água quente, provavelmente se mantenha nele somente a microbiota resistente ao efeito do tratamento com o calor. Já esses utensílios armazenados em locais abertos podem, ainda, passar a conter poeira e, consequentemente, microrganismos como bactérias, bolores e leveduras transportadas pelo ar. Podem ainda causar contaminação cruzada pela falta de higienização apropriada quando usados para armazenamento e manuseio de alimentos de origens diferentes.
- Os manipuladores geralmente acrescentam a microbiota das mãos e da vestimenta utilizada na manipulação. Essa microbiota muitas vezes é variável, dependendo do meio e dos hábitos do indivíduo, sendo mais frequentes os gêneros de microrganismos encontrados na poeira, na água, no solo etc. Alguns gêneros são relacionados às mãos, fossas nasais e boca, como a *Sarcina* e o *Staphylococcus aureus*, este último de ocorrência comum nas mãos, nos braços, nas fossas nasais e em outras partes do corpo. Os gêneros *Salmonella* e *Shigella* são intestinais e podem chegar ao alimento e utensílios pelos manipuladores descuidados com a higiene pessoal. Bolores e leveduras também podem ocorrer nas roupas e mãos de indivíduos.
- Com relação ao ar e à poeira, os gêneros mais importantes acrescentados aos alimentos são *Bacillus, Sarcina* e *Micrococcus*; das leveduras, o gênero mais frequente é o *Torulopsis*, além de diferentes gêneros de bolores.
- Os microrganismos incluídos pelos dejetos de humanos e de animais, principalmente pela falta de higiene e cuidados na manipulação, no acondicionamento e armazenamento dos alimentos, são de origem entérica, como *Bacteroides, Escherichia, Proteus, Salmonella, Shigella, Staphylococcus* e *Streptococcus*. Nesse contexto, a *Escherichia coli*, que é habitante exclusivo do intestino do homem e outros mamíferos, é importante, sendo utilizada como indicador higiênico-sanitário para alimentos. Em dejetos são comuns também, além dela, espécies de *Clostridium* e *Pseudomonas* e das leveduras, frequentemente a *Candida*.

Um fator importante na limitação dos tipos de microrganismos que ocorrem em alimentos, entre outras características, é o pH. Por meio dele é possível avaliar o potencial e a provável natureza do processo de deterioração que o alimento poderá vir a sofrer. Em função desse parâmetro, os alimentos podem ser classificados em três grupos:

- *Alimentos pouco ácidos*: são aqueles que possuem pH superior a 4,5. Em alimentos com essas características normalmente ocorre crescimento de bactérias, seja das espécies deterioradoras, seja das patogênicas, esporogênicas ou não, aeróbias ou anaeróbias, mesófilas ou termófilas, dependendo do processo de obtenção do alimento e de sua embalagem e estocagem.
- *Alimentos ácidos*: são aqueles que possuem pH entre 4,5 e 4,0. Em alimentos com essas características de pH, ocorre predominância de crescimento de leveduras oxidativas ou fermentativas e de bolores. Entre as bactérias pode ocorrer crescimento, tanto de algumas esporogênicas, quanto de não esporogênicas.
- *Alimentos muito ácidos*: são os que possuem pH inferior a 4,0, Nesses níveis de pH, o desenvolvimento microbiano fica restrito, quase exclusivamente, às leveduras e aos bolores, pois estes apresentam maior tolerância aos extremos de pH. Em valores próximos ao limite de pH 4,0, é possível ocorrer crescimento de bactérias láticas ou acéticas.

A atividade de água é outro fator que delimita o crescimento de microrganismos, já que, em valores de Aw entre 1,0 e 0,98, quase todos os microrganismos crescem, porém, as bactérias predominam porque crescem mais rápido que os fungos e as leveduras. Abaixo de 0,95, as bactérias Gram-negativas deixam de ser importantes e aos poucos crescem os cocos e lactobacilos que se tornam dominantes, já que são mais osmotolerantes. Abaixo de 0,87 e 0,80, quase todas as bactérias são inibidas, com exceção de poucas como o *S. aureus*. As leveduras se tornam mais importantes na faixa entre 0,80 e 0,75 pela inibição das bactérias halofílicas, as mais tolerantes das bactérias à baixa Aw. Até 0,65 as leveduras e os bolores se tornam importantes e, abaixo de 0,65, muitos bolores xerofílicos são inibidos; porém, entre níveis de 0,65 e 0,60, somente algumas leveduras osmofílicas e bolores xerofílicos conseguem se desenvolver. Abaixo de 0,60 a multiplicação celular cessa, pois não há água livre suficiente para o funcionamento celular.

Interações entre microrganismos

As interações entre microrganismos também ocorrem nos alimentos. Considerando a presença de microbiota mista, determinado microrganismo, ao se multiplicar em um alimento, produz metabólitos que podem afetar a capacidade de sobrevivência e de multiplicação de outros microrganismos presentes nesse alimento. Assim, o pH pode diminuir por formação de ácido ou aumentar por ação de microrganismos em proteínas, por exemplo. Os fungos podem agir nos ácidos presentes no meio, seja naqueles formados, seja em acidulantes adicionados, de modo que as bactérias com tolerância a ácidos crescem e atuam nas proteínas. Dependendo da intensidade dessa atividade proteolítica, pode ocorrer aumento do pH. É o que ocorre com as leveduras que são capazes de degradar o ácido lático de alimentos fermentados, tornando o alimento com condições favoráveis ao crescimento e produção, por exemplo, de toxinas por *C. botulinum* quando esporos deste estejam presentes no alimento. Dessa maneira, os produtos do metabolismo de certas bactérias podem ser essenciais para o crescimento de outros presentes no meio. Outro exemplo ocorre no caso da presença de tiamina e de triptofano, que são essenciais para o *S. aureus*, substâncias que podem, por exemplo, ser produzidas em determinados alimentos como consequência do crescimento de *P. aeruginosa* presentes como contaminantes.

Assim, o potencial redox, a atividade de água e a composição em nutrientes de um alimento podem sofrer variações dependendo da microbiota presente e das condições que permitam o crescimento da microbiota ali presente, o que pode alterar as condições iniciais e permitir o crescimento de outros microrganismos inicialmente inibidos nesse ambiente. Esse tipo de comportamento de uma microbiota também pode afetar o meio extrínseco de crescimento, pela produção, por exemplo, de CO_2 em espaço livre em alimentos embalados, favorecendo grupos microbianos específicos que muitas vezes ocorrem em números reduzidos como remanescentes de processos aplicados para a conservação.

Outro aspecto da interação microbiana envolve a presença de bactérias que produzem substâncias com atividade bactericida, como as bacteriocinas. As primeiras bacteriocinas descritas foram as colicinas, ativas contra *E. coli*, produzidas por determinadas cepas de *E. coli* e algumas enterobactérias. Atualmente são conhecidas muitas outras bacteriocinas, produzidas, principalmente, por bacterias Gram-positivas, patogênicas ou não, como *Acetobacter, Alicyclobacillus, Clostridium, Enterococcus, Lactobacillus, Lactococcus, Pseudomonas, Salmonella, Sthaphylococcus*, entre outros.

Das espécies produtoras de bacteriocinas, o maior interesse da indústria de alimentos está nas bactérias capazes de produzir uma ou mais bacteriocinas, como *Lactococcus lactis* spp. *lactis*, produtor de nisina A e E, os *Pediococcus*, que produzem a pediocina, e o *Lactobacillus plantarum*, com a produção de plantaricina.

A produção de bacteriocinas é mediada por plasmídios, assim como também é plasmidial a resistência a bacteriocinas comum em alguns tipos microbianos. A nisina é a bacteriocina mais conhecida, sendo a única que tem o uso em alimentos autorizado pela United States Food and Drug Administration (FDA). A nisina é efetiva para impedir o desenvolvimento de bactérias Gram-positivas e a germinação de seus esporos, porém não é ativa contra as bactérias Gram-negativas.

As bacteriocinas e as bactérias produtoras de bacteriocinas em alimentos têm sido empregadas como recurso tecnológico na produção de certos tipos de alimentos, com o objetivo de controlar o desenvolvimento de microrganismos patogênicos e/ou de microrganismos deteriorantes nesses produtos, com uso interessante por serem conservadores "naturais".

Outras formas de interação entre microrganismos podem ser utilizadas no controle do desenvolvimento de microrganismos patogênicos em alimentos, pela adição de microrganismos específicos. Em determinadas situações, a adição de microrganismos inofensivos a um produto pode estimular o processo competitivo existente entre os componentes da microbiota presente. Assim, os microrganismos patogênicos podem ficar desfavorecidos nessa competição e serem eliminados ou terem sua população reduzida. Esse processo chama-se exclusão competitiva, e vem sendo utilizado no controle da contaminação de aves contra patógenos como *Salmonella* e *Campylobacter*. Nesse processo, promove-se a colonização da superfície epitelial do trato gastrintestinal de aves recém-nascidas com microrganismos inócuos, retirados de aves adultas saudáveis. A exclusão competitiva também pode ser interessante na alimentação de animais, com a finalidade de interferir na microbiota do trato gastrintestinal, dificultando a colonização por patógenos, particularmente em animais criados em ambientes confinados.

Atualmente existem algumas preparações comerciais de misturas de microrganismos destinadas ao controle de patógenos em aves. Há países europeus que utilizam essas preparações há vários anos, com resultados satisfatórios no controle de *Salmonella* em frangos. Estudos têm demonstrado que culturas puras de bactérias ou preparações contendo um único gênero não são protetoras nessas condições.

Outro aspecto importante em determinadas bactérias está na habilidade codificada por plasmídeos. As informações genéticas não vitais para as células também podem ser perdidas. Um exemplo prático ocorre com bactérias láticas usadas como fermento na produção em laticínios, em que o ácido lático, fundamental para o processo, é produzido por essas bactérias a partir de material plasmidial, característica que pode ser perdida, dependendo do manuseio dessas culturas, por recorrentes repiques e falta de cuidado com as exigências necessárias para essa multiplicação, impactando na não eficiência do uso desses organismos em processo industrial. Da mesma maneira, a troca de plasmídeos entre linhagens patogênicas pode representar problema no controle de patógenos.

Conclusões

Os microrganismos, por estarem naturalmente presentes em alimentos e pelo impacto significativo em sua vida útil, são considerados como um perigo biológico inerente em alimentos e o nível do risco é potencializado em toda a cadeia produtiva, dependendo dos microrganismos envolvidos e das barreiras impostas para seu controle. Assim, os conhecimentos das características dos diferentes grupos de microrganismos envolvidos e das variáveis dos fatores que interferem em sua multiplicação devem ser foco de atenção dos profissionais da área de alimentos, para o controle de patógenos e de deteriorantes e também de microrganismos de interesse para a produção industrial, já que possibilita a compreensão e a base de conhecimento necessário às decisões para escolhas das tecnologias aplicáveis nos processamentos e conservação de alimentos em toda a cadeia produtiva. Mais informações sobre os aspectos relevantes da microbiologia de alimentos podem ser obtidos em demais trabalhos previamente publicados.[1-15]

REFERÊNCIAS

1. Tortora GJ, Funke BR, Case CL. Microbiology: an introduction. 7. ed. San Francisco: Pearson; 2001. 887p.
2. Borges FM. Morfologia, citologia e fisiologia da célula bacteriana. Disponível em: http://www.ufjf.br/microbiologia/files/2013/05/Morfologia-Citologia-e-Fisiologia-da-c%C3%A9lula-bacteriana-Aula-2-Microl.pdf Acesso em: 30 abr. 2015.
3. Pelczar MJ, Chan ECS, Krieg NR. Microbiologia: conceitos e aplicações. 2. ed. São Paulo: Makron; 1996. V. I. 524p.
4. Pelczar M, Reid R, Chan ECS. Microbiologia. São Paulo: McGraw-Hill; 1980. V. I. 566p.
5. Ingraham JL, Ingraham CA. Introdução à microbiologia: uma abordagem baseada em estudo de casos. Tradução AllTasks. São Paulo: Cengage Learning; 2010.Board RG. Introducción a la microbiología moderna de los alimentos. Zaragoza: Acribia; 1988.
6. Carlile MJ, Watkinson SC. The fungi. London: Academic Press; 1997. 482p.
7. Schaechter M, Ingraham JL, Neidhardt FC. Micróbio: uma visão geral. Porto Alegre: Artmed; 2010. 548p.
8. Leitão MFF, Hagler LCSM, Hagler AN, Menezes TJB. Microbiologia de alimentos, microbiologia sanitária e microbiologia industrial. In: Roitman I, Travassos LR, Azevedo JL, ed. Tratado de microbiologia. Barueri: Manole; 1988.
9. Barbosa HR, Torres BB. Microbiologia básica. São Paulo: Atheneu; 2005. 196p.
10. Franco BDGM, Landgraf M. Microbiologia dos alimentos. São Paulo: Atheneu; 1996. 182p.
11. Gonçalves JR, Jardim DCP, Vitali AA. (Coord.). Princípios de esterilização de alimentos (Manual técnico n. 10). Campinas: Ital; 1992. 116p.
12. Massaguer PR. Microbiologia de processos alimentares. São Paulo: Varela; 2005. 258p.
13. Mossel DAA, Garcia BM. Microbiología de los alimentos. Zaragoza: Acribia; 1994.
14. Roitman I, Travassos LR, Azevedo JL. Tratado de microbiologia. São Paulo: Manole; 1988. V. I. 186p.
15. Taniwaki MH, Silva N. Fungos em alimentos – Ocorrência e detecção. Campinas: Ital; 2001. 82p.

3 CAPÍTULO

Reações enzimáticas

- Alline Artigiani Lima Tribst
- Marcelo Cristianini

CONTEÚDO

Introdução

Enzimas são proteínas produzidas por organismos vivos que apresentam a função biológica de catalisar reações bioquímicas, sendo imprescindíveis para a existência dos diferentes seres vivos. Algumas funções vitais, como a respiração, a produção de energia e a digestão de alimentos, só são possíveis pela existência de enzimas, que fazem com que as reações ocorram a uma velocidade compatível com os requerimentos de cada organismo.

Essas reações também estão presentes em animais pré e pós-abate para a obtenção de carnes e nas diversas etapas de produção de alimentos de origem vegetal, sendo os principais responsáveis pelas modificações fisiológicas que acontecem com tais alimentos.

Além disso, as enzimas são adicionadas intencionalmente na produção, como é o caso de pães, queijos, alguns sucos, produtos cárneos, entre outros. Nesses produtos, a adição de enzimas tem como principal objetivo a melhora de suas propriedades sensoriais e tecnológicas.

Portanto, as reações enzimáticas são de grande importância para a obtenção de alimentos e o conhecimento sobre como elas ocorrem e quais fatores as afetam permite ao profissional de alimentos o controle e a manipulação dessas reações, com consequente melhora dos produtos obtidos.

Estrutura de enzimas e atividade catalítica

As enzimas são proteínas globulares que apresentam estruturas primárias, secundárias, terciárias e, em alguns casos, também estruturas quaternárias. Seus pesos moleculares variam entre 5 e 1000 kDa e elas podem apresentar em suas estruturas componentes não proteicos, como açúcares e metais.

A estrutura primária é composta por aminoácidos (menor unidade que constitui a proteína) unidos entre si por meio de ligações peptídicas entre o grupo amino de um aminoácido e o grupo carboxílico do aminoácido subsequente, formando uma cadeia longa. O número e a sequência de aminoácidos presentes tornam única cada uma das enzimas existentes.

A estrutura secundária é caracterizada pela organização regular das cadeias peptídicas, formando estruturas denominadas alfa-hélice e folha betapregueada. A estrutura alfa-hélice é mantida por pontes de hidrogênio formadas entre átomos de nitrogênio e de oxigênio do grupo carboxílico. Essas ligações ocorrem comumente a cada cinco aminoácidos unidos pelas ligações peptídicas, resultando na formação de uma estrutura espiralada. Já a estrutura folha betapregueada ocorre pela junção paralela de duas cadeias polipeptídicas (estrutura primária), também por intermédio de pontes de hidrogênio.

Para enzimas, a estrutura terciária é uma estrutura globular, formada a partir de enrolamentos, dobras e voltas das cadeias polipeptídicas, previamente organizadas em estruturas de alfa-hélice e folha betapregueada. A estrutura terciária é mantida por diferentes ligações e interações como pontes de hidrogênio e dissulfeto, interações eletrostáticas, força de Van der Waals e ligações iônicas. Considerando-se que na natureza existem aminoácidos apolares e polares, a tendência natural de organização molecular é que os aminoácidos apolares interajam entre si por meio de forças eletrostáticas e se enrolem no interior da molécula. Ao contrário, para os aminoácidos polares é esperada maior exposição na superfície da molécula. A estrutura terciária é responsável pela formação do sítio catalítico da enzima, e qualquer modificação nessa estrutura resulta em modificação da atividade enzimática.

A estrutura quaternária é definida pela ligação de duas ou mais cadeias polipeptídicas sem função biológica que, quando se unem, formam o sítio catalítico. Apenas algumas enzimas possuem essa estrutura. A junção das cadeias ocorre por meio de interações hidrofóbicas, pontes de hidrogênio e ligações salinas. A Figura 3.1 apresenta as estruturas que constituem uma enzima.

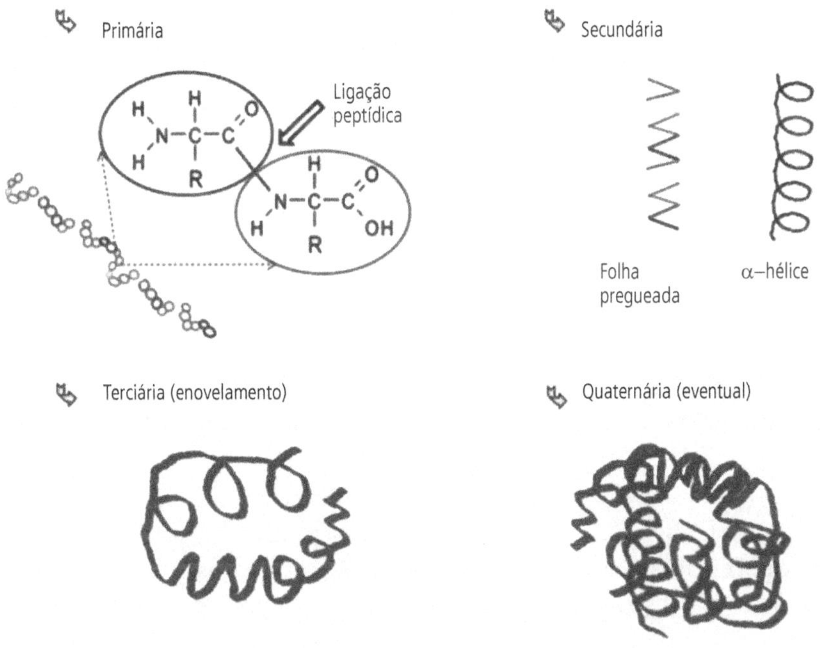

Figura 3.1. Estruturas básicas que constituem uma enzima.

O sítio ativo é uma cavidade aberta na superfície da estrutura globular da enzima que permite a entrada do substrato e, em seguida, sua ligação/interação com a enzima, formando o complexo enzima-substrato. O modelo mais simples para a reação enzimática é conhecido como chave-fechadura e dá uma ideia da especificidade necessária para a reação. Na prática, entretanto, a formação do complexo enzima-substrato envolve pequenas deformações na enzima, de modo que ela se ajuste perfeitamente ao substrato, atingindo um formato ideal para a catálise. Após a reação enzimática, o complexo se separa, obtendo-se a enzima em sua forma íntegra e o produto da ação enzimática. O sítio ativo de cada enzima permite apenas o encaixe de um substrato exclusivo, o que confere a grande especificidade esperada para as reações enzimáticas. A Figura 3.2 ilustra o mecanismo simplificado da ação enzimática. Mais informações sobre a estrutura das enzimas e suas atividades catalíticas podem ser obtidas em trabalhos previamente publicados.[1-4]

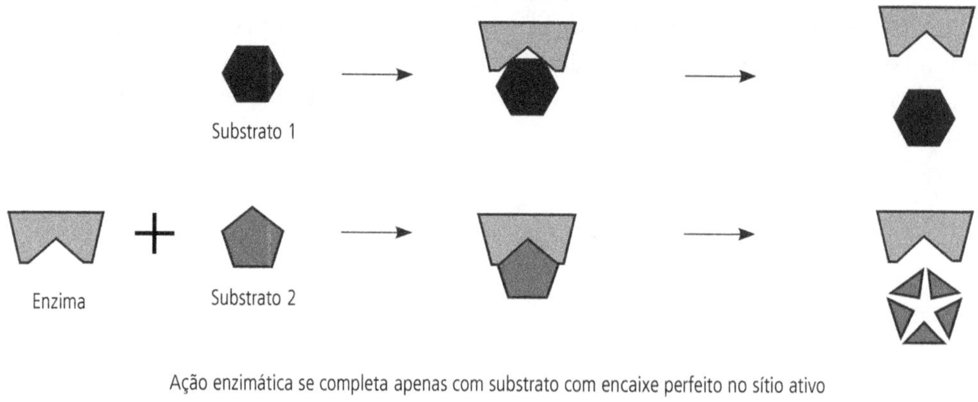

Figura 3.2. Mecanismo de ação enzimática (chave-fechadura).

Classificação e nomenclatura das enzimas

As enzimas são divididas em seis grupos distintos em função de sua atividade catalítica. A Tabela 3.1 mostra esses seis grupos e enzimas aplicadas em alimentos pertencentes a cada um dos grupos.

Para catalogação das enzimas conhecidas existe a Enzyme Commission, órgão responsável por estabelecer códigos de forma que cada enzima possa ser identificada sem ambiguidades. Assim, cada enzima possui um código com quatro números, precedido no nome EC. O primeiro número se refere à classificação da enzima, o segundo à sua subclasse, o terceiro aos grupos químicos que participam especificamente das reações, e o quarto é o número que descreve a enzima especificamente, sendo dado números sequenciais em função da data de catalogação.

Um exemplo prático pode ser dado pela enzima EC 3.2.1.23, sendo:

- O primeiro número (3) descreve que a enzima se classifica como uma hidrolase.
- O segundo número (2) descreve que a enzima é age hidrolisando compostos glicosídicos.
- O terceiro número (1) descreve que essa enzima hidrolisa ligações glicosídicas do grupo 1.
- O quarto número (23) é o número sequencial, que diferencia essa enzima das demais que podem ser subdivididas da mesma forma, ou seja, todas as enzimas classificadas como 3.2.1.x.

Além da classificação das enzimas dada pelo número de EC, elas ainda apresentam uma nomenclatura científica, no caso da enzima do exemplo, trata-se da β-D-galactosídeo galacto-hidrolase. Corriqueiramente, entretanto, essas enzimas são nomeadas com nomes triviais, indicando o substrato no qual a enzima atua seguido do sufixo -ase. No caso do exemplo, a enzima é trivialmente chamada de lactase ou betagalactosidase. Mais informações sobre a classificação e a nomenclatura de enzimas podem ser obtidas em trabalhos publicados previamente (Tabela 3.1).[1-4]

Tabela 3.1. **Classificação de enzimas**

Grupo da enzima	Reação catalisada	Exemplo de aplicação em alimentos
1. Oxidorredutase	Transfere átomos (H ou O) ou elétrons de um substrato para outro	Glicose-oxidase, polifenoloxidase, lipoxigenase
2. Transferase	Transfere grupos específicos (fosfato, metílico) de um substrato para outro	Transglutaminase
3. Hidrolase	Hidrolisa o substrato	Amilase, betagalactosidase
4. Liase	Remoção ou adição de um grupo químico a um substrato	Pectato liase
5. Isomerase	Muda o arranjo molecular do substrato	Glicose isomerase
6. Ligase	Promove a condensação de duas moléculas	Sem aplicação industrial, mas importante em sistemas biológicos. Ex.: ácido cítrico sintetase

Fatores que regulam a atividade de enzimas

Cofatores e coenzimas

Cofatores são moléculas de origem não proteica ou íons necessários para a ocorrência de determinadas reações enzimáticas. Quando os cofatores são moléculas orgânicas, elas recebem o nome de coenzimas.

Os íons metálicos ou estão presentes no grupo prostético ou se ligam aos grupos R da cadeia peptídica. Eles participam efetivamente da reação catalítica, constituindo-se como parte integrante do sítio ativo. Na ausência do íon requerido, a enzima se apresenta na forma não ativa, contendo apenas a fração proteica (apoenzima). Após a ligação com o íon, a enzima torna-se ativa e conjugada, recebendo então o nome de holoenzima.

Os cofatores mais comuns são íons divalentes como o cálcio, o magnésio e o manganês. Para a maioria das enzimas, qualquer um dos íons pode ser utilizado na reação. Para outras, entretanto, há necessidade da presença de íons específicos, como ferro, cobre, níquel, zinco, entre outros.

Já as coenzimas são moléculas transportadoras, que agem como aceptores ou doadores de átomos ou grupos funcionais durante a reação enzimática. As coenzimas podem se ligar covalentemente à enzima ou permanecer livres, ligando-se à enzima apenas no momento da reação enzimática. Normalmente, as coenzimas se agregam ao sítio ativo da molécula e, em seguida, é ligado o substrato. Durante a reação, coenzima e substrato permanecem intimamente ligados, podendo ser confundidos. Entretanto, logo após a reação a coenzima é liberada e se regenera, ao passo que o produto gerado da reação enzimática não se modifica mais.

Assim, para um bom equilíbrio reativo, é importante haver um balanço estequiométrico entre enzima e coenzima. A concentração de ambas pode ser muito inferior à do substrato, uma vez que enzima e coenzima são capazes de se regenerar e, consequentemente, participar de reações posteriores.

Algumas coenzimas, como a adenosina trifosfato (ATP) e a guanina trifosfato (GTP), podem ser plenamente sintetizadas pelas células. Outras, entretanto, devem estar presentes no meio reativo, ou, no caso das células animais, precisam ser ingeridas na dieta. As principais coenzimas com ingestão necessária são as vitaminas hidrossolúveis e sua ingestão deficitária pode resultar no mau funcionamento do sistema enzimático dos animais.

Mais informações sobre o efeito de cofatores e coenzimas na regulação da atividade enzimática podem ser obtidas em trabalhos previamente publicados.[3,4]

Concentração de enzima e de substrato

A concentração de enzima normalmente apresenta uma relação linear com sua atividade, dentro de uma determinada faixa; ou seja, com o aumento da concentração de enzima no meio reativo, ocorre o aumento linear da atividade enzimática.

Esse comportamento é válido desde que não existam outros fatores limitantes para a ocorrência da reação enzimática, como:

- Baixa concentração de coenzimas e cofatores quando estes são necessários.
- Concentração insuficiente de substrato (substrato normalmente é colocado em concentração entre 10 e 1.000 vezes maior que a concentração de enzimas) ou necessidade de formação de substrato por reação enzimática prévia.
- Presença de inibidores reversíveis ou irreversíveis.

Além desses, a linearidade da atividade enzimática também pode ser afetada pelo tipo de substrato, uma vez que para alguns substratos de cadeia polimérica, como amido e proteínas, a degradação ocorre em velocidades diferentes no início, meio e fim da reação, uma vez que diferentes graus de degradação do polímero tendem a facilitar o acesso da enzima aos seus sítios ativos.

O substrato, por sua vez, sofre um efeito de saturação com o aumento da concentração, ou seja, quando a concentração é baixa, qualquer aumento resulta em um grande aumento na velocidade da reação enzimática. A partir de uma determinada concentração, entretanto, a curva passa a ter um comportamento assintótico, sem aumento na velocidade da reação pelo aumento da disponibilidade de substrato. Nesse momento, determina-se que a concentração do substrato está saturada e que a adição de mais substrato não terá efeito na atividade da enzima.

O modelo de Michaelis-Menten é o mais aceito para descrever a cinética enzimática em função da concentração de substrato. Simplificadamente, o modelo considera que um mol de enzima reage com um mol de substrato, formando um mol de complexo enzima-substrato, o qual pode se dissociar em um mol de enzima e substrato novamente ou, após conversão enzimática, formar um mol de enzima e um mol de produto. Cada uma das conversões apresenta uma taxa diferente em razão de parâmetros como tipo de enzima, tipo de substrato, meio reativo, entre outros. Assim, esse modelo pode ser descrito pela Equação 1.

$$E + S \underset{k_2}{\overset{k_1}{\rightleftharpoons}} ES \xrightarrow[k_3]{v} E + P$$

(Equação 1)

Para cada reação enzimática existe uma relação entre a formação e dissociação do complexo ES. Essa relação pode ser estabelecida pelo valor de K_m (constante de Michaelis-Menten), que é definida conforme a Equação 2. É importante observar que o valor de K_m é uma relação entre a habilidade de dissociação e de formação do complexo ES, e, quanto maior for a afinidade da enzima pelo seu substrato, menores valores de K_m são observados e, portanto, menor é a velocidade da reação enzimática.

$$Km = \frac{(K_2 + K_3)}{(K_1)}$$

(Equação 2)

Assumindo-se que a concentração de substrato é muito maior que a de enzima e que após um tempo insignificante a concentração do complexo ES se mantém constante, é possível estabelecer a velocidade da reação em razão da concentração do substrato, conforme descrito na Equação 3, conhecida como equação de Michaelis-Menten.

$$v = V_{max} \cdot \frac{S}{(K_m + S)}$$

(Equação 3)

Em que:

- s é a concentração de substrato disponível para catálise.
- V_{Max} é a velocidade da reação na concentração de saturação.
- K_m é a constante de Michaelis-Menten.

A equação de Michaelis-Menten pode ser representada graficamente pela relação entre a concentração do substrato e a velocidade da reação (Figura 3.3), sendo K_m determinado como a concentração de substrato na qual a velocidade de reação é metade da velocidade máxima. Mais informações sobre o efeito da concentração de substrato e enzimas na atividade enzimática podem ser obtidas em trabalhos publicados anteriormente.[1,2,4,5]

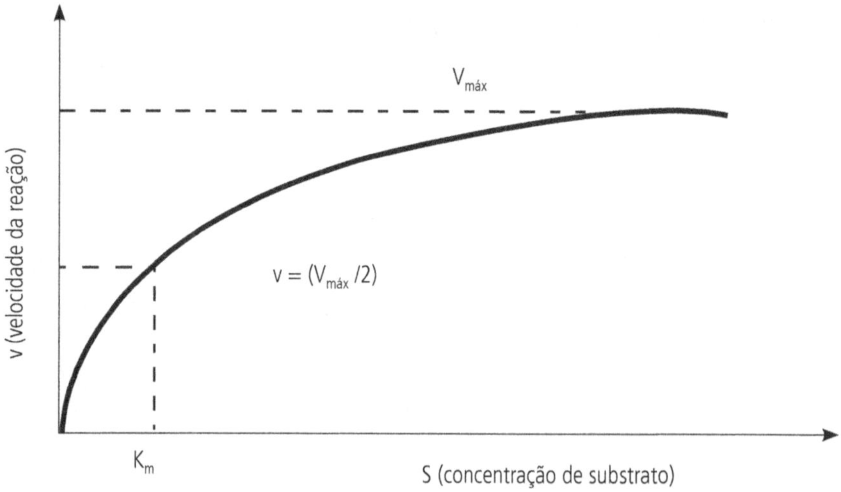

Figura 3.3. Representação gráfica da velocidade de reação enzimática em função da concentração de substrato.

Características do meio de reação

pH

O pH do meio reativo afeta a atividade da enzima, e a atividade máxima é normalmente observada em uma faixa estreita de pH.

O pH ótimo não é fixo. Ele varia de acordo com o tempo e a temperatura utilizada para a medida de atividade, da natureza e concentração do substrato, das características do meio reativo como força iônica e presença de inibidores e do nível de pureza da enzima. Um exemplo é a fosfatase alcalina, que tem pH ótimo entre 8,3 e 10 em razão da concentração do substrato.

De maneira geral, a atividade ótima de enzimas é observada em pH próximo à neutralidade; entretanto, há exceções em razão do ambiente natural onde a enzima é encontrada. A Tabela 3.2 lista os pH ótimos esperados para algumas enzimas bastante utilizadas na indústria de alimentos.

Tabela 3.2. **pH ótimo de enzimas presentes em alimentos ou utilizadas no processamento de alimentos**

Enzima	pH ótimo	Enzima	pH ótimo
Lipase (pancreática)	7,0	Fosfatase alcalina (leite)	10
Lipoxigenase soja	7,0-9,0	Alfa-amilase (saliva)	7
Pectina esterase	7,0	Alfa-amilase (*Aspergillus*)	5,5
Pepsina bovina	2,0	*Betagalactosidase (Kluyveromyces)*	5,0
Renina microbiana	5,0-5,5	Amiloglicosidase	4,0-4,5
Peroxidase	6,0	Beta-amilase (batata-doce)	5,0
Polifenoloxidase (pêssegos)	6,0	Celulase	4,0-5,0
Tripsina (bovina)	8,0	Ficina	6,5
Lipase (pancreática)	7,0	Glicose-oxidase	5,0-5,5

Como pode ser observado na Tabela 3.2, diferentes enzimas possuem pH ótimos distintos. O principal fator responsável por isso é a composição de aminoácidos das diferentes enzimas. As enzimas são constituídas por aminoácidos ligados em série (ligação primária) e sua estrutura tridimensional é determinada pelas interações desses aminoácidos entre si, através de pontes de hidrogênio, interações eletrostáticas, pontes de dissulfito, entre outras.

Alguns dos aminoácidos são carregados positivamente (lisina, arginina e histidina) ou negativamente (ácido aspártico e ácido glutâmico), e a interação entre essas cargas através de pontes de hidrogênio entre os grupos amino e carboxílicos livres ($-CCO^{-}$ - $-NH^{3+}$) auxilia na manutenção da conformação espacial de seus sítios ativos. Além disso, esses aminoácidos carregados também são importantes para a interação da enzima com o substrato e para a conversão do substrato em produto.

Esses aminoácidos podem ser encontrados na forma associada ou dissociada, por meio de um equilíbrio químico descrito pela Equação 4. Quando o pH é baixo, há excesso de H^+ no meio, e, com isso, a equação é deslocada para a forma associada. Por outro lado, quando o pH é alto, o equilíbrio da reação é deslocado para a forma dissociada.

$$HA \leftrightarrow A + H^+$$

(Equação 4)

Assim, em razão dos aminoácidos que constituem cada enzima, há um pH ótimo que favorece a formação de pontes de hidrogênio importantes para a manutenção da estrutura terciária da enzima e, consequentemente, de sua conformação e atividade.

Além da atividade das enzimas, o pH também afeta a estabilidade das enzimas em solução, sendo observada, para a maioria das enzimas, uma desnaturação irreversível em meios com pH distantes de seu pH ótimo. Isso por que, nessas condições, há rompimento irreversível de pontes de hidrogênio com mudanças na conformação final da enzima, fazendo com que perca sua habilidade de catálise. Normalmente, a taxa de desnaturação em pH não ótimo é aumentada com a elevação da temperatura. Assim, a estabilidade de uma enzima deve ser medida em função do tempo e fixando-se pH e temperatura. A Figura 3.4 mostra o efeito do pH em uma enzima-modelo.

As características do meio onde as enzimas se encontram também afetam sua sensibilidade ao pH não ótimo. Entre essas características, incluem-se o tipo de tampão, a concentração salina, a presença ou ausência de substrato, a força iônica e a constante dielétrica. Mais informações sobre o efeito do pH em enzimas podem ser obtidas em trabalhos publicados previamente.[2-4]

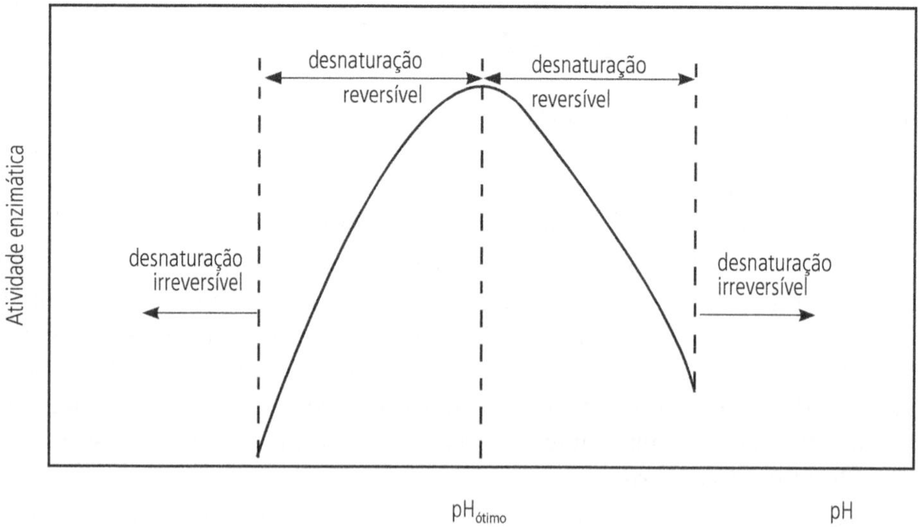

Figura 3.4. Efeito do pH sobre a atividade de enzimas.

Temperatura

A temperatura é uma medida física da quantidade de energia que um sistema contém. Ela exerce dois efeitos distintos na atividade de uma enzima: Primeiro, o aumento da temperatura gera um aumento das colisões entre enzima e substrato, levando a um aumento de atividade catalítica. Esse aumento ocorre a uma taxa conhecida como Q_{10}, fator que estabelece relação entre a velocidade de uma reação a uma dada temperatura e a uma temperatura 10°C inferior. Valores entre 2 e 5 são esperados para o Q_{10} de reações enzimáticas.

Esse aumento de atividade catalítica ocorre até uma temperatura ótima, a partir da qual o ganho de energia do sistema é tão grande que resulta em quebra de ligações e interações que são responsáveis pela manutenção da estrutura terciária da enzima (especialmente das pontes de hidrogênio, que são ligações termolábeis), e, consequentemente, de seu sítio catalítico.

Assim, normalmente um pouco acima da temperatura ótima observa-se uma desnaturação parcial da enzima, que inicialmente é pequena e reversível. À medida que a temperatura aumenta, essa desnaturação passa a ser irreversível e resulta em amplas perdas de atividade. É importante observar que, quando a presença de enzimas é indesejável em um alimento (p. ex., polifenoloxidase, peroxidase), é necessário atingir uma condição de inativação térmica (temperatura e tempo de retenção) que resulte na desnaturação irreversível das enzimas. Se apenas uma desnaturação reversível for atingida, imediatamente após o processamento térmico a enzima inicia o processo de regeneração, retomando sua forma nativa e, consequentemente, seus efeitos indesejáveis. A Figura 3.5 mostra o efeito da temperatura em uma enzima-modelo.

Existe uma correlação entre o tamanho e a complexidade das enzimas e sua suscetibilidade ao aquecimento, e enzimas de baixo peso molecular (até 50 kDa) e compostas por uma cadeia polipeptídica (apenas estrutura terciária) são mais resistentes à desnaturação por aquecimento. Além disso, enzimas puras e em sistema-tampão são mais suscetíveis à desnaturação térmica que aquelas que se encontram protegidas por lipídeos, proteínas e carboidratos em um alimento real. A Tabela 3.3 mostra a temperatura ótima de enzimas importantes para o processamento de alimentos. Mais informações sobre o efeito da temperatura podem ser encontradas em trabalhos publicados por outros autores.[1,4]

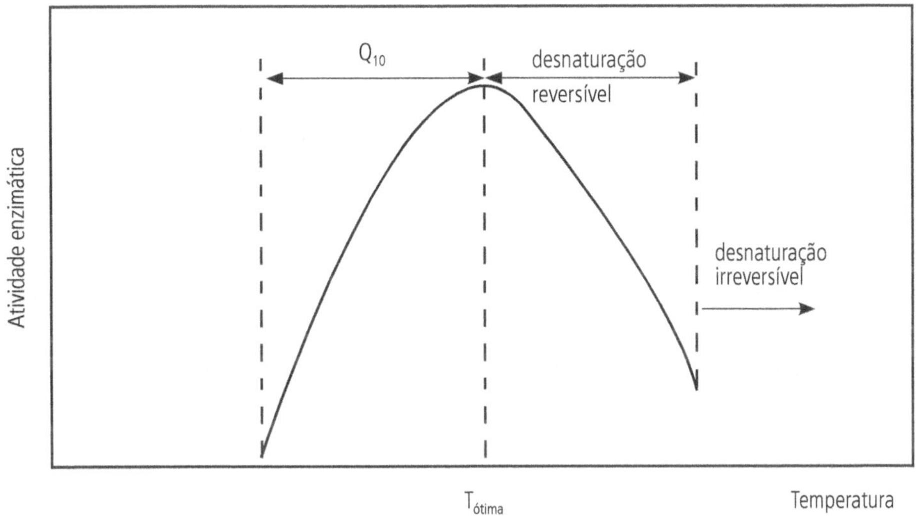

Figura 3.5. Efeito da temperatura sobre a atividade de enzimas.

Tabela 3.3. **Temperatura ótima de enzimas presentes em alimentos ou utilizadas em seu processamento**

Enzima	Temperatura ótima (°C)	Enzima	Temperatura ótima (°C)
Lipase (*Aspergillus*)	35-45	Xilanase	40-60
Pectina esterase (maçã)	60	Glicose-oxidase	30-50
Pectina esterase (*Aspergillus*)	45	Alfa-amilase (*Aspergillus*)	45
Poligalacturonase (*Aspergillus*)	30	Betagalactosidase (*Kluyveromyces*)	30-37
Renina microbiana	35	Amiloglicosidase	60
Peroxidase		Beta-amilase (batata-doce)	
Polifenoloxidase (pera)	40-45°C	Celulase	60
Tripsina	30-35°C	Ficina	40

Outros agentes desnaturantes

Qualquer substância ou condição que tenha a habilidade de interferir nas ligações/interações não covalentes de uma enzima pode ser considerada um agente desnaturante.

A presença de detergentes no meio reativo também tem forte influência na desnaturação de enzimas, uma vez que as porções hidrofóbicas de suas moléculas interferem fortemente nas interações hidrofóbicas dos grupos "R" apolares presentes nas enzimas.

Os solventes apolares também são importantes desnaturantes, uma vez que alteram a constante dielétrica do meio de reação, com efeito sobre as interações eletrostáticas presentes nas enzimas. Para ambas as substâncias, a desnaturação observada é normalmente irreversível.

Mais informações a respeito do efeito de agentes desnaturantes sobre enzimas podem ser obtidas em publicações prévias.[3]

Fontes de enzimas

Todos os organismos vivos são produtores de enzimas, visto que são imprescindíveis para sua sobrevida. Algumas enzimas apresentam interesses comerciais, podendo ser extraídas ou produzidas comercialmente. Para esse fim, é possível utilizar enzimas de origem vegetal, animal e microbianas, entretanto, apenas 8% da produção de enzimas comerciais provém da extração de animais e 4% de plantas, sendo o restante proveniente da fermentação microbiana.

A extração de enzimas de animais é feita após seu abate. Para obtenção das enzimas, os tecidos em que elas se encontram são secos e triturados para a extração das enzimas intracelulares. Posteriormente, as enzimas são solubilizadas em solução-tampão com pH específico e passam por filtrações e centrifugações para a separação dos resíduos. A obtenção de enzimas de origem animal é difícil pelo baixo rendimento do processo e pela necessidade de incorporar a linha de produção de enzimas próxima ao abatedouro, uma vez que as enzimas são consideradas apenas subprodutos da produção de carnes e estão presentes em tecidos altamente perecíveis.

As principais enzimas extraídas de animais são a renina obtida do abomaso de vitelos e animais adultos, a pancreatina e a pepsina obtidas do sistema gastrintestinal de suínos e a lisozima, que é extraída de clara de ovo.

As enzimas de origem vegetal são normalmente obtidas de frutas, sementes ou exsudatos de plantas. Elas são encontradas no interior das células e, para sua extração, as células são rompidas por meio de moinhos. Em seguida são realizadas etapas de prensagem e precipitação por sulfato de amônio, uma vez que as enzimas representam a maior fração proteica presente nesses tecidos.

As principais enzimas extraídas de vegetais são proteases de frutas como a ficina (figo), a papaína (mamão) e a bromelina (abacaxi) e as amilases obtidas na produção de malte a partir de cevada. As proteases são aplicadas principalmente visando ao amaciamento de carnes, com a papaína sendo a enzima que melhor se destina para esse fim, considerando o processo de extração e o pH ótimo de ação.

Apesar de uma grande diversidade de enzimas encontrada em animais e vegetais, cerca de 90% das enzimas comerciais são obtidas por meio de fermentações microbianas. Essa preferência pela utilização de enzimas microbianas é explicada pelos seguintes fatores:

- Baixo custo de produção.
- Maior controle do processo produtivo e garantia de produção de enzimas sempre com o mesmo desempenho (a produção de enzimas não é afetada pelos efeitos sazonais do clima e disponibilidade de alimentos, como é o caso das enzimas animais e vegetais).
- Utilização de matérias-primas de composição constante.
- Opções de enzimas com estabilidades variadas em diferentes condições de processo (pH, temperatura).
- Alta produtividade, comparando-se o tempo de geração de um microrganismo com o tempo necessário para o desenvolvimento de um vegetal ou abate de um animal.

Muitos microrganismos são catalogados como produtores de enzimas em condições diversas. Apesar disso, acredita-se que apenas 1% da flora microbiana do mundo seja conhecida, indicando o potencial de descoberta de novas cepas produtoras de enzimas com características interessantes para fins comerciais. A maioria das enzimas de interesse comercial pode ser produzida por diferentes microrganismos, sendo a escolha da cepa utilizada na produção industrial função dos seguintes fatores:

- Produção abundante de enzimas e alto rendimento, que depende da fase de crescimento do microrganismo na qual ocorre a produção da enzima, de seu tempo de geração e da habilidade em converter substrato em enzima.
- Produção de enzima com baixo custo, que depende dos requerimentos nutricionais do microrganismo e também dos requerimentos de processo (agitação, aeração e controle de temperatura).

- Produção de enzimas de fácil extração, sendo preferidas aquelas que são extracelulares, uma vez que não necessitam da hidrólise das células e posterior separação dos demais constituintes proteicos para sua purificação.
- Produção de enzimas segura sob a ótica química e microbiológica, ou seja, enzimas que não são produzidas por microrganismos patogênicos ou potencialmente patogênicos e que, durante sua produção, não existam metabólitos secundários tóxicos.
- Baixa geração de efluentes e que os efluentes sejam preferencialmente de fácil manejo.
- Enzimas produzidas que apresentem condições ótimas próximas às condições de processos industriais nos quais se pretende aplicá-las. Além disso, essas enzimas devem ser resistentes a fatores desnaturantes (como a presença de detergentes) requeridos em determinados processos industriais.

Apesar da diversidade de microrganismos capazes de produzir a mesma enzima, é comum observar uma dificuldade de atender ao último requisito de escolha da cepa produtora. Isso acontece porque a maioria dos microrganismos tem habilidades de se desenvolver apenas em condições brandas de pH, temperatura, pressão, concentração salina, entre outras. Uma solução para esse problema é o desenvolvimento dos microrganismos conhecidos como extremofílicos, ou seja, microrganismos encontrados naturalmente em ambientes hostis ao crescimento microbiano, como o fundo do mar, o interior de vulcões, geleiras, sistemas de tratamento de efluentes extremamente ácidos ou contendo altas concentrações de detergentes e outros compostos químicos normalmente nocivos.

Por serem adaptados em ambientes hostis, os microrganismos extremofílicos naturalmente desenvolvem enzimas capazes de agir em condições diferentes das enzimas obtidas a partir de microrganismos comuns. Entretanto, esses microrganismos apresentam alguns outros fatores que dificultam sua aplicação industrial, como baixa velocidade de crescimento e baixa produtividade.

O desenvolvimento da engenharia genética, entretanto, vem ao encontro dessas limitações. A partir da engenharia genética é possível identificar a parte da fita de DNA do microrganismo extremofílico que determina a habilidade de produção de enzimas capazes de agir em condições adversas, isolá-la, replicá-la e inseri-la em outro microrganismo comum através de um plasmídeo. Após a inserção, o microrganismo passa a expressar a característica genética de produção da enzima extremofílica, mantendo sua velocidade habitual de crescimento, o que torna mais viável a produção dessas enzimas.

Mais informações sobre fontes de enzimas e suas características podem ser obtidas em trabalhos publicados previamente.[6-10]

Imobilização de enzimas

A maioria dos processos realizados por enzimas pode também ser conduzida via reação química, especialmente quando se trata de hidrólises. As reações químicas, entretanto, são inespecíficas e, na maioria das vezes, requerem condições drásticas e poluentes de processo (pH, temperatura, características do meio reativo). Por esse motivo, industrialmente é preferível que os processos sejam realizados via enzimática.

Por outro lado, as enzimas são catalisadores relativamente caros e o processo enzimático só se torna economicamente viável se a enzima puder ser reutilizada. Para que o reúso das enzimas seja possível, elas não podem estar dissolvidas no meio reativo, mas precisam se manter presas em alguma matriz física, de forma a permitir sua recuperação ao final do processo.

Algumas tecnologias foram desenvolvidas visando ao reúso das enzimas, sendo a imobilização um dos métodos clássicos mais utilizados para esse fim. Além da questão do reúso, as enzimas imobilizadas permitem a utilização de reatores mais simples, facilitam a etapa de paralisação da reação enzimática e normalmente apresentam desempenho melhor que a enzima em sua forma livre.

A melhora de desempenho está relacionada com o aumento da estabilidade, atividade, especificidade, seletividade e redução do efeito de possíveis inibidores presentes no meio reativo. Isso acontece porque o sistema de imobilização age como uma matriz capaz de proteger a enzima do meio em que ela se encontra, mimetizando, por exemplo, uma estrutura celular (microbiana, animal ou vegetal) na qual a enzima é naturalmente encontrada.

Há muitos procedimentos de imobilização descritos na literatura, entretanto, quando se trata de imobilização de enzimas, é necessário considerar métodos que não prejudiquem sua atividade, seja pela redução da acessibilidade da enzima ao substrato, seja por modificações estruturais na enzima causadas pela imobilização, com consequente alteração do sítio ativo. Além disso, por se tratar de enzimas que serão posteriormente utilizadas para processamento de alimentos, os métodos de imobilização não podem utilizar reagentes instáveis ou tóxicos, para garantir a segurança do produto final.

As estratégias de imobilização podem ser realizadas mediante uso de suporte físico ou não. Quando se utilizam suportes, as enzimas podem ser adsorvidas a eles ou ligadas quimicamente por ligações covalentes. Além dessas, mais recentemente foram desenvolvidas técnicas de imobilização sem o uso de suportes por meio de ligações cruzadas de enzimas cristalizadas ou ligações cruzadas de agregados enzimáticos.

O método mais tradicional é o uso de suportes porosos para a adsorção de enzimas. Nesse método, as enzimas são completamente dispersas na matriz sólida, fazendo com que ela não tenha nenhuma interação com a interface externa do suporte. Esse método impede a agregação das enzimas, autólise e proteólise por proteases e minimiza o contato das enzimas com agentes desnaturantes presentes no meio. Assim, o uso de suportes porosos promove uma estabilização operacional da enzima sem afetar sua estrutura. Por outro lado, o uso de suporte dificulta o acesso do substrato à enzima, podendo reduzir a velocidade de catálise enzimática.

A imobilização também pode ser realizada por múltiplas ligações covalentes das enzimas com o suporte não poroso, resultando na formação de uma estrutura rígida. Essa estrutura minimiza as alterações causadas por agentes de distorção molecular (efeito térmico, solventes orgânicos, valores extremos de pH), promovendo assim o aumento da estabilidade enzimática. Para que essa imobilização seja efetiva, é necessário utilizar um suporte que permita a formação de um grande número de ligações com a enzima, porém que, ao mesmo tempo, não impacte em significativas alterações estruturais, com consequente perda de atividade catalítica. A Figura 3.6 mostra as representações esquemáticas da imobilização em matrizes porosas e não porosas.

(a) Suporte poroso

(b) Suporte não poroso

Figura 3.6. Imobilização de enzimas (◊) em suportes porosos (a) e não porosos (b).

A imobilização sem suporte, por meio de ligações cruzadas de enzimas cristalinas ou ligações cruzadas de agregados enzimáticos, é um método mais recente de imobilização, sendo efetiva para melhorar a estabilidade das enzimas. O complexo formado por enzimas cristalinas unidas por ligações cruzadas é rígido, mas elas podem ser destruídas por abrasão, sendo necessário o uso de reatores especiais e sem atrito. As ligações com agregados são consideradas muito macias, ainda que passem por intenso processo de ligações cruzadas. Assim, mesmo com a realização de ligações cruzadas, essas enzimas devem ser colocadas em algum tipo de suporte para maior eficiência de estabilização.

De modo geral, a imobilização - independentemente da tecnologia utilizada - é uma maneira de viabilizar a aplicação de enzimas e, por essa razão, é intensivamente utilizada em processos industriais.

Mais informações a respeito da imobilização de enzimas podem ser obtidas em trabalhos publicados previamente.[11-14]

Enzimas importantes em alimentos

As enzimas têm grande importância na produção de alimentos, uma vez que são capazes de modificá-los. Elas podem ser intencionalmente adicionadas no processamento ou estarem naturalmente presentes. Além disso, podem ser benéficas ou apresentar efeitos indesejáveis ou, em alguns casos, ter efeitos desejáveis em um produto, mas indesejáveis em outros.

Os principais efeitos indesejáveis são: o escurecimento de frutas e vegetais causado pela polifenoloxidase, a rancidez de leguminosas e farinhas causada pela ação de lipases e lipoxigenases, o amolecimento de vegetais com consequente redução de sua vida útil pela ação de enzimas pécticas, o desenvolvimento de *off-flavor* em decorrência da atividade de peroxidase em vegetais e a oxidação de ácido ascórbico em frutas pela ação da ascorbato oxidase.

Algumas enzimas endógenas dos alimentos também podem ter função de indicadoras, uma vez que algumas delas são mais termorresistentes que microrganismos que devem ser inativados durante o processamento. Esse é o caso da fosfatase alcalina, enzima naturalmente presente no leite e utilizada como indicadora no processamento de leite pasteurizado.

Em outros casos, as enzimas são intencionalmente adicionadas para a melhora das características do alimento processado, como ocorre para bebidas alcoólicas, pão, produtos cárneos e lácteos, entre outros. Os itens "Enzimas pécticas" e "Enzimas proteolíticas" apresentam as enzimas mais relevantes para a área de alimentos.

Enzimas pécticas

As enzimas pécticas hidrolisam as substâncias pécticas e podem ser divididas entre enzimas desramificantes e desmetoxilantes. As desramificantes hidrolisam as ligações entre ácidos galacturônicos da cadeia e as desmetoxilantes removem os grupos metílicos ligados ao ácido galacturônico. De uma maneira geral, as enzimas pécticas podem ser divididas em três grandes grupos: as pectinesterases, as poligalacturonases e as pectato liases.

As pectinesterases (pectina pectil-hidrolase, EC 3.1.1.11) são enzimas que removem os grupos metílicos das substâncias pécticas iniciando o ataque a partir de um ácido poligalacturônico contendo um ácido carboxílico livre. Assim, sua ação não é possível em pectinas 100% metoxiladas.

As poligalacturonases (poli-alfa-1,4-galacturonídio glicano-hidrolase, EC 3.2.1.15) hidrolisam as ligações glicosídicas das substâncias pécticas na presença de água. São endo ou exoenzimas com pH ótimo entre 4,5 e 6,0 e sua ação é dependente da concentração de cloreto de sódio, visto que o sal reduz a inibição da atividade enzimática pelo produto.

As pectato liases (poli(1,4-alfa-D-galacturonídeo) liase, EC 4.2.2.2) liberam as ligações glicosídicas por *trans*-eliminação do hidrogênio a partir dos carbonos 4 e 5, não requerendo água para a reação. Podem ter atividade de endo ou de exoenzima e ter ação preferencial sobre a pectina ou sobre ácidos pécticos. O pH ótimo está na faixa entre 8,5 a 9,5 e requer cálcio para sua atividade.

As pectinases são encontradas em plantas ou são produzidas por microrganismos. Quando produzidas via fermentação microbiana, normalmente se obtém como produto um *blend* de enzimas (pectinases, poligalacturonases e pectato liase), que é utilizado para fins comerciais. Na indústria de alimentos, as pectinases desempenham um papel primordial para o tratamento de sucos e bebidas, facilitando a filtração e clarificação dos produtos, com consequente aumento de rendimento. Por outro lado, também causam efeitos indesejáveis quando promovem amaciamento excessivo de vegetais e separação de fase em sucos. Mais informações sobre as pectinases podem ser obtidas em trabalhos publicados previamente.[4,15,16]

Enzimas proteolíticas

As proteases (EC 3.4.x.x) hidrolisam as proteínas em peptídeos e aminoácidos. Fazem parte de um grupo complexo de enzimas que se subdividem de acordo com a especificidade para o substrato, forma do sítio ativo, mecanismo catalítico e pH e temperaturas ótimas de atividade e de estabilidade. Como compreendem um grupo muito grande de enzimas, as proteases são subdivididas em aspártico proteases, serina proteases, cisteíno proteases e metaloproteases. Essa classificação é feita de acordo com os grupos químicos presentes nos sítios catalíticos.

As serina proteases (EC 3.4.21.x) são endopeptidases que possuem serina, histidina e aspartame em seus sítios ativos, têm peso molecular entre 18-35 kDa, pH ótimo entre 6 e 11 e temperatura ótima entre 50 e 70°C. Podem ser produzidas por animais, vegetais e microrganismos, principalmente dos gêneros *Bacillus* e *Aspergillus*. Algumas das serina proteases mais importantes são a subtilisina, alfa-quimotripsina, tripsina, elastase e trombina.

As cisteíno proteases (também chamadas de tiol proteases ou proteases sulfidrílicas, EC 3.4.22.x) hidrolisam grupos similares de peptídeos e são inibidas por reagentes sulfidrílicos, uma vez que a manutenção do sítio ativo, que contém ácido aspártico e cisteína, é realizada por pontes de dissulfeto. Tem peso molecular aproximado de 35 kDa, pH ótimo ácido e temperatura ótima entre 40 e 55°C. Nesse grupo se incluem as principais proteases vegetais (ficina, papaína e bromelina) e algumas proteases microbianas.

As metaloproteases (EC 3.4.11.x, EC 3.4.13.x, EC 3.4.17.x, EC 3.4.24.x) são exopeptidases que necessitam de algum metal para a manutenção e a atividade de seu sítio catalítico, que contém fenilalanina ou leucina. Tem peso molecular entre 19 e 37 kDa, pH ótimo próximo do neutro e temperatura ótima entre 65 e 85°C. Nesse grupo se incluem algumas enzimas importantes, como a carboxipeptidase A e B e a termolisina, e algumas proteases de *Bacillus*, *Aspergillus, Penicillium, Pseudomonas* e *Streptomyces.*

As proteases aspárticas (também chamadas de proteases carboxílicas ou proteases ácidas, EC 3.4.23.x) são enzimas que contêm dois resíduos de ácido aspártico no sítio ativo. Têm peso molecular entre 30 e 45 kDa, pH ótimo ácido entre 3 e 5 e temperatura ótima entre 40 e 55°C. Nesse grupo se incluem algumas enzimas como pepsina, quimosina e algumas proteases de *Aspergilus, Rhizomucor* e *Penicillium.*

As proteases são as enzimas mais importantes na indústria de alimentos, utilizadas para produção de queijos, redução de turbidez de cerveja, tenderização da carne, melhora das propriedades funcionais de cereais, entre outros. Representam aproximadamente 35% do total de enzimas adicionadas intencionalmente no processamento de alimentos. Mais informações sobre as proteases podem ser obtidas em trabalhos previamente publicados.[4,17]

Enzimas amilolíticas

O amido é uma molécula constituída de 300 a 400 unidades de glicose unidas por ligações glicosídicas do tipo alfa-1,4 (constituindo as cadeias lineares de amilose) e alfa-1,6 (constituindo as cadeias ramificadas de amilopectina).

Para hidrolisar o amido, existe na natureza uma grande gama de enzimas presentes em animais, vegetais e microrganismos. Essas enzimas se diferenciam de acordo com sua forma de ação, sendo endoenzimas aquelas que hidrolisam o amido a partir do interior da cadeia e exoenzimas as que hidrolisam a cadeia a partir do terminal não redutor. Além disso, as enzimas se diferem pelo tipo reação realizada (hidrólise, inversão ou transferência) e no caso das hidrólises também diferem pelo tipo de ligação hidrolisada (alfa-1,4 ou alfa-1,6).

As principais enzimas amilolíticas são: alfa-amilase, beta-amilase, glicoamilase (amiloglicosidase), pululanase. Além dessas, também existem isoamilase, isomaltase, ciclomaltodextrinase, isopululanase, neopululanase, amilopululanase, amilopectina 6-glicano hidrolase, alfaglicosidase e ciclomatodextrina glicano transferase, que são enzimas encontradas de forma mais restrita e com pouca ou nenhuma aplicação industrial. Assim, neste capítulo serão discutidas apenas aquelas de maior relevância comercial.

A alfa-amilase (1,4-alfa-D glicano glicano-hidrolase, EC 3.2.1.1) é uma endoenzima que hidrolisa apenas as ligações glicosídicas do tipo alfa-1,4 do amido de forma randomizada, liberando dextranas de diferentes tamanhos e causando rápida redução da viscosidade de soluções de amido. É uma enzima presente em animais, vegetais e também produzida por microrganismos. Apresenta peso molecular de cerca de 50 kDa e tem um íon de cálcio divalente ligado a sua estrutura, o qual é responsável pela manutenção das estruturas secundárias e terciárias da enzima, mas não tem função no sítio ativo da enzima. Seu pH ótimo normalmente varia entre 5,5 e 7,0, de acordo com a fonte utilizada.

A beta-amilase (1,4-alfa-D glicano glicano-malto-hidrolase, EC 3.2.1.2) é uma exoenzima que hidrolisa apenas as ligações glicosídicas do tipo alfa-1,4 amido a partir do terminal não redutor da cadeia e libera unidades de maltose (2 unidades de glicose unidas por uma ligação do tipo alfa-1,4). É uma enzima presente em plantas superiores e microrganismos, apresenta peso molecular superior ao da alfa-amilase (cerca de 150 kDa) e pH ótimo entre 5,0 e 6,0. É bastante utilizada para a produção de alimentos como pão e bebidas fermentadas e destiladas, uma vez que a maltose é um açúcar altamente fermentescível.

A glicoamilase ou amiloglicosidase (1,4-alfa-D glicano glico-hidrolase, EC 3.2.1.3) é uma exoenzima que hidrolisa preferencialmente as ligações glicosídicas do tipo alfa-1,4 (apesar de também ser capaz de hidrolisar as ligações do tipo alfa-1,6) a partir do terminal não redutor da molécula de amido e libera moléculas de glicose. É uma enzima produzida exclusivamente por bactérias e bolores, que tem pH ótimo entre 4,0 e 4,5 e que é capaz de promover a inversão das moléculas de glicose da forma alfa para a beta. A principal aplicação da glicoamilase é a sacarificação do amido, com liberação de glicose para uso como adoçante ou para ser utilizada como meio fermentescível para a produção de etanol de alta qualidade, que posteriormente é utilizado na produção de perfumes, remédios e bebidas alcoólicas.

A pululanase (alfa-D 6-glicano-hidrolase, EC 3.2.1.41) é uma endoenzima que hidrolisa as ligações glicosídicas do tipo alfa-1,6 características da formação de amilopectina, requerendo, para a hidrólise, que essas unidades de glicose unidas pela ligação do tipo alfa-1,6 também estejam ligadas a pelo menos mais duas unidades de glicose unidas por ligação do tipo alfa-1,4. Suas principais aplicações são aquelas em que é necessário a total hidrólise total do amido. Um exemplo de aplicação é a produção de cerveja light, na qual todo açúcar presente deve ser convertido em açúcar fermentescível e, posteriormente, em álcool.

A Figura 3.7 mostra esquematicamente os produtos obtidos pela hidrólise do amido por diferentes enzimas. Mais informações sobre enzimas amilolíticas podem ser encontradas em trabalhos publicados anteriormente.[4,18]

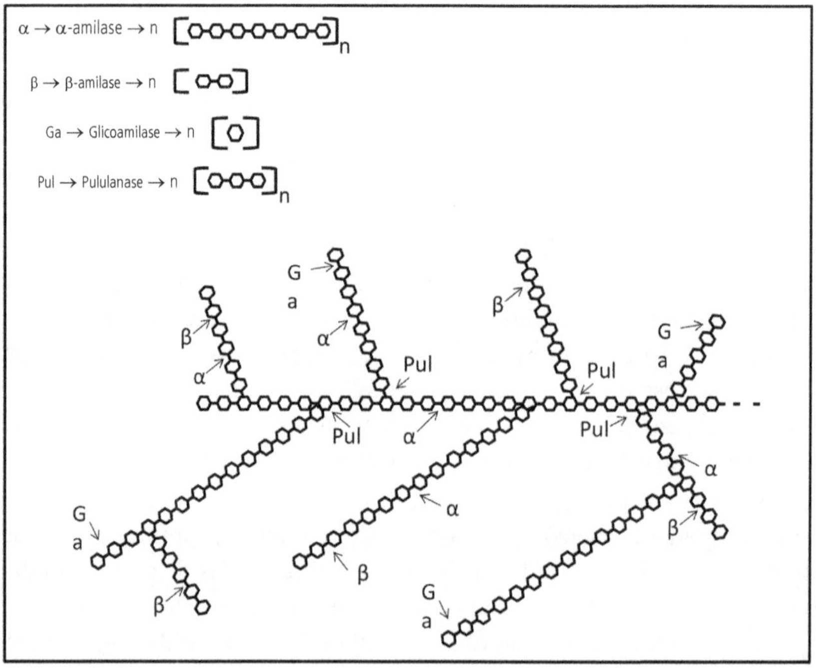

Figura 3.7. Hidrólise de amido por diferentes amilases.

Betagalactosidase

A betagalactosidase ou lactase (beta-D-galactosídeo galacto-hidrolase, EC 3.2.1.23) hidrolisa as ligações beta-D-galactosídicas e alfa-L-arabinosídicas, catalisando principalmente a conversão de lactose em glicose e galactose. É uma enzima normalmente encontrada no intestino de mamíferos, plantas e que também pode ser sintetizada por fungos, leveduras e bactérias, sendo as produzidas pelo fungo do gênero *Aspergillus* e pela levedura do gênero *Kluyveromyces* as enzimas de maior aplicação comercial.

Quimicamente, a betagalactosidase forma um oligômero homogêneo contendo quatro subunidades de cadeias ligadas entre si. Cada cadeia contém 1.024 resíduos e massa molecular de 119 kDa e forma uma estrutura tetramérica assimétrica.

Suas principais aplicações são a hidrólise de lactose, visando ao aumento de doçura e de solubilidade de produtos lácteos (especialmente doces de leite e sorvetes) e principalmente a eliminação do fator de intolerância de alimentos à base de leite, observada principalmente em adultos, que perdem a habilidade de metabolizar esse açúcar. Além dessas aplicações, a enzima recentemente está sendo utilizada para a produção de galacto-oligossacarídeos, que tem função prebiótica.

Em processos industriais a betagalactosidase é normalmente empregada de forma imobilizada, por permitir a utilização de processo contínuo e fácil controle dos produtos, finalização da reação e remoção da enzima. As enzimas imobilizadas são colocadas em um reator que posteriormente é percolado com leite ou soro de leite que se deseja delactosar. Mais informações sobre a betagalactosidase podem ser obtidas em trabalhos publicados anteriormente.[4,19]

Celulase

As celulases são polímeros formados por moléculas de glicose unidas por ligações glicosídicas beta-1,4, que apresentam frações cristalinas e amorfas. As celulases são enzimas que hidrolisam esses polímeros e são classificadas em quatro grupos distintos de acordo com a região de atuação na cadeia polimérica e também os fragmentos liberados.

As endoglicanases (1,4 (1,3;1,4)-beta-D-glicano 4-glicano-hidrolase, EC 3.2.1.4) são capazes de hidrolisar randomicamente a celulase amorfa (CMC e CEC), resultando no decréscimo de viscosidade do produto e no aumento da concentração de açúcares redutores pela liberação de glicose, celobiose e celodextrina.

As celobio-hidrolases (1,4-beta-D glicano celobio-hidrolase, EC 3.2.1.91) são exoenzimas que liberam celobioses a partir do terminal não redutor da celulase. Elas agem sobre a celulose cristalina e têm efeito sinérgico com as endoglucanases.

As exoglico-hidrolases (1,4-beta-D glicano glicobio-hidrolase, EC 3.2.1.74) são exoenzimas que hidrolisam as celodextrinas a partir do radical não redutor liberando unidades de glicose. A eficiência da enzima é maior quanto maior for a cadeia polimérica.

As betaglicosidases (beta-D glicosidase glico-hidrolase, EC 3.2.1.21) são enzimas que hidrolisam a celobiose ou pequenas celodextrinas liberando unidades de glicose.

A Figura 3.8 mostra a estrutura esquemática de uma celulose e a forma de atuação das diferentes enzimas.

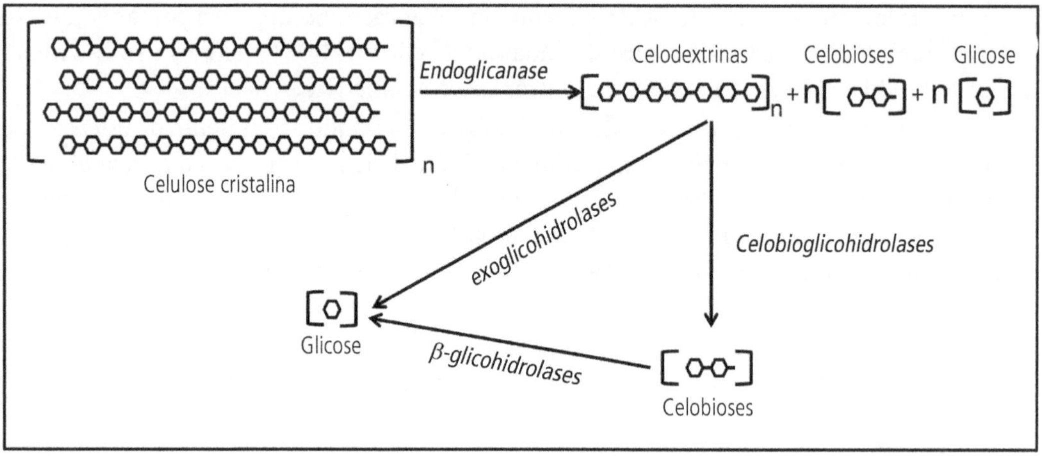

Figura 3.8. Hidrólise de celulose por diferentes celulases.

As principais aplicações das celulases são feitas na indústria de papel (melhora da extração e qualidade) e de tecidos (melhora da qualidade de tecidos à base de algodão). Na indústria de alimentos, a celulase é utilizada principalmente para aumentar o rendimento da extração de sucos de fruta com alta concentração de polpa, com as pectinases e as amilases. Também podem ser utilizadas na extração de azeite de oliva e como auxiliares na produção de bebidas alcoólicas fermentadas. Mais informações sobre as celulases podem ser obtidas nos trabalhos publicados previamente por outros autores.[4,20]

Lipases

As lipases (triacilglicerol acil-hidrolase, EC 3.1.1.3) compreendem um vasto grupo de enzimas que hidrolisam os triacilgliceróis em unidades de glicerol, monoglicerídeos, diglicerídeos e sais de ácidos graxos. São enzimas produzidas pelos animais, vegetais (que apresentam conteúdo significativo de lipídeos, como soja e amendoim), bactérias e fungos. Para aplicações comerciais, as lipases normalmente são obtidas a partir de fermentação microbiana, principalmente por microrganismos do gênero *Pseudomonas*.

São enzimas que atuam na interface água-óleo do sistema, sendo afetadas pelo grau de exposição dos lipídeos à enzima, o que é dependente do nível de homogeneização da amostra e também do uso de emulsificantes. As lipases podem ser altamente seletivas de acordo com as características químicas e posicionais dos ácidos graxos. Assim, a efetividade de hidrólise é influenciada pelo tipo de lipídeo (velocidade: triglicerídeos > diglicerídeos > monoglicerídeos), tamanho e tipo de ácido graxo (insaturado ou não e posição das insaturações), e posição na qual o ácido graxo está ligado ao glicerol, com sendo algumas lipases tendo preferência por hidrolisar os ácidos graxos ligados ao carbono 1 e 3 do glicerol, enquanto outras são específicas para hidrólise do ácido graxo ligado ao segundo carbono. Há ainda as lipases que fazem a hidrólise de forma randomizada.

O pH ótimo das lipases varia de acordo com a fonte da enzima, mas normalmente encontra-se na faixa de pH neutro ou alcalino. A temperatura ótima normalmente varia de 30 a 60°C, também de acordo com a fonte de enzima. Apesar de a lipase não requerer cálcio para a atividade catalítica, a presença desse íon é importante por favorecer a produção de sais de cálcio com os ácidos graxos liberados, evitando a inibição da reação enzimática pelo excesso de ácido graxo livre presente no meio reativo.

As lipases podem ser adicionadas intencionalmente em processos industriais, visando à produção de gorduras transesterificadas que são posteriormente utilizadas como ingrediente em diversos segmentos da indústria de alimentos (esse mercado é crescente em razão da rejeição dos consumidores pelas gorduras *trans*). Também é utilizada como agente de aceleração de maturação em queijos. Além dessas aplicações na área de alimentos, as lipases têm como principal mercado a aplicação em sabões e detergentes para a remoção de resíduos de gordura.

Essas enzimas também podem ter efeito indesejável sobre alimentos, especialmente quando atuam sobre a gordura de produtos lácteos, cujos ácidos graxos têm baixo peso molecular e, consequentemente, alta volatilidade. Assim, a lipase provoca rancificação desses alimentos, com produção de aromas e sabores indesejáveis. Mais detalhes sobre as características e atividade da lipase podem ser encontrados em trabalhos pulicados previamente.[4,21]

Invertase

A invertase (beta-D-frutofuranosidase fruto-hidrolase, EC 3.2.1.26), também chamada de sacarase ou invertina, é uma carboidratases simples capaz de hidrolisar a sacarose, liberando uma molécula de glicose e uma de frutose. Existem muitas fontes de invertase, entretanto, comercialmente ela é obtida de espécies de *Saccharomyces* capazes de produzir a variante enzimática β-frutosidase, que quebra a molécula de sacarose a partir do terminal de frutose.

A enzima é bastante estável e tem temperatura ótima de aproximadamente 35°C. Pode ser inibida por metais pesados e em altas concentrações de iodo.

A hidrólise da sacarose produz concentrações equimolares de glicose e frutose, conhecida popularmente como açúcar invertido. Após a hidrólise, o açúcar se torna mais doce e mais solúvel, permitindo a adição de concentrações maiores em um alimento sem resultar em sua cristalização. Além disso, pode ser utilizado como agente umectante dado sua alta higroscopicidade e como açúcar fermentescível de rápida metabolização.

Também pode ser utilizado para a produção de mel artificial, plastificantes e fármacos. A utilização de hidrólise enzimática permite a obtenção de um produto mais puro quando comparado ao obtido por hidrólise química, sem a formação de compostos aromáticos indesejáveis e compostos mesmo deve ser realizado com a enzima imobilizada, permitindo o seu reuso. Maiores detalhes sobre as características e atividade da invertase podem ser encontrados nos trabalhos publicados por outros autores.[4,22]

Catalase e peroxidase

A catalase (peróxido de hidrogênio: peróxido de hidrogênio oxidorredutase, EC 1.11.1.6) é uma enzima que hidrolisa a molécula de peróxido de hidrogênio em água e oxigênio. É naturalmente encontrada em seres aeróbios e tem a função primordial de evitar o acúmulo de peróxido de hidrogênio nos organismos, uma vez que esse é tóxico.

Quimicamente é uma molécula de alto peso molecular (~240 kDa) constituída por quatro subunidades de atividade catalítica independente. Tem boa atividade entre pH 3 e 9 e apresenta baixa estabilidade térmica, sendo inativada a temperaturas > 35°C.

A peroxidase (doador: peróxido de hidrogênio oxirredutase, EC 1.11.1.7) é uma enzima que catalisa reações de oxidação, peroxidação, hidroxilação. A peroxidação é a reação preferencial que ocorre na presença de substratos fenólicos, enquanto a oxidação ocorre na presença de ácido ascórbico, ácido de-hidrofumárico e hidroquinonas e requer a presença de oxigênio.

Quimicamente, a enzima tem peso molecular de aproximadamente 40 kDa e contém uma ferriprotoporfirina III por unidade. É uma enzima que apresenta alta resistência térmica, sendo muitas vezes utilizadas como indicadora de tratamento térmico, uma vez que sua inativação garante que outras enzimas possivelmente indesejáveis presentes no alimento (como a polifenoloxidase e a pectinaesterase) também foram inativadas. Mais informações sobre a peroxidase e sobre a catalase podem ser obtidas em trabalho publicado por outros autores.[4]

Polifenoloxidase

A polifenoloxidase (PFO) (1,2-benzenodiol: oxigênio oxidorredutase, EC 1.10.3.1), também chamada de tirosinase, polifenolase, fenolase, catecol oxidase, cresolase ou catecolase, é uma enzima capaz de oxidar diversos compostos monofenólicos e ortodifenólicos, produzindo ortoquinonas. Está presente em mamíferos, insetos e plantas, sendo encontrada em concentração mais significativa em cogumelos, batatas, peras, pêssegos, bananas, abacate, café e tabaco.

Quimicamente, a enzima varia de acordo com a fonte onde é encontrada, podendo ser monomérica (*Neurospora crassa*) ou tetramética (cogumelos) e conter um ou dois sítios ativos por monômero. Por outro lado, independentemente da fonte da enzima, as polifenoloxidases necessitam de ligação com um íon de cobre para a manutenção de seus sítios ativos. A conversão de monofenóis e *o*-difenóis a *o*-quinonas envolve várias etapas e a PFO pode ser inativada no meio da reação, uma vez que um produto intermediário da reação (radical livre de *o*-semibenzoquinona) pode se ligar ao cobre presente no sítio ativo da enzima, liberando-o e tornando a enzima inativa.

Em vegetais íntegros, a PFO encontra-se isolada de seu substrato. A partir do momento em que esse vegetal sofre um dano físico que leva ao rompimento de células, a enzima se mistura com seus substratos, permitindo a formação dos compostos escuros, que têm efeito indesejável na maioria dos vegetais, levando à rejeição sensorial pelos consumidores. Por outro lado, ação da polifenoloxidase pode ser desejável no desenvolvimento de cor e aroma em chás, cafés, tabaco, ameixas secas e uvas passas.

Quando indesejável, a ação da PFO pode ser prevenida pela exclusão de oxigênio do meio reativo, metilação dos compostos fenólicos com *o*-metilase, adição de agentes redutores como bissulfito e ascorbato, tratamento térmico, redução do pH abaixo de 4,5 ou pelo uso de inibidores competitivos no meio, como benzoato de sódio. Dentre os compostos que podem ser adicionados para minimizar a reação, o ácido ascórbico merece um destaque especial, uma vez que, além de reduzir os compostos parciais formados pela enzima (evitando a formação da *o*-quinona de cor escura), é capaz de inativar a PFO por modificar os resíduos de histidina que unem o cobre ao sítio ativo.

Mais informações sobre a PFO podem ser obtidas nos trabalhos publicados por outros autores.[4,23]

Ascorbato oxidase

A ascorbato oxidase, também conhecida como ácido ascórbico oxidase (L-ascorbato: O_2 oxidorredutase EC 1.10.3.3) catalisa a oxidação de ácido ascórbico em ácido de-hidroascórbico, com o consumo de oxigênio atmosférico e formação de água. Quimicamente a oxidação se dá pela redução de quatro íons de cobre ligados à enzima.

Essa enzima é encontrada em tecido de plantas e sua função biológica não é plenamente elucidada, mas possivelmente tem relação com o processo de fotossíntese dioxigênica, amadurecimento de frutas climatéricas e cicatrização de feridas, sendo possível o uso da enzima para diferentes fins com o objetivo de manejar o contato dos vegetais com o oxigênio.

Por ser uma enzima endógena das frutas, ela causa a perda de vitamina C, com a ascorbato peroxidase. Condições de alta temperatura de exposição e baixa umidade tendem a acelerar a ação enzimática. Uma maneira de minimizar a ação da ascorbato oxidase é remover o oxigênio presente no meio, uma vez que a ação da enzima é dependente da presença de oxigênio. Mais informações sobre a ascorbato oxidase podem ser obtidas em trabalhos publicados previamente.[24,25]

Glicose oxidase

A glicose oxidase (beta-D-glicose: oxigênio 1-oxidorredutase, EC 1.1.3.4) catalisa a oxidação de beta-D-glicose em ácido glucônico utilizando o oxigênio molecular como aceptor de elétrons. A reação gera produção simultânea de peróxido de hidrogênio. É uma enzima naturalmente produzida por bolores do gênero *Penicillium* e *Aspergillus*, com pH ótimo entre 5 e 7 e temperatura ótima entre 30 e 50°C.

Quimicamente, a glicose oxidase é uma glicoproteína dimérica, contendo duas cadeias de polipeptídeos que são unidas por pontes de sulfeto, possui dois moles de FAD e aproximadamente 16% de açúcares (glicose, manose e hexomanose). Por se tratar de uma enzima altamente complexa (com estrutura quaternária mantida por diversas ligações e interações químicas), ela é bastante instável e facilmente desnaturada por pH, temperaturas elevadas e em solução aquosa.

Sua aplicação comercial em larga escala teve início na década de 1950, sendo utilizada principalmente para o consumo de glicose em produtos como o ovo em pó, evitando assim a ocorrência de reação de Maillard durante a secagem do produto. Além disso, pode ser utilizada para o consumo de oxigênio presente em alimentos embalados, como suco de frutas, bebidas engarrafadas e maionese. Nesses alimentos, o consumo do oxigênio disponível reduz a ocorrência de reações oxidativas, com consequente melhora de cor, aroma e aumento na vida útil desses alimentos.

Além da aplicação em alimentos, a utilização da glicose oxidase como biossensor para quantificação de glicose em sangue, urina, bebidas e para controle em processos fermentativos está crescendo. Mais informações a respeito da glicose oxidase podem ser obtidas em trabalhos publicados previamente.[4,26,27]

Lipoxigenase

A lipoxigenase (linoleato: oxogênio oxidorredutase - EC 1.13.11.12) é uma enzima capaz de oxidar ácidos graxos insaturados da cadeia de triglicerídeos que contém unidades de *cis, cis* penta 1-4 dieno ($-CH=CH-CH_2-CH=CH-$) como dos ácidos linoleico, linolênico e araquidônico. Está presente em vegetais e oxida principalmente a fração lipídica de soja, feijões e ervilha.

A atividade da lipoxigenase resulta em efeitos indesejáveis, como a destruição de ácidos graxos essenciais das famílias ômega-3 e ômega-6, o desenvolvimento de *off-flavor* nas leguminosas e a produção de radicais livres que posteriormente oxidam vitaminas e compostos responsáveis pela cor e aroma desses alimentos.

A lipoxigenase apresenta três isoenzimas, chamadas de lipoxigenase-1, lipoxigenase-2 e lipoxigenase-3. A lipoxigenase-1 tem pH ótimo de 9 e as isoenzimas 2 e 3 possuem pH ótimo de 7, que é o pH esperado para o tipo de vegetal no qual a enzima é encontrada. Além da atividade no pH ótimo das leguminosas, a enzima é capaz de agir mesmo em baixas temperaturas, o que faz com que a lipoxigenase necessite ser inativada por branqueamento para evitar sua ação indesejável. Mais informações a respeito da lipoxigenase podem ser obtidas em trabalhos publicados previamente.[4]

Transglutaminase

A transglutaminase (proteína glutamina gama-glutamil transferase - EC 2.3.2.13) é uma enzima que catalisa reações de acil-transferência, desamidação e polimerização cruzada entre os aminoácidos glutamina e lisina presentes em resíduos peptídicos de uma mesma cadeia de proteína ou entre cadeias de proteínas diferentes, conforme mostrado na Figura 3.9.

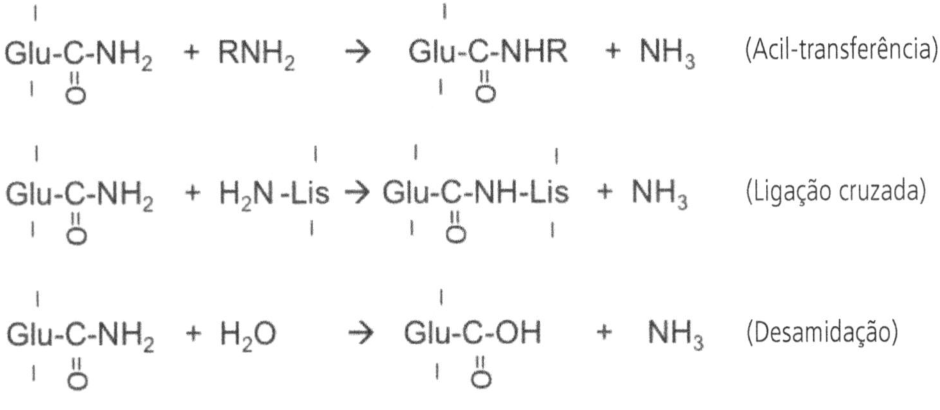

Figura 3.9. Reações catalisadas pela transglutaminase.

Por meio dessas reações, a enzima promove uma modificação profunda entre os constituintes proteicos presentes em uma matriz, com consequente melhora da textura de alimentos proteicos em razão do aumento de estabilidade térmica, redução de sinérese e aumento da capacidade emulsificante, de gelificação e de retenção de água. Essas modificações, apesar de profundas, não alteram o pH, a cor e o aroma dos alimentos, o que aumenta ainda mais o benefício do uso tecnológico da enzima para o desenvolvimento de novos alimentos e a melhora dos existentes. A composição nutricional do alimento ainda pode ser melhorada pela ação de acil-transferase da enzima, com a qual é possível fazer adição de aminoácidos essenciais.

A transglutaminase é uma enzima produzida por animais, vegetais e microrganismos. Comercialmente, entretanto, ela é preferencialmente obtida utilizando fermentação microbiana por *Streptoverticillium moboraense*. Sua ação ocorre entre pH 5 e 8 e em temperaturas entre 40 e 70°C, com temperatura ótima a 50°C. Não é dependente de cálcio ou de qualquer outro cofator ou coenzima, sendo, portanto, uma enzima de fácil aplicação. É uma substância reconhecida como segura pelo FDA desde 1998 e tem seu uso permitido no Brasil pela Anvisa sem limite máximo desde 2003.

A reação de desamidação tem como principal objetivo a redução da hidrofobicidade de proteínas, uma vez que, pela reação de desamidação, ocorre a conversão de glutamina e asparagina em ácidos glutâmico e aspártico, com consequente redução do ponto isoelétrico e aumento da solubilidade proteica nos alimentos ácidos. Além disso, a desamidação reduz a hidrofobicidade superficial das moléculas de proteína, aumentando a repulsão eletrostática entre elas e, consequentemente, sua solubilidade em água.

A reação de acil-transferase tem como principal função a adição de lisina em proteínas pobres nesse aminoácido. Já a reação de polimerização cruzada é a principal reação para a qual a transglutaminase é utilizada e, por intermédio dela, são gerados polímeros proteicos de alto peso molecular com reduzida hidrofobicidade. Esses polímeros apresentam boas propriedades de gelificação, capacidade de retenção de água, emulsificação, formação e estabilização de espuma e alta consistência, o que melhora propriedades funcionais dos alimentos nos quais a enzima é adicionada.

A principal aplicação comercial de transglutaminase é feita em produtos cárneos reestruturados, visando a melhor estabilidade, textura e redução da perda de massa durante o cozimento, garantindo ao alimento reestruturado uma aparência similar à do músculo integro. Na indústria de laticínios é utilizada principalmente para a redução da sinérese em iogurtes pelo aumento da capacidade de retenção de água das proteínas do leite e do soro. Além dessas, diversas outras aplicações são realizadas com proteínas de soja, uso de soro de leite como ingrediente, albuminas e outras proteínas de variadas fontes. Mais informações sobre a transglutaminase podem ser obtidas em trabalho publicado previamente.[28]

Aplicações em alimentos

A seguir, serão apresentadas as aplicações mais importantes de enzimas na fabricação de alimentos, considerando-se os volumes de produção. Além desses, as enzimas podem ser utilizadas em muitos outros processos de produção de alimentos visando à melhora sensorial ou funcional dos produtos obtidos, além do aumento de rendimento e extração. Mais informações sobre a aplicação de enzimas em alimentos são encontradas em trabalhos previamente publicados.[4,16,29-31]

Pão

Pão é um produto fermentado obtido a partir de ingredientes básicos como farinha, sal, água e fermento biológico. As enzimas alteram as características da massa do pão, melhorando a qualidade do produto final obtido. As principais enzimas utilizadas são: alfa-amilase, beta-amilase e proteases.

As amilases têm a função de fornecer açúcar fermentescível para as leveduras utilizadas no processo de fermentação. Para tanto, alfa-amilase e beta-amilase atuam em conjunto, com a alfa-amilase hidrolisando o amido da farinha em dextrana e a beta-amilase convertendo as dextranas liberadas em unidades de maltose, que é um açúcar de fácil metabolismo pelas leveduras do fermento. Apesar das enzimas amilolíticas serem naturalmente encontradas na farinha em baixas quantidades e também serem produzidas pelas leveduras, a adição de enzimas comerciais no processo faz com o processo de hidrólise do amido seja mais rápido e uniforme, com consequente aumento da maciez da massa e do volume final do pão, o que afeta positivamente a textura do produto.

As proteases alteram as características da rede de glúten formada, reduzindo o comprimento da cadeia proteica e permitindo o realinhamento molecular. As consequências da ação da protease são aumento da elasticidade da massa e facilidade de manuseio (menor gasto de energia com motores). No pão, o uso de proteases permite obter um produto final de maior volume e, consequentemente, de textura mais macia.

Além dessas enzimas, a lipoxigenase também pode ser adicionada na massa quando se deseja um pão de miolo branco, uma vez que a enzima oxida pigmentos como carotenos, presentes naturalmente na farinha.

Produtos de amido

O amido é um ingrediente obtido principalmente de milho, mandioca e batata e que é bastante utilizado para alterar estrutura, consistência e textura dos alimentos.

O uso de enzimas amilolíticas como alfa-amilase, beta-amilase, glicoamilase e pululanase altera as características do amido, liquefazendo-o e sacarificando-o, o que resulta em aumento de sua capacidade adoçante e redução de viscosidade. Assim, o uso de enzimas em condições de hidrólise controladas permite a obtenção de diferentes amidos hidrolisados, com fins específicos na indústria de alimentos.

Para a realização da hidrólise, primeiro o material amiláceo é misturado com água e aquecido até a temperatura de gelatinização do amido (temperatura na qual o grânulo de amido incha com a entrada de água entre as cadeias de amilose e amilopectina).

Após a gelatinização, a pasta de amido gerada torna-se passível de hidrólise enzimática. As enzimas utilizadas variam de acordo com o produto final desejado, sendo as condições de processo de hidrólise estabelecidas em razão da temperatura ótima de cada enzima. A Tabela 3.4 indica os principais produtos, enzimas utilizadas e aplicações dos diferentes amidos hidrolisados.

Tabela 3.4. **Produtos e aplicações da hidrólise parcial ou total do amido**

Produto	Enzima utilizada	Aplicação
Maltodextrina	Alfa-amilase	Espessante e estabilizante
Xaropes mistos (*DE 45-63)	Alfa-amilase, glicoamilase	Refrigerantes, confeitarias
Xarope de maltose	Alfa-amilase, beta-amilase	Confeitarias
Xarope de glicose	Alfa-amilase, glicoamilase	Refrigerantes, balas
Xarope com alto teor de frutose	Alfa-amilase, glicoamilase, glicose isomerase	Refrigerantes, conservas e caldas

*DE: dextrose equivalente (poder redutor do amido liquefeito em relação ao da dextrose pura).

Sucos de frutas

Alguns sucos de frutas, como de uva, pera, ameixa e maçã, apresentam alta concentração de polpa, que é responsável pela alta viscosidade do suco, e consequente dificuldade de processamento (como bombeamento e tratamento térmico). Essa alta viscosidade é resultado da concentração de substâncias pécticas no suco e também em decorrência da presença de celulose e amido.

A utilização de enzimas pécticas (poligalacturonases, pectato liases e pectina esterases), amilolíticas (alfa-amilase e glicoamilase) e celulases aumenta a extração dos sucos de frutas, melhora suas propriedades físicas e características sensoriais.

A aplicação das enzimas é normalmente realizada após a maceração das frutas com alta concentração de pectina ou celulose, de modo que o rendimento da etapa de prensagem seja maior. Após a prensagem, pode ser realizada a etapa de clarificação, na qual se tem como objetivo principal a redução de viscosidade do suco pela ação de pectinases e amilases. Após essa etapa, a polpa é separada e o suco clarificado segue para os processos finais de pasteurização, concentração e embalagem.

Produtos proteicos

As proteases podem ser utilizadas para modificações em diversos alimentos proteicos, incluindo soja, leite, extrato de levedura, produtos cárneos e gelatina.

Os objetivos da hidrólise da proteína variam de acordo com o alimento. Para a soja, o tratamento com protease visa à obtenção de um produto de mais fácil solubilização em água ou de mais fácil digestão. Para proteínas do leite, o tratamento visa à obtenção de uma caseína mais hidrossolúvel (necessária para aplicação em algumas formulações) ou um alimento de mais fácil digestão, o qual é fornecido para bebês ou para adultos doentes que perdem a habilidade de produzir tripsina.

Na carne, principalmente bovina, as proteases são utilizadas com o objetivo de amaciamento de cortes menos nobres, sendo normalmente injetadas no animal pré-abate. As enzimas, entretanto, só terão ação quando forem submetidas ao processo de cocção, uma vez que a atividade na temperatura de estocagem da carne é quase nula.

Além dessas, as proteases apresentam inúmeras potenciais aplicações para a extração de proteínas de tecidos e utilização de resíduos proteicos como penas, pelos, colágeno e sangue.

Laticínios

A aplicação de enzimas em laticínios tem três objetivos principais: coagulação do leite para produção de queijos (mais importante), obtenção de leite sem lactose e aceleração do processo de maturação de queijos.

Para a coagulação de leite com o objetivo de produzir queijos, utiliza-se uma protease que seja capaz de hidrolisar parcialmente a cadeia da kappa-caseína, liberando o glicomacropeptídeo que mantém o impedimento estérico entre as caseínas, com sua consequente aglomeração e formação da massa do queijo. A protease que melhor desempenha esse papel é o coalho extraído do estômago de vitelos (contendo 80% de quimosina e 20% de pepsina). O alto custo dessa enzima faz com que ela seja comumente substituída por coalho de animais adultos ou proteases microbianas, e o uso de coagulantes recombinantes, ou seja, aqueles obtidos por fermentação de microrganismos geneticamente modificados para serem capazes de produzir quimosina, é uma tendência do mercado de coagulantes para produção de queijos.

Quando o queijo é maturado, também pode ser feita a adição de enzimas que auxiliam no processo de maturação. Essas enzimas são naturalmente produzidas pelos organismos responsáveis pela maturação (bactérias lácticas ou bolores) e podem ser acrescentadas à massa, visando à aceleração do processo de maturação e também uma maior uniformidade entre os queijos produzidos. As enzimas normalmente utilizadas são proteases e lipases, que têm como funções a hidrólise parcial da caseína e dos lipídeos, liberando peptídeos e ácidos graxos livres, com consequente desenvolvimento de compostos de aroma e sabor no queijo, além do aumento de sua maciez.

Além da aplicação para produção de queijos, as enzimas podem ser utilizadas para a remoção de lactose do leite. Acredita-se que cerca de 70% da população mundial apresenta alguma dificuldade em produzir a betagalactosidase (enzima responsável pela digestão da lactose no organismo humano), apresentando algum nível de intolerância. Assim, a hidrólise desse açúcar no leite é uma alternativa interessante e pode ser realizada pela adição da enzima no leite (betagalactosidase produzida via fermentativa pelo microrganismo *Kluyveromyces*), antes ou após o processamento térmico. Além da questão de intolerância, a hidrólise da lactose pode ser realizada com a finalidade de aumentar a solubilidade do açúcar, uma vez que, para produtos lácteos com baixa temperatura (sorvetes) ou alta concentração (doce de leite), a baixa solubilidade da lactose pode resultar na formação de indesejáveis cristais, que alteram a textura do produto.

Bebidas alcoólicas

A aplicação de enzimas para a produção de bebidas alcoólicas é realizada com o principal objetivo de converter fontes amiláceas (cevada, trigo, soja, sorgo, arroz, entre outros) em açúcares simples de fácil digestão pelas leveduras fermentadoras. As enzimas utilizadas são as amilases, que podem ser originárias dos cereais ou adicionadas intencionalmente no processo.

Alguns cereais, como é o caso da cevada, possuem intrinsecamente enzimas amilolíticas capazes de hidrolisar as cadeias de amido presente no cereal. Para tanto, a cevada precisa ser submetida a um processo de malteação, no qual, sob umidade e temperatura controladas, a cevada sofre uma pré-germinação, que resulta no aumento da concentração das enzimas endógena disponíveis no cereal. Essas enzimas são capazes de converter o amido em açúcares fermentescíveis em volume suficientemente necessário para o crescimento das leveduras, e esse processo é utilizado para a produção de cerveja.

Por outro lado, quando as bebidas alcoólicas são produzidas a partir de cereais não malteados, como arroz e milho, é necessária a adição de enzimas comerciais para que os microrganismos consigam utilizar os açúcares como fonte de energia em tempo viável para a produção de álcool.

Conclusões

As enzimas são substâncias naturalmente encontradas em alimentos e que desempenham papéis importantes na produção e posteriormente em sua estocagem e estabilidade.

Além disso, podem ser adicionadas com o objetivo de melhorar as características sensoriais e funcionais dos produtos, bem como facilitar as etapas de processamento. Assim, o conhecimento sobre enzimas disponíveis, formas de atuação, benefícios e limitações é importante para o profissional de alimentos, de modo que faça a escolha ideal para os processos industriais de que é responsável.

REFERÊNCIAS

1. Lehninger AL, Nelson DL, Cox MM. Enzymes. In: Lehninger AL, Nelson DL, Cox MM. Principles of biochemistry. New York: Worth Publishers; 1993.
2. Stryer L. Enzymes: basics concepts and kinetics. In: Stryer L. Biochemistry. New York: WH Freeman & Company; 1995.
3. Torres BB. Elementos de enzimologia. In: Borzani W, Schmidell W, Lima UA, Aquarone E. Biotecnologia industrial. V. I – Fundamentos. São Paulo: Edgard Blücher; 2001.
4. Whitaker JR. Principles of enzymology for the food science. New York: Marcel Dekker; 1994.
5. Borzani W. Cinética de reações enzimáticas. In: Borzani W, Schmidell W, Lima UA, Aquarone E. Biotecnologia industrial. V. I – Fundamentos. São Paulo: Edgard Blücher; 2001.
6. Antranikian G, Vorgias CE, Bertoldo C. Extreme environments as a resource for microorganisms and novel biocatalysts. Adv Biochem Eng Biotechnol. 2005;96:219-62.
7. Lippel Sant'Anna Jr G. Produção de enzimas microbianas. In: Lima UA, Aquarone E, Borzani W, Schmidell W. Biotecnologia industrial. V. III – Biotecnologia industrial. São Paulo: Edgard Blücher; 2001.
8. Liszka MJ, Clark ME, Schneider E, Clark DS. Nature versus nurture: developing enzymes that function under extreme conditions. Ann Rev Chem Biomol Eng. 2012;3:77-102.
9. Park YK. Produção de enzimas industriais de origem animal. In: Lima UA, Aquarone E, Borzani W, Schmidell W. Biotecnologia industrial. V. III – Biotecnologia industrial. São Paulo: Edgard Blücher; 2001.
10. Park YK. Produção de enzimas industriais de origem vegetal. In: Lima UA, Aquarone E, Borzani W, Schmidell W. Biotecnologia industrial. V. III – Biotecnologia industrial. São Paulo: Edgard Blücher; 2001.
11. Garcia-Galan C, Berenguer-Murcia A, Fernandez-Lafuente R, Rodrigues RC. Potential of different enzyme immobilization strategies to improve enzyme performance. Adv Synth Catal. 2011;353:2885-904.
12. Mateo C, Palomo JM, Fernandez-Lorente G, Guisan JM, Fernandez-Lafuente R. Improvement of enzyme activity, stability and selectivity via immobilization techniques. Enzyme Microb Technol. 2007;40:1451-63.
13. Pradella JGC. Reatores com células imobilizadas. In: Schmidell W, Lima UA, Aquarone E, Borzani W. Biotecnologia industrial. V. II – Engenharia bioquímica. São Paulo: Edgard Blücher; 2001.
14. Vitolo M. Aplicações de enzimas na tecnologia de alimentos. In: Aquarone E, Borzani W, Schmidell W, Lima UA. Biotecnologia industrial. V. IV – Biotecnologia na produção de alimentos. São Paulo: Edgard Blücher; 2001.
15. Pedrolli DB, Monteiro AC, Gomes E, Carmona EC. Pectin and pectinases: production, characterization and industrial application of microbial pectinolytic enzymes. Open Biotechnol J. 2009;3:9-18.
16. Ribeiro DS, Henrique SMB, Oliveira LS, Macedo GA, Fleuri LF. Enzymes in juice processing: a review. Int J Food Sci Technol. 2010;45(4):635-41.
17. Sumantha A, Larroche C, Pandey A. Microbiology and industrial biotechnology of food-

-grade proteases: a perspective. Food Technol Biotechnol. 2006;44(2):211-20.

18. Bijttebier A, Goesaert H, Delcour JA. Amylase action pattern on starch polymers. Biologia. 2008;63(6):989-99.
19. Husain Q. β Galactosidase and their potential application: a review. Crit Rev Biotechnol. 2010;30(1):41-62.
20. Bhat MK. Cellulases and related enzymes in biotechnology. Biotechnol Adv. 2000;18(5):355-83.
21. Gupta R, Gupta N, Rathi P. Bacterial lipases: an overview of production, purification and biochemical properties. Appl Microbiol Biotechnol. 2004;64:763-81.
22. Kotwal SM, Shankar V. Immobilized invertase. Biotechnol Adv. 2009;27:311-22.
23. Martinez MV, Whitaker JR. The biochemistry and control of enzymatic browning. Trends Food Sci Technol. 1995;6:195-200.
24. Tullio MC, Liso R, Arrigoni O. Ascorbic acid oxidase: an enzyme in search of a role. Biol Plantarum. 2004;48(2):161-6.
25. Yahia EM, Contreras-Padilla M, Gonzalez-Aguilar G. Ascorbic acid content in relation to ascorbic acid oxidase activity and polyamine content in tomato and bell pepper fruits during development, maturation and senescence. LWT – Food Sci Technol. 2001;34(7):452-577.
26. Bankar SB, Bule MV, Singhal RS, Ananthanarayan L. Glucose oxidase – an overview. Biotechnol Adv. 2009;27(4):489-501.
27. Fiedurek J, Gromada A. Screening and mutagenesis of molds for improvement of the simultaneous production of catalase and glucose oxidase. Enzyme Microb Technol. 1997;20(5):344-7.
28. Gaspar ALC, De Góes-Favoni SP. Action of microbial transglutaminase (MTGase) in the modification of food proteins: a review. Food Chem. 2015;171:315-22.
29. Jacob M, Jaros D, Rohm H. Recent advances in milk clotting enzymes. Int J Dairy Technology. 2011;64(1):14-33.
30. Kirk O, Borchert TV, Fuglsang CC. Industrial enzyme applications. Curr Opin Biotechnol. 2002;13(4):345-51.
31. Vitolo M. Reatores com enzimas imobilizadas. In: Schmidell W, Lima UA, Aquarone E, Borzani W. Biotecnologia industrial. V. II – Engenharia bioquímica. São Paulo: Edgard Blücher; 2001.

4 CAPÍTULO

Reações físico-químicas

- Priscilla Efraim
- Flávio Luís Schmidt
- Homero Ferracini Gumerato

CONTEÚDO

Introdução

Neste capítulo, são abordadas as principais reações físico-químicas observadas em alimentos. Inicialmente é abordada a importância da água como responsável por diversas reações que ocorrem em alimentos. Em seguida, são abordadas as principais reações de escurecimento não enzimáticas, como a reação de Maillard e a caramelização, que envolvem carboidratos, a degradação do ácido ascórbico e as reações hidrolíticas e oxidativas em lipídeos. Por fim, abordam-se a perda de nutrientes e os principais fatores responsáveis.

As reações apresentadas neste capítulo podem ocorrer durante o processamento de alimentos, tratados nos capítulos que compõem a Seção 3 deste livro.

Atividade de água (a_w)

A água é um dos componentes mais frequentes nas matérias-primas de origem tanto animal como vegetal (carnes, leites, frutas, hortaliças etc.), assim como nos alimentos processados (conservas, doces, compotas, geleias etc.). Mesmo naqueles alimentos de umidade intermediária (frutas secas, algum embutidos cárneos etc.) ou desidratados (leite em pó, café solúvel etc.), em virtude das múltiplas funções que a água exerce, seja como solvente, seja como plastificante, componente adsorvido ou reagente, o conteúdo de água e principalmente a forma como a água está presente no alimento trará informações fundamentais relacionadas ao processamento do alimento e alterações químicas, físicas e biológicas envolvidas em sua conservação. A chamada atividade de água (a_w) exercerá efeito direto em diversas reações comuns em alimentos, processados ou não, como reações de escurecimento enzimático, reação de Maillard, oxidação, diversas reações químicas e crescimento microbiano (Figura 4.1). Portanto, a água, independentemente de sua quantidade no alimento, e principalmente de acordo com a forma como está no alimento, é de suma importância no processamento de alimentos.

Em geral, são atribuídas duas formas básicas nas quais a água pode estar nos alimentos: a água livre e a água combinada (ou ligada). A água combinada de um alimento é aquela que não pode ser congelada e pode ser determinada por métodos calorimétricos.

Embora o conceito de água livre e combinada seja bastante claro e intuitivo, a ação da água em alimentos pode ser representada de uma maneira mais geral, conveniente e aplicada, pelas isotermas de sorção que relacionam, a uma temperatura constante, a umidade do alimento, geralmente em base seca, com sua atividade de água (a_w).

A maioria das transições estruturais e de fase nos alimentos é afetada pela água. Dessa maneira, o conhecimento das propriedades de sorção da água influenciará diversas reações, químicas e bioquímicas, muito mais que simplesmente o conteúdo de água.

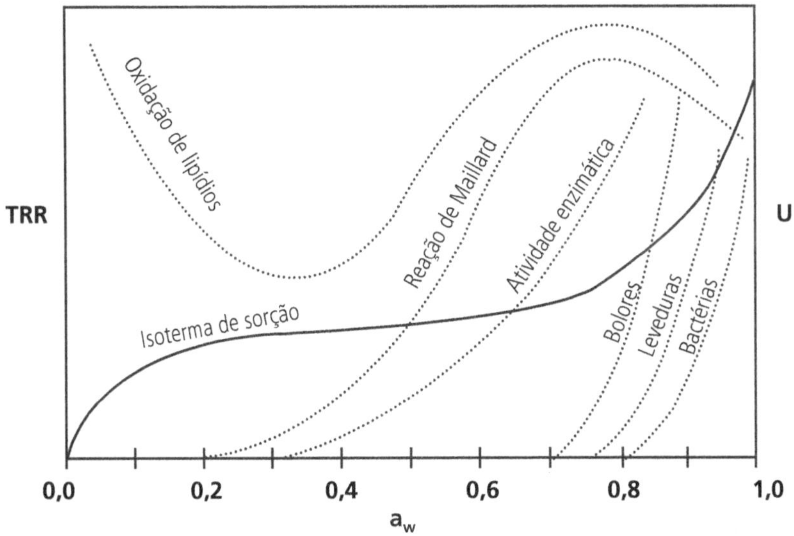

Figura 4.1. Isoterma de sorção de alimentos (variação da a_w em relação à umidade – U) e taxa relativa das reações (TRR) como função da a_w: oxidação de lipídios, reação de Maillard, atividade enzimática, desenvolvimento de bolores, leveduras e bactérias.

Fonte: Labuza, 1977.[1]

A a_w pode ser determinada como a relação da pressão de vapor d'água do alimento (P) pela pressão de vapor da água pura (P_O), na mesma temperatura (Equação 1).

$$a_w = P / P_O$$

(Equação 1)

Dessa maneira, a a_w pode ser expressa de forma adimensional em uma escala de 0 a 1, ou quando associada com a umidade relativa do ar (UR), por meio da Equação 2, em uma escala entre 0 e 100%.

$$UR = 100^{*}\ a_w$$

(Equação 2)

De acordo com a classificação de Brunauer-Emmett-Teller ou BET (1938), citado por Roos,[2] as isotermas de adsorção podem ter cinco formas básicas (Figura 4.2). A maioria das isotermas de materiais biológicos segue um perfil sigmoide como ilustrado na curva de tipo II. Materiais cristalinos como açúcares possuem uma adsorção mais fraca da água até que a solubilização seja alcançada, gerando o perfil descrito na curva do tipo III.

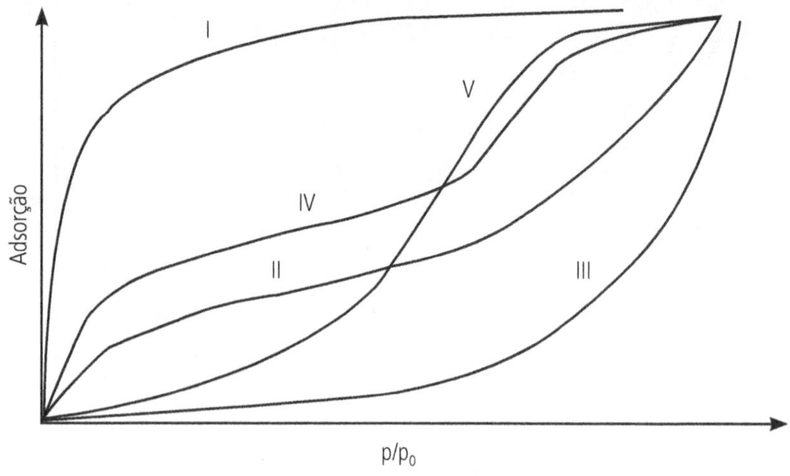

Figura 4.2. Perfil dos cinco tipos básicos de isotermas de sorção descritos por BET.

A Figura 4.3 apresenta o perfil básico de uma isoterma de sorção e a histerese normalmente observada entre os processos de adsorção e dessorção.

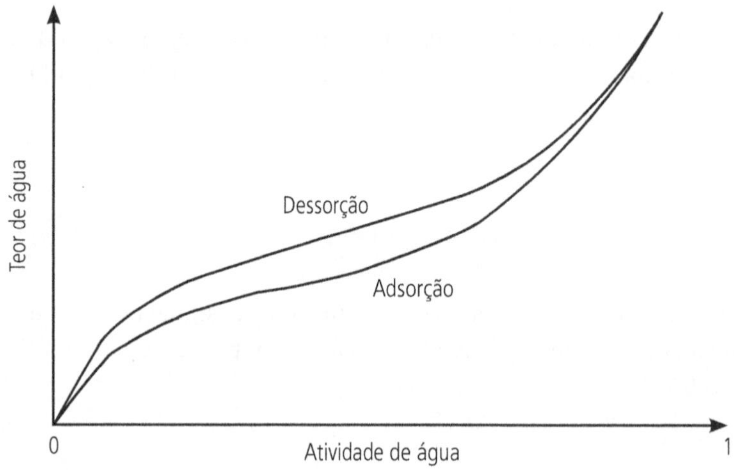

Figura 4.3. Representação esquemática de uma isoterma de sorção com histerese típica entre as isotermas de adsorção e dessorção.

As isotermas podem ser divididas em diversas regiões. Labuza[1] considera a região da monocamada molecular de água ($a_w < 0,2$), a policamada (a_w entre 0,2 e 0,6) e a região de condensação seguida da dissolução de materiais solúveis ($a_w > 0,6$).

Brunauer-Emmett-Teller (BET) descrevem um modelo baseado em uma teoria cinética da a_w pela Equação (1), nesse caso em sua forma linearizada:

$$\frac{a_w}{m(1-a_w)} = \frac{1}{m_1 k} + \frac{k-1}{m_1 k} a_w$$

(Equação 1)

Em que:

- a_w = atividade de água.
- m = teor de umidade em base seca (g/g sólidos).
- k = constante de proporcionalidade (adimensional).
- m_1 = teor de umidade correspondente a uma camada monomolecular, adsorvida na superfície do produto (em base seca; g/g sólidos).

Uma vez obtida experimentalmente a isoterma de adsorção de água de um alimento, o valor monomolecular e o valor da constante k podem ser obtidos a partir dessa equação, colocando os valores do termo a_w /[m(1 – a_w)] na ordenada e os valores de a_w na abscissa.

A interseção com a ordenada será o valor numérico do termo 1/(m_1k), enquanto o coeficiente angular representará o valor numérico do termo (k-1)/(m_1k). Na Tabela 4.1 estão alguns valores de monocamada para alguns alimentos.

Sem a proteção da monocamada de água, certos radicais tornam-se mais reativos em contato com o oxigênio, oxidando alimentos muito desidratados, causando, por exemplo, a oxidação de lipídios e pigmentos.

Tabela 4.1. **Valores monomoleculares de alguns alimentos**

Produto	m_1 (g/100 g sólidos)
Batata em fatias	5,8
Cebola em pó	3,7
Amido solúvel	6,0
Leite integral em pó	2,0
Camarão	5,9
Frango	5,8
Carne moída	6,6
Albumina de ovo	6,0

Fonte: Quast e Da Silva, 1977.[3]

Gugghenhein, Anderson e de Bôer ou GAB (citados por Park et al.)[4] estenderam as teorias de adsorção física de BET, resultando em uma equação triparamétrica (2), ou o modelo de GAB, que permite um melhor ajuste dos dados de sorção até a_w próxima a 0,9.

$$m_c = \frac{m_1 C K a_a}{(1 - K a_a)(1 - K a_a + C K a_a)}$$

(Equação 2)

Em que C e K são constantes de adsorção relacionados com as interações energéticas entre as moléculas da monocamada e as subsequentes, em um dado sítio de sorção.

A teoria capilar descrita por Zsigmondy, citado por Brenner,[5] utiliza a equação de Kelvin, desenvolvida para a Equação (3).

Nessa região, a a_w é uma função do raio capilar e da tensão superficial da solução e ocorre em teores mais baixos de umidade, correspondente a uma a_w de 0,2 a 0,4, quando a umidade é retida, principalmente, por condensação capilar.

$$a_w = \frac{p}{p_o} = e^{-\left(\frac{2\gamma\cos\Theta}{r}\frac{V_o}{RT}\right)}$$

(Equação 3)

Em que:

- e = base dos logaritmos naturais.
- γ = tensão superficial.
- r = raio dos capilares.
- V_o = volume molar do filme.
- Θ = ângulo de contato do líquido no poro.
- R = constante universal dos gases.

A pressão de vapor da água é tanto menor quanto menor o raio dos capilares e quanto maior a tensão superficial. Se o raio dos capilares for a única variável, teremos (Equação 4):

$$\frac{1}{r} = K \ln a_w$$

(Equação 4)

Em que:

- K = constante de proporcionalidade (adimensional).

Soluções ideais seguem a lei de Raoult (equações 5 a 8) e exibem comportamento análogo a gases ideais em termos de modelos físicos. A lei de Raoult se aplica a solventes puros ou muito diluídos, porém, para efeito de comparações e cálculos rápidos, é bastante útil.

$$p = p_o x_o$$

(Equação 5)

Em que:

- p = pressão de vapor de água no sistema.
- p_o = pressão de vapor da água pura no sistema.
- x_o = fração molar da água no sistema.

$$x_0 = \frac{n_o}{n_o + n_s}$$

(Equação 6)

$$a_w = \frac{p}{p_o}$$

(Equação 7)

$$a_w = \frac{n_o}{n_o + n_s}$$

(Equação 8)

Em que:

- n_o = número de moles de água em uma determinada massa do sistema.
- n_S = número de moles de soluto no mesmo sistema.
- a_w = atividade de água no sistema.

Por exemplo, para uma solução 22°Brix de glicose, com massa molar de 180 g/mol, uma aproximação da a_w pode ser calculada como:

$$a_w = \frac{n_o}{n_o+n_s} = \frac{\dfrac{78\ g}{18\ g/mol}}{\dfrac{78\ g}{18\ g/mol} + \dfrac{22\ g}{180\ g/mol}} = 0,97$$

Para uma solução 10% em massa de NaCl, em razão da pequena massa molar do sal, sua dissociação e grande interação com o solvente (água), a depressão da a_w é ainda maior:

$NaCl \leftrightarrow Na^+ + Cl^-$
PM NaCl = (23 + 35,5) g/mol = 58,5 g/mol

Considerando 10 g de NaCl em 100 g de solução, completamente dissociado, teremos (23/58,5)*10/23 moles em relação ao Na; e (35,5/58,5)*10/35,5 moles em relação ao Cl. Portanto, a a_w esperada será aproximadamente:

$$a_w = \frac{n_o}{n_o+n_s} = \frac{\dfrac{90\ g}{18\ g/mol}}{\dfrac{90\ g}{18\ g/mol} + \dfrac{\left(\dfrac{22\ g}{58,5}\right)*10\ g}{23\ g/mol} + \dfrac{\left(\dfrac{35,5\ g}{58,5}\right)*10\ g}{35,5\ g/mol}} = 0,936$$

Ou

$$a_w = \frac{n_o}{n_o+n_s} = \frac{\dfrac{90\ g}{18\ g/mol}}{\dfrac{90\ g}{18\ g/mol} + 2*\dfrac{10}{58,5}} = 0,936$$

Na realidade, diversos modelos empíricos para as isotermas foram sugeridos. Alguns se aplicam a regiões específicas, com baixos valores de a_w; outros se mostram mais eficientes para grupos de alimentos. A Tabela 4.2 apresenta alguns modelos mais relevantes.

Tabela 4.2. **Principais modelos empíricos de a_w descritos na literatura**

Modelo empírico	Equação
Hasley	$a_w = \exp\left(\frac{-A}{X_e^B}\right)$
Oswin	$X_e = A\left(\frac{a_w}{1-a_w}\right)^B$
Henderson	$1 - a_w = \exp\left[-\left(KX_e^n\right)\right]$
Henderson modificado	$1 - a_w = \exp\left[-\left(K(T+C)X_e^n\right)\right]$
Chung e Pfost	$\mathrm{Ln}(a_w) = -\frac{A}{RT}\exp - (BX_e)$
Chen	$a_w = \exp[K + A.\exp(BX_e)]$
Chen e Clayton	$a_w = \exp[-A.T^B \exp(-CT^D X_e)]$
Aguirre, Suarez e Viollaz	$Y\mathrm{Ln}(a_w) = K_1 K_2^{Xe}$

A, B, C, D, k, k_1, k_2, n_1, n_2: constantes das equações, sendo que $n_1 < 1$ e $n_2 > 1$; a_w: atividade de água (adimensional); N: número de camadas; R: constante universal dos gases; T: temperatura; X_e: teor de água em equilíbrio em base seca (kg/kg); X_m: teor de água da monocamada molecular em base seca (kg/kg).

Fonte: adaptado de Park et al., 2008.[4]

Reação de Maillard

A reação de Maillard tem grande importância para a qualidade dos alimentos, em especial para os que sofrem aquecimento. O conjunto de reações denominado Maillard induz ao escurecimento dos alimentos, podendo causar alterações no sabor e no valor nutricional, produzir compostos antioxidantes e ter implicações toxicológicas (como a formação de acrilamida). Consiste em um conjunto de reações que ocorrem iniciadas na presença de grupos carbonila (C=O) e grupos amina (NH_2), como aminoácidos e peptídios,[6,7] em conjunto com açúcares redutores. A reação de Maillard é de fundamental importância à área de alimentos em geral por causar alterações relevantes em cor, sabor, textura, valor nutricional e capacidade antioxidante, as quais podem ser desejáveis (como no forneamento, torração ou fritura da maioria dos alimentos) e indesejáveis (como em processos de desidratação e em tratamentos térmicos - pasteurização e esterilização).[7,8] O escurecimento causado por esse conjunto de reações é denominado "escurecimento não enzimático", assim como os causados pela caramelização e oxidação do ácido ascórbico (discutidos mais adiante neste capítulo).

O nome dado a esse conjunto de reações provém do químico francês Louis-Camille Maillard, que descreveu pela primeira vez, em 1912, o desenvolvimento de cor e sabor obtido com o aquecimento de açúcares redutores e aminoácidos.[9] Após quase 40 anos, o pesquisador John E. Hodge[10] foi capaz de elucidar as vias básicas envolvidas na reação de Maillard, trabalho que continua a ter grande importância para o meio científico até os dias atuais.[11] Posteriormente, outros pesquisadores continuaram elucidando outras etapas envolvidas, como Amadori e Strecker.

A reação de Maillard é normalmente dividida em três estágios, como se vê na Figura 4.4:

- No estágio inicial ocorre a condensação dos grupos amina com açúcares redutores produzindo compostos que se desidratam e levam à formação da base de Schiff, a qual é instável. Nessa fase, há a liberação de água e o imediato rearranjo para a forma cíclica com a obtenção de N-glicosilaminas que em seguida se rearranjam nos denominados produtos de Amadori (na presença de aldoses) ou de Heyns (na presença de cetoses).
- O segundo estágio (intermediário) inicia-se a partir do rearranjo dos produtos de Amadori/Heyns e resulta na formação dos produtos da fragmentação de açúcares e na liberação de grupos amina. Essa etapa é essencial ao escurecimento.
- O terceiro e último estágio leva a reações de desidratação, fragmentação, ciclização e polimerização, nas quais os grupos amina participarão novamente. Nesse estágio, ocorre uma série de reações ainda não totalmente elucidadas, formando hidroximetilfurfural e levando à degradação de Strecker. Nesse estágio, ocorre a liberação de CO_2 decorrente da degradação de aminoácidos e aldeídos, a qual pode ser prejudicial, por exemplo, em alimentos enlatados, já que pode levar ao estufamento das latas.

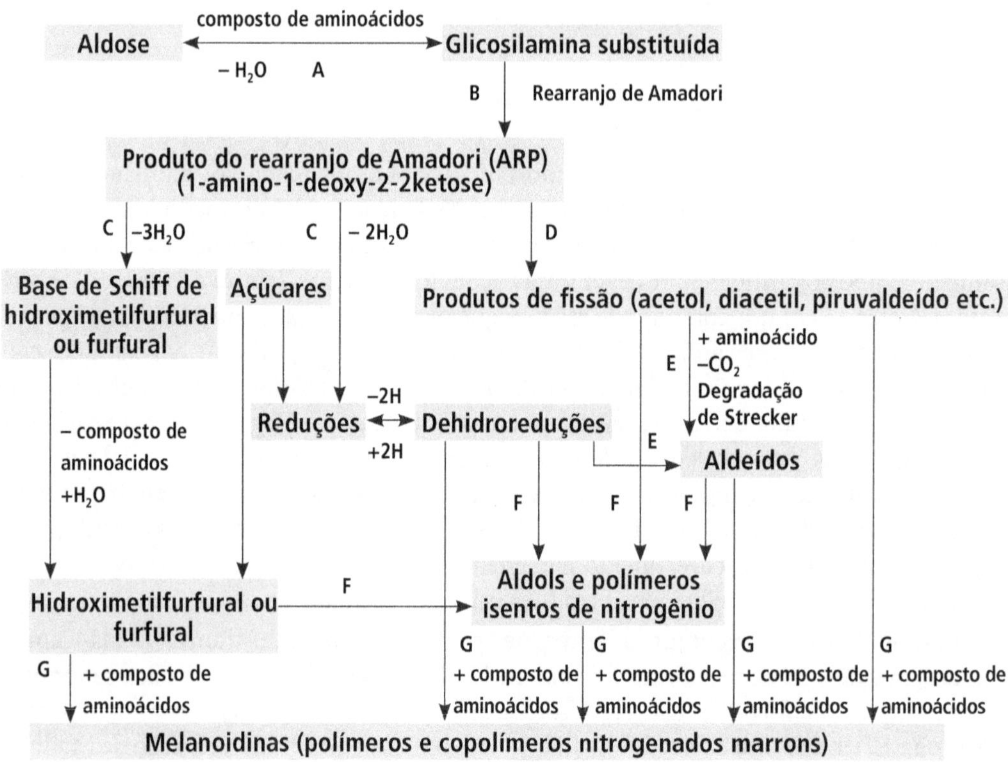

Figura 4.4. Representação da reação de Maillard.

Fonte: adaptada de Hodge, 1953.[10]

Especialmente com relação à formação de sabor, a degradação de Strecker é de grande importância, uma vez que os aminoácidos são degradados por dicarbonilas formadas na reação de Maillard, levando à sua desaminação e descarboxilação.

Cabe destacar que a caramelização, resultante de um conjunto de reações de degradação de açúcares em ausência de grupos amina, leva à formação de produtos similares aos formados na reação de Maillard. Porém, nesta última, o grupo amina atua como catalisador, fazendo com que a reação seja mais rápida e resulte na formação de grande quantidade de produtos intermediários bastante reativos.[12]

As reações intermediárias que envolvem a reação de Maillard ainda não são totalmente conhecidas. Como exemplo, pode-se citar o papel dos produtos de Amadori/Heyns, os quais podem não ser essenciais, mas intermediários apenas relativamente estáveis que participam no progresso da reação de Maillard. Deoxiosonas, por outro lado, são consideradas intermediários essenciais. Uma visão alternativa sobre a reação de Maillard foi dada por Yaylayan,[13] que considera a etapa inicial como três conjuntos primários de fragmentação que surgem de açúcares, aminoácidos e dos produtos de Amadori/Heyns. A reação de Maillard, em seguida, propaga-se por intermédio de interações entre os diferentes conjuntos para gerar produtos finais de baixo e alto peso molecular.

Formação de compostos de sabor via reação de Maillard

A reação de Maillard e a degradação de Strecker levam à produção de diferentes aromas de acordo com a combinação de aminoácidos livres e açúcares presentes em um determinado alimento, além da temperatura e do tempo de aquecimento. Como exemplo tem-se que o aminoácido prolina pode produzir aromas de batata cozida, mostarda ou ovo queimado, quando aquecido em diferentes temperaturas e na presença de diferentes açúcares.[7]

A formação de compostos de sabor na reação de Maillard é bastante complexa. Diversas classes de compostos são formadas, sendo estas parcialmente conhecidas. Contudo, ainda não são totalmente conhecidos os mecanismos das reações envolvidas, de modo que seja possível produzir artificialmente os compostos desejados. A formação de compostos de sabor na reação de Maillard depende principalmente de dois tipos de fatores:[14]

a. Do tipo de açúcares e aminoácidos envolvidos.
b. Das condições do meio, ou seja, da temperatura e do tempo de reação, do pH do meio e do teor de umidade. Em geral, os açúcares e aminoácidos envolvidos determinam os tipos de compostos de sabor formados, ao passo que as condições em que a reação acontece (temperatura e tempo, pH e umidade) determinam a cinética das reações.

Um exemplo da variação inerente ao tipo de aminoácido presente pode ser percebida na comparação de produtos cárneos com cereais. Em carnes, os compostos responsáveis pelo sabor característico são principalmente os sulfurados derivados de cisteína e ribose (proveniente dos nucleotídeos), ao passo que em cereais predomina a prolina, que leva à formação de compostos de sabor típicos de pão, arroz e pipoca.

Grande parte das pesquisas relacionadas à formação do sabor por meio da reação de Maillard avaliou misturas de açúcares e aminoácidos livres. Poucos trabalhos estudaram a participação de proteínas e peptídeos. Segundo Izzo e Ho,[15] compostos específicos de sabor podem ser formados a partir de peptídeos pela reação de Maillard.

Cinética da reação de Maillard

A cinética envolvida na reação de Maillard é bastante complexa, principalmente em decorrência das várias vias possíveis de reação e do relevante efeito das condições de processamento.[14] A abordagem tradicional de aplicação de cinética simples (considerando comportamento de ordem zero, de primeira ou de segunda ordens) parece não ser adequada nesse caso, já que a reação de Maillard envolve um conjunto complexo de reações. Sendo assim, a modelagem cinética multirrespostas pode ser mais eficiente de modo a avaliar simultaneamente os vários estágios envolvidos.[16]

Perdas nutricionais

Alguns alimentos assados, como pão e carnes, os quais são importantes componentes da dieta de diversas populações, consistem em importantes fontes de proteínas, vitaminas e minerais. Contudo, a reação de Maillard pode levar a perdas nutricionais. Como exemplo, a lisina, um aminoácido limitante presente em farinha de trigo, é parcialmente destruída no processo de forneamento. Em pães, a taxa de eficiência proteica é reduzida em 23% em comparação com a farinha original. A perda aumenta com o aumento da temperatura e do tempo de forneamento e de maiores quantidades de açúcares redutores. Com exceção do ácido ascórbico (vitamina C), que é adicionado à massa de pão como um melhorador e é destruído durante o forneamento, as perdas de outras vitaminas são relativamente pequenas. Em massas nas quais são utilizados fermentos químicos, condições alcalinas causam a liberação de niacina que se liga a polissacarídeos e polipeptídios.[17]

Fatores que influenciam a taxa da reação de Maillard

Temperatura

Diversos estudos demostraram que a temperatura afeta a velocidade da reação de Maillard, inclusive realizados por Maillard.[9] O aumento da temperatura influencia na reatividade entre açúcares e grupos amina, de modo que essa dependência da taxa com a qual as reações acontecem em relação à temperatura pode ser descrita pela equação de Arrhenius (Equação 9).[9]

$$K = A\exp(-Ea/RT)$$

(Equação 9)

Em que:

- k = constante de velocidade.
- A = constante de Arrhenius.
- Ea = energia de ativação.
- R = constante dos gases.
- T = temperatura.

Lee et al.[18] avaliaram a retenção de lisina em um sistema-modelo composto por lisina-glicose submetido a aquecimento. A partir dos resultados, foi construído um gráfico semilogarítmico que mostra a formação de pigmentos em função do tempo, para diferentes temperaturas e pHs (Figura 4.5).

De maneira geral, há duplicação da velocidade das reações envolvidas a cada aumento da temperatura de 10°C entre 40 e 70°C. Em temperaturas mais baixas, a velocidade torna-se mais lenta, de modo que, em alimentos congelados, por influência de alterações na atividade de água, diminui drasticamente.[19]

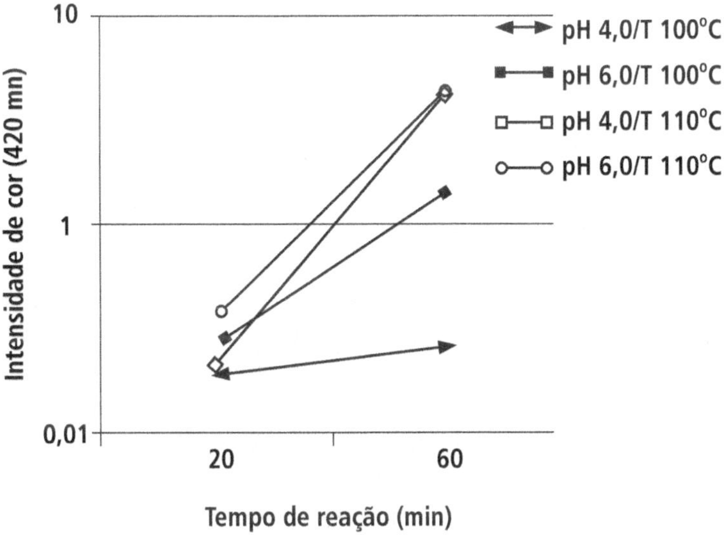

Figura 4.5. Formação de pigmentos em função do tempo de reação em diferentes temperaturas e pHs.

Fonte: baseada nos dados de Lee et al., 1984.[18]

pH

A velocidade das reações é máxima em pH próximo à neutralidade (6,0-7,0).

Em meio ácido, mais especificamente em pH < 5,0, o grupo $-NH_2$ permanece na forma protonada ($-NH_3^+$), eliminando sua nucleofilicidade e retardando a reação com os grupos carbonila. Em meio alcalino, pode haver degradação dos carboidratos.

Martins, Jongen e van Boekel[9] sugerem o equilíbrio expresso na Equação 10 para o grupo amina:

$$R\text{-}NH_2 + H^+ \rightleftharpoons R\,NH_3^+$$

(Equação 10)

Quanto menor o pH, mais protonado está o grupo amina no equilíbrio e, portanto, menos reativo estará o açúcar.

Atividade de água

Conforme descrito na Figura 4.1, a atividade de água dos alimentos tem substancial efeito à reação de Maillard. Em valores superiores a 0,8, há considerável diluição dos reagentes, de modo que a velocidade das reações diminui com o aumento da atividade de água. Por outro lado, em valores abaixo de 0,6, inicia-se a diminuição da velocidade das reações, e próximo ao valor da monocamada de BET (situação em que todos os sítios estão ocupados por água adsorvida e o teor de umidade é denominado dessa forma),[7] a velocidade tende a zero ou a valores bem baixos.

Natureza do carboidrato e aminoácido/peptídio/proteína

Com relação à natureza do carboidrato, a velocidade está relacionada com a quantidade de açúcares redutores, pela dependência da presença de grupos carbonila para reagir com os grupos $-NH_2$. Em geral, verifica-se que a velocidade é maior em presença de monossacarídeos que dissacarídeos e de pentoses em relação a hexoses, e, entre as hexoses, a velocidade é maior em presença de glicose em comparação com frutose.[19,20]

Com relação à natureza do aminoácido/peptídio/proteína, a velocidade também depende da estrutura molecular, sendo maior na presença de aminoácidos básicos (lisina), seguidos por ácidos (glutâmico) e neutros (glicina). A velocidade relativa depende ainda do pH do meio, o qual afeta o ponto isoelétrico do aminoácido/peptídio/proteína,[19] assim como a configuração espacial das proteínas e, consequentemente, os radicais expostos.

Efeito de catalisadores

A reação de Maillard é acelerada pela presença de ânions como fosfato e citrato e, em menor escala, por acetato. Íons de cobre também atuam como catalisadores eficientes em pH ácido.[19] Esses são elementos comuns em alimentos (naturalmente presentes ou adicionados em formulações de diversos produtos).

Inibição da reação de Maillard

De forma geral, a redução da temperatura no processamento e armazenamento dos alimentos reduz a taxa das reações. Em temperaturas de congelamento, isso pode ser explicado pela redução da mobilidade dos componentes em razão da redução da atividade de água.

Atividade de água

Com a redução da atividade de água (p. ex., em alimentos desidratados), há redução da mobilidade dos componentes reativos. No caso de soluções, o aumento da atividade de água (valores acima de 0,80) diminui a velocidade das reações pela diluição dos componentes reativos e pelo fato de a água representar o primeiro produto de reação na fase de condensação da reação de Maillard.[21]

pH

Condições próximas à neutralidade favorecem a reação de Maillard, e a redução do pH pode ser um eficiente método de controle.

Oxigênio

A remoção do oxigênio e o uso de embalagens com gás inerte podem reduzir a ocorrência de reações de oxidação de lipídios que gerariam produtos que poderiam interagir com aminoácidos favorecendo a reação de Maillard. Dependendo dos componentes iniciais presentes, a exclusão do oxigênio pode não impedir as etapas iniciais das reações, mas prevenir as mais relacionadas à formação de compostos de cor escura.[21]

Agentes bioquímicos

O uso de enzimas com a glicose oxidase ou catalase pode provocar transformações, nesse caso, da glicose a ácido glucorônico, o qual não é mais capaz de se combinar a aminoácidos para dar início à reação de Maillard. Entretanto, tais agentes propiciam profundas alterações nos alimentos.

Compostos químicos

A reação de Maillard pode ser inibida na presença de dióxido de enxofre em forma gasosa ou sulfitos e bissulfitos em solução, que são os compostos químicos mais usados na inibição da reação de Maillard. Tais compostos são capazes de provocar um efeito de branqueamento dos cromóforos que tenham se formado e de inibir a formação de cor no início das reações.[21]

Aplicação de tecnologias emergentes

Estudos vêm demonstrando que tecnologias emergentes como aquecimento ôhmico, altas pressões hidrostáticas e pulso elétrico são promissoras para a obtenção de produtos processados com o mínimo de ocorrência de reação de Maillard.[8]

De fato, por envolverem o uso de temperaturas e tempos de processo mais brandos, impedem ou minimizam a ocorrência não somente dessa, mas também de outras reações em alimentos – embora também possam resultar em outras.

Atividade antioxidante

Os produtos da reação de Maillard, como as melanoidinas, têm sido estudados quanto à atividade antioxidante,[22-26] avaliada em estudos *in vitro*,[27] nos quais foi encontrada correlação entre a cor e a atividade antioxidante de melanoidinas extraídas de diversas fontes. Estudos também indicam a capacidade de quelar íons metálicos (de cobre),[28,29] de forma que a natureza aniônica das melanoidinas permite quelar metais de transição.[30-32] Como exemplo, tem-se o desenvolvimento de um processo de fabricação de biscoitos utilizando o aminoácido lisina no qual o produto final apresenta maior capacidade antioxidante, dada a presença de compostos formados pela reação de Maillard, bem como outros benefícios à saúde propiciados pela presença de resíduos de lisina que não participaram da série de reações.[26] Porém, ainda assim, o sobreprocessamento de alimentos é prejudicial aos aspectos nutricionais dos alimentos, devendo ser prevenido.

Possíveis malefícios à saúde

Cabe destacar que a reação de Maillard também ocorre em sistemas biológicos, nos quais pode causar danos à saúde que vêm sendo extensivamente estudados, como em doenças relacionadas à idade,[11,33] que não serão tratadas neste livro.

No entanto, a reação de Maillard que ocorre em pães, carnes, chocolate, entre outros alimentos, não propicia os danos estudados em sistemas biológicos.

Caramelização

A caramelização é uma reação que ocorre na presença de açúcares e sua velocidade depende da reatividade do açúcar e das condições do meio, como temperatura, umidade e pH. Diferente da reação de Maillard, não é necessária a presença de compostos nitrogenados (aminoácidos, pepitídios e proteínas), e o conjunto de reações pode ocorrer com açúcares redutores ou não.

Entre os produtos da reação de caramelização está um pigmento coloidal de cor escura (quase preta), carregado positivamente em meio alcalino e negativamente em meio ácido, que é utilizado na indústria de alimentos como corante. Também são formados compostos voláteis responsáveis pelo aroma, os quais não contêm nitrogênio em suas moléculas (como no caso da reação de Maillard). Dependendo da carga, esse pigmento poderá apresentar variações em sua solubilidade em meios ácidos, básicos ou na presença de álcool.

A primeira etapa de reações envolve a conversão de glucose, frutose, manose em 1,2-enedióis, que após aquecimento adicional sofrem desidratação, levando à formação de 5-hidroximetilfurfurais. Se o açúcar que inicia as reações é uma pentose, o produto final da desidratação é o 2-furaldeído (furfural). A polimerização de derivados de furfural pode conduzir à formação de pigmentos de cor escura. Se o aquecimento de açúcares ocorre sob condições alcalinas, 1,2 e 2,3-enedióis são formados, podendo levar à clivagem e reações de fragmentação que conduzem à formação de diversos compostos aromáticos como ácido sacarínico, ácido 2,4-di-hidroxibutírico, álcool etílico e compostos aromáticos como benzeno, maltol, catecol e benzalaldeídos.[34] A presença de aminoácidos, proteínas e ácidos hidroxílicos contribui para o desenvolvimento de sabores adicionais e outras propriedades sensoriais específicas no produto final.[35]

Caramelização em meio ácido

A caramelização em meio ácido ocorre em três etapas (Figura 4.6).[36] Inicialmente, o açúcar redutor em meio ácido sofre isomerização formando um enol, o qual é instável pela presença de uma dupla ligação insaturada. Na segunda etapa, ocorre a perda de moléculas de água e a formação de uma ligação hemiacetálica gerando hidroximetilfurfural (HMF). Por último, o HMF sofre polimerizações que levam à formação de melanoidinas, compostos responsáveis pelas alterações de cor.

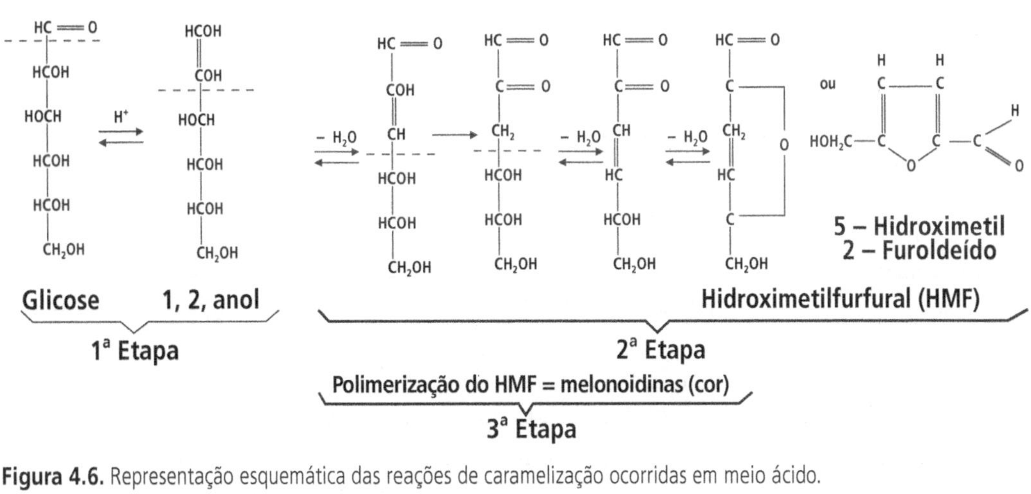

Figura 4.6. Representação esquemática das reações de caramelização ocorridas em meio ácido.

Fonte: adaptada de Oetterer, 2006.[36]

Caramelização em meio alcalino

Da mesma maneira que em meio ácido, as reações ocorrem em três etapas (Figura 4.7). Na primeira fase ocorre a isomerização do açúcar redutor, levando à obtenção de enol, o qual, da mesma forma observada em meio ácido, é instável em virtude da insaturação. Assim, o enol pode, ao perder um grupo hidroxila, formar manose e frutose de forma reversível. As reações continuam com manose e frutose formando 1,2 enol, o qual pode sofrer fragmentação (conhecida como degradação de Holtamand) formando compostos altamente reativos, lábeis e com coloração escura. Na etapa final, são formadas as melanoidinas a partir desses compostos.

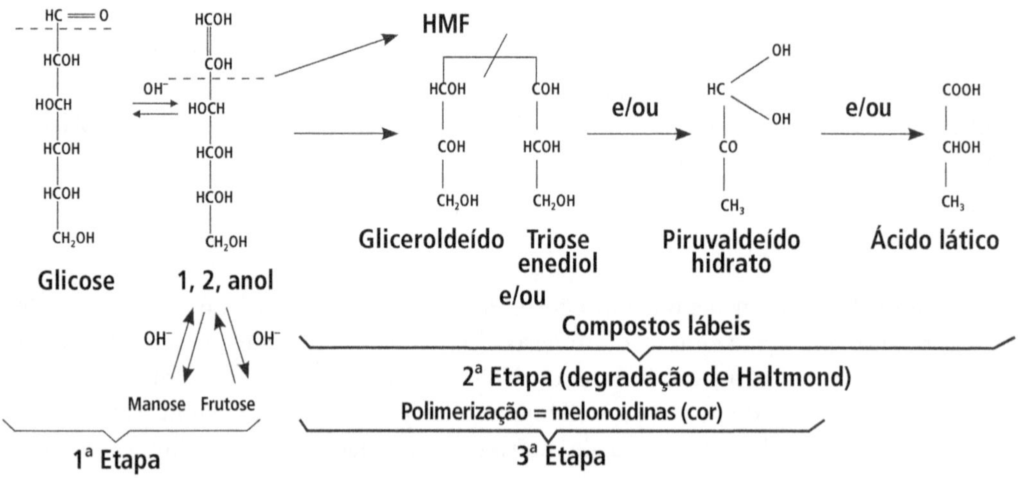

Figura 4.7. Representação esquemática das reações de caramelização ocorridas em meio ácido.

Fonte: adaptada de Oetterer, 2006.[36]

Utilização comercial

A composição química do "caramelo" é complexa e ainda não totalmente elucidada. Para fins de comercialização e utilização nas mais diversas aplicações, podem ser produzidos comercialmente a partir do aquecimento de carboidratos de grau alimentício com amônia, sulfitos, reagentes ácidos ou alcalinos.[21] O produto da reação de caramelização (caramelo) é classificado em quatro tipos, de acordo com suas propriedades e os reagentes utilizados em sua produção:[35]

- Caramelo de classe I: puro, utilizado em bebidas alcoólicas, conhaque, doces, alguns tipos de medicamentos, biscoitos, confeitos e como aromatizante e corante.
- Caramelo de classe II: processo sulfito-cáustico, de aplicação mais limitada, é utilizado em bebidas alcoólicas especiais como aromatizante e corante.

- Caramelo classe III: processo amônia, é usado como corante marrom em cerveja, licor de malte, pães, biscoitos, bolos, sopas, molhos, alimentos enlatados, carnes, tabaco e condimentos.
- Caramelo de classe IV: processo sulfito de amônia, usado em refrigerantes tipo cola e outros, vermutes e vinagre, além de bolos, biscoitos, doces e outros produtos alimentícios como corante e aromatizante.

Como catalisadores das reações que envolvem a caramelização estão os ácidos acético, cítrico, fosfórico, sulfúrico e carbônico; bases como amoníaco, hidróxidos de sódio, potássio, cálcio e sais como carbonatos, sulfatos, sulfitos e fosfatos. Os aditivos alcalinos catalisam a caramelização de furanoses de modo mais eficiente que piranoses.[35]

Cabe destacar que, se as reações de caramelização não forem controladas, pode haver a formação de produtos com sabor amargo, queimado e desagradável. Altas temperaturas e baixo pH aceleram as reações.

As principais reações de escurecimento não enzimático, a reação de Maillard e a caramelização, são importantes, não apenas para a Tecnologia de Alimentos, mas também para a parte nutricional, em razão das diversas modificações químicas pelas quais os produtos envolvidos nas reações passam. Ambas apresentam similaridades, em especial nas condições que influenciam na velocidade com a qual ocorrem (como temperatura e pH).[37] O conhecimento dessas condições é de extrema importância, uma vez que pode permitir o favorecimento ou não dessas reações no processamento de alimentos, considerando-se que há casos em que são desejáveis e outros em que não são.

Escurecimento causado pelo ácido ascórbico

A degradação do ácido ascórbico tem papel importante no escurecimento observado em sucos cítricos e produtos concentrados de frutas, incluindo uva, entre outras. Em razão das alterações indesejáveis que provoca, o escurecimento causado pelo ácido ascórbico e de-hidroascórbico foi demonstrado e estudado inicialmente em produtos cítricos, em razão das evidências de que as outras reações de escurecimento não enzimática já conhecidas (reação de Maillard e caramelização) não ocorrem, ou têm sua velocidade diminuída, em pH ácido.

As reações de escurecimento observadas em sucos de frutas e concentrados dependem fortemente do pH, de modo que, quanto menor o pH, maior a suscetibilidade ao escurecimento.[38] Em pH menor que 4,0 o escurecimento ocorre inicialmente pela decomposição do ácido ascórbico a furfural.[21] Hermann e Andrae[39] identificaram 17 compostos de decomposição, entre eles os ácidos de-hidroascórbico, 2,3-dicetoglucônico e oxálico. Otsuka et al.[40] identificaram outros produtos instáveis e capazes de produzir intenso escurecimento em temperaturas médias.

O escurecimento causado pelo ácido ascórbico ocorre em alimentos que o possuem naturalmente ou aos quais foi adicionado, desde que o pH esteja na faixa de 2,0 a 3,5. É comum ocorrer em sucos de frutas como limão, laranja, pomelo e acerola. O ácido ascórbico possui um grupo carbonila, e se transforma em ácido de-hidroascórbico com três grupos carbonila, que, após outras reações, leva à formação de furfural. O aparecimento de furfural, aldeído de alta atividade, indica a tendência à polimerização e formação das melanoidinas. Esse furfural poderá combinar-se com grupos amino para a ocorrência da reação de Maillard, porém apenas em meio alcalino, conforme já mencionado. Cabe destacar que a vitamina C perde seu valor já na transformação em ácido de-hidroascórbico. Por outro lado, o ácido ascórbico também apresenta capacidade redutora de quinonas. Assim, quando aplicado em baixas concentrações, pode ser facilmente consumido no processo de redução e prevenir a formação de polímeros coloridos por tempo limitado.[41,42]

A degradação do ácido ascórbico pode ocorrer na presença ou ausência de oxigênio, já que, mesmo aplicando processos de desaeração sob vácuo e injeção de vapor para reduzir os níveis, ainda permanecem concentrações mínimas de oxigênio dissolvidas no produto.[43] Dessa forma, a degradação ocorre até que todo oxigênio seja consumido a uma taxa bastante reduzida. Em sucos concentrados, o aumento na concentração de sólidos solúveis e o processamento térmico podem causar aumento na taxa de degradação do ácido ascórbico, conforme demonstrado para suco de limão concentrado.[44]

O ácido ascórbico pode atuar como agente pró-oxidante, ou seja, os produtos gerados pela degradação do ácido ascórbico também são responsáveis pela formação de pigmentos escuros da casca. A capacidade redutora da quinona pelo ácido ascórbico torna evidente que a eficiência desse inibidor depende de sua concentração. Quando aplicado em baixas concentrações, ele pode ser facilmente consumido no processo de redução e prevenir a formação de polímeros coloridos somente por tempo limitado.[42]

Rancificação de lipídios

A rancificação de lipídios pode ocorrer por oxidação ou hidrólise de triacilgliceróis. Na Figura 4.8, é apresentado um esquema simplificado que diferencia tais reações.

Rancificação hidrolítica

Tal transformação é resultante da liberação de ácidos graxos livres a partir de um esqueleto de glicerol. A formação de sabor desagradável ocorre pela liberação de ácidos graxos livres voláteis de baixa massa molecular ou ácidos graxos de cadeia longa (nesse caso, geração de sabor de sabão). A liberação de ácidos graxos pode ocorrer a partir de triacilgliceróis na presença de enzimas, como a lipase, ou de agentes químicos.[20]

As reações hidrolíticas podem ser provocadas por enzimas, compostos químicos ou na presença de água. Em alta a_w (próxima a 1,0), a hidrólise de gliceróis torna-se lenta.[19] Assim, a inibição das reações pode ocorrer por inativação enzimática, remoção da água presente no lipídio e uso de temperaturas de processo mais baixas.

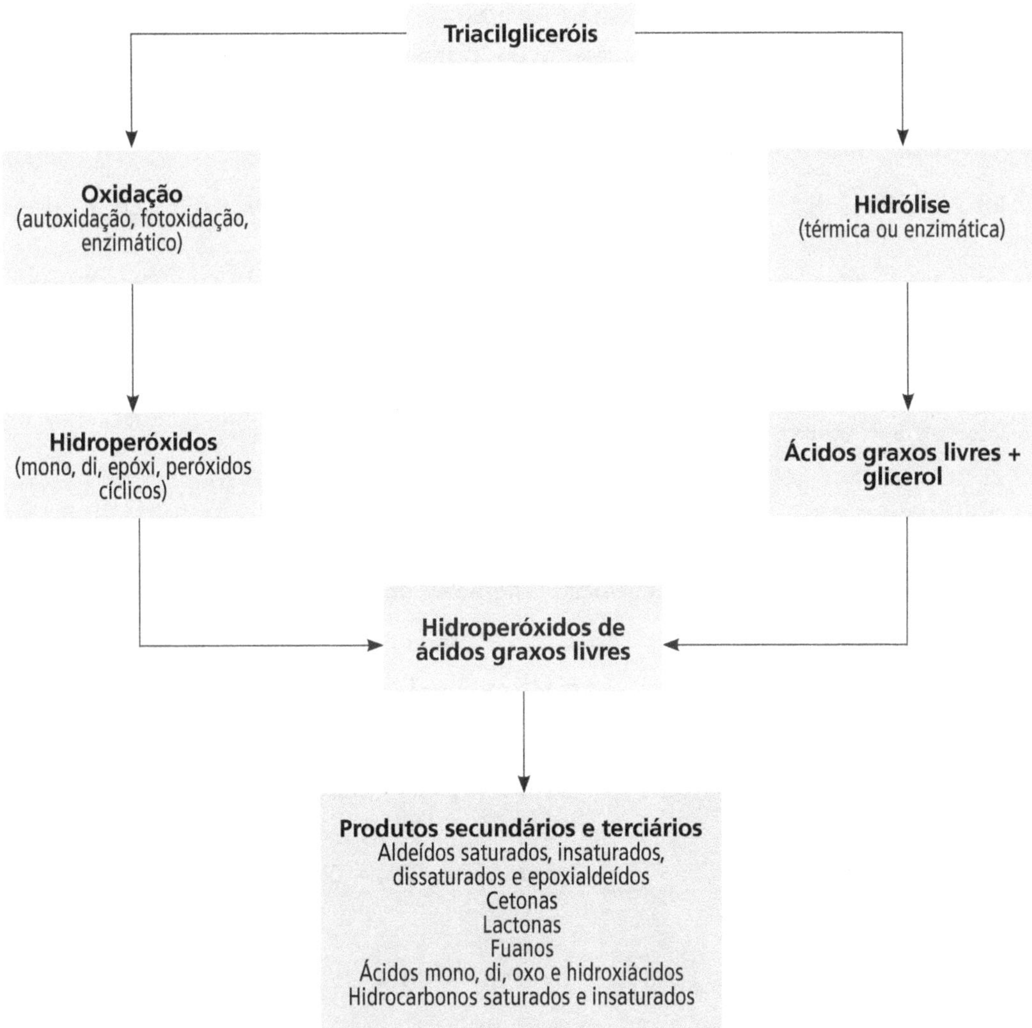

Figura 4.8. Esquema simplificado das reações oxidativas e hidrolíticas de lipídios.

Fonte: adaptada de Robards et al., 1988.[45]

Rancificação oxidativa

Tal transformação ocorre em lipídios que contêm ácidos graxos insaturados, os quais são suscetíveis a reações de oxidação, degradações e polimerizações que resultam na formação de radicais livres, além de aldeídos, cetonas, ácidos, álcoois e hidrocarbonetos, que devem influenciar nas características sensoriais e físico-químicas do produto.

A rancificação oxidativa ocorre em três etapas:

1. Fase inicial ou de indução: formação dos primeiros radicais livres sem alterações no sabor do produto. Essa fase é caracterizada por um consumo crescente de oxigênio. Em reação com o oxigênio, o radical formado origina um radical peróxido (Figura 4.9).

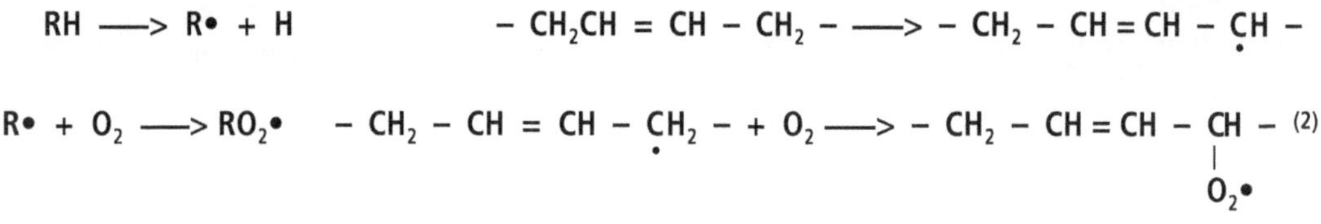

Figura 4.9. Etapas da rancificação oxidativa.

Fonte: adaptada de Bobbio e Bobbio, 1995.[19]

2. Segunda fase ou propagação (Figura 4.10): caracterizada por um alto consumo de oxigênio acompanhado do aumento dos teores de peróxidos e, consequentemente, de seus produtos de decomposição. Alterações de sabor passam a ser percebidas.

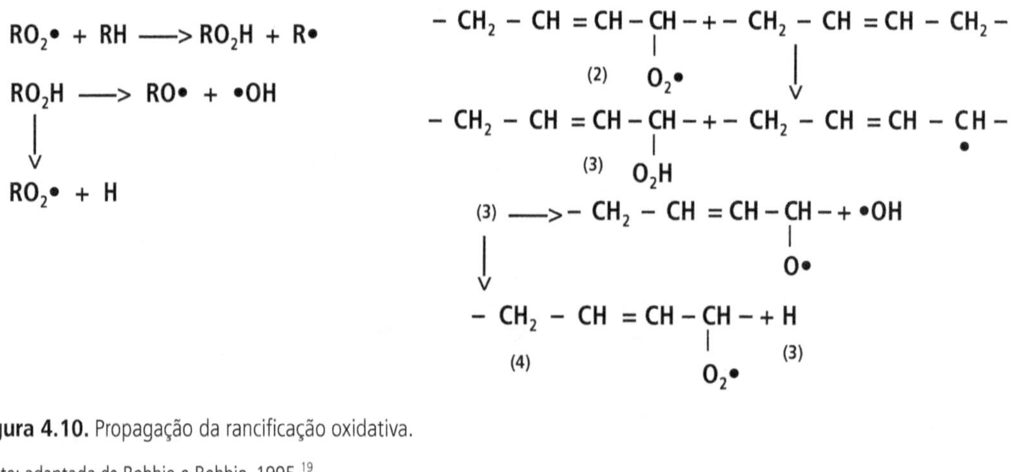

Figura 4.10. Propagação da rancificação oxidativa.

Fonte: adaptada de Bobbio e Bobbio, 1995.[19]

3. Terceira fase ou terminação (Figura 4.11): ocorrem alterações profundas na composição físico-química do lipídio, acompanhadas pelo aparecimento de forte sabor desagradável e alterações de cor e viscosidade. Nessa fase, o consumo de oxigênio tende a cair, assim como a concentração de peróxidos. Nesse ponto, o produto já está impróprio ao consumo, não apenas química, mas também sensorialmente.

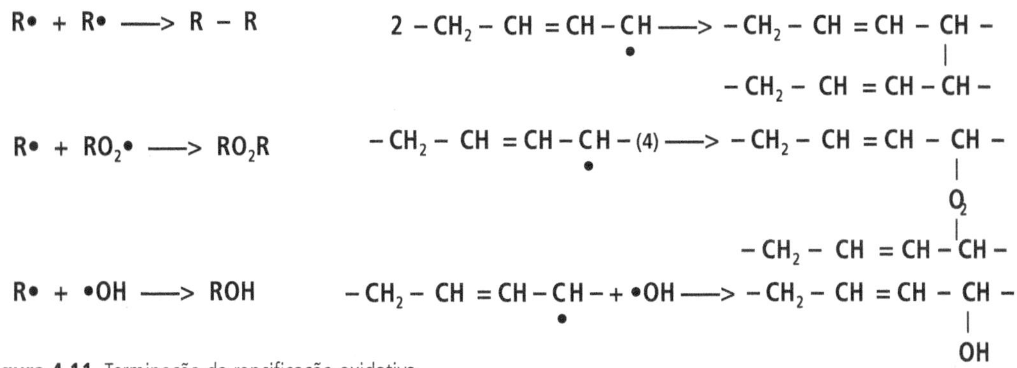

Figura 4.11. Terminação da rancificação oxidativa.

Fonte: adaptada de Bobbio e Bobbio, 1995.[19]

Para que a rancificação oxidativa de lipídios ocorra, é necessária uma alta energia de ativação, que deve ser fornecida ou reduzida por fatores físicos que permitam que as reações se iniciem. São agentes que possuem esse papel:

- Os metais, em especial íons de transição, que interagem com os hidroperóxidos originando novos radicais livres (Figura 4.12).

$$RH + Fe^{+3} \longrightarrow R\bullet + Fe^{+2} + H^{+}$$

Figura 4.12. Exemplo de interação metal e hidroperóxido originando radical livre.

Fonte: adaptada de Bobbio e Bobbio, 1995.[19]

- Pigmentos fotossensíveis como a clorofila e a riboflavina, que possuem capacidade de absorver energia luminosa e transferi-la às moléculas envolvidas na rancificação.
- Radiações cuja energia seja compatível com a energia de ruptura das ligações carbono-hidrogênio, formação de oxigênio singleto ou decomposição de peróxidos e hidroperóxidos.

Destruição de nutrientes

Perdas nutricionais no pré-processamento

Alguns cuidados simples podem minimizar as perdas nutricionais nas matérias-primas. A afirmação de que a qualidade de um alimento começa no campo é bem fundamentada. Alguns aspectos básicos são:

- **Colheita:** aspectos como firmeza, tamanho e cor devem estar adequados. Também são importantes o modo de colheita (manual, mecânico ou misto), o sistema de acondicionamento primário, o horário de colheita (horas mais frescas do dia) e o tempo previsto para tal (o mais rápido possível). Em geral, quanto antes a refrigeração for aplicada, maiores as chances de preservação. Com relação às hortaliças, a constituição química é afetada pelo clima e solo. Solos bem adubados fornecem maior quantidade de sais minerais e diminuem alterações sensoriais, como amargor em repolho, ou excesso de nitritos e nitratos, em adubos com excesso de nitrogênio.
- **Embalagens:** devem ser usadas preferencialmente caixas plásticas adaptadas para a quantidade de produto movimentada já no campo, o que facilita a higienização e retarda processos fermentativos por eventual extravasamento de suco celular.
- **Transporte e recepção:** deve-se definir a forma do transporte primário das matérias-primas: caminhões refrigerados ou não, abertos ou fechados, em carrinhos de mão, tratores etc. Conhecer o percurso orienta na necessidade de proteger a matéria-prima contra sujidades ou danos físicos. Em geral, transporte nas primeiras horas do dia (em razão da menor temperatura), área de recepção refrigerada e com boa circulação de ar na indústria, tempo de armazenamento controlado e procedimentos de monitoração colaboram para a preservação dos atributos originais de qualidade.
- ***Toalete*:** nessa etapa são retiradas as partes danificadas ou com doenças, de acordo com um padrão de qualidade preestabelecido. Deve ser assegurado o destino correto dessas partes, as quais devem ser retiradas do local o mais breve possível. Essa etapa deve estar localizada fisicamente separada das demais etapas, evitando contaminações microbiológicas cruzadas.
- **Pré-lavagem, lavagem e sanificação:** a pré-lavagem é a primeira etapa na remoção da sujeira aderida ao vegetal, cujo sistema deve ser cuidadosamente escolhido: aspersão de água, chuveiro, imersão, imersão com borbulhamento de ar etc. Já a lavagem é uma etapa que visa à retirada da sujeira retida nas pequenas estruturas das frutas e hortaliças e pode ocorrer em sistemas semelhantes aos usados na pré-lavagem. É importante controlar a temperatura da água de lavagem, o tempo de contato, a concentração e a monitoração de agentes tensoativos eventualmente utilizados. A sanificação ocorre, em geral, em conjunto com a fase de lavagem da fruta e da hortaliça.
- **Armazenamento e transporte:** definir uma área de armazenamento suficiente para a quantidade de material a ser transportado, preferencialmente refrigerada para diminuir a velocidade das reações de transformação.

Perdas nutricionais no resfriamento e congelamento

Os processos de resfriamento correspondem, em geral, a temperaturas entre 16°C e –2°C e caracterizam condições controladas de armazenamento e distribuição, tanto de matérias-primas como de produtos processados. Já o congelamento é um processo no qual o produto é mantido em temperaturas de –18°C ou inferiores, em que parte da água do produto se encontra na forma sólida.

Os fundamentos da aplicação do frio estão baseados na cinética das reações de transformação que ocorrem na natureza, todas dependentes da temperatura.

Temperaturas abaixo de –9,5°C inibem o crescimento de praticamente todos os microrganismos. Da mesma maneira, a grande maioria das reações bioquímicas tem sua velocidade diminuída com o resfriamento e o congelamento. A maioria das reações químicas é muito lenta abaixo de –18°C.

As Tabelas 4.3 e 4.4 apresentam o efeito da temperatura de armazenamento no teor de ácido ascórbico (vitamina C) e na vida de prateleira de produtos armazenados, respectivamente sob refrigeração e congelamento. Ressalta-se, porém, que o efeito combinado do tratamento térmico na presença de oxigênio acelera muito a degradação do ácido ascórbico, o que nem sempre é minimizado durante o processo ou indicado nos trabalhos científicos.

Tabela 4.3. **Perda de ácido ascórbico (vitamina C, em %) em vagens e ervilhas *in natura* de acordo com a temperatura de estocagem**

Produto	Temperatura de estocagem (°C)	perda de ácido ascórbico no armazenamento (%)		
		1 dia	2 dias	3 dias
Vagem	1-3	-	17	28
	8-9	-	39	45
	21-24	-	61	67
Ervilha	4,5	4	8	10
	21	15	24	40
	38	32	50	54

Fonte: Mack, Tapley e King, 1939;[46] Stewart e Amerine, 1973.[47]

Tabela 4.4. **Durabilidade de algumas hortaliças *in natura* de acordo com a temperatura de estocagem**

Hortaliça	Durabilidade esperada em meses		
	–5°C	–10°C	–20°C
Quiabo	40	98	660
Vagem	21	50	311
Espinafre	8	20	153
Ervilha	24	56	325

Fonte: Giannakourou e Taoukis, 2003.[48]

A maior parte das perdas nutricionais que ocorrem durante o armazenamento refrigerado de matérias-primas é decorrente de atividade enzimática, microbiológica e reações de oxidação. O branqueamento pode minimizar bastante as perdas por ação enzimática, tanto para o processo de resfriamento como para o congelamento de vegetais. Se for feita a opção de não branquear antes de congelar, o congelamento deve ser muito rápido e/ou em volumes pequenos para que também se consiga descongelar rapidamente o produto, sem usar aquecimento. Em produtos já processados, a oxidação pode causar a maior perda de componentes sensíveis ao oxigênio, como a degradação da vitamina C em sucos de frutas ou oxidação lipídica no leite em pó. A temperatura tende a acelerar esses processos de degradação.

Perdas nutricionais na desidratação

O processo de desidratação ou secagem pode ocorrer de diversas maneiras, bem como atingir conteúdo de umidade variado no produto final, de acordo com o objetivo proposto para o processo.

Produtos secos ao sol ou com ar forçado até teor de umidade de aproximadamente $25\%_{bu}$ são normalmente designados produtos de umidade intermediária (banana e uva-passa, damasco, caqui e tomate seco etc.). Nesses produtos, dependendo da a_w final (em geral entre 0,65 e 0,85), da embalagem utilizada e das condições de umidade relativa do ambiente de armazenamento, pode haver o crescimento de bolores; sendo assim, necessitam frequentemente da combinação com outro processo de conservação, por exemplo, sulfitação (adição de metabissulfito de Na ou K), congelamento, resfriamento, correto dimensionamento das embalagens, processos térmicos, pH reduzido, ou a combinação de diversos fatores.

O processo normalmente designado como desidratação resulta em produtos com umidade final entre 1 e 5% e são obtidos em equipamentos mecânicos com aquecimento artificial sob condições controladas de temperatura, umidade e fluxo de ar. Esses alimentos são bem mais estáveis (> 1 ano), desde que a embalagem apresente barreiras contra umidade, luz e oxigênio, prevenindo reações de oxidação.

O processo de desidratação de alimentos não causa alterações significativas (diminuição) na flora contaminante do produto, portanto, todas as medidas de sanitização devem ser tomadas nas etapas anteriores do processo. O processo de retirada da água da matriz alimentar pode causar alterações significativas na aparência final do produto, incluindo formato, cor e odor, que podem ser avaliadas sensorialmente. O próprio rendimento do processo é bastante variado, dependendo drasticamente da umidade inicial e final do produto.

As principais vantagens apontadas para o processo são a redução do espaço requerido para secagem; do uso do ar como agente de secagem; diminuição dos custos de transporte, manuseio e estocagem; minimização das variações sazonais; possibilidade de apresentação de produtos com menor variação de qualidade, mais convenientes, flexíveis e econômicos; economia de embalagem; e maior facilidade para refeições institucionais.

Do ponto de vista nutricional, as frutas e hortaliças desidratadas não têm seus teores de minerais (em massa seca) nem seu valor energético afetados. As perdas de vitaminas não são maiores que outros processos térmicos, sendo inclusive, em alguns processos, inferiores. Além disso, é possível fortificar um alimento desidratado, tornando-o ainda mais nutritivo.

A utilização do enxofre nos processos de desidratação ainda é comum. Em geral o gás SO_2 é aplicado em câmaras especiais e o produto absorve entre 100 e 2.000 ppm (mg/kg), ou de maneira alternativa (e mais segura), o produto é mergulhado em soluções contendo metabissulfito de sódio ou potássio. O uso do enxofre possibilita a inibição da reação de Maillard e reações enzimáticas que causam escurecimento do produto ao longo do processo, além de diminuir perdas de vitamina C e carotenoides. Sua ação antioxidante ainda pode colaborar no controle do crescimento de bolores, porém, não tem qualquer eficiência sobre toxinas originalmente produzidas. Como desvantagens pode ser citado o aumento na corrosão em equipamentos, recipientes e embalagens metálicas, além de deixar sabores estranhos, destruir a tiamina (vitamina B_1) e ser tóxico para pessoas asmáticas. Finalmente, deve estar em conformidade com os limites do país onde aquele produto será consumido.

Perdas nutricionais no processamento térmico

O tratamento térmico pode causar grandes alterações nos alimentos. Algumas perdas nutricionais e sensoriais serão inevitáveis, porém, várias alterações também serão desejáveis. Cabe ao processador minimizar os efeitos negativos e otimizar o processo.

As principais operações térmicas são o branqueamento, a pasteurização e a esterilização. Essas operações, desde que devidamente controladas, podem causar mudanças positivas no sabor, no aroma e na textura dos alimentos. O amolecimento das espinhas de uma sardinha enlatada, durante o processamento, permite seu aproveitamento praticamente integral; produtos sensíveis à esterilização, como o palmito, podem ser acidificados e pasteurizados; a gelatinização do amido com o aquecimento aumenta a assimilação os carboidratos pelo organismo; o sabor e o aroma decorrentes da reação de Maillard e da caramelização tornam os alimentos mais apetitosos.

A maneira como o produto é branqueado pode interferir nas perdas nutricionais. Em geral, o branqueamento com vapor causa menos lixiviação (isto é, extração de componentes solúveis pela água) de componentes nutritivos (como sais minerais em hortaliças) que o branqueamento com água. A operação com vapor pressurizado traz ainda mais vantagens. Na prática, as opções vão depender das condições operacionais e dos custos de processo. Após o branqueamento é fundamental o resfriamento do alimento, preferencialmente com ar forçado em leito fluidizado, evitando-se o sobrecozimento.

A perda de nutrientes (minerais como ferro; vitaminas como tiamina, riboflavina, niacina, ácido ascórbico e aminoácidos livres) sempre vai ocorrer ao longo de qualquer processo térmico, porém, pode ser minimizada escolhendo-se o melhor método para cada caso. Existem modelos cinéticos que explicam a degradação de nutrientes com o tempo e a temperatura e que podem ser utilizados para prever as perdas nutricionais durante processamento, armazenamento e distribuição dos alimentos. A dependência das taxas de reação com a temperatura não se restringe a processos térmicos tradicionais como branqueamento, pasteurização ou esterilização. Essa dependência se aplica a outros processos, como secagem, aplicação do frio, concentração etc.

O modelo mais largamente usado é o de Arrhenius,[49] que explica a relação do efeito da temperatura com a velocidade da reação, k ($tempo^{-1}$). Esse modelo é referência em processos de degradação química e bioquímica e utiliza como parâmetro cinético a energia de ativação, *Ea* (J/mol).

O modelo de Bigelow, no entanto, também é bastante utilizado nas áreas de alimentos e farmacêutica. Embora seja de natureza empírica, alcança resultados bastante satisfatórios e sua simplicidade de aplicação disseminou seu uso. Esse modelo usa como parâmetro cinético o coeficiente de temperatura, *z* (°C) e os valores de D_T (min), os quais têm relação direta, respectivamente, com a energia de ativação e a velocidade de reação do modelo de Arrhenius. Na prática, o valor D_T significa o tempo necessário para que o fator em consideração (perda de vitaminas, textura, cozimento, inativação de microrganismo etc.) tenha um decréscimo de um ciclo logarítmico em sua concentração, ou se reduza em 90%. O valor *z* indica o intervalo de temperatura para que o valor D_T se modifique um ciclo logarítmico. Como a maior parte das contagens microbiológicas é descrita em escala logarítmica, o modelo tem uma popularidade bastante grande nessa área de conhecimento, mais especificamente, a termobacteriologia.

No estudo de cinética de reações, o tipo mais comum de reação encontrada em alimentos é o de primeira ordem. Porém, também há casos de cinética de ordem zero e segunda ordem e também ordens intermediárias (½ e 1½).

Células vegetativas apresentam valores de *z* por volta de 4 a 6°C e são pouco termorresistentes. Esporos bacterianos apresentam valores de *z* por volta de 7-12°C. Em outro extremo, fatores nutricionais e textura apresentam valores de *z* de 26°C (tiamina) a 36°C (espinha de sardinha). Alguns parâmetros cinéticos são descritos nas Tabelas 4.5 a 4.8.

Conclusões

Alterações microbiológicas, químicas e bioquímicas ocorrerão durante todas as fases do processamento dos alimentos, formando e degradando compostos, gerando alterações desejáveis e indesejáveis nos alimentos. A industrialização dos alimentos permite um maior acesso e melhor distribuição de diversos gêneros alimentícios. Cabe ao profissional do setor determinar as melhores condições de processo, o que pode ser feito com conhecimento sobre seus componentes e suas principais reações.

Tabela 4.5. **Parâmetros cinéticos para a destruição de nutrientes**

Produto	T (°C)	D_T (min)	z (°C)	Ea (kJ/mol)	Referência
Retinol (vitamina A)					
Purê de bife de fígado	122,0	416,2	24,5	122,0	Wilkinson et al.[50,51]
Tiamina (vitamina B_1)					
Cenoura	128,9	80,5	26,2	118,081	Feliciotti e Esselen[52]
Green beans	128,9	74,0	25,2	122,778	Feliciotti e Esselen[53]
Espinafre	128,9	67,9	28,2	109,753	Feliciotti e Esselen[52]
Ervilhas	128,9	83,2	26,2	118,274	Feliciotti e Esselen[52]
Purê de ervilha	118,3	213,2	30,0	85,829	Bendix et al.[53]
Purê de ervilha	121,1	159,9	29,6	100,483	Lenz e Lund[54]
Purê de porco	121,1	140,4	27,3	108,857	Lenz e Lund[54]
Purê de ervilha	121,1	246,9	26,5	112,109	Mulley et al.[55]
Tampão fosfato pH 6,0	121,1	156,8	25,1	118,715	Mulley et al.[55]
Purê de ervilha em salmoura	121,1	226,7	27,3	108,887	Mulley et al.[55]
Bife de coração	128,9	58,8	26,3	117,761	Feliciotti e Esselen[52]
Bife de fígado	128,9	63,3	26,0	119,198	Feliciotti e Esselen[52]
Purê bovino	121,1	254,2	26,9	110,671	Mulley et al.[55]
Purê de cordeiro	128,9	60,9	26,4	117,286	Feliciotti e Esselen[52]
Purê de porco	128,9	80,0	26,9	114,988	Feliciotti e Esselen[52]
Miolo	85,5	1.851,0	21,7	113,438	Skjöldebrand et al.[56]
Leite	130,0	0,25	29,4	105,836	Bayoumi e Reuter[57]
Leite	121,0	102,2	29,5	100,800	Kessler e Fink[58]
Vitamina B_6					
Sistemas-modelo					
Piridoxina	118,0	921,0	24,6	118,905	Gregory e Hiner[59]
Piridoxamina	118,0	359,8	29,5	99,126	Gregory e Hiner[59]
Piridoxal	118,0	250,3	34,0	86,177	Gregory e Hiner[59]
Ácido fólico (vitamina B_9)					
Suco de maçã	121,0	213,5	35,3	84,144	Mnkeni e Beveridge[60]
Suco de tomate	121,0	292,7	35,7	83,238	Mnkeni e Beveridge[60]
Tampão citrato pH 3,0	121,0	80,6	31,5	94,552	Mnkeni e Beveridge[60]
Tampão citrato pH 4,0	121,0	256,4	36,2	82,098	Mnkeni e Beveridge[60]
Tampão citrato pH 5,0	121,0	1132,1	39,4	75,476	Mnkeni e Beveridge[60]
Ácido ascórbico (vitamina C)					
Ervilhas	110,0	4.605,2	17,3	171,659	Lathrop e Leung[61]
Suco de *grapefruit* 11,2°Brix	61,0	1804,5	102,6	20,841	Saguy et al.[62]
Suco de *grapefruit* 31,2°Brix	60,0	1706,9	95,1	22,333	Saguy et al.[62]
Suco de *grapefruit* 47,1°Brix	61,0	1610,2	76,3	28,020	Saguy et al.[62]
Suco de *grapefruit* 55,0°Brix	61,0	1423,1	59,4	36,012	Saguy et al.[61]
Suco de *grapefruit* 62,5°Brix	68,0	761,9	46,9	47,499	Saguy et al.[62]
Feijão verde	121,1	21,0	39,8	131,563	Hayakawa[63]
Aspargos	121,1	17,0	43,4	120,681	Hayakawa[63]
Ervilhas	121,1	25,0	37,5	139,625	Hayakawa[63]

Tabela 4.6. **Parâmetros cinéticos para destruição térmica de enzimas**

Produto	T (°C)	D_T (min)	z (°C)	Ea (kJ/mol)	Referência
Peroxidase					
Raiz-forte	80,0	232	27,7	86,299	Aylward e Haisman[64]
Vagem	80,0	15	26,1	91,441	Aylward e Haisman[64]
Nabo	80,0	73	25,6	93,428	Aylward e Haisman[64]
Milho na espiga	80,0	30,0	30,0	79,587	Aylward e Haisman[64]
Milho na espiga	90,0	54,7	52,4	48,171	Luna et al.[65]
Raiz-forte	121,1	12,9-13,1	27,9-31,4	88,844-99,939	Adams[66]
Catalase					
Espinafre	80,0	0,02	8,3	286,514	Aylward e Haisman[64]
Lipoxigenase					
Ervilha	80,0	0,09	8,7	273,739	Aylward e Haisman[64]
O-bifenol oxidase					
Peras	80,0	0,82	5,6	429,771	Aylward e Haisman[64]
Polifenol oxidase					
Pectinesterase					
Goiaba	96,1	0,592	29,8	87,564	Nath e Ranganna[67]
Poligalacturonase					
Papaia	80,0	23	6,1	390,701	Aylward e Haisman[64]
Lisina					
Leite	121,0	548,4	27,3	109,000	Kessler e Fink[58]

Tabela 4.7. **Parâmetros cinéticos para modificação térmica de cor**

Produto	T (°C)	D_T (min)	z (°C)	Ea (kJ/mol)	Referência
Clorofila					
Clorofila A em purê de espinafre	148,9	3,5	51,1	598,712	Gupte et al.[68]
Clorofila B em purê de espinafre	148,9	7,6	98,3	147,375	Gupte et al.[68]
Antocianinas					
Suco de uva concórdia pH 3,2	100,0	298,2	31,7	84,180	Calvi e Francis[69]
Pigmentos vermelhos					
Betanina	90,0	2,2	31,7	69,060	Huang e von Elbe[70]
Betanina (purê de beterraba)	110,0	112,0	40,2	69,966	von Elbe et al.[71]
Extrato vermelho de bife	25,0	565.916	31,4	54,189	Kearsley e Katsaboxakis[72]
Escurecimento					
Leite (hidroximetilfurfural)	121,0	0,584	21,4	139,0	Kessler e Fink[58]

Tabela 4.8. **Parâmetros cinéticos de qualidades sensoriais**

Produto	T (°C)	D_T (min)	z (°C)	Ea (kJ/mol)	Referência
Ervilhas	121,1	662.217	28,3	105,148	Hayakawa et al.[63]
Vagem	121,1	12.793.813	28,9	102,965	Hayakawa et al.[63]
Milho	121,1	405	31,7	93,871	Hayakawa et al.[63]

Dados referentes ao amolecimento de leguminosas e cereais estão listados na Tabela 4.9.

Tabela 4.9. **Parâmetros cinéticos para cocção (amolecimento) de leguminosas e cereais**

Produto	T (°C)	D_T (min)	z (°C)	Ea (kJ/mol)	Referência
Arroz cozido (75°C-100°C)	90,0	26,0	31,3	79,549	Suzuki et al.[73]
Arroz cozido (110°C-150°C)	150,0	2,5	84,5	36,844	Suzuki et al.[73]
Feijão preto	121,0	18	19	156,536	Quast e Silva[3]
Feijão marrom (carioca)	121,0	10	18	165,233	Quast e Silva[3]
Soja	121,0	15	15,5	191,883	Quast e Silva[3]
Ervilha seca (Alaska)	121,0	10	16	185,887	Quast e Silva[3]
Batata	110,0	6,0	22,1	126,952	Kozembel[74]

REFERÊNCIAS

1. Labuza TP. The properties of water in relationship to water binding in foods: a review. J Food Process Preserv. 1977;1(2):167-90.
2. Roos YH. Phase transitions in foods. San Diego: Academic Press; 1995. 364p.
3. Quast DC, Da Silva SD. Temperature dependence of the cooking rate of dry legumes. J Food Sci. 1977;42(2):370-4.
4. Park KJB, Park KJ, Cornejo FE, Dal Fabbro IM. Considerações termodinâmicas das isotermas. Rev Bras Prod Agroind. 2008;10(1):83-94.
5. Brenner H. Adsorption calculations and modeling. Massachusetts: Butterworth-Heinemann; 1994. 243p.
6. Davidek T, Davidek J. Chemistry of the Maillard reaction in foods. In: Tomasik P, ed. Chemical and functional properties of food saccharides. Boca Raton: CRC Press; 2003.
7. Fennema OR. Food chemistry. 3. ed. New York: Marcel Dekker; 1996. p.171-4.
8. Jaeger H, Janositz A, Knorr D. The Maillard reaction and its control during food processing. The potential of emerging Technologies. Pathologie Biologie. 2010;58:207-13.
9. Martins SIFS, Jongen WMF, Van Boekel MAJS. A review of Maillard reaction in food and implications to kinetic modelling. Trends Food Sci Technol. 2001;11:364-73.
10. Hodge JE. Chemistry of browning reactions in model systems. J Agric Food Chem. 1953;1:928-43.
11. Tessier FJ. The Maillard reaction in the human body. The main discoveries and factors that affect glycation. Pathol Biol. 2010;58:214-9.
12. Van Boekel MAJS. Formation of flavour compounds in the Maillard reaction. Biotechnol Adv. 2006;24:230-3.
13. Yaylayan VA. Classification of the Maillard reaction: a conceptual approach. Trends Food Sci Technol. 1997;8:13-8.
14. Jousse F, Jongen W, Agterof W, Russell S, Braat P. Simplified kinetic scheme of flavour formation by the Maillard reaction. J Food Sci. 2002;67:2534-42.
15. Izzo HV, Ho CT. Peptide-specific Maillard reaction products: a new pathway for flavour chemistry. Trends Food Sci Technol. 1992;3:253-7.
16. Martins S, Van Boekel M. Kinetics of the glucose-glycine Maillard reaction pathways: influences of pH and reactant initial concentrations. Food Chemistry. 2005;92:437-48.
17. Fellows P. Food processing technology. 2. ed. Boca Raton: CRC Press; 2000. 591p.
18. Lee CM, Sherr B, Koh Y-N. Evaluation of kinetic parameters for a glucoseelysine Maillard

reaction. J Agric Food Chem. 1984;32: 379-82.

19. Bobbio FO, Bobbio PA. Química do processamento de alimentos. 2. ed. São Paulo: Varela; 1995. 478p.
20. Damodaran S, Parkin KL, Fennema OR. Química de alimentos de Fennema. 4. ed. Porto Alegre: Artmed; 2010. 900p.
21. Eskin M, Ho C, Shahidi F. Browning reactions in foods. In: Eskin M, Shahidi F. Biochemistry of foods. San Diego: Academic Press; 2013. p.245-89.
22. Jing H, Kitts DD. Comparison of the antioxidative and cytotoxic properties of glucose--lysine and fructose-lysine Maillard reaction products. Food Res Int. 2000;33:509-16.
23. Morales F, Jimenez-Perez S. Peroxyl radical scavenging activity of melanoidins in aqueous systems. Eur Food Res Technol. 2004;218:515-20.
24. Gu FL, Kim JM, Abbas S, Zhang XM, Xia SQ, Chen ZX. Structure and antioxidant activity of high molecular weight Maillard reaction products from casein-glucose. Food Chem. 2010;120:505-11.
25. Rao MS, Chawla SP, Chander R, Shrma A. Antioxidant potential of Maillard reaction products formed by irradiation of chitosan-glucose solution. Carbohydr Polym. 2011;83:714-9.
26. Virág D, Kiss A, Forgó P, Csutorás C, Molnár S. Study on Maillard-reaction driven transformations and increase of antioxidant activity in lysine fortified biscuits. Microchem J. 2013;107:172-7.
27. Rufián-Henares JA, Morales FJ. Functional properties of melanoidins: in vitro antioxidant, antimicrobial and antihypertensive activities, Food Res Int. 2007;40:995-1002.
28. Maillard MN, Billaud C, Chow YN, Ordonaud C, Nicolas J. Free radical scavenging, inhibition of polyphenoloxidase activity and copper chelating properties of model Maillard systems. LWT Food Sci Technol. 2007;40:1434-44.
29. Verzelloni E, Tagliazucchi D, Conte A. From balsamic to healthy: traditional balsamic vinegar melanoidins inhibit lipid peroxidation during simulated gastric digestion of meat. Food Chem Toxicol. 2010;48:2097-102.
30. Daglia M, Papetti A, Aceti C, Sordelli B, Gregotti C, Gazzani G. Isolation of high molecular weight components and contribution to the protective activity of coffee against lipid peroxidation in a rat liver microsome system. J Agric Food Chem. 2008;56(24):1165360.
31. Ruffian-Henares JA, De La Cueva SP. Antimicrobial activity of coffee melanoidins e a study of their metal-chelating properties. J Agric Food Chem. 2009;57:432-8.
32. Tagliazucchi D, Verzelloni E, Conte A. Effect of dietary melanoidins on lipid peroxidation during simulated gastric digestion: their possible role in the prevention of oxidative damage. J Agric Food Chem. 2010;58:2513-9.
33. Robert L, Labat-Robert J, Robert AM. The Maillard reaction. From nutritional problems to preventive medicine. Pathol Biol. 2010;58:200-6.
34. Izydorczyk M. Understanding the chemistry of food carbohydrates. In: Cui SW. Food carbohydrates: chemistry, physical properties and applications. New York: CRC Press; 2005.
35. Tomasik P. Caramel – Methods of manufacture. Encyclopedia of food sciences and nutrition. 2. ed. 2003. p.858-62. Disponível em: http://www.sciencedirect.com /science/article/pii/B012227055X001656"CARAMEL.
36. Oetterer M, D'arce MABR, Spoto M. Fundamentos de ciência e tecnologia de alimentos. Barueri: Manole; 2006.
37. Ajandouz EH, Tchiakpe LS, Ore FD, Benajiba A, Puigserver A. Effects of pH on caramelisation and Maillard reaction kinetics in fructose-lysine model systems. J Food Sci. 2001;66:926-31.
38. Braverman JBS. Introduction to the biochemistry of foods. Amsterdam: Elsevier; 1963.
39. Herrmann J, Andrae W. Oxydative Abbauprodukte der L-Ascorbinsaure. I. Paper--chromatographischer Nachweis. Nahrung. 1963;7:243.

40. Otsuka M, Kurata T, Arakawa N. Isolation and characterization of an intermediate product in the degradation of 2,3-diketo-L-gulonic acid. Agric Biol Chem. 1986;50:531-3.
41. Da Silva DFP, Cabrini EC, Alves RR, Salomão LCC. Uso do ácido ascórbico no controle do escurecimento do pericarpo de lichia. Rev Bras Frutic. 2010;32(2):618-27.
42. Underhill SJR, Critchley C. The physiology and anatomy of lychee (Litchi-chinensis Sonn) pericarp during fruit-development. J Hortic Sci. 1992;4;(67):437-44.
43. Nagy S. Vitamin C contents of citrus fruit and their products: a review. J Agric Food Chem. 1980;28:8-18.
44. Mazin MI, Al-Zubaidy Khalil PA. Kinetic and prediction studies of ascorbic acid in normal and concentrate local lemon juice during storage. Food Chem. 2007;101:254-9.
45. Robards K, Kerr AF, Patsalides E. Rancidity and its measurement in edible oils and snack foods. Annalyst. 1988;113:213-24.
46. Mack GL, Tapley WT, King CG. Vitamin C in vegetables. Snap beans. Food Res. 1939;12:273-87.
47. Stewart GF, Amerine MA. Introduction to Food Science and Technology. New York and London: Academic Press; 1973. 293p.
48. Giannakourou MC, Taoukis PS.. Kinetic modelling of vitamin C loss in frozen green vegetables under variable storage conditions. Food Chem. 2003;83:33-41.
49. Arrhenius S. Zeitung Physikal und Chemical. 1887;1:631.
50. Wilkinson SA, Earle MD, Cleland AC. Kinetics of vitamin A degradation in beef liver puree on heat processing. J Food Sci. 1981;46(1):32-40.
51. Wilkinson SA, Earle MD, Cleland AC. Effects of food composition, pH, and copper on the degradation of vitamin A in beef liver puree during heat processing. J Food Sci. 1982;47(3):844-8.
52. Feliciotti E, Esselen WB. Thermal destruction rates of thiamine in pureed meats and vegetables. Food Technol. 1957;11(2):77-84.
53. Bendix GH, Heberlein DG, Ptak LR, Clifcorn LE. Stability of thiamine during heat sterilization. Food Res. 1951;16:494-503.
54. Lenz MK, Lund DB. The lethality fourier number method: Experimental verification of a model for calculation average quality factor retention in conduction heating canned foods. J Food Sci. 1977;42(4):997-1001.
55. Mulley EA, Stumbo CR, Huting WM. Kinetics of thiamine degradation by heat. J Food Sci. 1975;40:935-88.
56. Skjöldebrand C, Ånäs A. Öste R. Sjödin P. Prediction of thiamine content in convective heated meat products. J Food Technol. 1983;18(2):61-73.
57. Bayoumi Von E-S, Reuter H. Destruction of vitamin B1 during UHT treatment of milk. Milchwissenschaft. 1980;35(5):278-9.
58. Kessler H-G, Fink R. Changes in heated and stored milk with an interpretation by reaction kinetics. J Food Sci. 1986;51(5):1105-11, 1155.
59. Gregory JF, Hiner ME. Thermal stability of vitamin B6 compounds in liquid model food systems. J Food Sci. 1983;48(4):1323-7.
60. Mnkeni AP, Beveridge T. Thermal destruction of pteroylglutamic acid in buffer and model food systems. J Food Sci. 1982;47:2038-2041, 2063.
61. Lathrop PJ, Leung HK. A research note. Rates of ascorbic acid degradation during thermal processing of canned peas. J Food Sci. 1980;45:152-3.
62. Saguy I, Kopelman IJ, Mizrahi S. Simulation of ascorbic acid stability during heat processing and concentration of grapefruit juice. J Food Process Eng. 1978;2:213-25.
63. Hayakawa K-I, Timbers GE, Stier EF. Influence of heat treatment on the quality of vegetables: organoleptic quality. J Food Sci. 1977;42(5):1286-9.
64. Aylward F, Haisman DR. Oxidation systems in fruits and vegetables – their relation to the quality of preserved products. Adv Food Res. 1969;17:1-7.

65. Luna JA, Garrote RL, Bressan JA. Thermo--kinetic of peroxidase inactivation during blanching-cooling of corn on the cob. J Food Sci. 1986;51(1):141-5.
66. Adams JB. The inactivation and regeneration of peroxidase in relation to HTST processing of vegetables. J Food Technol. 1978;13:281-97.
67. Nath N, Ranganna S. Determination of a thermal process schedule for guava (Psidium guajava Linn.). J Food Technol. 1983;18:301-16.
68. Gupte SM, El-Bisi HM, Francis FJ. Kinetics of thermal degradation of chlorophyll in spinach pureé. J Food Sci. 1964;29:379-81.
69. Calvi JP, Francis FJ. Stability of concord grape (V. labrusca) anthocyanins in model systems. J Food Sci. 1978;43(5):1448-56.
70. Huang AS, Von Elbe JH. Kinetics of the degradation and regeneration of betanine. J Food Sci. 1985;50:1115-20.
71. Von Elbe JH, Maing IY, Amundson CH. Color stability of betanin. J Food Sci. 1974;39:334-7.
72. Kearsley MW, Katsaboxakis KZ. Stability and use of natural colours in foods red beef powder, copper chlorophyll powder and cochineal. J Food Technol. 1980;15:501-14.
73. Suzuki K, Kubota K, Omichi M, Osaka H. Kinetic studies on cooking of rice. J Food Sci. 1976;41:1180-3.
74. Kozembel MF. Modeling the kinetics of cooking and precooking potatoes. J Food Sci. 1988;53(3):753-5.

5 CAPÍTULO

Princípios de embalagens de alimentos

■ Beatriz Maria Curtio Soares

CONTEÚDO

Introdução

Fornecer alimentos seguros e de alta qualidade do campo ao consumidor final é o principal objetivo da tecnologia de alimentos, e a embalagem apresenta um papel fundamental nesse processo. Ela está inserida na cadeia de produção e, para a maioria dos alimentos, é praticamente impossível pensar em sua comercialização sem embalagem (Figura 5.1).

Matérias-primas → Processamento → Embalagem → Estocagem → Distribuição → Venda e consumo

Figura 5.1. A inserção da embalagem na cadeia de alimentos.

A perecibilidade dos alimentos está relacionada com o desenvolvimento microbiano e a ocorrência de reações bioquímicas e físico-químicas, sendo a vida útil determinada pelas características iniciais de cada produto (pH, atividade de água, disponibilidade de nutrientes, estrutura física).

As embalagens possuem papel essencial na conservação dos alimentos, uma vez que os protegem das alterações que levam ao fim de sua vida útil. Além disso, elas são o veículo de comunicação entre o produto e o consumidor final, cabendo a elas serem atrativas para vender o produto e instruir o consumidor a respeito da correta conservação e preparo do alimento.

O presente capítulo apresentará as principais funções das embalagens na Tecnologia de Alimentos, assim como os principais materiais utilizados em sua fabricação, interações com alimentos e o ambiente e tendências.

Embalagens e suas principais funções

De acordo com o *Codex Alimentarius*, em relação às embalagens para alimentos,

> a especificação de embalagens e de materiais de embalagem deve garantir proteção adequada para o produto de forma a minimizar contaminação, prevenir danos e permitir rotulagem adequada. Materiais de embalagem ou gases quando usados não podem ser tóxicos nem podem representar qualquer ameaça à segurança e adequação do alimento nas condições de estocagem e utilização. Quando usadas, embalagens reutilizáveis devem ser duráveis, de fácil higienização e desinfecção, quando necessário.[1]

A embalagem é fundamental na conservação dos alimentos, pois garante que os esforços dedicados no processamento de um alimento serão mantidos na cadeia de distribuição, obtendo-se, ao seu final, um produto adequado ao consumo (Figura 5.2).

A embalagem especificada corretamente deve proteger o produto alimentício de fatores como oxigênio, luz, umidade, odores estranhos, perda de valor nutricional e de aroma e contaminação microbiológica, entre outros.[2]

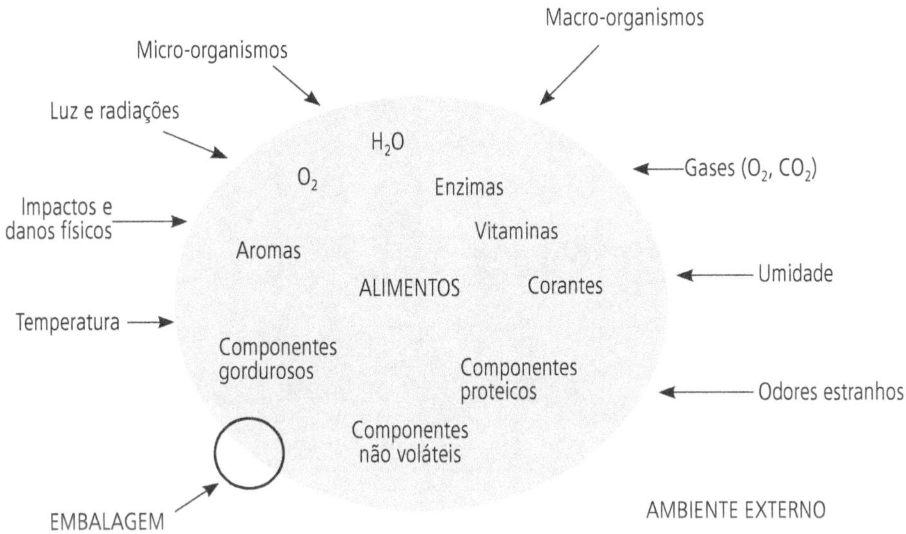

Figura 5.2. Sistema de embalagem × alimento × ambiente externo.

Fonte: adaptada de Catalá Moragrega e Gavara, 2002.[3]

Também é necessário que a embalagem seja uma forma de comunicação eficiente entre produto e consumidor, indicando os requerimentos necessários para conservação e correto preparo do produto, sendo, além disso, de fácil manipulação. Outros fatores importantes para a escolha de uma embalagem são: eficiência de produção (relação direta com custo); impacto ambiental e segurança, mensurada principalmente pela migração de compostos da embalagem para o produto.[4]

Diversos materiais de embalagem são encontrados no mercado, podendo ser classificados como metálicos, vidro, plásticos, celulósicos e suas combinações.

A embalagem primária é aquela que entra em contato direto com os alimentos, bebidas, insumos e matérias-primas utilizadas na cadeia de produção de alimentos, a exemplo das latas metálicas, *pouches* compostos, garrafas de vidro, entre outros. É ela quem vai garantir a maior proteção aos alimentos, principalmente em termos de propriedades de barreira. A embalagem secundária é aquela que envolve e protege a primária, e, em geral, contém unidades de embalagem primária agrupadas, como as caixas de papelão ondulado usadas para o transporte dos produtos embalados do fabricante do produto ao centro de comercialização. A embalagem terciária (ou de transporte) é aquela que envolve e protege a secundária, e, em geral, é constituída por unidades de embalagem secundária agrupadas, sendo o principal exemplo uma unidade paletizada (caixas dispostas sobre um *pallet* e envoltas por filme plástico) (Figura 5.3).

(A) (B) (C)

Figura 5.3. Exemplos de embalagens primária (A), secundária (B) e terciária (C).

Fonte: adaptada de ©Freepik.

A embalagem vai garantir a entrega dos bens de consumo ao consumidor final nas melhores condições possíveis, assumindo as funções de contenção, proteção, conveniência e comunicação.

Todos os produtos são contidos antes de serem transportados de um ambiente a outro. A proteção se dará impedindo trocas entre os meios interno e externo, em ambos os sentidos, evitando assim a contaminação do produto pelo ambiente externo através de sujidades, microrganismos e odores estranhos, bem como a perda de umidade de um alimento para o ambiente externo, por exemplo. Para os alimentos e bebidas em particular, a proteção oferecida pela embalagem é parte essencial do processo de conservação do alimento, de modo que a perda de integridade da embalagem resultará na perda da estabilidade pela contaminação do produto.

Conveniência é fundamental para a sociedade atual, que busca por alimentos de fácil e rápido preparo para o consumo. Assim, muitas embalagens são desenvolvidas para atender a essa demanda, permitindo o consumo no próprio material e apresentando bom desempenho para conter e proteger e produto até o consumidor, e posteriormente, ainda, permitir sua utilização no aquecimento do produto dentro da própria embalagem etc. Ainda nesse quesito, o porcionamento do produto em embalagens em tamanhos menores é outra demanda crescente pelos consumidores. É importante mencionar ainda a conveniência não só ao consumidor final, mas também na cadeia de processamento e logística, seja no enchimento, seja no fechamento, manuseio, transporte, estocagem e venda final ao consumidor.

A embalagem deve vender o produto. Clareza nas orientações de uso, atratividade, identificação e reconhecimento de marca são fundamentais para a comercialização dos produtos atualmente em meio a tantas opções disponíveis no varejo. Além disso, a disponibilização de informações legais na rotulagem dos produtos é um requisito obrigatório na embalagem, a exemplo da regulamentação relativa à rotulagem de produtos alergênicos,[5] permitindo o consumo consciente por parte do consumidor.

Por fim, a embalagem deve ter o mínimo impacto ambiental, por meio da otimização em sua produção e orientação no descarte e reaproveitamento dos materiais após seu uso.

Materiais de embalagem

Celulósico

O papel, o cartão e o papelão são fabricados a partir de polpa de celulose, que é um material fibroso obtido de plantas. Praticamente todo o papel e cartão produzidos no mundo são obtidos a partir de polpa de madeira. Os três principais constituintes da parede celular da madeira são:

- Celulose: cadeia polimérica longa e linear, constituída de moléculas de glicose.
- Hemicelulose: polissacarídeos de baixa massa molar, que podem ser constituídos de xilose, manose, arabinose, dentre outros, e estão ligados por ligações de hidrogênio com a celulose.
- Lignina: macromolécula tridimensional e altamente ramificada, cuja função é conferir rigidez, impermeabilidade e resistência aos ataques microbiológicos e mecânicos aos tecidos vegetais, não apresentando propriedade de formação de fibras.

Na fábrica de papel, a celulose é misturada com água em equipamento chamado *hidrapulper* para formação de uma massa. A essa massa poderão ser adicionadas substâncias (aditivos) que conferirão propriedades especiais ao material acabado, como pigmentação ou melhoramento nas propriedades de barreira.[6,7]

Na máquina de papel, essa massa de celulose formará a folha de papel, sendo as fibras separadas da água. Na sequência, a folha de papel passa por cilindros aquecidos para a completa secagem do material. Após essa etapa, podem existir etapas complementares de tratamento do material para posterior bobinamento.[8]

O termo papel cartão geralmente refere-se aos papéis de maior gramatura, porém a terminologia depende de fatores como densidade, composição e uso final. Em geral, utiliza-se a gramatura de 220 g/m^2 como limiar na definição de papel e papel cartão.[7] O papel kraft é o material de coloração marrom (não branqueado), que é mais econômico e mais resistente, sendo amplamente empregado em embalagens para alimentos. O papelão ondulado é formado por um ou mais elementos ondulados (miolo), dispostos entre capas planas, e é utilizado como embalagem de transporte. Sua estrutura resulta em maior rigidez, quando a força é aplicada na direção paralela às ondas (miolo), bem como em amortecimento quando a força é aplicada perpendicularmente às ondas.[7]

Na fabricação de papéis coloridos podem-se adicionar os pigmentos na massa de celulose, que também contém aditivos e água, anteriormente à etapa de formação do papel.

Papéis coloridos ou tingidos também podem ser produzidos pela aplicação de soluções pigmentadas na rede, quando da passagem do material pelos cilindros aquecidos. Geralmente, a folha produzida não é colorida uniformemente, tal como ocorre pela adição de pigmentos na solução da polpa. O uso dessa técnica pode ser verificado rasgando-se o papel e observando que a camada interna não está colorida.[7]

Materiais celulósicos apresentam barreira pobre aos gases e ao vapor de água e, por isso, precisam ser melhorados para uso como embalagem. A barreira à água é melhorada modificando a molhabilidade da superfície do papel com agentes de colagem, como o amido, a carboximetil celulose (CMC) e o álcool polivinílico (PVOH).[7,9]

O recobrimento do papel com um filme contínuo resultará em melhores propriedades de barreira aos gases e ao vapor de água. Embora alguns materiais sejam recobertos com cera de parafina, esse material tem de ser separado das fibras na etapa de reciclagem do material celulósico.[7] Como alternativa tem-se usado filme de polietileno de baixa densidade (PEBD), ou copolímero de etileno e acetato de vinila (EVA) aplicados por extrusão, que apresentam maior custo em comparação com a parafina, entretanto resultam em maior durabilidade e flexibilidade do recobrimento, que pode ser selado a quente e ser facilmente removido na reciclagem.

As embalagens celulósicas são muitas vezes empregadas para contato direto com alimentos em conjunto com outros materiais, a exemplo dos revestimentos poliméricos (filmes plásticos), ceras e parafinas. Quando não revestidas são empregadas majoritariamente para embalagem de produtos sólidos secos, como os farináceos,[6] pela grande sensibilidade dos materiais celulósicos à umidade; ou no contato breve, como em *fast-food*.

Materiais celulósicos têm grande emprego como embalagem secundária, ou seja, aquela que não entra em contato direto com o produto, como cartão ou papelão ondulado, este último em geral empregado para volumes maiores, principalmente em virtude da boa rigidez, facilidade de transporte e proteção contra impactos. O papelão ondulado também pode ser utilizado com embalagem primária para o acondicionamento e transporte de frutas e vegetais.[6]

Plástico

As embalagens plásticas são produzidas de materiais muito diversificados em termos estruturais e apresentam propriedades definidas de acordo com a própria resina, o processamento, a composição de aditivos e a combinação com outros polímeros. No Brasil as embalagens plásticas representam a maior parcela do mercado de embalagens para alimentos.

As embalagens plásticas (flexíveis e rígidas) são produzidas a partir de polímeros orgânicos, em sua grande maioria provenientes do petróleo,[10,11] ou sintéticos. Entretanto, a tecnologia atual já permite a obtenção de alguns polímeros a partir de fontes renováveis, como o etanol da cana-de-açúcar.

Os polímeros são formados por unidades repetidas de monômeros ligadas umas às outras. Podem ser classificados como homopolímeros ou copolímeros, dependendo se são formados pela mesma espécie ou não de monômeros (unidades que se repetem na estrutura). Diferenças nas propriedades físicas e químicas são obtidas na copolimerização, resultando em propriedades intermediárias às dos homopolímeros correspondentes, em razão da proporção, do arranjo molecular e da distribuição dos comonômeros na cadeia.[9,11]

A densidade dos polímeros depende de sua composição, isto é, da massa de cada molécula e da forma de apresentação da cadeia. Cadeias constituídas apenas por hidrogênio e carbono, como as poliolefinas, apresentam densidade inferior às cadeias que apresentam elementos como o oxigênio e cloro, como é o caso do PVC (policloreto de vinila).[9]

Em termos de cristalinidade, os polímeros se apresentam como amorfos ou cristalinos. Como as cadeias poliméricas são compridas, é normal ocorrer o emaranhamento de parte da cadeia, o que impede a cristalização por completo do material durante o resfriamento. Isso acontece porque é difícil manter toda a cadeia polimérica alinhada. Dessa maneira, a cristalinidade em plásticos acontece como pequenas ilhas cristalinas distribuídas em uma vasta região desordenada (ou amorfa).[9] A Figura 5.4 esquematiza um polímero com regiões amorfas e cristalinas. A presença de cadeias ramificadas minimiza a possibilidade de formação de um arranjo ordenado, reduzindo desse modo a cristalinidade do material. A transparência nos materiais plásticos sem carga ou pigmentos é função do grau de cristalinidade; quanto maior esse grau, menor será a transparência do polímero. Isso ocorre porque nas regiões cristalinas ocorre o desvio do feixe de luz incidente. Portanto, polímeros amorfos, tal como o poliestireno ou o policarbonato, tendem a apresentar excelente transparência.[11]

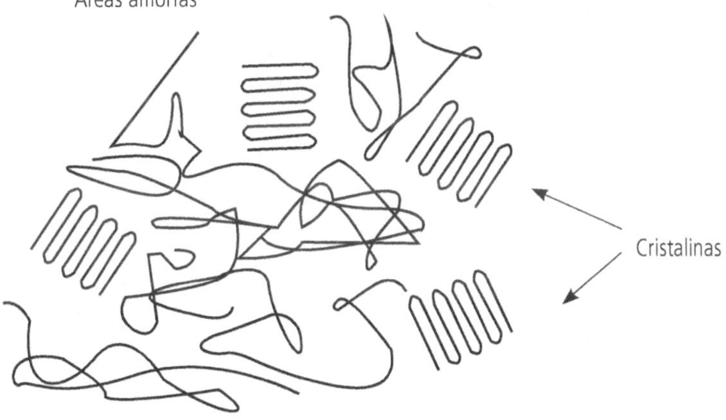

Figura 5.4. Ilustração da região cristalina dos polímeros com áreas amorfas (desordenadas) e cristalinas (ordenadas).

Em um polímero cristalino, as regiões amorfas contribuem para propriedades como resistência ao impacto, elasticidade e capacidade de termoformação, ao passo que as regiões cristalinas estão associadas a propriedades como estabilidade térmica, dureza, resistência à abrasão, barreira a gases e aromas e rigidez.[11]

A estrutura química dos polímeros determina sua estabilidade à luz, temperatura, água e solventes. As propriedades dos polímeros são variadas de acordo com sua estrutura química[10]. Muitas vezes, a combinação de mais de um polímero minimiza as deficiências individuais, possibilitando a utilização de menores espessuras[12] para constituição da embalagem. Assim sendo, as embalagens plásticas podem apresentar boa barreira ou não à passagem de gases (CO_2, O_2, vapor de água) em razão da espessura e do tipo de polímero que constitui a embalagem.

A barreira à luz pode ser obtida por pigmentação ou metalização da embalagem.[10] A utilização de absorvedores de radiação ultravioleta (UV), fração da radiação solar com maior capacidade de catálise da oxidação de lipídios, pode garantir transparência com maior estabilidade a produtos gordurosos.[13]

A seguir, são apresentados os polímeros mais comumente utilizados como embalagem para alimentos.

Polietileno (PE)

É o polímero mais utilizado nas embalagens de alimentos. É obtido a partir de olefinas (hidrocarbonetos alifáticos insaturados, que apresentam em sua molécula uma ligação dupla entre seus átomos de carbono) e pode se apresentar em forma linear ou ramificada, e cadeias mais ramificadas resultam em menor densidade do material. O grau de ramificação e o comprimento dessas cadeias laterais influenciam as características do material, uma vez que são obstáculos à formação de cristais. Assim, quanto menor o grau de ramificação das cadeias poliméricas, maiores serão a cristalinidade e a densidade. O comprimento, a quantidade e o grau de ramificação dependem do processo de polimerização e do comonômero utilizado.[11] A Figura 5.5 apresenta a cadeia do polietileno, uma das mais simples dentre os polímeros.

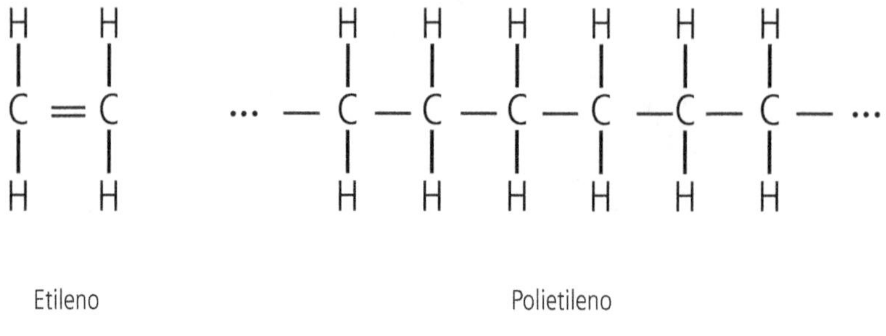

Figura 5.5. Estrutura química do polietileno.

O polietileno pode ser obtido com alta, média ou baixa densidade, em razão de seu grau de ramificação: cadeias mais ramificadas apresentam menor densidade que as cadeias menos ramificadas e, consequentemente, que a cadeia linear (não ramificada), como é o caso do polietileno de alta densidade.

O polietileno de baixa densidade (PEBD) apresenta alta flexibilidade, boa transparência, baixa permeabilidade aos vapores de água e alta ao oxigênio, fácil termossoldagem, que o faz ser muito utilizado como revestimento interno em conjunto com outros materiais, boa resistência à tração e à perfuração.[14]

O polietileno de alta densidade (PEAD) apresenta ótima barreira à umidade, porém pouca barreira aos gases, e ótima resistência à tração e ao impacto. Em comparação ao polietileno de baixa densidade, apresenta menores flexibilidade e transparência, porém sua resistência química é maior.[14]

Polipropileno (PP)

É obtido a partir da polimerização do propeno (ou propileno, Figura 5.6), apresentando menor densidade dentre os materiais plásticos (0,9 g/cm^3) e propriedades físicas bem semelhantes às do polietileno de alta densidade.

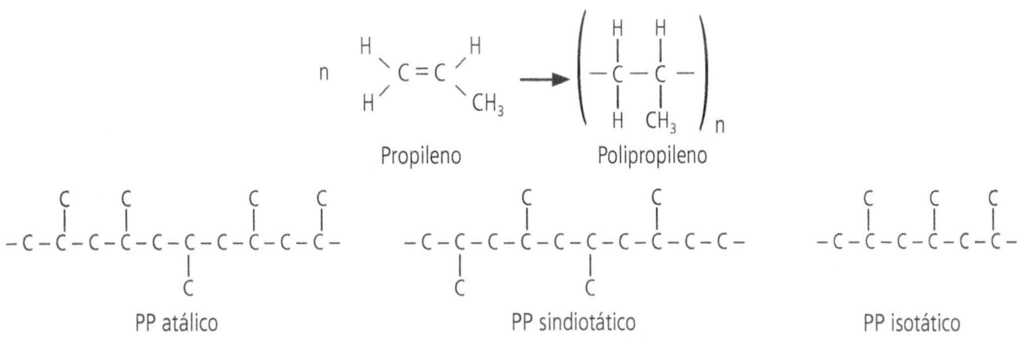

Figura 5.6. Estrutura química do polipropileno e variações em sua cadeia.

O polipropileno apresenta melhor barreira aos óleos e gorduras e apresenta menor permeabilidade ao oxigênio e ao vapor de água em comparação com os polietilenos.

A biorientação do polipropileno melhora a barreira à umidade, porém traz problemas à termossoldagem do material, pois o aquecimento resulta na perda de orientação do filme, e o torna menos resistente ao impacto e à perfuração.[14]

É bastante utilizada na fabricação de filmes termorretráteis, frascos e potes, garrafas para alimentos com enchimento a quente e alimentos sensíveis à umidade.[14]

Poliestireno (PS)

É obtido da reação de benzeno com etileno. Em razão do baixo ponto de fusão (88°C), não é utilizado como embalagem de alimentos que são envasados a quente ou serão aquecidos. É um dos materiais mais baratos e, por esse motivo, vem sendo utilizado com outros materiais para minimização de custos, porém é bastante permeável aos gases e ao vapor de água. Pela facilidade de termoformação, é muito utilizado na fabricação de potes, como os utilizados para iogurte. É bastante transparente e usado principalmente para artigos moldados por injeção (a exemplo dos copos descartáveis rígidos e perfeitamente transparentes).[14] Também é muito utilizado na fabricação de bandejas quando produzido na forma expandida. Sua estrutura química pode ser vista na Figura 5.7.

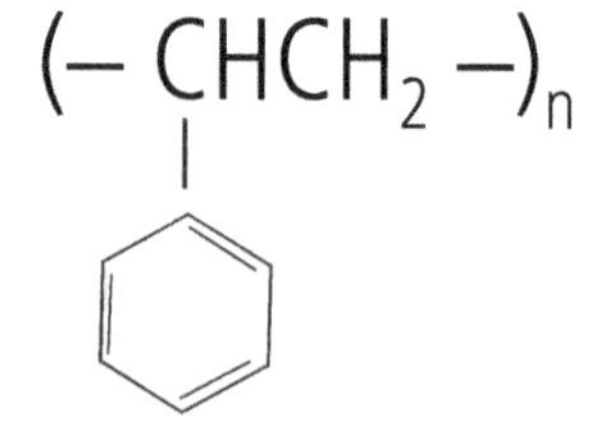

Figura 5.7. Estrutura química do poliestireno.

A fragilidade desse polímero deve-se à sua rigidez e baixa resistência ao impacto e à flexão, pelo fato de a cadeia principal ser relativamente rígida e pelo efeito da presença dos anéis benzênicos na estrutura. Assim, foi desenvolvido o poliestireno de alto impacto (PSAI), o qual é produzido pela dispersão de borrachas sintéticas (como estireno/butadieno, poliisopreno ou polibutadieno) no poliestireno ainda quente; ou pela mistura de um látex da borracha com um látex de poliestireno com subsequente coagulação; ou ainda pela dissolução da borracha em estireno e início da polimerização. O material final apresenta até 14% em massa de borracha em relação à massa total de polímero.[11]

A adição da borracha aumenta significativamente a resistência ao impacto do poliestireno, porém reduz a resistência à tração na ruptura e a resistência térmica, além de comprometer a transparência. O PSAI é principalmente utilizado na fabricação de bandejas, copos e potes termoformados, especialmente para utensílios descartáveis (pratos, copinhos etc.), assim como em sistemas de acondicionamento tipo forma/enche/fecha, a exemplo de iogurte, sobremesas lácteas, manteiga, entre outros.[11,14]

Outra variante do poliestireno é o poliestireno expandido (EPS, muitas vezes conhecido por um nome comercial – isopor), cujo processo de fabricação garante a manutenção de pequenas bolhas de ar em sua estrutura. Tal característica resulta em duas propriedades importantes, com larga aplicação comercial: baixa densidade (importante, por exemplo, na construção civil) e baixa condutividade térmica (o que o faz ser muito utilizado como isolante térmico).

Polietileno tereftalato (PET)

A função orgânica éster é o resultado da condensação de um álcool com um ácido. O PET é o polímero resultante da reação do ácido tereftálico (ácido) com o etilenoglicol (álcool) e é o poliéster mais utilizado como material de embalagem. Apresenta grande resistência à tração e ao impacto, baixa permeabilidade a gases e boas propriedades ópticas. Sua utilização como filme ocorre na maioria das vezes com a laminação com outro polímero, utilizando-se baixas espessuras (~12-20 mm) que já apresentam boas propriedades mecânicas.[11,14] Na Figura 5.8, pode-se ver sua estrutura química.

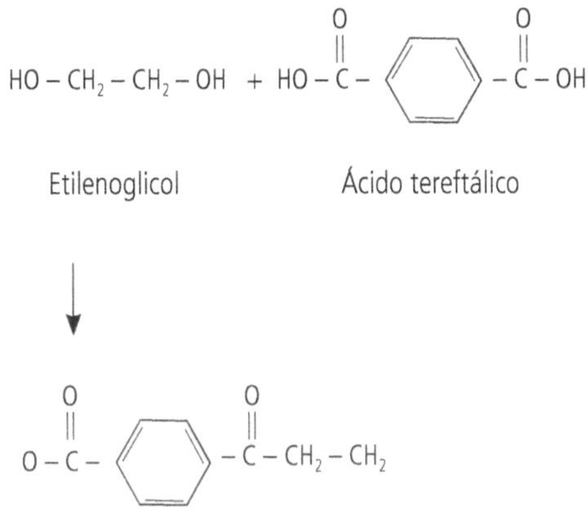

Figura 5.8. Estrutura química do PET.

O PET apresenta alta permeabilidade ao vapor de água, sendo comum seu revestimento com PVDC (copolímero de cloreto de vinilideno) para melhorar essa propriedade, ou com PEBD, que, além de melhorar a barreira ao vapor de água, também agrega soldabilidade à estrutura laminada. No entanto, apresenta boa barreira ao oxigênio, aos odores e aos óleos e gorduras.[14]

Etileno e acetato de vinila (EVA)

É o copolímero de etileno e de acetato de vinila, cujas propriedades são dependentes do teor de acetato de vinila. Em embalagens flexíveis o teor de acetato de vinila fica em torno de 3 a 12%. Em concentrações superiores a 12%, o material é usado como adesivo. Quanto maior o teor de acetato de vinila, menos cristalino e mais elástico será o material final. Esse material é mais indicado para embalagens que necessitam de grande estiramento e encolhimento, porém tem uma aplicação mais restrita pelas dificuldades de maquinabilidade encontradas no processo.[14] Veja a seguir sua estrutura química (Figura 5.9).

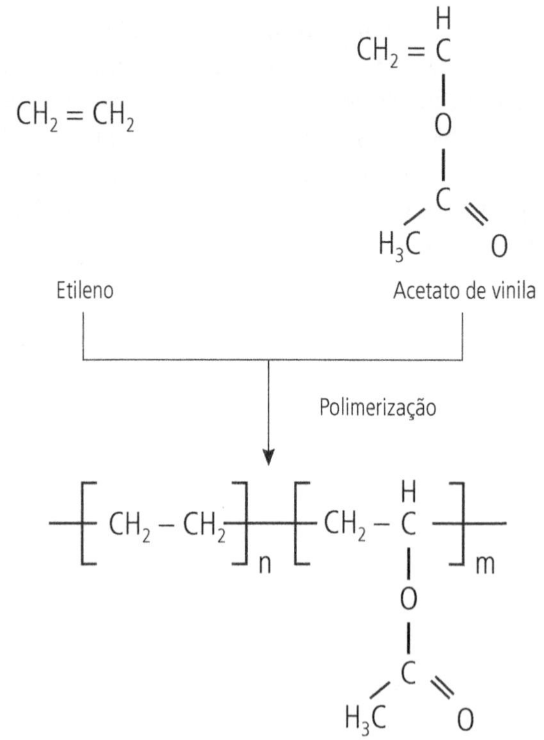

Figura 5.9. Estrutura química do EVA.

Vidro

O vidro é um dos mais antigos materiais de embalagem, com seu uso sendo conhecido desde pelo menos 4.000 a.C. É um material amorfo, produto de uma fusão que foi resfriada, obtendo-se uma condição rígida sem cristalização.[15] Apresenta características como boa inercticidade, excelente barreira aos gases e aromas e reciclabilidade; entretanto, seu custo, alto peso (massa relativa) e fragilidade fazem com que esse material seja menos utilizado que outros.

O vidro sodo-cálcico é composto por sílica (SiO_2), cálcio (CaO), soda (Na_2O), alumina (Al_2O_3) e óxido de ferro (FeO) e corresponde a cerca de 90% do vidro produzido. Cerca de 85% das embalagens de vidro são incolores, enquanto o restante é constituído majoritariamente pelas cores âmbar e verde. Atualmente as embalagens de vidro são mais leves e mais resistentes que as produzidas antigamente, e nos últimos 50 anos houve uma redução de massa da ordem de 25 a 50%. No entanto, esse é um ponto ainda de grande desvantagem em relação aos outros materiais usados na fabricação de embalagens.[14,15]

Seu uso como embalagem requer alguns cuidados, como garantia de sistema de fechamento adequado (para produtos que precisam de boa barreira aos gases e vapor de água), e pigmentação ou uso de filtro UV (para produtos sensíveis à luz).[10] Por serem facilmente higienizados, podem ser reutilizados, permitindo a redução de custos, como no caso de vasilhames de cervejas e de refrigerante. O vidro também é considerado uma embalagem nobre, associada pelo consumidor a um produto de melhor qualidade (p. ex., embalagens de azeites e de cosméticos). Por fim, suas principais características são ser inerte, isto é, ter capacidade de não reagir com os produtos contidos, e alta propriedade de barreira a gases e demais constituintes do meio externo, sendo, portanto, um material de embalagem altamente seguro (o que inclusive o faz ser bastante utilizável na indústria farmacêutica).

Metálicas

As embalagens metálicas são utilizadas desde o começo do século XIX e são destinadas majoritariamente a produtos processados termicamente, por sua boa resistência a altas pressões e temperaturas.

Na fabricação de embalagens metálicas, são utilizados os materiais metálicos, que podem ser ferrosos (de aço, como a folha de flandres e a folha cromada) ou não ferrosos (como alumínio), além dos materiais não metálicos, como vernizes e vedantes.

As vantagens das embalagens metálicas incluem boa barreira a gases e vapor de água, proteção contra a luz e estabilidade mecânica. Além disso, a alta resistência térmica permite o processamento do alimento envasado, o que reduz o risco de contaminação e deterioração do produto após o processamento.[16]

Apesar das embalagens metálicas não serem tão inertes como o vidro, a interação embalagem-alimento pode ser minimizada pelo uso de vernizes apropriados que minimizam a migração do metal para o alimento e sua corrosão, especialmente quando o material embalado for agressivo. Dessa maneira, o produto alimentício raramente entra em contato direto com o material metálico.

As desvantagens das embalagens metálicas incluem alto custo e densidade (quando comparado às embalagens plásticas) e também a impossibilidade de visualização do produto.

A melhoria dessas embalagens é alcançada pela indústria pelo desenvolvimento de vernizes mais eficientes, novos formatos e reduções de espessura da folha metálica.

Materiais ferrosos

O aço-base utilizado na fabricação de embalagens metálicas é de baixo teor de carbono (< 0,15%), o que confere ao material propriedades de ductilidade, isto é, capacidade de se deformar sem se romper.[17] Na Tabela 5.1, pode-se ver a composição química do aço-base em percentagem máxima.

Tabela 5.1. **Composição química do aço-base, em % máxima**[18]

Composição química (% máx.)	Tipo	C	Mn	P	S	Si	Cu	Ni	Cr	Al	Outros elementos
	Tipo MR	0,13	0,60	0,02	0,03	0,02	0,20	0,15	0,10	0,20	0,02

A folha não revestida é o aço-base sem nenhum revestimento metálico, como cromo e estanho, e é fornecida à indústria de embalagem com uma fina camada de óleo na superfície, para minimizar danos de exposição ao ambiente (corrosão atmosférica) ou de manipulação.

Além da folha não revestida, a indústria siderúrgica pode fornecer as folhas metálicas com revestimento, sendo utilizadas na fabricação de embalagens para alimentos as folhas com revestimento de cromo ou de estanho.

A folha cromada é um produto laminado constituído pelo aço-base e revestida em ambas as faces com uma camada de cromo, que associa o cromo metálico com o óxido de cromo formado imediatamente após a eletrodeposição do cromo metálico. Essas folhas apresentam ótima aderência de vernizes e tintas, boa resistência à corrosão, boas propriedades mecânicas para conformação e mínima porosidade do revestimento.[17] Esse tipo de folha apresenta ambas as faces simétricas (Figura 5.10A).

A folha de flandres é constituída pelo aço-base e recebe estanho através de eletrodeposição em ambas as faces. Ao contrário da folha cromada, cujo revestimento metálico é igual em ambas as faces, a folha de flandres pode receber revestimento diferencial em cada face, de acordo com sua aplicação, que geralmente varia de 1,0 g Sn/m^2 a 11,2 g Sn/m^2.

A folha de flandres recebe uma camada de estanho, havendo entre ela e o aço-base uma fina camada intermetálica na forma de $FeSn_2$. Sobre o estanho livre é aplicada uma fina camada de passivação, constituída de óxido de cromo, e como finalização, um filme fino de óleo.[17] O esquema ilustrativo das folhas cromada e de flandres é apresentado na Figura 5.10, que mostra as camadas que recobrem o aço-base, simétricas em ambas as faces.

A camada de passivação tem como finalidade proteger a camada de estanho contra a corrosão, inibir o crescimento de óxido de estanho, favorecer a aderência de tintas e vernizes e minimizar a formação de manchas resultantes da interação do metal com alimentos sulfurosos. Geralmente ocorre predominância de óxido de cromo, porém as latas destinadas aos alimentos com alto teor de enxofre apresentam predominância de cromo metálico.[17]

As embalagens metálicas podem ser produzidas em duas ou três peças. Nas latas de três peças, tampa, corpo e fundo são partes separadas que serão recravadas para constituição e fechamento da embalagem (a grande maioria das latas para conservas é de três peças, por exemplo), ao passo que, nas latas de duas peças, corpo e fundo são uma peça única e a tampa se apresenta separadamente (p. ex., a grande maioria das latas de bebidas é de duas peças).

Os frisos são utilizados no corpo das latas para aumentar a resistência mecânica da embalagem, principalmente em condição de vácuo, possibilitando inclusive a redução de espessura da folha. Embora a resistência à carga vertical seja reduzida, em geral, a resistência apresentada é superior à demandada.[17] Já os anéis de expansão são característicos de tampas e fundos de latas para produtos processados termicamente, para evitar a deformação permanente da embalagem, e principalmente da recravação, com o aumento de pressão interna durante o processamento.[14]

As embalagens de aço são bastante empregadas para acondicionamento de conservas cárneas e pescados, conservas de frutas e vegetais, bebidas, óleo e produtos secos, além do emprego como latas decoradas e tambores para produtos de grande volume.

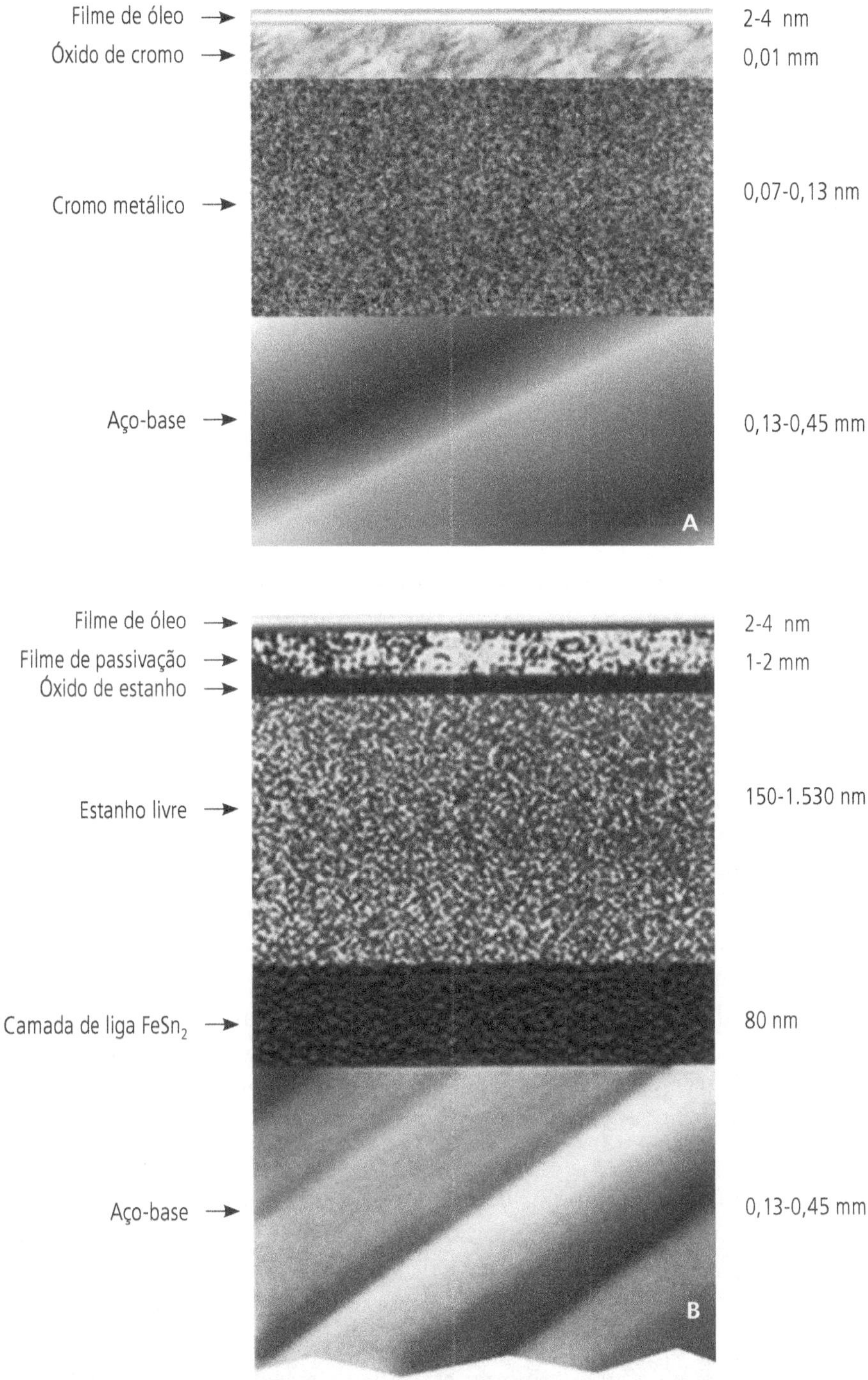

Figura 5.10. Esquema ilustrando a seção transversal (metade superior) das folhas cromada (A) e de flandres (B).[17,18]

Materiais não ferrosos

O alumínio é um metal muito abundante na crosta terrestre, sendo encontrado na forma de óxidos e extraído da bauxita. Na fabricação de latas de alimentos e bebidas são utilizadas ligas de alumínio não tratáveis termicamente (característica mecânica obtida nas etapas de produção do alumínio), pois com essas ligas se consegue o aumento da resistência mecânica somente pela deformação plástica a frio do alumínio. As ligas de alumínio recebem uma codificação que identifica sua composição química. Na fabricação de embalagens de bebidas, em geral são utilizadas duas ligas: 3104 no corpo e 5182 na tampa e no anel (Tabela 5.2).

Tabela 5.2. Composição das ligas de alumínio utilizadas na fabricação do conjunto corpo-tampa-anel de embalagens: demais elementos utilizados em %[19]

Liga	Si	Fe	Cu	Mn	Mg	Cr	Zn	Ti	Outros (total)
3104	0,30	0,70	0,25	1,0-1,5	0,8-1,3	-	0,25	-	0,15
5182	0,20	0,35	0,15	0,2-0,5	4,0-5,0	0,10	0,25	0,10	0,15

Apesar de o custo de produção do alumínio ser elevado em razão do gasto energético envolvido, a reciclagem e a reutilização desse material o tornam viável, uma vez que nos materiais reciclados não há os gastos energéticos da extração da bauxita e transformação do alumínio metálico. Nesse cenário, o Brasil se destaca como maior reciclador mundial, obtendo taxas de reciclagem superiores a 95% nos últimos anos.

As latas de alumínio são produzidas em duas peças pelos processos DRD (*drawn and redrawn*) e DWI (*drawn and wall ironing*)[17] e são muito utilizadas para acondicionar bebidas e pescados, além de produtos cosméticos e farmacêuticos. Quando as latas de alumínio são utilizadas com bebidas não carbonatadas, é necessário introduzir uma pressão interna, para que o sistema apresente resistência mecânica adequada. A pressurização é oferecida com a adição de gases, como o nitrogênio, que pode ser adicionado na forma líquida para expansão à temperatura ambiente (o que é feito, por exemplo, para sucos e chás).

Além da fabricação de latas, bisnagas e garrafas, o alumínio também é muito utilizado na forma de folhas, seja para contato direto com alimentos (uso doméstico ou invólucro de bombons, por exemplo), seja para laminação com polímeros e materiais celulósicos, já que confere excelentes propriedades de barreira à luz, aos gases e ao vapor de água (formando assim embalagens compostas, como os filmes laminados ou as caixas multicamadas).

Tanto nas latas de alumínio como nas de aço, observa-se a formação de pescoço (*necking*), que é um recurso utilizado para a redução da área de tampa e fundo, resultando em menor consumo de material metálico, de verniz e de vedante. Outra solução prática consequente desse recurso é a disposição do material no empilhamento, facilitado pelo encaixe das latas.[17]

A recravação é uma etapa de supra importância, pois ela assegurará a hermeticidade da embalagem aos gases e microrganismos, devendo resistir ao aumento de pressão interna nas etapas de processamento como a esterilização. É na recravação que a tampa (ou o fundo) serão unidos ao corpo da embalagem. Na extremidade da tampa ou fundo, denominada encurvamento, é aplicado o vedante, que auxiliará na hermeticidade do sistema. O excesso ou falta desse material resultará em falha da hermeticidade, em razão de pequenos vazamentos que podem vir a ocorrer.[14] A recravação é feita em duas operações: na primeira são feitos o encaixe e a formação do gancho entre a tampa e o corpo; na segunda operação é feito o aperto da formação anterior, garantindo o fechamento adequado da embalagem (Figura 5.11).

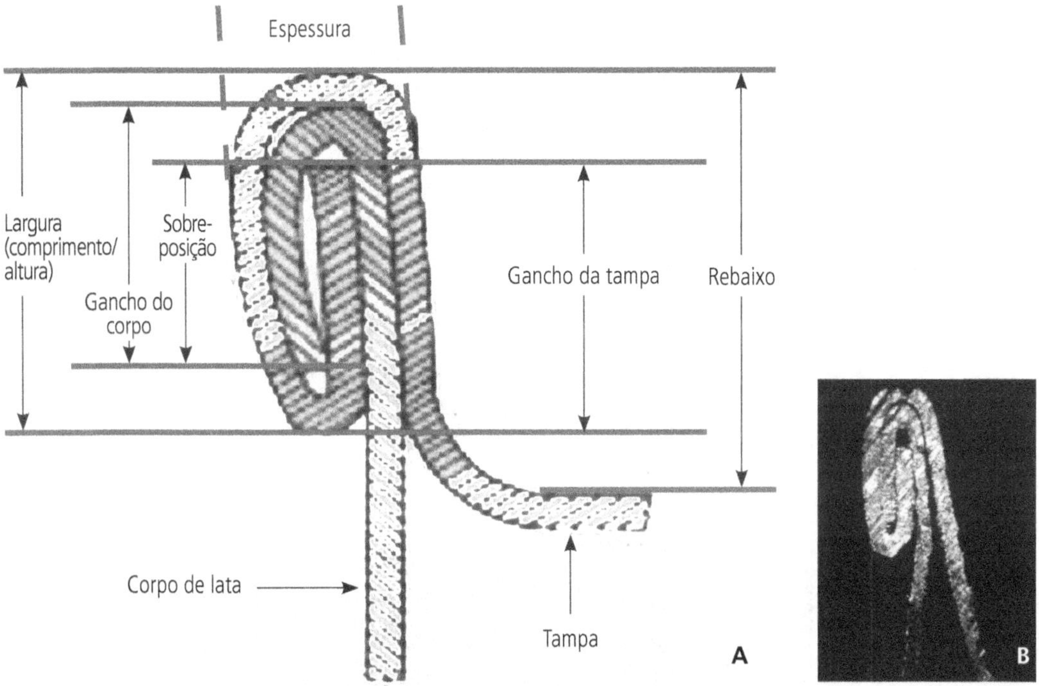

Figura 5.11. Esquema ilustrativo (A) e perfil de recravação de lata de alumínio (B).[20]

A grande maioria das latas para alimentos receberá revestimentos poliméricos (vernizes), que são empregados internamente nas embalagens com o objetivo de evitar o contato do alimento com o material metálico, minimizando assim as reações de interação. No caso da aplicação externa, a função do envernizamento é proteger a embalagem das ações do ambiente.[17,20]

O desempenho do revestimento polimérico é função da camada aplicada, da aderência sobre a folha metálica, do grau de cura, da porosidade e da flexibilidade. A camada e o tipo de verniz aplicado devem ser especificados de acordo com o produto a ser enlatado e com o processo de transformação mecânica que o material envernizado sofrerá. A aderência e o grau de cura estão relacionados com o tratamento térmico empregado no processo de cura. A porosidade do verniz pode ser relacionada com a camada de material aplicado, e, em geral, maiores camadas resultam em menor porosidade (exposição do metal).[17]

Interações com alimentos e ambiente

A vida útil dos alimentos depende de fatores intrínsecos do produto e do processo de fabricação, mas também de seu contato com a embalagem, tanto pela migração resultante do material para o alimento, resultando na possível ingestão de substâncias indesejáveis, que podem representar risco à saúde humana, e na rejeição do produto por sua alteração sensorial, como pela permeação de gases e umidade pelo material.

Três fenômenos de transporte de massa (Figura 5.12) ocorrem em sistemas de embalagens: absorção, permeabilidade e migração. A absorção refere-se à entrada de moléculas do alimento para a embalagem; a permeabilidade refere-se à passagem das substâncias através da estrutura da embalagem, seja do ambiente externo para ambiente interno, como no sentido oposto; e a migração diz respeito à transferência das moléculas do material de embalagem para o alimento ou para o ambiente externo.

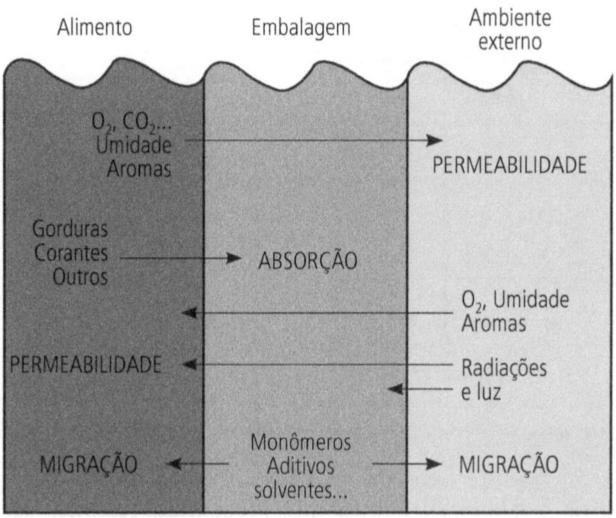

Figura 5.12. Fenômenos de transporte de massa envolvidos em sistemas de embalagem.

Fonte: adaptada de Catalá Moragrega e Gavara, 2002.[3]

Propriedades de barreira

De acordo com o produto alimentício a ser embalado, devem-se definir as propriedades de barreira desejáveis do material de embalagem, levando-se em conta principalmente a composição do produto e a vida útil esperada. A proteção do produto contra agentes externos, como danos físicos ou mecânicos, ou fatores ambientais como gases, umidade, luz e odor, é uma das principais funções da embalagem.

A barreira à luz, plenamente alcançada nas embalagens metálicas, geralmente é melhorada com a pigmentação dos materiais e, no caso de materiais plásticos, com a combinação com metal, a exemplo do uso de folhas de alumínio em estruturas plásticas laminadas. Certos comprimentos de onda, em destaque para a região ultravioleta, podem catalisar reações indesejáveis no alimento, como a oxidação, resultando em descoloração, perda de nutrientes e alteração de odores.[14]

Em termos de permeabilidade aos gases, é muito importante levar em consideração o papel da embalagem em termos de ambiente interno e externo: deve-se minimizar a permeação de gases e umidade do exterior para o interior da embalagem, que pode alterar as características sensoriais do produto, bem como a perda de voláteis e umidade do produto para o meio externo.

As embalagens plásticas são permeáveis aos gases e ao vapor de água, variando a taxa de permeação em razão do tipo de material. Esse fenômeno não existe em materiais metálicos e de vidro, sendo observados nesses materiais outros processos de interação, como a corrosão de metais e a lixiviação do vidro.[21]

Em condições de estado estacionário e isotérmico, um gás ou vapor se difundirá através do polímero em uma taxa constante, se uma diferença de pressão constante for mantida através do polímero.

Em muitas aplicações de embalagens para alimentos, as taxas de transmissão de vários compostos orgânicos através do polímero são de interesse, como aromas e odores. Em filmes poliméricos, a permeação de compostos orgânicos é muito mais complicada que a gases em virtude do coeficiente de solubilidade dependente da pressão e do coeficiente de difusão, que depende da concentração.

Muitos alimentos necessitam de uma proteção maior que os materiais simples podem oferecer para que o produto tenha uma vida útil esperada. Em geral, o aumento das propriedades de barreira aos gases ou ao vapor de água se dará de maneira mais econômica, adicionando uma fina camada de um filme barreira, do que aumentando a espessura de um filme monocamada.[15]

Quando os alimentos são expostos a ambientes contendo umidade relativa e temperatura constantes, eles tendem a entrar em equilíbrio com essas condições de exposição. O conteúdo de umidade correspondente no estado estacionário é definido como o conteúdo de umidade no equilíbrio. Ao plotar os dados de conteúdo de água (massa de água por unidade de massa de produto seco) em razão da umidade relativa correspondente ou da atividade de água em temperatura constante, obtêm-se as isotermas de sorção. Em outras palavras, uma isoterma de sorção de umidade é a relação entre a atividade de água e a umidade de equilíbrio de um alimento a uma determinada temperatura. Assim, para uma determinada umidade, o aumento de temperatura resultará no aumento da a_w. Elas dependem da estrutura física, da composição química, da temperatura e da capacidade de retenção de água do alimento, apresentando geralmente a forma sigmoidal, com pequenas variações de acordo com as características do alimento.[22]

Tais isotermas são muito úteis em estudos de estabilidade de alimentos sensíveis à umidade e na definição de embalagens que contribuirão para o prolongamento da vida útil do produto. A vida útil do alimento dependerá:

- Da formulação e do processo (fatores intrínsecos: pH, a_w, enzimas, microrganismos).
- Do ambiente ao qual o produto será exposto durante distribuição e estocagem (fatores extrínsecos: temperatura, umidade relativa, exposição à luz, pressão parcial e total dos gases, estresse mecânico, manuseio).
- Das características da embalagem (efeito significativo nos fatores extrínsecos).

Embalagens metálicas e de vidro com bom fechamento são impermeáveis aos gases, vapor de água e odores, ao passo que as embalagens celulósicas são permeáveis a essas substâncias. Já as embalagens poliméricas apresentarão diferentes níveis de barreira, dependendo das características de cada polímero usado e suas combinações, no caso de materiais mistos. A taxa de transporte (**δm/δt**) de um gás ou vapor através de um filme é dada pela Equação 1:[15]

$$\frac{\delta m}{\delta t} = \frac{P}{X} \cdot A \cdot (p_1 - p_2)$$

(Equação 1)

Em que:

- P = permeabilidade.
- X = espessura do polímero.
- A = área.
- p = pressão nas diferentes faces do polímero (1 e 2).

Ao predizer a transferência de umidade, é possível fazer algumas suposições considerando as condições de entorno. É possível assumir que o gradiente de umidade no interior da embalagem é desprezível. No entanto, será difícil assumir que P/X é uma constante, quando se consideram as condições ambientes externas, que são variáveis ao longo da comercialização e estocagem do produto.

Migração

Os migrantes em polímeros são substâncias de baixa massa molar com mobilidade suficiente na estrutura para que possam ser extraídas ou absorvidas pelo produto. Exemplos de substâncias migrantes são: monômeros, oligômeros, solventes, coadjuvantes de polimerização (catalisadores, aceleradores, inibidores etc.), aditivos (antioxidantes, lubrificantes, absorvedores de luz ultravioleta etc.), compostos de degradação e outras substâncias como componentes de adesivos, vernizes e tintas de impressão.[3,21]

A transferência de massa ocorre em três etapas: difusão, dissolução e dispersão. A difusão é a etapa de transferência de massa da substância pela estrutura da embalagem. A dissolução da substância ocorre na interface da embalagem com o meio, isto é, na superfície de contato do polímero com o alimento. E, por fim, ocorre a dispersão da substância pelo alimento.[3]

As consequências da migração englobam a degradação sensorial do alimento (sabor, odor, textura e cor) com possíveis efeitos tóxicos, a degradação nutricional do alimento (oxidação de lipídios, perda de textura, escurecimento, degradação de vitaminas, do aroma etc.) e a mudança na embalagem (perda de qualidade e possível descarte).[3]

A migração total é definida como o somatório em massa de todas as substâncias da embalagem (geralmente desconhecidas e independentes de serem tóxicas ou não) que passam para o alimento, ou para um simulante de alimento, em condições controladas de teste que simulam o uso real da embalagem com o produto. A migração específica, ao contrário da migração total, avalia substâncias identificáveis e quantificáveis, que geralmente apresentam interesse toxicológico.

A migração total ou específica de compostos é definida para cada tipo de sistema (alimento e embalagem) por meio de legislações e normas nacionais e internacionais.

Corrosão

Materiais metálicos sem proteção adequada podem sofrer corrosão pelo alimento e/ou ambiente.

A corrosão metálica é a transformação de um material metálico, pela sua interação química ou eletroquímica, em um determinado meio de exposição, processo que resulta na formação de produtos de corrosão e na liberação de energia. A corrosão por processos eletroquímicos apresenta mecanismos idênticos sempre constituídos por regiões nas quais há formação de ânodos e cátodos, entre as quais há a circulação de elétrons e de íons.[23] Os metais são oxidados liberando os cátions para o meio e deixando os elétrons na superfície metálica (ânodo), havendo em meios aquosos a evolução do gás hidrogênio.[17] Quanto maior a concentração de íons hidrogênio, menor o pH, e a taxa da reação (corrosão) tende a ser maior.

$$M \rightarrow M^{n+} + ne^-$$

No entanto, a perda de massa do material e a maneira pela qual se dá seu ataque se processarão de diferentes maneiras e evoluções. Existem diversos tipos de corrosão, como: a corrosão uniforme, localizada (por pite), por aeração diferencial, filiforme e galvânica, como as mais comuns em processos de interação com alimentos. As formas de corrosão são conhecidas quanto à geometria do ataque, aparência da superfície corroída e como o desgaste se processa no tempo, como ocorre com a corrosão por placas, corrosão alveolar, corrosão por pites, corrosão intergranular e corrosão transgranular.

Os alimentos e bebidas são sistemas químicos complexos, contendo uma gama de aceleradores e inibidores de corrosão. Os aceleradores de corrosão mais importantes presentes em alimentos são oxigênio, pigmentos como antocianinas, nitratos e compostos de enxofre.[15,17]

Os principais fatores que influenciam a taxa de corrosão dos metais são: oxigênio dissolvido, pH do meio, temperatura e sais dissolvidos. Tanto o oxigênio como os sais dissolvidos podem acelerar o processo corrosivo em virtude de sua ação despolarizante - processo de remoção de substâncias protetoras do eletrodo, como o hidrogênio formado no processo de corrosão e adsorvido na superfície do metal, resultando no fluxo de corrente elétrica e favorecendo a evolução da corrosão.[17,24,25] A redução do hidrogênio ocorre em meio ácido, resultando em desprendimento de gás (H_2). O aumento da temperatura em geral resulta em maior difusão dos íons, acelerando a corrosão, no entanto também pode resultar na diminuição da concentração de oxigênio no meio.[26]

A folha cromada não apresenta a mesma resistência à corrosão que a folha de flandres, devendo sempre ser utilizada com envernizamento. Embora o alumínio seja um metal com boa resistência à corrosão, a camada de óxido formada em sua superfície é instável em pH inferior a 4, solubilizando-se no meio aquoso e deixando o metal suscetível à corrosão. A camada de óxido também é afetada pela presença de íons agressivos, como o cloreto, e por essas razões as embalagens de alumínio sempre devem ser utilizadas com revestimento polimérico interno.[15,20]

A corrosão interna de embalagens metálicas em contato com alimentos e bebidas resulta em dois fatores consideráveis: a migração de metais da embalagem para o alimento e a perda de qualidade e integridade dos produtos processados.[17] Destaca-se assim a necessidade de utilização de vernizes - substâncias poliméricas que impedem o contato direto do alimento ou ambiente com o material metálico - levando-se em conta as condições de uso do sistema embalagem/alimento, isto é, processamento térmico, agressividade do produto, tempo de vida útil, dentre outros.

Sistemas de embalagem

Atmosfera modificada

Sistemas em atmosfera modificada são aqueles em que a atmosfera no interior da embalagem é alterada para uma condição ótima, objetivando o aumento da vida útil e a manutenção da qualidade do alimento acondicionado. A modificação pode ocorrer pela substituição do ar por uma mistura de gases no interior da embalagem, bem como por consequência de trocas gasosas (como a respiração) dos alimentos, como do metabolismo de microrganismos associados ao produto.

Em geral, essas embalagens são usadas em associação com temperaturas de resfriamento. Nesses casos, o efeito preservativo do resfriamento é melhorado com a combinação da alteração dos gases da atmosfera modificada por que muitas reações de deterioração envolvem respiração aeróbia, havendo consumo de O_2 e produção de CO_2 e água. Essa condição de redução do O_2 e evolução do CO_2 retardam ou inibem o crescimento microbiano,[15] bem como o metabolismo de vegetais.

Nas embalagens com atmosfera modificada, utiliza-se um dos três principais gases, ou sua combinação, presentes no ar: nitrogênio, oxigênio e dióxido de carbono (Tabela 5.3).

Tabela 5.3. **Composição aproximada do ar atmosférico**

Gás	N	O_2	Ar	CO_2	Outros gases
%	78,08	20,95	0,93	0,03	Diferença para 100%

A composição gasosa no interior dessas embalagens vai depender da natureza dos alimentos e do mecanismo de desenvolvimento microbiano possível. Elevados níveis de CO_2 são empregados em produtos propensos ao desenvolvimento microbiano; para produtos sensíveis ao oxigênio, a atmosfera pode ser puramente composta por N_2 ou pela sua combinação com CO_2; e para produtos que respiram, deve-se evitar a respiração anaeróbia mantendo-se baixos níveis de CO_2 e concentrações mais elevadas de O_2.[15,27]

As principais características a serem consideradas em embalagens com atmosfera modificada é a permeabilidade do material aos gases e vapor de água, propriedades mecânicas, de selabilidade e transparência. Para produtos que não respiram, todas as estruturas com alta barreira aos gases são usadas, como os filmes laminados e coextrusados contendo PVdC, EVOH e PA como barreira.[15] Para oferecer boa selagem a quente e barreira ao vapor de água, utiliza-se PEBD na camada interna da estrutura.

No entanto, para produtos que continuam respirando após a colheita e durante o transporte e a comercialização, como vegetais, a definição dos materiais não é tão simples, pela natureza dinâmica do alimento. Nesses casos, além da proteção mecânica, as tecnologias de desenvolvimento de embalagens visam retardar a respiração, o amadurecimento e a senescência do produto embalado. Assim, o desenvolvimento de embalagens ativas se torna uma demanda desse mercado.[27]

Embalagens ativas

Embalagem ativa é aquela na qual os constituintes foram deliberadamente incluídos no material de embalagem ou no espaço livre a fim de reforçar a performance do sistema, mantendo as características de qualidade, sensorial e de segurança do produto. Essas embalagens percebem alteração ao redor do produto e respondem com alterações em suas propriedades.

É comum o uso de absorvedores de oxigênio, os quais são amplamente utilizados em sachês inseridos na embalagem, que contém pó à base de ferro com um catalisador que sequestra o O_2 no interior da embalagem e o converte, de forma irreversível, a um óxido estável. A água é essencial para os absorventes funcionarem; em alguns sachês, ela é adicionada durante a fabricação e em outros, a umidade do produto é absorvida antes da absorção do O_2. Assim, esses sachês são altamente permeáveis ao oxigênio e alguns ao vapor de água.[15]

Sachês que contêm $Ca(OH)_2$ em adição ao ferro absorvem tanto o CO_2 quanto o O_2. Esse tipo de sachê pode ser aplicado em café torrado, pela liberação de CO_2 que ocorre gradualmente, resultando no estufamento da embalagem e podendo ocasionar seu rompimento. Sachês contendo permanganato de potássio oxidam o etileno a acetaldeído e então a ácido acético, que pode posteriormente ser oxidado a CO_2 e H_2O,[15] sendo utilizados em embalagens de frutas e vegetais, evitando-se assim o acúmulo desse gás no interior da embalagem e minimizando a maturação e a senescência dos produtos.

Além de absorver gases, as embalagens ativas também podem conter e liberar agentes antimicrobianos como sais de prata, álcool, dióxido de enxofre ou compostos antioxidantes.[27] A utilização de antimicrobianos incorporados aos materiais de embalagem previne o crescimento microbiano e permite a extensão da vida útil do produto. Esse é um exemplo de demanda dos alimentos minimamente processados e com menos conservantes. Entretanto, ainda é uma área em estudo quando se consideram os requisitos de segurança dos sistemas de embalagem que contêm esses agentes.

Segurança

Em diferentes etapas do processamento, os alimentos podem estar sujeitos à contaminação química, física e biológica.

Com relação à contaminação microbiológica, a embalagem deve ser compatível com o processo de conservação, apresentando resistência ao meio e ao processo de esterilização, seja ele térmico, seja químico, por radiação, entre outros. Deve ser barreira ao conservante utilizado, garantir a manutenção do vácuo e minimizar a variação de umidade pelo produto.

É muito importante que os materiais que terão contato com alimentos não sejam fonte de contaminação. Para tanto, condições higiênicas no processo de fabricação, de estocagem, no transporte da embalagem até a indústria de alimentos e na manipulação da embalagem devem ser asseguradas.

A contaminação química de alimentos pode ser proveniente de resíduos de pesticidas e drogas veterinárias, assim como resultado de sua interação com artigos e embalagens, resultando na possível ingestão de substâncias indesejáveis, que representem risco à saúde humana, e na rejeição do produto por sua alteração sensorial. A contaminação acidental pode ser evitada utilizando-se materiais adequados ao contato com alimentos, garantindo a rastreabilidade dos materiais e insumos utilizados na fabricação. Dessa maneira, é responsabilidade da indústria garantir que a embalagem não apresente risco ao alimento acondicionado. A segurança dos materiais para contato com alimentos dependerá das boas práticas de fabricação, do uso de formulação adequada às listas positivas estabelecidas pela autoridade sanitária, e da realização de ensaios de migração para a comprovação dos requisitos legais aplicáveis.

Nenhum material é totalmente inerte. O processo de interação de migração se conduzirá de diferentes formas e velocidades nos diferentes materiais de embalagem. Diversos países possuem regulamentos técnicos que regulamentam os materiais destinados ao contato com alimentos. Esses regulamentos apresentam as listas positivas e os requisitos necessários para a aprovação de materiais para uso no preparo, manipulação, fabricação e envase de alimentos.

As listas positivas identificam os compostos que podem ser utilizados na fabricação de materiais destinados ao contato direto com alimentos. Com base em avaliações toxicológicas das substâncias usadas na fabricação dos materiais, apresentam as substâncias sem restrição e também aquelas que possuem permissão de uso com restrição. Dessa maneira, as substâncias que não aparecem listadas apresentam completa restrição de uso, pela confirmação de risco ou ausência de informação em relação à sua segurança à saúde humana.[21]

Tendências

A conveniência é um requisito fundamental para as embalagens. Com as necessidades imediatas do dia a dia, os consumidores desejam produtos que facilitem o consumo, de maneira rápida e prática. Desse modo, as embalagens exercem mais uma vez um papel de destaque na venda do produto. Embalagens de fácil abertura, com sistemas de refechamento, a exemplo dos filmes com adesivo para fechamento de biscoitos, chocolates, dentre outros, são demandas constantes dos consumidores, que têm passado por diversas mudanças de comportamento, exigindo e buscando novas informações que influenciem o processo de compra.[28]

As tendências de embalagem, assim como o cenário atual e as forças que direcionam seu desenvolvimento, estão amplamente discutidas na publicação Brazil Pack Trends 2020,[28] elaborada pelo Instituto de Tecnologia de Alimentos e disponível para consulta online no endereço *http://www.brasilpacktrends.com.br.*

Conclusões

O presente capítulo apresentou as principais funções das embalagens para acondicionamento de alimentos, assim como os principais materiais utilizados em sua fabricação. Também foram apresentados sistemas de embalagens e os principais fenômenos resultantes do processo de interação entre a embalagem e o alimento acondicionado ou o ambiente de exposição. Por fim, as tendências na área são apresentadas.

Ao finalizar a leitura deste capítulo, espera-se que o leitor apresente domínio sobre os quesitos e requisitos básicos das embalagens, tendo base para posteriormente se aprofundar no estudo desse tema. Mais detalhes podem ser encontrados em trabalhos previamente publicados.[3,11,17,28]

REFERÊNCIAS

1. Organização Pan-americana da Saúde. Higiene dos alimentos: textos básicos. Brasília: OPAS, 2006. 64p.
2. Padula M, Ito D. Embalagem e a segurança dos alimentos. Informativo do Centro de Tecnologia em Embalagem – CETEA. 2006;18(2):1-6.
3. Catalá Moragrega R, Gavara R. Migración de componentes y residuos de envases en contacto con alimentos. Valência: Instituto de Agroquímica y Tecnología de Alimentos; 2002. 346p.
4. Krochta JM. Food packaging. In: Heldman DR, Lund DB. Handbook of food engineering. 2. ed. Boca Raton: CRC Press; 2007.
5. Brasil. Ministério da Saúde. Resolução RDC n. 26, de 02 de julho de 2015. Dispõe sobre os requisitos para rotulagem obrigatória dos principais alimentos que causam alergias alimentares. Diário Oficial [da] República Federativa do Brasil, Brasília, DF, 03 jul., 2015.
6. International Trade Centre (ITC). Food packaging: a reference book for trainers. Genebra: ITC; 1998.
7. The Institute Packaging (SA). A handbook of packaging technology. 3. ed. Republic of South Africa: The Institute of Packaging; 2005. 655p.
8. Associação Brasileira de Celulose e Papel. Papel: processo produtivo. São Paulo: Bracelpa, [s.d.]. Disponível em: <http://bracelpa.org.br/ bra2/?q=node/169>. Acesso em: 29 set. 2015.
9. Robertson GL. Food packaging: principles and practice. 3. ed. Boca Raton: CRC Press; 2013. 703p.
10. Karel M, Lund D. Protective packaging. In: Karel M, Lund D. Physical principles of food preservation. 2. ed. New York: Marcel Dekker; 2003.
11. Oliveira LMO, Queiroz GC. Embalagens plásticas rígidas: principais polímeros e avaliação da qualidade. Campinas: CETEA/ITAL; 2008. 267p.
12. Giles GA, Bain DR. Technology of plastics packaging for the consumer market. Sheffield: Sheffield Academic Press; 2001.
13. Azeredo HMC. Maximização da estabilidade oxidativa de óleo de soja acondicionado em garrafas plásticas. [Tese]. Campinas: Universidade Estadual de Campinas; 2001.
14. Jorge N. Embalagens para alimentos. São Paulo: Cultura Acadêmica Universidade Estadual Paulista; 2013. 194p.
15. Robertson GL. Food packaging In: Campbell-Platt G. Food science and technology. Oxford: Willey-Blackwell; 2009. 508p.
16. Ghani AAG, Farid MM, Chen XD, Richards P. Numerical simulation of natural convection heating of canned food by computational fluid dynamics. J Food Eng. 1999;41:55-64.
17. Dantas ST, Gatti JAB, Saron ES. Embalagens metálicas e sua interação com alimentos e bebidas. Campinas: CETEA/ITAL; 1999. 232p.
18. Companhia Siderúrgica Nacional. Folhas metálicas. São Paulo: CSN [s.d.]. 36 p. Disponível em: <http://www.csn.com.br/irj/go/km/docs/csn_ documentos/CSN/CATALOGO%20FM.pdf>. Acesso em: 29 set. 2015.
19. The Aluminum Association. International alloy designations and chemical composition limits for wrought aluminum and wrought aluminum alloys. Arlington, VA: The Aluminum Association; 2009. 37p. Disponível em: <http://www.aluminum.org/Content/NavigationMenu/The Industry/IndustryStandards/Teal_Sheets.pdf>. Acesso em: 10 ago. 2015.
20. Soares BMC. Estudo da resistência à corrosão de ligas de alumínio para embalagem de bebidas carbonatadas. [Tese]. Campinas: Universidade Estadual de Campinas; 2013.
21. Katan LL. Migration from food contact materials. 5. ed. London: Blackie Academic & Professional; 1996. 303p.

22. Gava AJ, Silva CAB, Frias JRG. Tecnologia de alimentos: princípios e aplicações. São Paulo: Nobel; 2008. 513p.
23. Soares BMC. Técnicas analíticas empregadas em estudos de corrosão. Informativo CETEA. 2012;24(3). Disponível em: http://www.cetea.ital.sp.gov.br/informativo/v24n3/v24n2_artigo3.pdf. Acesso em: 04 ago. 2015.
24. Merçon F, Guimarães PIC, Mainier FB. Sistemas experimentais para estudo de corrosão em metais. Química Nova na Escola. 2011;33(1):57-60.
25. Clarke FE. Corrosion and encrustation in water wells: a field guide for assessment, prediction and control. 34-36 ed. Roma: FAO; 1980. 95p.
26. Fontana MG. Corrosion engineering. 3. ed. New York: McGraw-Hill; 1986. 555p.
27. Sarantópoulos CIGL, Fernandes T. Embalagens ativas: uma nova geração de embalagens para frutas e hortaliças. Informativo CETEA. 2001;13(3).
28. Sarantópoulos CIGL, Rego RA. Brasil pack trends 2020. Campinas: Ital; 2012. 231p.

SEÇÃO 2

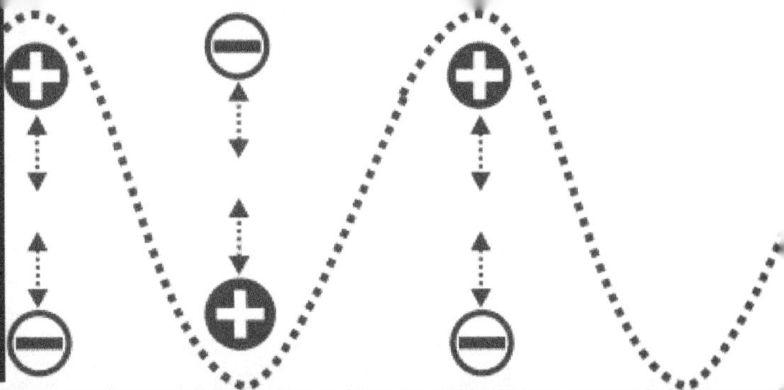

Princípios gerais do processamento de alimentos

CAPÍTULO 6

Princípios de operações unitárias e cinética de reações

- Pedro Esteves Duarte Augusto
- Albert Ibarz

CONTEÚDO

Introdução

Ao avaliar os diferentes processamentos de alimentos, pode-se observar que eles são compostos por uma série de operações básicas e específicas, como mistura, bombeamento, aquecimento, resfriamento, concentração, secagem, filtração, evaporação, destilação, extração e muitas outras. Cada uma dessas operações é chamada de "operação unitária", sendo comuns em muitos processos industriais.

As operações individuais possuem técnicas comuns e são baseadas nos mesmos princípios científicos. Elas podem ser avaliadas utilizando as mesmas abordagens, e descritas com as mesmas equações. Consequentemente, os processos industriais podem ser estudados e projetados de maneira simples.

De forma semelhante, embora inúmeras reações (químicas, físicas, físico-químicas, bioquímicas e microbiológicas) ocorram no alimento durante seu processamento e armazenamento, princípios cinéticos gerais podem ser considerados para entendimento, modelamento e dimensionamento de processos.

Este capítulo descreve os princípios das operações unitárias no processamento de alimentos e cinética de reações, fornecendo informações básicas e abordando o que há de mais importante no assunto, de modo a justificar o entendimento dos demais capítulos. Mais detalhes podem ser encontrados em trabalhos previamente publicados.[1-17]

Princípios de fenômenos de transporte

Embora sejam bastante diferentes e específicas, todas as operações unitárias podem ser simplificadas em três tipos de fenômenos, envolvendo transferência de quantidade de movimento (ou quantidade de movimento), de calor e de massa. As operações unitárias são, assim, compostas pelos fenômenos fundamentais de transporte.

É interessante notar que os fenômenos de transporte estão correlacionados, e podem ser descritos por uma simples relação (Equação 1), em que a taxa (quantidade por tempo) de transferência é proporcional ao potencial de transferência dividido pela resistência ao transporte. Ele também pode ser escrito pela Equação 2, em que λ é o coeficiente de transferência e ∇Y é o gradiente da quantidade transportada (diferença na quantidade em relação à posição dentro do sistema).

$$\text{taxa} = \frac{\text{potencial de transferência}}{\text{resistência}}$$

(1)

$$\text{taxa} = -\lambda \cdot \nabla Y$$

(2)

Nos fenômenos de transferência de quantidade de movimento, como bombeamento, mistura, escoamento através de tubulações e outros, o potencial de transferência é a diferença na velocidade do fluido (v), sendo a viscosidade (η) o coeficiente de transporte. Portanto, a taxa de transferência de quantidade de movimento por área, definida como tensão de cisalhamento (σ), é descrita pela Equação 3 (equação de Newton).

Nos fenômenos de transferência de calor, como aquecimento e resfriamento, o potencial de transferência é a diferença na temperatura do produto (T), e a condutividade térmica (κ) é o coeficiente de transporte. Deste modo, o fluxo de calor, isto é, a taxa de calor ($\dot{q}$) por área, é descrito pela Equação 4 (equação de Fourier).

Nos fenômenos de transferência de massa, como extração, hidratação, acidificação, entre outros, o potencial de transferência é a diferença na concentração da molécula transportada (C – na verdade, do ponto de vista termodinâmico, o potencial químico, μ_J, e, consequentemente, a atividade, a_J, de um componente J, constituem o potencial de transferência de massa/matéria; entretanto, o potencial pode ser simplificadamente considerado como a concentração molecular em grande parte dos casos – vide descrições seguintes), e a difusividade (D) é o coeficiente de transporte. O fluxo de massa, isto é, a taxa de escoamento ($\dot{m}$) por área, é descrito pela Equação 5 (equação de Fick).

$$\frac{d(quantidade \quad movimento)}{dt}\frac{1}{A} = \sigma = -\eta \cdot \nabla v \qquad (3)$$

$$\frac{d(calor)}{dt}\frac{1}{A} = \frac{\dot{q}}{A} = -k \cdot \nabla T \qquad (4)$$

$$\frac{d(massa)}{dt}\frac{1}{A} = \frac{\dot{m}}{A} = -D \cdot \nabla C \qquad (5)$$

Embora algumas operações unitárias sejam compostas preferivelmente por apenas um fenômeno de transporte, como o processo térmico de alimentos condutivos (sólidos), que pode ser considerado apenas um fenômeno de transferência de calor, a maioria das operações unitárias contém dois ou três fenômenos de transporte, como a destilação (transferência de massa e de calor), extração sólido-líquido (quantidade de movimento, transferência de massa e calor), entre outros.

Princípios e operações unitárias de transferência de quantidade de movimento

A quantidade de movimento (ou momento) associada a um sistema é definida como o produto de sua massa e velocidade. Similar à energia, a quantidade de movimento é conservada, isto é, a quantidade de movimento total de um sistema fechado, sem a ação de forças externas, é constante.

O modo como um fluido escoa está relacionado com a transferência de quantidade de movimento através dele, resultando em um perfil de tensão de cisalhamento. Consequentemente, a transferência e a conservação da quantidade de movimento são importantes para qualquer operação unitária envolvendo escoamento de fluidos. Mistura e bombeamento são típicos exemplos de operações unitárias no processamento de alimentos definidas preferencialmente pelo fenômeno de transferência de quantidade de movimento.

Reologia de alimentos

Reologia é a ciência que estuda o escoamento e as deformações de sólidos e fluidos sob a influência de forças mecânicas. A caracterização reológica dos alimentos é importante para o delineamento de operações unitárias, otimização de processos e garantia de produtos de alta qualidade. Os fenômenos de transferência de quantidade de movimento são definidos pelas propriedades reológicas dos produtos, combinadas com as condições do processo.

As propriedades reológicas relacionadas com o escoamento de fluidos (propriedades reológicas no estado estacionário de cisalhamento) podem ser compreendidas por meio de um experimento imaginário, em que um fluido é colocado entre duas placas paralelas (Figura 6.1A) com uma área de contato *A* e separadas por uma distância *dy*. Se a placa superior for movimentada por uma força *F*, aplicada na direção *z* (Figura 6.1B), após um curto período transiente, a placa superior vai continuar se movimentando com velocidade v enquanto a força *F* continua operando sobre ela, e a placa inferior se manterá em repouso. Nesse cenário, a camada de fluido logo abaixo da placa superior vai seguir o movimento, movendo-se na direção *z* com a mesma velocidade *v*. Por outro lado, a camada de fluido acima da placa inferior permanecerá em repouso. Assim, o fluido entre essas duas camadas se moverá na direção *z* com um perfil de velocidade (Figura 6.1C), à medida que cada camada de fluido vai arrastar a camada imediatamente inferior.

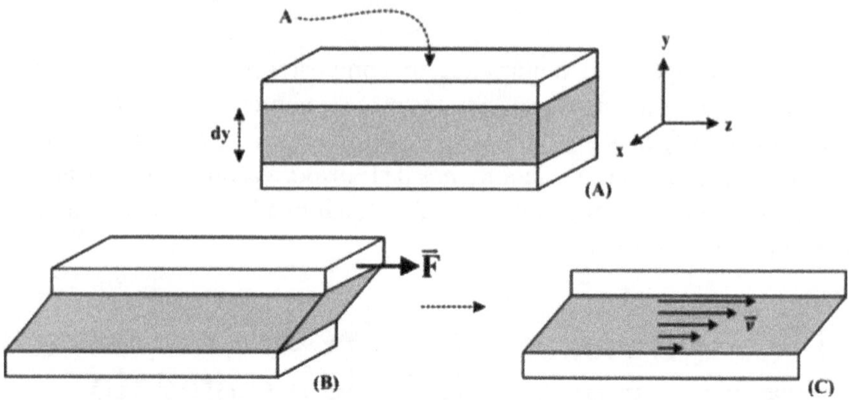

Figura 6.1. Representação esquemática de um possível experimento para descrição das propriedades reológicas relacionadas ao fluxo de alimentos. Um fluido (em cinza) é disposto entre duas placas paralelas (em branco) em repouso – cada placa tem uma área *A* em contato com o fluido, e a distância entre as placas é *dy* (A); uma força *F* é aplicada na placa superior, que é movida na direção *z* (B); uma seção no plano *yz*, mostrando os vetores de velocidade v no fluido (C).

A tensão de cisalhamento (σ) é assim definida na Equação 6, que relaciona a força F com a área aplicada *A*, tangente à direção *F* (no experimento, a área A está no plano *xy*, enquanto a força F está na direção *z* – Figura 6.1). Além disso, a taxa de deformação ($\mathring{\gamma}$) é definida na Equação 7, relacionando o gradiente de velocidade do fluido através das placas.

$$\sigma = \frac{F}{A} \quad (6)$$

$$\dot{\gamma} = \frac{dv}{dy} \quad (7)$$

Com base no comportamento relacionando a tensão de cisalhamento (σ) e a taxa de deformação ($\mathring{\gamma}$), e mais especificamente o modelo matemático que descreve essa relação, os fluidos são chamados de newtonianos (Equação 8, descrevendo o comportamento de fluidos perfeitos, com alguns fluidos reais como gases, água, óleos, leite e sucos diluídos), pseudoplásticos (Equação 9, o modelo de Ostwald-de-Waele, também chamado de Lei da Potência, com $n < 1$, como alguns sucos de fruta e polpas), dilatantes (Equação 9, com $n > 1$, como algumas suspensões de amido), Bingham ou plástico de Bingham (Equação 10, como algumas emulsões tais como a maionese), e fluido Herschel-Bulkley ou HB (Equação 11, como alguns sucos de fruta e polpas). Pode-se ver que o modelo de Herschel-Bulkley descreve todos os comportamentos por meio de três parâmetros: s0 (tensão mínima de escoamento, que relaciona o valor mínimo da tensão de cisalhamento para iniciar o escoamento do fluido), *k* (índice de consistência do fluido, que relaciona a consistência do produto, o esforço para continuar escoando) e *n* (índice do comportamento do fluido, que relaciona o comportamento do fluido durante o escoamento). A Figura 6.2 mostra diferentes comportamentos de fluidos durante o escoamento, relacionando a tensão de cisalhamento (σ) e a taxa de deformação ($\mathring{\gamma}$), e a viscosidade aparente ($\eta_a = \sigma / \mathring{\gamma}$) e a taxa de deformação ($\mathring{\gamma}$).

$$\sigma = \eta \cdot \dot{\gamma} \quad (8)$$

$$\sigma = k \cdot \dot{\gamma}^n \quad (9)$$

$$\sigma = \sigma_0 + \eta_p \cdot \dot{\gamma} \quad (10)$$

$$\sigma = \sigma_0 + k \cdot \dot{\gamma}^n \quad (11)$$

Deste modo, pode-se observar que os fluidos apresentam comportamentos distintos, o que define as suas condições de processo.

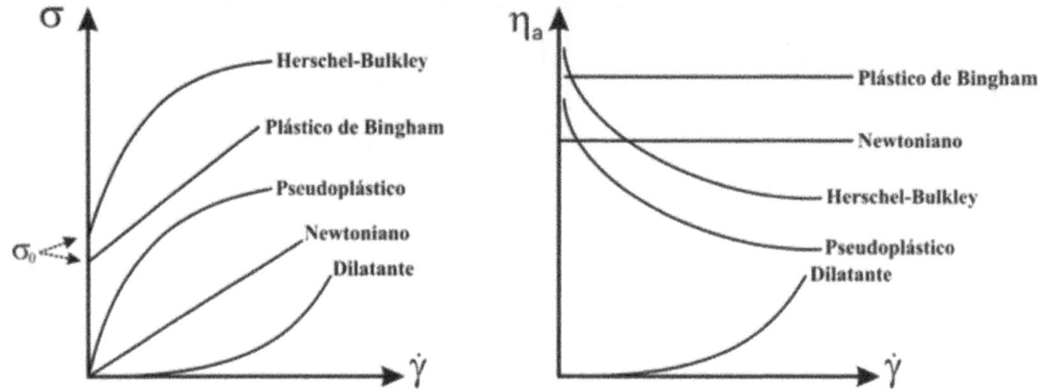

Figura 6.2. Comportamento de escoamento de fluidos. Tensão de cisalhamento versus taxa de deformação (esquerda) e a variação na viscosidade aparente como função da taxa de deformação (direita).

Escoamento de fluidos

O escoamento de fluidos através de tubulações é um processo similar ao descrito pela Figura 6.1, em que a superfície interna do tubo se comporta como a placa sólida descrita no experimento. Consequentemente, o atrito existente resulta em uma distribuição de velocidade dentro do fluido, cujo perfil é função das propriedades reológicas do produto e das condições do processo.

A Figura 6.3 apresenta o perfil típico de velocidade de um fluido newtoniano escoando dentro de uma tubulação. Após um período inicial de acomodação, o fluido alcança o perfil estacionário, no qual sua velocidade não é única, mas sim função da posição dentro do tubo.

Para fluidos newtonianos e incompressíveis sob escoamento isotérmico, o perfil de velocidade e regime de escoamento é descrito pelo número de Reynolds (*Re*, Equação 12), definido pelas propriedades do produto (densidade (ρ) e viscosidade (η)), e pelas condições de processo (velocidade média do fluido ($\bar{\upsilon}$) e diâmetro interno da tubulação (D)). Para fluidos newtonianos, se $Re < 2.100$, o regime de escoamento é chamado laminar, e o fluido escoa em uma condição de múltiplas lâminas, com regiões específicas, sem mistura macroscópica delas, e com um perfil de velocidade com padrão parabólico. Por outro lado, quando $Re > 10^4$, o regime de escoamento é chamado turbulento, e o escoamento do fluido é agitado, com mistura contínua de suas diferentes regiões (vide discussão sobre os valores de *Re* no Capítulo 13). Nesse regime, o perfil de velocidade é mais uniforme. Para valores de *Re* entre 2.100 e 10^4, o regime de escoamento é chamado de transiente, com propriedades intermediárias.

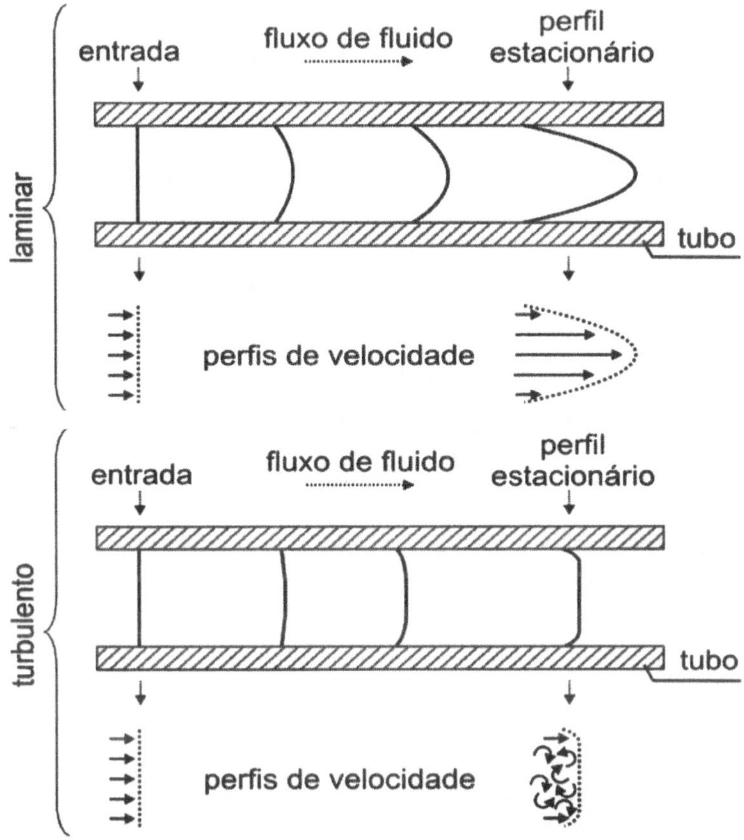

Figura 6.3. Perfis típicos de velocidade de fluidos durante o escoamento dentro de tubulações (fluido newtoniano em regime de escoamento laminar e turbulento).

Para fluidos não newtonianos, o número generalizado de Reynolds deve ser avaliado, considerando os outros parâmetros reológicos (σ_0, k, n). Além disso, os perfis de velocidade durante escoamento dentro da tubulação são diferentes (Figura 6.4).

A definição do regime de escoamento e propriedades é, assim, extremamente importante para o correto delineamento das operações unitárias. Por exemplo, o tempo de residência dentro de tubulações é definido pelo perfil de velocidade do fluido, o qual é função de *Re*. O tempo de retenção define diretamente a inativação microbiana no tubo de retenção durante o processamento térmico de alimentos líquidos. Além disso, o regime de escoamento dentro dos trocadores de calor define a mistura do fluido e, consequentemente, a eficiência da transferência de calor.

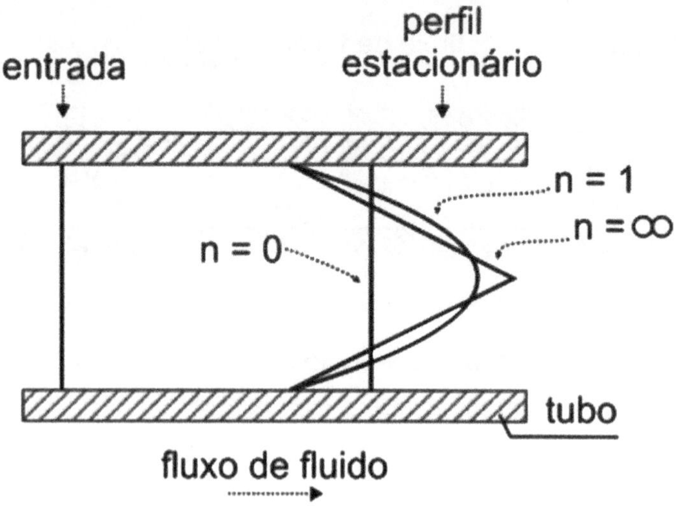

Figura 6.4. Perfis de velocidade durante fluxo laminar dentro de um tubo para fluidos descrito pelo modelo de Ostwald-de-Waele: newtoniano (n = 1), pseudoplástico extremo (n = 0) e dilatante extremo (n = ∞).

Bombeamento e mistura

O regime de escoamento também define a potência necessária durante o bombeamento e a mistura de fluidos, e as propriedades reológicas do produto definem o perfil da tensão de cisalhamento durante processamento.

O atrito entre o fluido e a superfície interna da tubulação dissipa parte da energia cinética associada, resultando na chamada "perda de carga". Essa quantidade de energia deve ser fornecida por uma bomba, a fim de permitir o processo desejado, sendo a potência necessária proporcional a um fator de atrito (*f*, também chamado de fator de Fanning). A Figura 6.5 apresenta o fator de atrito (*f*) para fluidos newtonianos sob diferentes regimes de escoamento e rugosidade relativa dos tubos, chamado de diagrama Moody. Gráficos similares, com outras propriedades, são utilizados para fluidos não newtonianos.

Além disso, a potência necessária para misturar e agitar fluidos ($\dot{w}$) pode ser obtida pelo número de potência associado (*Po*, Equação 13), definido pelas propriedades do fluido (densidade (ρ)) e condições de processo (velocidade angular (ω) e diâmetro do rotor (*Di*)). O número de potência (*Po*), e consequentemente a potência necessária ($\dot{w}$), diminui com o número de Reynolds (*Re*), que deve ser calculado nessa situação utilizando a Equação 14. A Figura 6.5 apresenta a potência necessária durante a mistura de fluidos newtonianos com diferentes rotores/agitadores (hélices, pás, turbinas), por meio da correlação entre número de potência (*Po*) e o número de Reynolds (*Re*). Gráficos similares, com outras propriedades, são utilizados para fluidos não newtonianos.

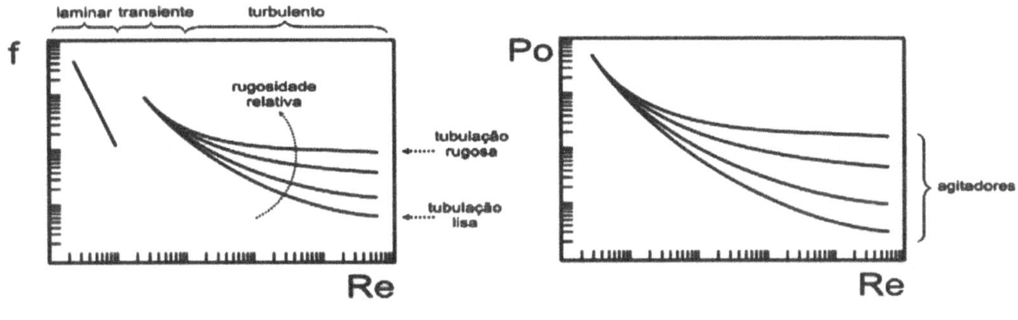

Figura 6.5. Fator de atrito para o escoamento de fluidos newtonianos em tubulações (esquerda); potência necessária durante mistura de fluidos newtonianos com diferentes agitadores (pás, hélices, turbinas) (direita).

$$Po = \frac{\dot{W}}{\rho \cdot \omega^3 \cdot Di^5} \tag{12}$$

$$\mathrm{Re} = \frac{\rho \cdot \omega \cdot Di^2}{\eta} \tag{13}$$

Princípios e operações unitárias de transferência de calor

Os fenômenos de transferência de calor são largamente aplicados no processamento de alimentos, para promover tanto a mudança de temperatura (aquecimento e resfriamento) como as mudanças de estado físico (fusão, cristalização e congelamento, evaporação, condensação e sublimação, principalmente). Consequentemente, muitas operações unitárias no processamento de alimentos são baseadas nos mecanismos de transferência de calor (ou pelo menos contêm tais mecanismos em menor importância), como processamento térmico, congelamento, refrigeração, ebulição, secagem, cozimento, fritura, destilação, liofilização e muitos outros.

O potencial para a transferência de calor é a diferença de temperatura (ΔT) entre corpos ou regiões de um mesmo corpo, que resulta em um fluxo de calor ($\dot{q}$) no sentido do mais quente ao mais frio, até o equilíbrio térmico (isto é, após tempo suficiente, a energia transferida produz um estado de equilíbrio de temperatura no sistema). Existem diferentes mecanismos de transferência de calor, assim como existem diferentes efeitos na matéria quando calor é introduzido ou removido do sistema.

Absorvendo ou removendo energia térmica

A energia recebida pode aumentar a temperatura do corpo e/ou promover uma mudança em seu estado físico, bem como a energia transferida pode diminuir a temperatura do corpo e/ou promover uma mudança em seu estado físico.

Quando a energia térmica promove uma mudança na temperatura do sistema, é chamada de calor sensível. A energia necessária para promover o aquecimento ou resfriamento ($q_{sensível}$) é definida pela massa de produto (m), seu calor específico (Cp) e a diferença de temperatura no processo (ΔT), como descrito na Equação 15.

Quando a energia térmica promove uma mudança no estado físico do sistema, é chamada de calor latente. A energia necessária para promover a mudança ($q_{latente}$) é definida pela massa de produto (m) e o calor latente específico na mudança de fase (L, o qual pode ser de fusão/solidificação, evaporação/condensação, sublimação/ressublimação), como descrito na Equação 16.

$$q_{sensível} = m \cdot Cp \cdot \Delta T \qquad (15)$$

$$q_{latente} = m \cdot L \qquad (16)$$

Entretanto, embora a transição de fases seja um fenômeno bem definido para substâncias puras, não o é para soluções, suspensões, dispersões e produtos complexos, como os alimentos. Por exemplo, o processo de congelamento da água pura e de um alimento é destacado na Figura 6.6.

Para a água pura na pressão atmosférica, uma diminuição em sua temperatura é observada quando o calor é removido, até 0°C (isto é, calor sensível). Neste ponto, qualquer quantidade de energia removida vai mudar o estado físico da quantidade correspondente de moléculas de água, as quais passarão de líquido para sólido, sem a mudança de temperatura (isto é, calor latente). Se ainda mais energia for removida após o completo congelamento, o gelo é então resfriado (isto é, calor sensível).

Por outro lado, o processo de congelamento de alimentos e outros produtos complexos não é definido por uma demarcada mudança no estado físico da água de líquida para sólida, em uma temperatura fixa. Em vez disso, em virtude das propriedades coligativas entre os solutos e a água, a temperatura de início do congelamento é ligeiramente inferior a 0°C, e quando ainda mais energia é removida, o comportamento do produto é descrito por uma contínua progressão de resfriamento-congelamento. Como é a água que é congelada no processo, a concentração da solução aumenta quando parte das moléculas de água passam de líquido para sólido, reduzindo o ponto de congelamento. Consequentemente, é praticamente impossível dissociar a mudança de fase e o resfriamento na curva de congelamento, como é claramente apresentado na Figura 6.6. Como resultado, as Equações 15 e 16 não podem ser utilizadas, e a quantidade de calor deve ser determinada pela entalpia específica associada ($\Delta\hat{H}$), como descrito na Equação 17.

$$q = m \cdot \Delta\hat{H} \qquad (17)$$

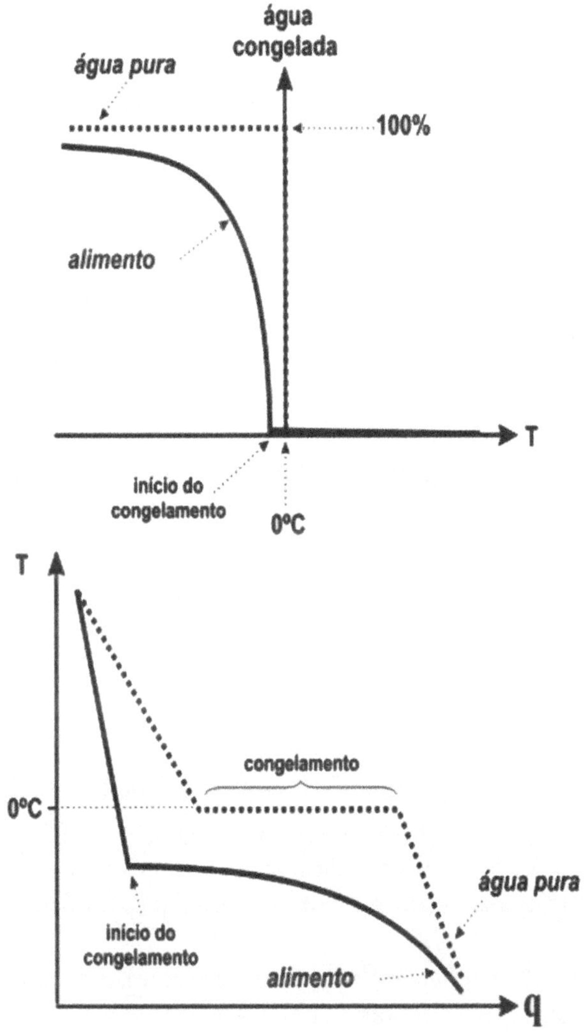

Figura 6.6. Comportamento da água pura e de alimentos durante resfriamento e congelamento (pressão atmosférica): conteúdo de água congelada no equilíbrio como função da temperatura; energia térmica total removida durante processo (*q*).

A Figura 6.6 também mostra outras questões interessantes. Primeiro, é destacado como o calor latente de uma substância é proporcionalmente mais alto que o calor sensível, com importantes consequências no processamento de alimentos. Em segundo lugar, o calor específico (Cp) dos alimentos é menor que o da água, em virtude dos outros componentes, como pode ser visto pela inclinação do gráfico na região de resfriamento. Além disso, o calor específico do gelo é menor que o da água líquida. Finalmente, pelo efeito da fração não congelável quando a água é congelada nos alimentos, é interessante notar que ela não é totalmente congelada em processos normais de alimentos.

Mecanismos de transferência de calor e condições de processo

O potencial que conduz à transferência de calor é a diferença de temperatura (ΔT) entre corpos ou regiões de um mesmo corpo, resultando em um fluxo de calor ($\dot{q}$). O calor é transferido do local mais quente ao mais frio, e a taxa de transferência de calor é diretamente proporcional ao ΔT e inversamente proporcional à resistência térmica (R_T), como descrito pela Equação 18.

$$\dot{q} = \frac{\Delta T}{R_T} \qquad (18)$$

Existem três mecanismos básicos de transferência de calor, chamados condução, convecção e radiação.

O mecanismo de transferência de calor por condução é definido pela energia transferida, em nível molecular, da molécula mais quente para a molécula fria vizinha. É o típico mecanismo de transferência de calor em sólidos, e é caracterizado por ser relativamente lento.

O mecanismo de transferência de calor por convecção acontece em fluidos (líquidos e gases), como há um fluxo macroscópico de matéria. Quando uma região do fluido é aquecida, seu volume aumenta (dilatação térmica), embora sua massa não se modifique, o que resulta na redução de sua densidade. Com uma densidade menor que a das regiões vizinhas, a força de empuxo da região quente aumenta, ficando maior que sua força peso e promovendo um movimento ascendente. Comportamento semelhante, embora com sentido oposto, ocorre para o resfriamento. Consequentemente, quando um fluido é aquecido ou resfriado, existe um movimento resultante, o qual aumenta a taxa de transferência de calor.

O mecanismo de transferência de calor por radiação não precisa de matéria para ocorrer, sendo a energia transferida por radiação eletromagnética, de um corpo quente a um corpo frio.

A transferência de calor, independentemente do mecanismo, pode acontecer em estado estacionário ou em condição transiente.

A condição de estado estacionário é definida quando todas as variáveis físicas permanecem constantes e invariáveis ao longo do tempo através do sistema. Consequentemente, um processo de estado estacionário é aquele em que suas condições são constantes, e as condições e propriedades do processo não são função do tempo. Alguns exemplos de processos de transferência de calor de estado estacionário são os trocadores de calor, câmaras refrigeradas e fornos de operação contínua.

A condição de estado transiente, por outro lado, é definida quando ao menos uma variável física muda ao longo do tempo. Nesse caso, as condições do processo e propriedades são, assim, função do tempo. Alguns exemplos de processos de transferência de calor transiente são os processos térmicos de alimentos embalados e qualquer processo descontínuo.

Transferência de calor em estado estacionário

A transferência de calor por condução na condição de estado estacionário é descrita pela equação de Fourier (Equação 19), em que o fluxo de calor (taxa de transferência de calor) é função da condutividade térmica do produto (k), da área de transferência de calor (A), da diferença de temperatura (ΔT) entre as regiões quentes e frias e o comprimento percorrido pelo fluxo de calor (x). Desse modo, destaca-se que o fluxo de calor é reduzido quando um material isolante é utilizado (isto é, com um valor de k pequeno) e quando sua espessura é aumentada. É interessante notar que a condutividade térmica (k) de alimentos é, em geral, próxima ou ligeiramente abaixo do valor da água (~0,6 W/m·K). Além disso, essa propriedade para o poliestireno expandido (EPS), um dos materiais isolantes mais utilizados, é 0,03 W/m·K, e o k do aço inoxidável (~14 W/m·K), o material mais empregado na indústria de alimentos, é relativamente pequeno quando comparado com outros metais, como o aço carbono (~60 W/m·K), o alumínio (~240 W/m·K) e o cobre (~400 W/m·K).

$$\dot{q}_{condução} = \frac{k \cdot A \cdot \Delta T}{x} \qquad (19)$$

A transferência de calor por convecção na condição de estado estacionário é descrita pela equação de Newton (Equação 20), em que o fluxo de calor é função da área de transferência de calor (A), da diferença de temperatura (ΔT) entre as regiões quentes e frias e de uma propriedade do sistema chamada coeficiente convectivo de transferência de calor (h). O coeficiente convectivo de transferência de calor (h) não é uma propriedade do fluido, mas do sistema, isto é, propriedades do fluido e condições de processo. O valor do coeficiente convectivo de transferência de calor (h) varia bastante no processamento de alimentos, considerando processos de convecção natural e forçada, fluxos internos e externos, fluidos diferentes, temperaturas, velocidades, entre outros. Em geral, o valor de h para processos de alimentos está entre 10^{-1} e 10^4 W/m²·K, podendo alcançar até 10^5 W/m²·K quando há mudanças de fase (ebulição, condensação). O valor de h pode ser obtido experimentalmente para um sistema específico utilizando números adimensionais como os números de Nusselt (Nu), Reynolds (Re), Prandtl (Pr), Grashof (Gr) e Rayleigh (Ra).

$$q_{convecção} = h \cdot A \cdot \Delta T \qquad (20)$$

A transferência de calor por radiação na condição de estado estacionário é descrita pela equação de Stefan-Boltzmann (Equação 21), em que o fluxo de calor é função da área de transferência de calor (A_1), da diferença de temperatura entre os corpos quente (T_1) e frio (T_2), da constante de Stefan-Boltzmann ($\sigma = 5.67 \cdot 10^{-8}$ W/m²·K⁴), da emissividade dos corpos (ε_1, ε_2), do fator de emissão de um corpo interceptado pelo outro (F_{12}) e do coeficiente de absorção dos corpos (a_1, a_2). Apesar de ser menos estudada no processamento de alimentos comparada às transferências de calor por condução e convecção, a transferência de calor por radiação é importante em alguns processos específicos, como em fornos e aquecimento por infravermelho.

$$\dot{q}_{radiação} = F_{12} \cdot A_1 \cdot \sigma \cdot \left(a_2 \cdot \varepsilon_1 \cdot T_1^4 - a_1 \cdot \varepsilon_2 \cdot T_2^4\right) \quad (21)$$

Uma aplicação típica da transferência de calor no estado estacionário no processamento de alimentos são os trocadores de calor. Nesse equipamento, o calor é transferido tanto por condução (através de corpos metálicos) como por convecção (fluidos), e a diferença de temperatura entre (ΔT) os fluidos quentes e frios muda conforme a posição dentro do equipamento. Consequentemente, em vez de avaliar o fenômeno de transferência de calor considerando cada pequena região, o processo é avaliado para todo o equipamento, considerando o coeficiente global de transferência de calor (U) e a Equação 22. O coeficiente global de transferência de calor (U) é definido para cada equipamento e condições de processo (fluidos, fluxos, temperaturas), sendo em geral entre 10 e 10^4 W/m^2·K para processos de alimentos. Além disso, é importante notar que, sendo a diferença de temperatura entre (ΔT) os fluidos quentes e frios função da posição dentro do trocador de calor, a propriedade utilizada na Equação 22 é a diferença média logarítmica da temperatura ($\Delta T_{\ln,}$ Equação 23), também chamada de LMTD. Ela é calculada utilizando a diferença de temperatura entre os fluidos quentes e frios em ambos os lados do trocador de calor (ΔT_1, ΔT_2).

$$\dot{q}_{trocador\_de\_calor} = U \cdot A \cdot \Delta T_{\ln} \quad (22)$$

$$\Delta T_{\ln} = \frac{\Delta T_1 - \Delta T_2}{\ln\left(\Delta T_1 / \Delta T_2\right)} \quad (23)$$

Transferência de calor em estado transiente

Diferentemente do estado estacionário, o potencial para a transferência de calor não é constante no estado transiente, no qual a diferença de temperatura muda ao longo do tempo de processamento ($\Delta T = f(t)$). Consequentemente, a transferência de calor no estado transiente é um fenômeno complexo, sendo difíceis a modelagem e a solução analítica. No entanto, essa avaliação pode ser realizada utilizando soluções numéricas (utilizando computadores), gráficas ou equações preditivas para condições e geometrias simplificadas.

A Equação 24 (equação de Fourier) descreve a taxa de aquecimento (ou resfriamento) de um corpo condutivo no estado transiente e sem "geração" de energia. Ela é descrita pela tendência em transferir calor (definida pela condutividade térmica do produto (k)) e absorver energia, aumentando a temperatura (definida pela densidade do produto (ρ) e calor específico (Cp)). A difusividade térmica (α) é a propriedade que a descreve.

$$\frac{\partial T}{\partial t} = \frac{k}{\rho \cdot Cp} \cdot \nabla^2 T = \alpha \cdot \nabla^2 T \qquad (24)$$

Como a resolução analítica direta da Equação 24 é complicada, uma série de métodos foi desenvolvida para estudar a transferência de calor por condução no estado estacionário. A Figura 6.7 apresenta um dos métodos mais populares, utilizando gráficos e números adimensionais. Nesse gráfico, a temperatura adimensional (θ, Equação 25, em que $T\infty$ é a temperatura no equilíbrio e T_0 é a temperatura inicial) em uma posição específica (existem gráficos para diferentes posições dentro da geometria) e a geometria (existem gráficos para placa perfeita, cilindro infinito e esfera) como função do tempo adimensional, das propriedades térmicas do produto e as condições do sistema.

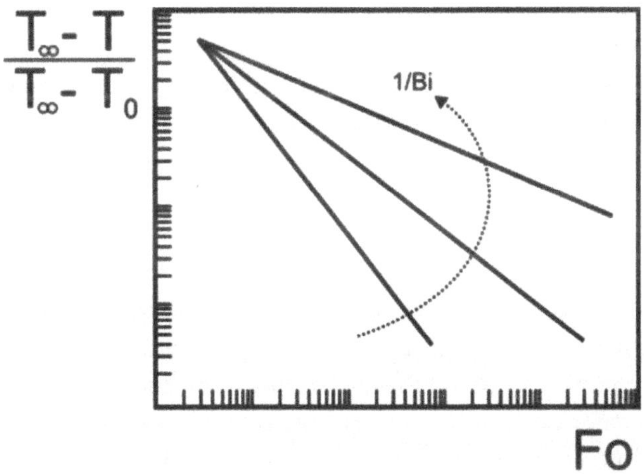

Figura 6.7. Temperatura adimensional em uma posição e geometria específicas (placa, cilindro, esfera) como função do tempo (como o número de Fourier), das propriedades térmicas do produto e das condições do sistema (como o número de Biot).

O tempo adimensional é definido pelo número de Fourier (*Fo*, Equação 26), em que a é a difusividade térmica do produto, *t* é o tempo de processo e L^* é a dimensão característica do produto (o raio para esferas e cilindros longos, e metade da espessura para placas).

O número de Biot (*Bi*, Equação 27), descreve a importância relativa da transferência de calor por condução, dentro do corpo sólido, e da transferência de calor por convecção, na superfície do corpo. É a relação das resistências da transferência de calor dentro do corpo e em sua superfície.

Com a utilização dos gráficos apropriados, similares ao da Figura 6.7, a taxa de aquecimento (ou resfriamento) de um corpo condutivo pode ser avaliada.

$$\theta = \frac{T_\infty - T}{T_\infty - T_0} \qquad (25)$$

$$Fo = \frac{\alpha \cdot t}{(L^*)^2} \qquad (26)$$

$$Bi = \frac{h \cdot L^*}{k} \qquad (27)$$

A transferência de calor por convecção no estado transiente, entretanto, é muito mais complexa, já que envolve o fluxo de fluido. Consequentemente, mais equações devem ser resolvidas, em um procedimento simultâneo, descrevendo a conservação de massa, quantidade de movimento e energia.

A conservação de massa é descrita na Equação 28 (equação da continuidade), em que v_x, v_y e v_z são as velocidades do fluido nas direções x, y e z.

$$\frac{\partial v_x}{\partial x} + \frac{\partial v_y}{\partial y} + \frac{\partial v_z}{\partial z} = 0 \qquad (28)$$

A conservação da quantidade de movimento é descrita pelas Equações 29 a 31 (segunda lei de Newton do movimento), em que a_x, a_y e a_z são as acelerações nas direções x, y e z, p é a quantidade de movimento (ou momento) do produto e η é sua viscosidade (ou, para fluidos não newtonianos, o valor de viscosidade aparente para aquela condição). Observa-se que a quantidade de movimento é conservada independentemente para cada direção.

$$\rho \cdot \left(\frac{\partial v_x}{\partial t} + v_x \frac{\partial v_x}{\partial x} + v_y \frac{\partial v_x}{\partial y} + v_z \frac{\partial v_x}{\partial z} \right) = \rho \cdot a_x - \frac{\partial p}{\partial x} + \eta \cdot \left(\frac{\partial^2 v_x}{\partial x^2} + \frac{\partial^2 v_x}{\partial y^2} + \frac{\partial^2 v_x}{\partial z^2} \right) \qquad (29)$$

$$\rho \cdot \left(\frac{\partial v_y}{\partial t} + v_x \frac{\partial v_y}{\partial x} + v_y \frac{\partial v_y}{\partial y} + v_z \frac{\partial v_y}{\partial z} \right) = \rho \cdot a_y - \frac{\partial p}{\partial y} + \eta \cdot \left(\frac{\partial^2 v_y}{\partial x^2} + \frac{\partial^2 v_y}{\partial y^2} + \frac{\partial^2 v_y}{\partial z^2} \right) \qquad (30)$$

$$\rho \cdot \left(\frac{\partial v_z}{\partial t} + v_x \frac{\partial v_z}{\partial x} + v_y \frac{\partial v_z}{\partial y} + v_z \frac{\partial v_z}{\partial z} \right) = \rho \cdot a_z - \frac{\partial p}{\partial z} + \eta \cdot \left(\frac{\partial^2 v_z}{\partial x^2} + \frac{\partial^2 v_z}{\partial y^2} + \frac{\partial^2 v_z}{\partial z^2} \right) \qquad (31)$$

Por fim, a conservação de energia é descrita pela Equação 32 (primeira lei da termodinâmica), em que as condições convectivas (descritas pelo fluxo de fluido) são introduzidas na Equação 24.

$$\frac{\partial T}{\partial t}+v_x\frac{\partial T}{\partial x}+v_y\frac{\partial T}{\partial y}+v_z\frac{\partial T}{\partial z}=\frac{1}{\rho\cdot Cp}\left[\frac{\partial}{\partial x}\left(k\cdot\frac{\partial T}{\partial x}\right)+\frac{\partial}{\partial y}\left(k\cdot\frac{\partial T}{\partial y}\right)+\frac{\partial}{\partial z}\left(k\cdot\frac{\partial T}{\partial z}\right)\right] \quad (32)$$

Transferência de calor no processamento térmico de alimentos

A transferência de calor em processos térmicos de alimentos é um caso específico que implica importantes questões relacionadas à segurança do consumo e qualidade do produto final. Mais detalhes são apresentados no Capítulo 8.

Princípios e operações unitárias de transferência de massa

O fenômeno de transferência de massa descreve a transferência de matéria, sendo regulada pela lei da conservação de massa (matéria) (também chamada de lei de Lavoisier) e pelo equilíbrio termodinâmico. Típicas operações unitárias de transferência de massa são as extrações (sólido-líquido, líquido-líquido, supercrítico), desidratação osmótica, acidificação, hidratação, salga, secagem, entre outras. Outras operações unitárias contêm tanto mecanismos de transferência de calor como de massa, como secagem, cozimento, fritura, destilação, liofilização, evaporação, defumação, entre outras.

A matéria é transferida de uma região de alta concentração (ou atividade) para uma região de menor concentração (ou atividade), tentando alcançar o equilíbrio (isto é, depois de tempo suficiente, a matéria transferida produz um estado de equilíbrio na concentração, ou atividade, do sistema). Consequentemente, o potencial para a transferência de massa é a diferença na concentração (ΔC) entre regiões, a qual resulta no fluxo de massa ($\dot{m}$).

Do ponto de vista termodinâmico, o potencial químico (μ_J) e, consequentemente, a atividade (a_J) de um componente J, constituem o potencial de transferência de massa/matéria. Entretanto, o potencial pode ser simplificadamente considerado como a concentração molecular em grande parte dos casos. Consequentemente, o potencial para a transferência de massa é a diferença na concentração (ΔC) entre regiões, a qual resulta no fluxo de massa ($\dot{m}$). Os fenômenos de transferência de água em alimentos (secagem e hidratação, por exemplo), no entanto, são exemplos típicos de processos nos quais o potencial para o fluxo de massa é a atividade de água (a_w) e não a umidade (concentração de água).

Existem diferentes mecanismos de transferência de massa, e alguns são mais estudados e compreendidos, enquanto outros ainda não são completamente compreendidos no processamento de alimentos.

Mecanismos de transferência de massa

Existem dois principais mecanismos de transferência de massa, denominados difusão e convecção, os quais podem ocorrer nas condições de estado estacionário ou transiente. Entretanto, existem outros mecanismos de transferência de massa (como a capilaridade), nos quais a importância é dependente do processo.

Algumas avaliações de transferência de massa são estudadas utilizando analogias com o fenômeno de transferência de calor, no qual a difusão de massa é comparada com a transferência de calor por condução, e a convecção é comparada para ambas as transferências de calor e de massa.

O processo de difusão é descrito pela equação de Fick (Equação 5), em que o fluxo de massa é proporcional ao gradiente de concentração (∇C) da matéria transportada e sua difusividade (D) sobre a fase estacionária. Esse é o principal mecanismo de transporte de líquidos e sólidos em sólidos, como o fluxo da água em grãos (hidratação), íons H^+ em vegetais (acidificação), Na^+ e Cl^- em carnes (salga), solvente em grãos (extração), entre outros.

Na condição de estado estacionário, a equação de Fick pode ser escrita como a Equação 33, em que a substância S é transportada através de outra B. Portanto, o fluxo de massa é função da difusividade de S sobre B (D_{SB}), da diferença da concentração de S entre os pontos 1 e 2 e do espaço entre esses pontos. De fato, existem poucos exemplos de transferência de massa em estado estacionário no processamento de alimentos.

$$\frac{\dot{m}_S}{A} = \frac{D_{SB} \cdot (C_{S_1} - C_{S_2})}{x_2 - x_1} \qquad (33)$$

A Equação 34 descreve a variação da substância avaliada ao longo do tempo de processo na condição de estado transiente.

$$\frac{\partial C}{\partial t} = D \cdot \nabla^2 C \qquad (34)$$

Embora a resolução direta da Equação 34 seja difícil, sua solução está disponível como uma série de equações e gráficos para algumas geometrias específicas, como esfera, cilindro infinito e placas perfeitas. Como exemplo, a Figura 6.8 apresenta o método gráfico baseado em números adimensionais relacionando concentração de uma substância (C^*, Equação 35, em que C_m é a concentração média ao longo do produto, $C\infty$ é a concentração no equilíbrio e C_0 é a concentração inicial) a uma geometria específica (existem gráficos para placas perfeitas, cilindros e esferas) como função do tempo adimensional.

O tempo adimensional é definido pelo número de Fick (*Fi*, Equação 36), em que D é a difusividade da substância, t é o tempo de processo e L^* é a dimensão característica do produto. Por meio da utilização de gráficos apropriados, o fenômeno de transferência de massa pode ser avaliado.

$$C^* = \frac{C_m - C_\infty}{C_0 - C_\infty} \quad (35)$$

$$Fi = \frac{D \cdot t}{(L^*)^2} \quad (36)$$

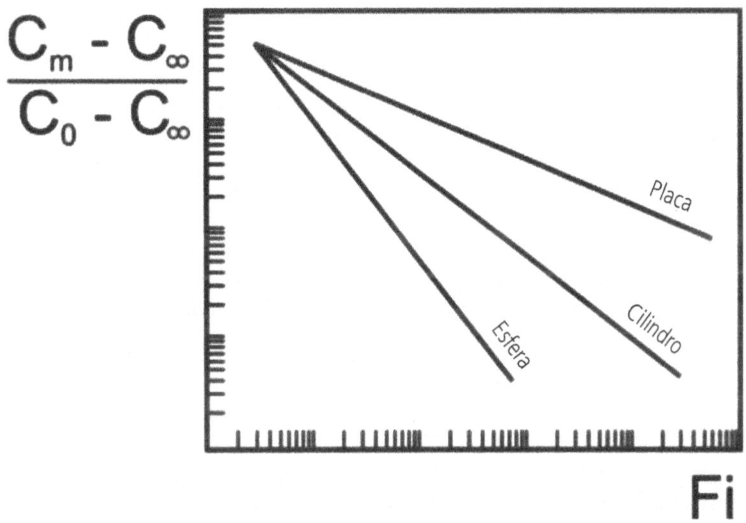

Figura 6.8. Concentração média adimensional em geometrias específicas (placa, cilindro, esfera) como função do tempo (como o número de Fick) em um processo de transferência de massa por difusão.

Quando a concentração de um fluido é modificada, sua densidade aumenta ou diminui, e sua força de empuxo se torna diferente da força peso. Consequentemente, existe a formação de correntes de convecção naturais, com a movimentação do fluido. A transferência de massa por convecção é definida pela transferência macroscópica de matéria decorrente do fluxo de fluido, similar ao fenômeno de transferência de calor. Na condição de estado estacionário, é descrito pela Equação 37, em que o fluxo de massa é função da área de transferência (A), da diferença de concentração (ΔC) entre as regiões e do coeficiente de transferência de massa por convecção (h_m). O valor de h_m pode ser obtido experimentalmente para um sistema específico utilizando números adimensionais como os números de Sherwood (*Sh*), Schmidt (*Sc*), Reynolds (*Re*) e Lewis (*Le*).

$$\dot{m}_{convecção} = h_m \cdot A \cdot \Delta C \quad (37)$$

A transferência de massa por convecção no estado transiente, entretanto, é muito mais complexa, já que envolve o fluxo de fluido (Equação 38). Ainda assim, ela pode ser avaliada resolvendo simultaneamente a Equação 38 com a equação de conservação de massa geral (Equação 28), a conservação de quantidade de movimento (Equações 29, 30 e 31) e, se for o caso, a conservação de energia (Equação 32). Ela é, em geral, solucionada utilizando soluções numéricas computacionalmente.

$$\frac{\partial C}{\partial t} + v_x \frac{\partial C}{\partial x} + v_y \frac{\partial C}{\partial y} + v_z \frac{\partial C}{\partial z} = \frac{\partial}{\partial x}\left(D \cdot \frac{\partial C}{\partial x}\right) + \frac{\partial}{\partial y}\left(D \cdot \frac{\partial C}{\partial y}\right) + \frac{\partial}{\partial z}\left(D \cdot \frac{\partial C}{\partial z}\right) \quad (38)$$

Cinética de reações

Como já discutido nos capítulos anteriores, inúmeras reações (químicas, físicas, físico-químicas, bioquímicas e microbiológicas) ocorrem nos alimentos durante processamento e armazenamento. Para entendimento, modelamento e dimensionamento de processos, princípios cinéticos gerais podem ser utilizados, considerando-se cinéticas de ordem definida, cinéticas semiempíricas ou cinéticas empíricas.

As seções anteriores apresentaram as equações que descrevem os principais fenômenos físicos envolvidos no processamento de alimentos (transferência de quantidade de movimento, de calor e de massa). A presente seção descreve, portanto, as equações que descrevem as principais reações que ocorrem em alimentos.

Diversos modelos matemáticos, com complexidades distintas, descrevem a cinética de reações em alimentos. Portanto, a escolha consciente de um modelo deve levar em consideração diversos fatores. Destacam-se aqui dois importantes fatores.

O primeiro é a descrição do fenômeno. Assim, sempre que possível, é importante utilizar modelos cujos parâmetros possuam significado fundamental (químico, físico, físico-químico, bioquímico e/ou microbiológico), descrevendo adequadamente o fenômeno observado. Em virtude da complexidade dos alimentos e de suas reações, isso nem sempre é possível, sendo necessária a utilização de modelos semiempíricos (isto é, cujos parâmetros descrevem apenas uma parte do fenômeno, com diferentes graus de simplificação) ou empíricos (isto é, cujos parâmetros não possuem significado estabelecido, porém mesmo assim a função matemática consegue descrever os dados experimentais).

O segundo é a simplicidade. Uma regra diz que, se dois modelos descrevem igualmente bem um fenômeno, o mais simples é preferido (e provavelmente o mais correto). Assim, sempre que possível, utilizam-se modelos com o menor número de parâmetros e função matemática mais simples.

A seguir, são descritas as principais questões relacionadas às cinéticas de reações em alimentos.

Cinéticas de ordem definida

Grande parte das reações que ocorrem em alimentos são limitadas pela sua taxa, ao contrário de reações químicas moleculares (ácido-base, por exemplo), cuja taxa é tão alta que as reações são limitadas pela difusão dos reagentes.

Assim, a taxa de decomposição de um componente decorrente de determinada reação pode ser genericamente descrita por uma função potência, como descrito na Equação 39 (em que c é a concentração do componente em questão, k é a constante cinética da reação e n é o valor da ordem da reação). Inativação microbiana, perda de nutrientes, liberação de um composto, entre outras, são exemplos de reações que poderiam ser descritas por essa equação. Ainda, ao mudar o sinal do termo da direita (ou considerando-se um valor de k negativo), reações em que há aumento da concentração de um componente poderiam ser descritas. Assim, observa-se que a Equação 39 descreve a cinética de reações de uma forma geral.

$$\frac{dc}{dt} = -k \cdot c^n \qquad (39)$$

O valor de concentração do componente em qualquer intervalo de tempo pode ser obtido integrando-se a Equação 39 (como apresentado na Equação 40), sendo então descrito na Equação 41 [para todas as cinéticas, exceto as de primeira ordem (n = 1)] ou Equação 43 (para a cinética de primeira ordem). A Figura 6.9 apresenta a decomposição de um componente arbitrário seguindo reações com cinéticas de diferentes ordens (n= 0,0 – 10,0) e parâmetro cinético fixo, pelas Equações 41 e 42.

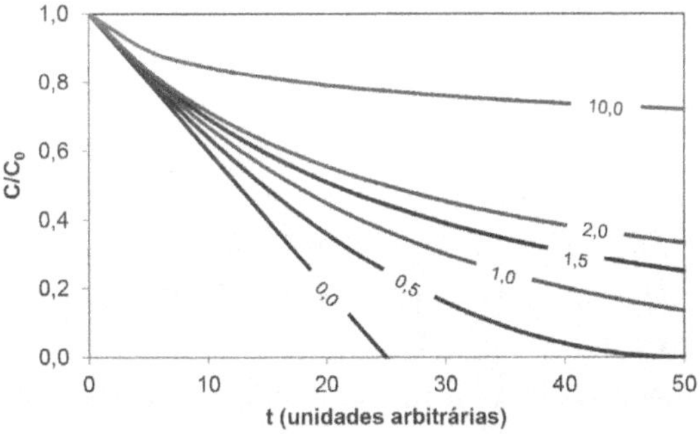

Figura 6.9. Decomposição de um componente seguindo reações com cinéticas de diferentes ordens (n = 0,0 – 10,0) e parâmetro cinético fixo.

$$\int_{c_0}^{c} \frac{dc}{-k \cdot c^n} = \int_{t_0}^{t} dt \qquad (40)$$

$$c^{1-n} = c_0^{1-n} + (n-1) \cdot k \cdot t \quad \{\text{para } n \neq 1\} \qquad (41)$$

$$c = c_0 \cdot e^{-k \cdot t} \quad \{\text{para } n=1\} \qquad (42)$$

Em geral, as cinéticas de ordem zero (n = 0; Equação 43), de primeira ordem (n = 1; Equação 44) e de segunda ordem (n = 2; Equação 45) são as mais relatadas para alimentos.

A cinética de ordem zero (Equação 43) é observada em situações nas quais apenas uma pequena fração do componente em estudo é decomposta/inativada. Descreve uma redução linear da concentração do componente, o que claramente não pode acontecer indefinidamente (caso contrário resultaria em valores negativos). Assim, a cinética de ordem zero formalmente descreve uma reação que independe da concentração dos reagentes e produtos e, portanto, só pode ser válida em condições que se aproximem da descrita.

A cinética de primeira ordem (Equação 44) é largamente observada e utilizada, por exemplo, para descrição de inativação microbiana, enzimática e destruição de nutrientes durante o processamento térmico e não térmico de alimentos. Descreve uma redução exponencial da concentração do componente, que, portanto, tende a zero (porém nunca se define como zero) em tempos suficientemente longos de processo.

A cinética de segunda ordem (Equação 45) descreve reação mais complexa, envolvendo mais de uma molécula, com poucas descrições na área de alimentos.

$$c = c_0 - k \cdot t \qquad (43)$$

$$c = c_0 \cdot e^{-k \cdot t} \qquad (44)$$

$$c = \frac{c_0}{1 + c_0 \cdot k \cdot t} \qquad (45)$$

Cinéticas de ordem definida: múltiplas reações e componentes

Em virtude da complexidade dos alimentos e, consequentemente, das reações que ocorrem neles, em alguns casos as equações que descrevem o fenômeno observado podem ser mais complexas, mesmo que seguindo cinéticas de ordem definida. Tal complexidade é decorrente da existência de múltiplas reações intermediárias e/ou componentes. Assim, ao realizar uma observação mais geral, e não para cada componente/reação separadamente, a cinética observada se torna mais complexa.

Esse é o caso, por exemplo, da inativação de diversas enzimas, ao se observar a variação na atividade residual (A/A_0) em função do tempo de exposição a diferentes processos (processo térmico, radiação ultravioleta etc.).

O comportamento mais simples observado para a inativação enzimática é o descrito pela cinética de primeira ordem (Equações 44, 47 e 48). Essa abordagem considera que o mecanismo de inativação (Equação 46) descreve a passagem da forma nativa da enzima (*N*) para um único estado inativo em virtude da desnaturação (*D*), sendo a cinética observada, de primeira ordem. Tal comportamento fora observado, por exemplo, para a inativação pela radiação ultravioleta das enzimas carboxipeptidase A e tripsina.[18]

$$N \xrightarrow{k} D \qquad (46)$$

$$\frac{dA(t)}{dt} = -k \cdot A \qquad (47)$$

$$\ln\left[\frac{A(t)}{A_0}\right] = -k \cdot t \qquad (48)$$

Entretanto, a presença de diferentes frações enzimáticas e/ou estados intermediários de atividade faz com que algumas enzimas apresentem cinéticas de inativação mais complexa.

Um exemplo típico é a inativação das enzimas polifenoloxidase e peroxidase em água de coco, tanto por meio do processamento térmico[19] quanto por meio da radiação ultravioleta.[20] Nesse caso, considera-se a presença de duas frações, que podem ser isoenzimas ou a enzima isolada e agregados, por exemplo, compreendendo fração mais sensível e mais resistente. Nesse caso, utiliza-se um modelo de inativação em duas frações, de forma semelhante ao descrito na Equação 51, em que k_S é a constante de inativação térmica da fração sensível, k_R é a constante da fração resistente e o parâmetro a é a resistência relativa da fração sensível.

$$N_S \xrightarrow{k_S} D_S \tag{49}$$

$$N_R \xrightarrow{k_R} D_R \tag{50}$$

$$\frac{A(t)}{A_0} = \alpha \cdot \exp(-k_S \cdot t) + (1-\alpha) \cdot \exp(-k_R \cdot t) \tag{51}$$

Por fim, o processo pode ser descrito por um mecanismo de duas etapas (Equação 52). Na primeira etapa, a forma nativa da enzima (N) é desnaturada para uma forma intermediária (I), cuja atividade pode ser tanto maior quanto menor que a original. Na segunda etapa, a forma intermediária (I) é então inativada pela desnaturação (D). Tal comportamento é descrito pela Equação 53, em que k_1 é a constante de desnaturação da primeira etapa, k_2 é a constante da segunda etapa e o parâmetro Λ descreve a razão entre as atividades da forma intermediária e nativa.[21] Tal comportamento fora observado, por exemplo, para a inativação de poligalacturonase por pulsos elétricos pulsantes[21] e polifenoloxidase e peroxidase por radiação ultravioleta.[22,23]

$$N \xrightarrow{k_1} I \xrightarrow{k_2} D \tag{52}$$

$$\frac{A(t)}{A_0} = e^{-k_1 \cdot t} - \frac{k_1 \cdot \Lambda}{(k_1 - k_2)} (e^{-k_1 \cdot t} - e^{-k_2 \cdot t}) \tag{53}$$

Cinéticas semiempíricas e empíricas

Simplificadamente, os modelos semiempíricos são aqueles cuja função matemática e/ou cujos parâmetros descrevem apenas uma parte do fenômeno, com diferentes graus de simplificação, porém que ainda possuem algum grau de descrição do mecanismo. Por outro lado, os modelos empíricos são aqueles cuja função matemática e/ou cujos parâmetros não possuem significado estabelecido, porém mesmo assim conseguem descrever adequadamente os dados experimentais.

Em virtude da complexidade dos alimentos e das reações que acontecem nos mesmos, diversos modelos semiempíricos e empíricos são frequentemente utilizados. A seguir são descritos, como exemplos, alguns modelos semiempíricos ou empíricos utilizados para descrever a cinética de duas reações de enorme importância em alimentos: o crescimento microbiano e a inativação microbiana.

Ainda de forma a permitir comparações e discussões, apresentam-se também alguns modelos semiempíricos ou empíricos utilizados para descrever a cinética de dois fenômenos físicos de transferência de massa em alimentos (em comparação com as equações da seção "Princípios e operações unitárias de transferência de massa"): hidratação e secagem.

Crescimento e inativação microbiana

Em muitos casos, a inativação microbiana segue a cinética de primeira ordem (Equação 44). Em alguns casos, no entanto, a inativação microbiana desvia dessa cinética, sendo necessários outros modelos para descrevê-la. Um dos modelos mais utilizados para descrever a inativação microbiana não linear é o modelo de Weibull (Equação 54).[24] Essa cinética é definida por dois parâmetros, sendo o parâmetro n relacionado com a forma da curva obtida. Quando esse parâmetro é igual a 1,0, a inativação microbiana segue a cinética de primeira ordem, obtendo-se uma reta como na Figura 6.10. Quando $n < 1,0$, apresenta-se como uma curva com concavidade para cima, demonstrando que existe uma fração microbiana resistente e uma inativação máxima alcançada. Por outro lado, quando $n > 1,0$, apresenta-se como uma curva com concavidade para baixo, destacando uma resistência inicial para a inativação.

$$\log\left(\frac{C_0}{C_f}\right) = b \cdot t^n \qquad (54)$$

A cinética de desenvolvimento microbiano segue uma curva com as características fases lag (ou latência), exponencial (ou logarítmica), estacionária e de latência (ou morte). Como o crescimento em alimentos em geral só ocorre até a fase estacionária (a partir daí, em geral, o alimento já está tão alterado que tal crescimento não é mais avaliado), o crescimento microbiano é descrito por uma curva sigmoidal (Figura 6.11).

Os principais modelos utilizados para descrever a cinética de desenvolvimento microbiano são os modelos de Gompertz (Equação 55, em que C é a carga microbiana (e os subíndices 0 e ∞ representam a carga no tempo inicial e o valor máximo), k_m é a taxa máxima de crescimento e M é o tempo em que a taxa de crescimento é máxima) e Baranyi-Roberts (Equações 56-58, em que μ_{max} é a taxa máxima de crescimento, q_0 é uma medida do estado fisiológico inicial das células, m é um parâmetro relacionado à curvatura da curva após a fase exponencial e l é a duração da fase lag).[25-27]

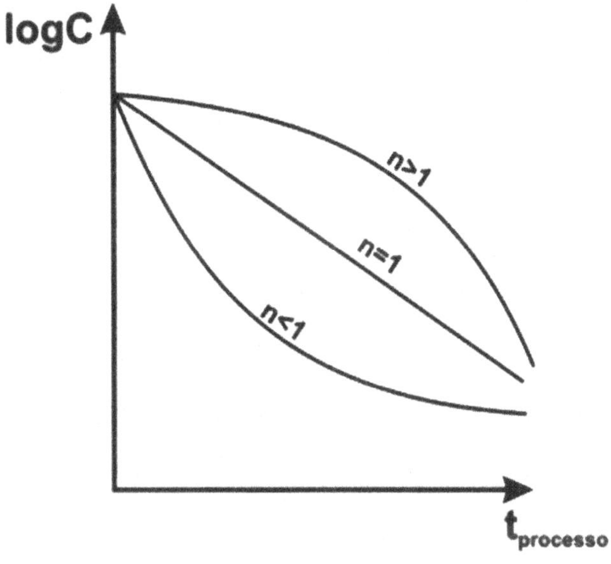

Figura 6.10. Inativação microbiana segundo o modelo de Weibull (Equação 54).

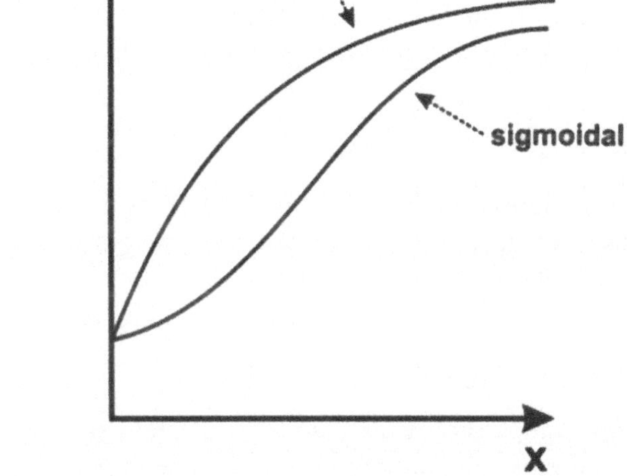

Figura 6.11. Representação esquemática de funções matemáticas cujas curvas apresentam diferentes comportamentos: concavidade para baixo e sigmoidal (como exemplo, a cinética de hidratação de alimentos pode ser descrita por curvas semelhantes às apresentadas).

$$\log C = C_0 + \frac{C_\infty}{C_0} \cdot \exp\left[\exp(-k_m \cdot (t - M))\right] \quad (55)$$

$$\log C = \log C_0 + \mu_{\max} \cdot A(t) - \frac{1}{m}\left[1 + \frac{e^{m \cdot \mu_{\max} \cdot A(t)} - 1}{e^{m \cdot (\log C_\infty - \log C_0)}}\right] \quad (56)$$

$$A(t) = t + \frac{1}{\mu_{\max}} \ln\left[\frac{e^{-\mu_{\max} \cdot t} + q_0}{1 + q_0}\right] \quad (57)$$

$$\lambda = \frac{\ln\left(1 + \frac{1}{q_0}\right)}{\mu_{\max}} \quad (58)$$

Entretanto, diversos outros modelos têm sido propostos, como os modelos de Verhulst (logístico) Richards, Stannard, Schnute, Monod e Ibarz-Augusto. O modelo de Ibarz-Augusto[28] (Equação 59) descreve a biomassa microbiana produzida (*M(t)*) durante processos fermentativos por meio de três parâmetros: K_1 (que descreve o valor máximo de biomassa produzido), K_2 (que é proporcional ao parâmetro cinético de crescimento) e K_3 (que representa a diferença relativa entre a concentração de biomassa microbiana inicial e final).

$$M(t) = \frac{K_1 \cdot \exp\left[K_2 \cdot t\right]}{K_3 + \exp\left[K_2 \cdot t\right]} \quad (59)$$

Destaca-se, assim, a importância de avaliação de diferentes modelos matemáticos, uma vez que os dados reais não seguem modelos específicos e, em geral, cada conjunto de dados em particular se ajusta melhor a um modelo específico.

Fenômenos físicos: hidratação e secagem

De forma a permitir comparações e discussões, apresentam-se alguns modelos semiempíricos ou empíricos utilizados para descrever a cinética de transferência de massa em alimentos durante o processo de hidratação. Alguns desses modelos também são utilizados para descrever o processo de secagem de alimentos.

Existem dois perfis típicos e distintos de hidratação de alimentos, representados na Figura 6.11, como a evolução de sua umidade durante o processo (*M(t)*).

O primeiro deles descreve uma curva com concavidade para baixo. Nesse caso não há fase lag inicial, e o alimento absorve água com taxa máxima no início do processo. A taxa de absorção de água é então reduzida continuamente até zero, em tempo suficientemente longo, quando o alimento atinge a umidade de equilíbrio.

Tal comportamento pode ser descrito pelo modelo de Fick (Equação 34), embora com relativa dificuldade de resolução. Ainda, diversas considerações devem ser realizadas, como simplificações geométricas (em geral, para as geometrias de esfera, placa plana ou cilindro), consideração de produto isotrópico (com propriedades físicas uniformes) e que a difusão é o mecanismo dominante no processo (considerando-se um valor de difusividade efetiva – D_{eff}). Entretanto, tendo em vista as propriedades complexas dos alimentos (geométricas, químicas, físicas) e suas alterações durante o processamento, assim como a grande importância de mecanismos não difusivos no fenômeno de transferência de massa (em especial a capilaridade e a convecção), destaca-se a grande limitação (matemática, física e/ou conceitual) da descrição de tais fenômenos com o uso do modelo de Fick.

Como consequência, diversos modelos empíricos e semiempíricos têm sido propostos para descrever a hidratação de alimentos, como os de Lewis (cinética de primeira ordem; Equação 60),[29] Page (Equação 61),[30] Henderson (Equação 62),[31] Peleg (Equação 63),[32] Weibull (Equação 64)[33] e Ibarz-González-Barbosa-Cánovas (Equação 65).[34] Dentre eles, sem dúvida, o modelo de Peleg (Equação 63)[32] é o mais utilizado.

O modelo de Peleg (Equação 63)[32] descreve o processo de hidratação por meio de dois parâmetros: k_1, cujo inverso está relacionado à taxa de absorção de água, que é máxima no início do processo ($(dM(t)/dt)_{máximo} = 1/k_1$); e k_2, cujo inverso está relacionado à umidade no equilíbrio ($M(t \rightarrow \infty) = M_0 + 1/k_2$).

$$M(t) = M_\infty + (M_0 - M_\infty)\exp(-k_L \cdot t) \tag{60}$$

$$M(t) = M_\infty + (M_0 - M_\infty)\exp(-k_{P1} \cdot t^{k_{P2}}) \tag{61}$$

$$M(t) = M_\infty + (M_0 - M_\infty)[P_1 \cdot \exp(-k_{H1} \cdot t) + P_2 \cdot \exp(-k_{H2} \cdot t)] \tag{62}$$

$$M(t) = M_0 + \frac{t}{k_1 + k_2 \cdot t} \tag{63}$$

$$\frac{M(t)}{M_\infty} = 1 - \exp\left[-\left(\frac{t}{\alpha}\right)^\beta\right] \tag{64}$$

$$M(t) = \frac{k_{I0}}{k_{I1}} - \left(\frac{k_{I0}}{k_{I1}} - M_0\right)\exp(-k_{I1} \cdot t) \tag{65}$$

Entretanto, embora seja o modelo mais utilizado, a equação de Peleg não descreve uma fase lag inicial, que é observada durante a hidratação de alguns grãos secos. Tal comportamento se deve ao complexo fenômeno[35,36] de hidratação de grãos, com rotas específicas de entrada e movimentação da água e que não consegue ser descrito apenas pelos processos difusivos e pelo modelo de Fick (Equação 34).

Neste caso, uma função sigmoidal deve ser utilizada, descrevendo uma fase lag inicial, de baixa taxa de absorção de água, seguida por uma fase de elevada taxa de absorção e, finalmente, por uma fase estacionária, de baixa absorção. Para tal, dois modelos são apresentados na literatura: o modelo de Kaptso et al. (Equação 66),[37] que utiliza três parâmetros: τ (que descreve o ponto de inflexão da função e refere-se à fase lag), k_K (parâmetro cinético) e M_{eq} (umidade no equilíbrio, que descreve a máxima absorção de água); e o modelo de Ibarz-Augusto (Equação 67),[38] que utiliza dois parâmetros, já que a umidade inicial é uma propriedade variável do produto: k_{IA} (parâmetro cinético, que também se refere à fase lag) e M_{eq} (umidade no equilíbrio).

$$M(t) = \frac{M_{eq}}{1 + \exp\left[-k_K \cdot (t - \tau)\right]} \tag{66}$$

$$M(t) = \frac{M_{eq}}{1 + \dfrac{M_{eq} - M_0}{M_0} \exp\left(-k_{IA} \cdot M_{eq} \cdot t\right)} \tag{67}$$

O processo de secagem de alimentos em camadas finas é bastante estudado, tendo sido descrito por inúmeros modelos semiempíricos e empíricos. Além dos já citados modelos de Lewis (cinética de primeira ordem, Equação 60),[29] Page (Equação 61)[30] e Henderson (Equação 62),[31] também são bastante utilizadas diversas modificações do modelo de Page, o modelo de Henderson e Pabis (Equação 68), o modelo logarítmico (Equação 69), além de diversos modelos empíricos, incluindo o uso de polinômios de diferentes graus.[39]

$$M(t) = M_\infty + (M_0 - M_\infty) \cdot \left[a \cdot \exp(-k_L \cdot t)\right] \tag{68}$$

$$M(t) = M_\infty + (M_0 - M_\infty) \cdot \left[a \cdot \exp(-k_L \cdot t) + c\right] \tag{69}$$

Conclusões

O estudo e a avaliação de operações unitárias e cinética de reações são essenciais para garantir um processamento de alimentos adequado e otimizado. Cada uma das operações unitárias possui seu próprio impacto na carga microbiana e propriedades dos alimentos, assim como cada reação que ocorre nos alimentos durante seu processamento e estocagem possui cinética própria, que deve ser devidamente conhecida e modelada. Portanto, é essencial compreender os princípios físicos, químicos e matemáticos envolvidos em cada etapa do processamento de alimentos.

O presente capítulo descreveu os princípios dos fenômenos de transporte e operações unitárias no processamento de alimentos, assim como das cinéticas de reações envolvidas. As principais características e equações foram abordadas, apresentando as informações básicas necessárias para melhor entendimento dos demais capítulos. Consequentemente, sugere-se ao leitor a consulta deste capítulo para auxílio e discussões dos demais.

REFERÊNCIAS

1. Augusto PED, Tribst AAL, Cristianini M. Thermal processes, commercial sterility (retort). In: Batt C, Tortorello ML, ed. Encyclopedia of food microbiology. 2. ed. San Diego: Academic Press; 2014.
2. Augusto PED, Vitali AA. Assessing juices quality: advances in the determination of rheological properties of fruit juices and derivatives. In: Falguera V, Ibarz A, ed. Juice processing: quality, safety and value-added opportunities. Boca Raton: CRC Press; 2014.
3. Campbell-Platt G, ed. Food science and technology. Londres: Wiley-Blackwell; 2009.
4. Earle RL, Earle MD. Unit operations in food processing. Oxford: Pergamon Press; 1983. Disponível em: http://www.nzifst.org.nz/unitoperations/.
5. Fellows P. Food processing technology: principles and practice. 2. ed. Cambridge: Woodhead Publishing Limited; 2000.
6. Ibarz A, Barbosa-Cánovas GV. Introduction to food process engineering. Boca Raton: CRC Press; 2014.
7. Ibarz A, Barbosa-Cánovas GV. Unit operations in food engineering. Boca Raton: CRC Press; 2003.
8. Incropera FP, DeWitt DP. Fundamentos de transferência de calor e de massa. Rio de Janeiro: Livros Técnicos e Científicos; 2003.
9. Meireles MAA, Pereira CG, ed. Fundamentos de engenharia de alimentos. São Paulo: Atheneu; 2013.
10. Ordóñez JA, ed. Tecnologia de alimentos. Volume 1: Componentes dos alimentos e processos. Porto Alegre: Artmed; 2005.
11. Rao MA. Rheology of fluid and semisolid foods: principles and applications. Gaithersburg: Aspen Publishers; 1999.
12. Saravacos GD, Maroulis ZB. Food process engineering operations. Boca Raton: CRC Press; 2011.
13. Singh RP, Heldman DR. Introduction to food engineering. San Diego: Academic Press; 2009.
14. Steffe JF. Rheological methods in food process engineering. 2. ed. East Lansing: Freeman Press; 1996.
15. Van Boekel MA. Kinetic modeling of food quality: a critical review. Compr Rev Food Sci Food Saf. 2008;7(1):144-58.
16. Van Boekel MA, Tijskens LMM. Kinetic modeling. In: Tijskens LMM, Hertog MLATM, Nicolai BM, ed. Food process modelling. Cambridge: Woodhead Pub. Lim.; 2001.
17. Walstra P. Physical chemistry of foods. New York: Marcel Dekker; 2003.
18. Ibarz A, Garvín A, Garza S, Pagán J. Inactivation of carboxypeptidase A and trypsin by UV-visible light. Inn Food Sci Emerg Technol. 2009;10(4):517e-521.

19. Murasaki-Aliberti NDC, Da Silva R, Gut JA, Tadini CC. Thermal inactivation of polyphenoloxidase and peroxidase in green coconut (Cocos nucifera) water. Int J Food Sci Technol. 2009;44(12):2662-8.
20. Augusto PE, Ibarz R, Garvín A, Ibarz A. Peroxidase (POD) and polyphenol oxidase (PPO) photo-inactivation in a coconut water model solution using ultraviolet (UV). Food Res Int. 2015;74:151-9.
21. Giner-Seguí J, Bailo-Ballarín E, Gorinstein S, Martín-Belloso O. New kinetic approach to the evolution of polygalacturonase (EC 3.2. 1.15) activity in a commercial enzyme preparation under pulsed electric fields. J Food Sci. 2006;71(6):E262-E269.
22. Falguera V, Moulin A, Thevenet L, Ibarz A. Inactivation of peroxidase by ultraviolet–visible irradiation: effect of pH and melanoidin content. Food Bioprocess Technol. 2013;6(12):3627-33.
23. Falguera V, Folch A, Garvín A, Ibarz A. Protective effect of melanoidins from fructose–glutamic acid on polyphenol oxidase inactivation by ultraviolet-visible irradiation. Food Bioprocess Technol. 2013;6(11):3290-4.
24. Peleg M. On calculating sterility in thermal and non-thermal preservation methods. Food Res Int. 1999;32:271-8.
25. Peleg M, Corradini MG. Microbial growth curves: what the models tell us and what they cannot. Crit Re Food Sci Nutr. 2011;51(10):917-45.
26. Zwietering MH, Jongenburger I, Rombouts FM, Van't Riet K. Modeling of the bacterial growth curve. Appl Environ Microbiol. 1990;56(6):1875-81.
27. Baranyi J, Roberts TA. Mathematics of predictive food microbiology. Int J Food Microbiol. 1995;26:199-218.
28. Ibarz A, Augusto PE. An autocatalytic kinetic model for describing microbial growth during fermentation. Bioprocess Biosyst Eng. 2015;38(1):199-205.
29. Lewis WK. The rate of drying of solid materials. J Ind Eng Chem. 1921;13:427-32.
30. Page G. Factors influencing the maximum rates of air drying shelled corn in thin layers. [M.Sc. Dissertation]. Purdue University, 1949.
31. Henderson SM. Progress in developing the thin layer drying equation. Transactions of the ASAE. 1974;17:1167-72.
32. Peleg M. An empirical-model for desorption of moisture sorption curve. J Food Sci. 1988;53:1216-9.
33. Saguy SI, Marabi A, Wallach R. New approach to model rehydration of dry food particulates utilizing principles of liquid transport in porous media. Trends Food Sci Technol. 2005;16:495-506.
34. Ibarz A, González C, Barbosa-Cánovas GV. Kinetic models for water adsorption and cooking time in chikpea soaked and treated by high pressure. J Food Eng. 2004;63:467-72.
35. Miano AC, García JA, Augusto PED. Correlation between morphology, hydration kinetics and mathematical models on Andean lupin (Lupinus mutabilis Sweet) grains. LWT-Food Sci Technol. 2015;61(2):290-8.
36. Miano AC, Augusto PED. From the sigmoidal to the downward concave shape behavior during the hydration of grains: Effect of the initial moisture content on Adzuki beans (Vigna angularis). Food Bioprod Process. 2015;96:43-51.
37. Kaptso KG, Njintang YN, Komnek AE, Hounhouigan J, Scher J, Mbolung CMF. Physical properties and rehydration kinetics of two varieties of cowpea (Vigna unguiculata) and bambara groundnuts (Voandzeia subterrânea) seeds (2008). J Food Eng. 2008;86:91-9.
38. Ibarz A, Augusto PE. Describing the food sigmoidal behavior during hydration based on a second-order autocatalytic kinetic. Drying Technol. 2015;33(3):315-21.
39. Erbay Z, Icier F. A review of thin layer drying of foods: theory, modeling, and experimental results. Crit Rev Food Sci Nutr. 2010;50(5):441-64.

SEÇÃO 3

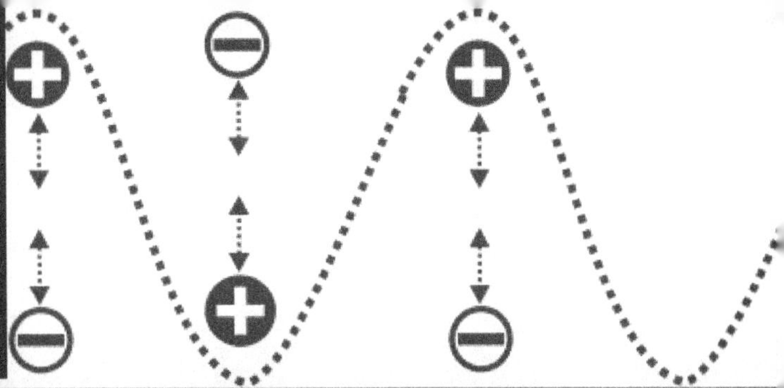

Métodos de processamento e conservação dos alimentos

CAPÍTULO 7

Refrigeração e congelamento

■ Pedro Esteves Duarte Augusto

CONTEÚDO

Introdução

A refrigeração e o congelamento de alimentos são métodos de conservação antigos e naturalmente utilizados em regiões geográficas de clima adequado. Com o desenvolvimento do ciclo frigorífico, se tornaram opções reais de conservação de alimentos por diversos meses ou até mesmo anos, em qualquer lugar do planeta. De fato, constituem-se em importantes métodos de conservação até os dias atuais.

A conservação de alimentos pela refrigeração se baseia no conceito de redução de energia interna do sistema, com consequente redução da taxa de reações (Figura 7.1). A taxa de desenvolvimento microbiano é reduzida, havendo interrupção do desenvolvimento de alguns grupos, com seleção de outros. Assim, obtém-se maior estabilidade.

A conservação de alimentos pelo congelamento baseia-se nos mesmos conceitos, porém com um adicional de extrema importância: a redução da mobilidade molecular (e de partículas, células etc.), em virtude da solidificação da água (Figura 7.1). Como consequência, o congelamento é muito mais que simplesmente "uma refrigeração mais drástica", garantindo a estabilidade dos alimentos por longos períodos.

O presente capítulo descreve as principais questões envolvendo os processos de refrigeração e congelamento de alimentos.

Mais detalhes sobre a refrigeração e o congelamento de alimentos (processos, efeitos em constituintes, reações e microrganismos) podem ser encontrados em trabalhos previamente publicados.[1-12] De modo semelhante, mais detalhes sobre os cálculos e dimensionamentos de sistemas frigoríficos podem ser encontrados em demais trabalhos previamente publicados.[13-17.]

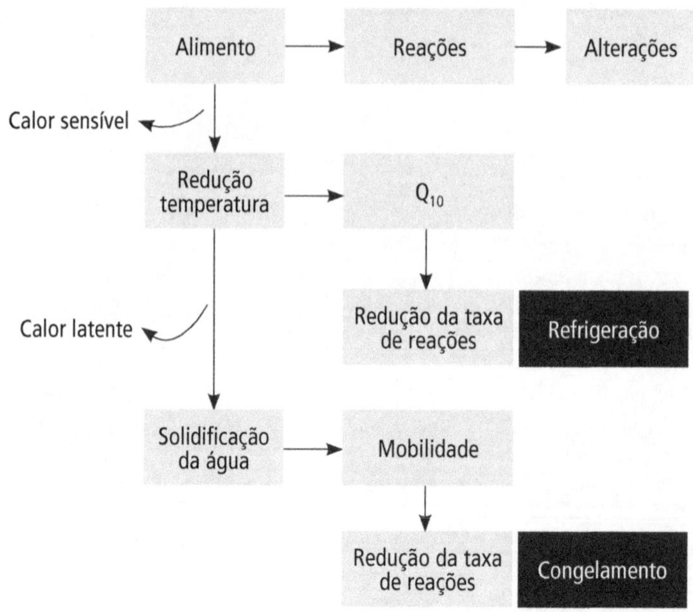

Figura 7.1. Representação esquemática dos processos de refrigeração e congelamento.

Refrigeração

O processo de refrigeração é largamente utilizado na indústria de alimentos ao permitir o prolongamento da vida de prateleira dos produtos com menores alterações sensoriais e nutricionais. É uma operação unitária em que o alimento é resfriado até determinada temperatura e assim mantido durante sua estocagem, sendo utilizada em geral associada a outros processos de conservação.

No processo de refrigeração o alimento é resfriado e então estocado a temperaturas acima das necessárias para o congelamento, mantendo-se assim a água no estado líquido (em geral entre 0 e 5°C). Dessa maneira, embora mais lentas, as reações físico-químicas, microbiológicas e bioquímicas continuam a acontecer nos alimentos refrigerados.

A temperatura é uma grandeza física relacionada com o nível energético das moléculas (energia interna do sistema), sendo diretamente proporcional ao seu nível de agitação e vibração. Portanto, a temperaturas menores, o nível energético das moléculas é menor e, consequentemente, mais lentas serão as reações nelas envolvidas.

A variação na taxa da maioria das reações com a temperatura tem sido descrita como uma função exponencial, pelo modelo de Arrhenius.[18] Esse modelo assume que a taxa de reações é proporcional à temperatura por meio de uma função exponencial (Equação 1), envolvendo ainda a constante universal dos gases ideias (R = 8,314 J/mol·K) e um parâmetro denominado energia de ativação (Ea), único para cada reação. A energia de ativação descreve a barreira energética que as moléculas precisam atravessar para conseguirem participar da reação; assim, quanto maior é a temperatura, maior é a proporção de moléculas capazes de reagir. O modelo de Arrhenius é geralmente escrito para o parâmetro cinético da reação (k), como apresentado na Equação 2.

$$\frac{d(reação)}{dt} \propto e^{\frac{-Ea}{R \cdot T}} \qquad (1)$$

$$k = A \cdot e^{\frac{-Ea}{R \cdot T}} \qquad (2)$$

De modo semelhante, a redução na taxa das reações pode ser descrita por meio do conceito de Q_{10}, que define a variação na taxa das reações ao se alterar a temperatura em 10°C (Equação 3), descrevendo uma redução exponencial das reações com a diminuição da temperatura (Figura 7.2). Para grande parte das reações envolvidas com alimentos, o valor de Q_{10} está entre 2 e 5, ou seja, ao se reduzir em 10°C a temperatura dos alimentos, observa-se redução entre 2 e 5 vezes na taxa das reações. Tal conceito explica a maior vida de prateleira de produtos refrigerados.

$$Q_{10} = \frac{\text{taxa da reação em } T = T_i + 10°C}{\text{taxa da reação em } T = T_i} \qquad (3)$$

Entretanto, o comportamento das reações enzimáticas e microbianas é mais complexo, não podendo ser explicado apenas pelo conceito de Q_{10}.

A Figura 7.2 apresenta o comportamento típico de uma enzima em razão da temperatura. Embora o conceito de Q_{10} possa explicar sua atividade em uma determinada faixa de temperatura, a desnaturação decorrente da manutenção a temperaturas maiores que a ótima resulta em redução da atividade enzimática.

Comportamento semelhante é observado para o desenvolvimento microbiano (já que o metabolismo microbiano é dependente de diversas funções enzimáticas), porém com uma importante diferença: cada microrganismo possui uma temperatura mínima de desenvolvimento, abaixo da qual se mantém em estado de latência. A Tabela 7.1 e a Figura 7.3 apresentam as temperaturas ótimas e mínimas para desenvolvimento dos principais grupos de microrganismos.

Assim, destaca-se que a refrigeração pode não somente reduzir a taxa de desenvolvimento microbiano, mas também impedir o desenvolvimento de determinados microrganismos, atuando como um método seletivo.

Entretanto, é importante observar que tal processo não resulta em inativação microbiana e que, portanto, deve ser associado a outro método de conservação para garantia de segurança no consumo. Os processos térmicos de pasteurização são os mais utilizados em conjunto com a refrigeração, já que efetivamente resultam em inativação microbiana.

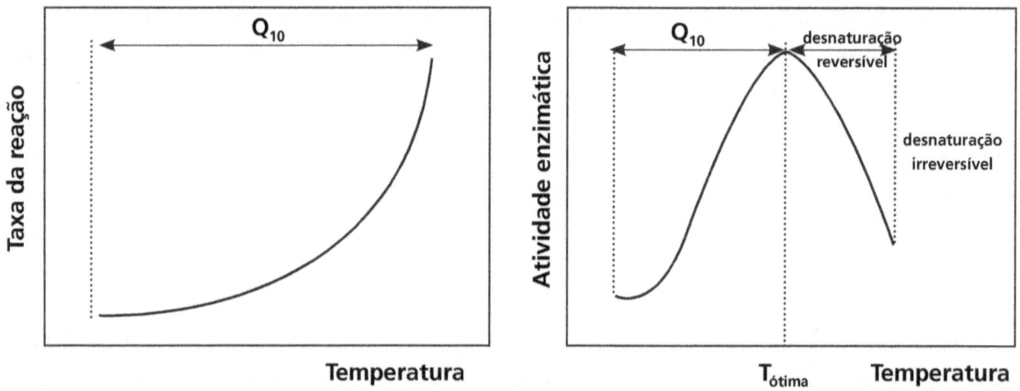

Figura 7.2. Conceito de Q_{10} para a descrição da taxa de reações como função da temperatura (esquerda); atividade enzimática em relação à temperatura (direita).

Tabela 7.1. **Temperaturas ótimas e mínimas de desenvolvimento microbiano**[4]

Tipo de microrganismo	$T_{mínima}$ (°C)	$T_{ótima}$ (°C)
Psicrófilos	0-5	12-18
Psicrotróficos	0-5	20-30
Mesófilos	5-10	30-40
Termófilos	30-40	55-65

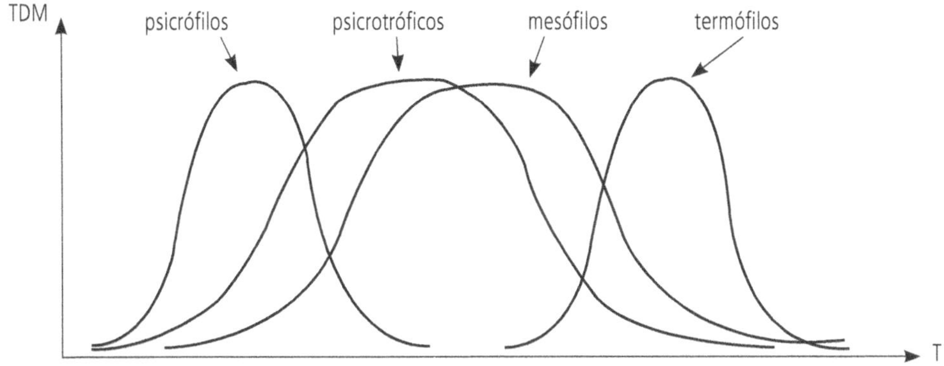

Figura 7.3. Taxa de desenvolvimento microbiano (TDM) como função da temperatura para os diferentes grupos de importância em alimentos.

Congelamento

O processo de congelamento é largamente utilizado na indústria de alimentos ao permitir grande prolongamento da vida de prateleira dos produtos com menores alterações sensoriais e nutricionais.

Nessa operação unitária, retira-se não somente calor sensível, mas também calor latente do alimento, com consequente solidificação de parte da água presente (Figura 7.4). A mudança de estado físico da água define as características do congelamento, caracterizando-o como um método bastante efetivo de conservação e mais do que simplesmente um "super-resfriamento".

Ao solidificar a água, o processo de congelamento reduz drasticamente a taxa das reações ao reduzir a mobilidade molecular e dificultar a interação entre reagentes.[9] Ainda, a imobilização da água ocasiona uma concentração de sólidos na fração não congelada, resultando na redução da atividade de água (a_w) naquela região.[3]

Em razão da grande restrição de mobilidade, algumas reações podem inclusive ser interrompidas, como o desenvolvimento microbiano. Quando o alimento é congelado, os microrganismos presentes entram em estado de latência, não sendo (como regra) inativados. Dessa maneira, quando a redução de carga microbiana é necessária, deve-se utilizar outro método de conservação para garantia de segurança no consumo. Mais uma vez os processos térmicos de pasteurização são os mais utilizados em conjunto com o congelamento, já que efetivamente resultam em inativação microbiana.

Entretanto, reações que não dependem da água ainda mantêm a taxa relativamente alta mesmo durante o congelamento, como no caso da oxidação de lipídios. Observa-se, assim, que a oxidação de lipídios limita a vida de prateleira de grande parte dos produtos congelados.

A Figura 7.5 apresenta a redução da taxa relativa de reações com a redução da temperatura. Nessa representação, observa-se que o comportamento de reações que não dependem da água (aqui denominadas água-independentes) é o mesmo apresentado na Figura 7.2

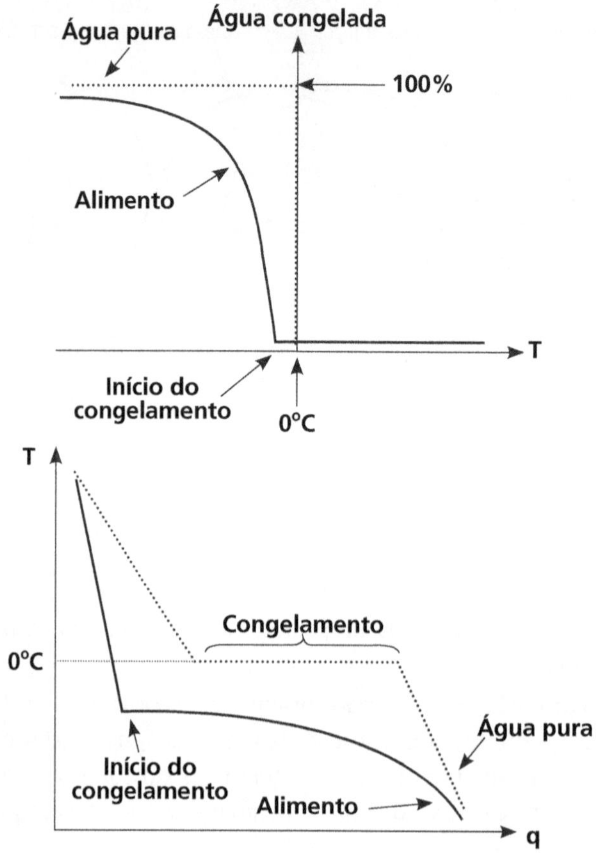

Figura 7.4. Comportamento da água pura e de alimentos durante resfriamento e congelamento (pressão atmosférica constante, equilíbrio): conteúdo de água congelada no equilíbrio como função da temperatura; energia térmica total removida durante processo (q).

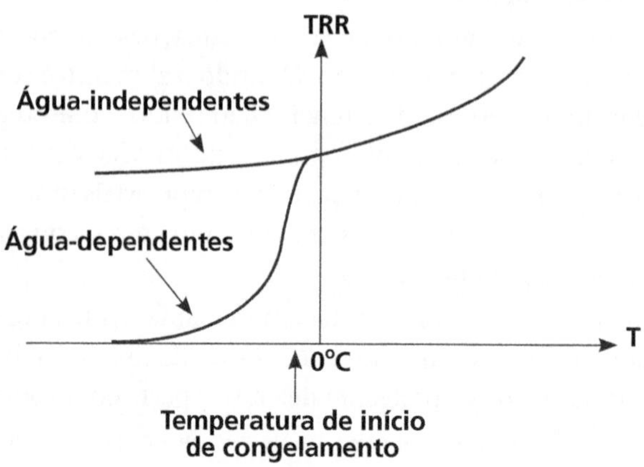

Figura 7.5. Variação da taxa relativa de reações (TRR) em função da temperatura (T): reações água-dependentes e água-independentes.

(conceito de Q_{10}). Nesse caso, o congelamento da água possui pouco ou nenhum efeito na taxa da reação, sendo a oxidação de lipídios o exemplo típico. Por outro lado, as reações que dependem da água (aqui denominadas água-dependentes) possuem comportamento distinto. Nesse caso, pela perda de mobilidade molecular decorrente da solidificação da água, observa-se grande queda na taxa das reações a partir da temperatura de início de congelamento. Reações enzimáticas e desenvolvimento microbiano são exemplos típicos.

A segurança e a qualidade de alimentos congelados são fortemente influenciadas pelo processo de congelamento, estocagem congelada e processo de descongelamento.

Processo de congelamento

O processo de congelamento consiste em retirar calor sensível e latente do alimento até solidificação da proporção desejada de água.

Embora a transição de fases seja um fenômeno bem definido para substâncias puras, não o é para soluções, suspensões, dispersões e produtos complexos, como os alimentos.

Por exemplo, o processo de congelamento da água pura e de um alimento é destacado na Figura 7.4. Para a água pura na pressão atmosférica, uma diminuição em sua temperatura é observada quando o calor é removido, até a temperatura de 0°C (isto é, a energia térmica é retirada na forma de calor sensível). Nesse ponto, qualquer quantidade de energia removida resultará em mudança no estado físico da quantidade correspondente de moléculas de água, as quais passarão de líquido para sólido, sem a mudança de temperatura (isto é, a energia térmica é retirada na forma de calor latente). Se ainda mais energia for removida após o completo congelamento, o gelo é então resfriado (isto é, a energia térmica é retirada na forma de calor sensível). No caso de substâncias puras, portanto, a temperatura de congelamento é uma propriedade bem definida e fixa (para uma mesma pressão).

Por outro lado, o processo de congelamento de alimentos e outros produtos complexos não é definido por uma demarcada mudança do estado físico da água de líquido para sólido, em uma temperatura fixa. Em vez disso, pelas propriedades coligativas entre os solutos e a água, a temperatura de início do congelamento é ligeiramente inferior a 0°C (em geral entre –1°C e –5°C). A partir dessa condição, se mais energia é removida do alimento, o comportamento do produto é descrito por uma contínua progressão de resfriamento-congelamento (Figura 7.4). Como é a água que é congelada no processo, a concentração da solução (fração não congelada) aumenta quando parte das moléculas de água passam de líquido para sólido, reduzindo o ponto de congelamento. Consequentemente, é praticamente impossível dissociar a mudança de fase e o resfriamento na curva de congelamento, como é claramente apresentado na Figura 7.4. Como resultado, não há uma temperatura de congelamento fixa e bem definida (mesmo para uma mesma pressão), e sim uma temperatura abaixo da qual sempre haverá frações de água congelada e não congelada.

Outra característica importante do processo de congelamento de alimentos está relacionada com as propriedades termodinâmicas da água e do alimento. Ao contrário da grande maioria das substâncias, o volume molar da água sólida é maior que o volume molar da água líquida (inclusive resultando em menor densidade do gelo em relação à água líquida).

Ao congelar, a água forma cristais pontiagudos e apresenta uma expansão volumétrica de cerca de 9%. As concentrações de solutos nos líquidos intracelular e intercelular (extracelular) são diferentes, o que resulta em formação de cristais preferencialmente na porção mais diluída (ponto de congelamento mais próximo ao da água pura). Além disso, ao formar cristais de água pura, a fração não congelada é concentrada, uma vez que há menos água líquida para a mesma quantidade de soluto. Como consequência, por mais congelado que esteja o alimento, sempre haverá uma fração de água líquida presente, em um comportamento assintótico (Figura 7.4).

Em geral, a concentração do líquido intracelular é maior que do líquido intercelular em tecidos animais e vegetais.[3,10,11] Dessa maneira, em um congelamento lento, a cristalização da água se inicia no espaço intercelular, levando a um aumento da concentração do líquido não congelado (Figura 7.6, na qual os cristais de gelo são representados pelas estrelas pretas). A água presente no interior das células então se difunde para o exterior, tentando igualar o equilíbrio anteriormente mantido (a movimentação da água é representada pelas setas tracejadas na Figura 7.6). Como consequência, os cristais de gelo formados aumentam seu tamanho, resultando em danos irreversíveis às células. O rompimento celular levará não somente à alteração de textura do alimento descongelado, mas também à exposição de compostos intracelulares ao ambiente externo, com consequente desenvolvimento microbiano, oxidação de compostos, perda de voláteis e reações enzimáticas.

Em um congelamento rápido, entretanto, a rápida taxa de transferência de calor dificulta a difusão de água para fora da célula, promovendo a formação de pequenos cristais de gelo, mais uniformemente espalhados pelo alimento e com consequentes menores alterações no produto (Figura 7.6).

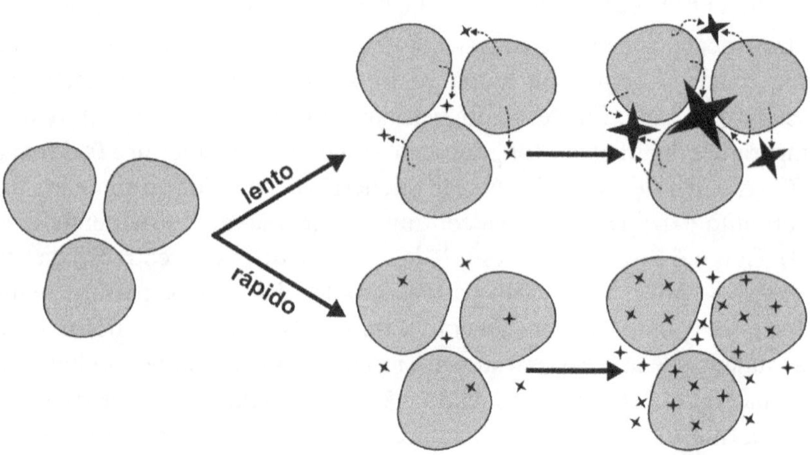

Figura 7.6. Representação esquemática do processo de congelamento lento e rápido (as estrelas pretas representam os cristais de gelo formado, enquanto as setas tracejadas indicam a movimentação de água líquida).

É importante observar que o conceito de congelamento rápido ou lento é relativo e que a taxa de transferência de calor (resultando no tempo de congelamento) que define tal comportamento é função do tipo de alimento (propriedades termofísicas) e suas dimensões.

Processo de descongelamento

Por fim, a última etapa importante para o consumo seguro de alimentos congelados é a forma de descongelamento. Uma vez que o produto é descongelado de fora para dentro, suas porções externas podem ficar expostas a temperaturas e condições que propiciem o desenvolvimento microbiano antes que seu centro seja efetivamente descongelado. Assim, destaca-se a importância da realização do descongelamento de modo a minimizar o desenvolvimento microbiano, por exemplo, utilizando câmaras refrigeradas (assim o produto é descongelado em temperaturas de refrigeração, minimizando o desenvolvimento microbiano), sistemas de micro-ondas (sendo um método rápido de fornecimento de energia para descongelamento e aquecimento e, assim, minimizando o tempo de exposição do alimento a temperaturas de desenvolvimento microbiano) ou correntes de água (aumentando o coeficiente convectivo de transferência de calor (h) e, assim, a taxa de descongelamento e aquecimento).

Ciclo frigorífico

A Figura 7.7 apresenta a representação de um ciclo frigorífico (observa-se que muitas outras configurações são possíveis, sendo apresentada a configuração mais simples e sem acessórios), sistema mais utilizado para refrigerar e congelar alimentos.

Baseia-se na aplicação direta da primeira lei da termodinâmica, sendo descrito como uma máquina térmica operando de forma contrária (Figura 7.8). Para tal, utiliza-se uma substância denominada fluido refrigerante para absorção de energia térmica de determinada região (aquela que se quer resfriar, congelar, como dentro da câmara frigorífica, geladeira etc.) e liberação de energia térmica em outra região (como o "lado de trás" de geladeiras, ou regiões externas à câmara), utilizando para isso energia na forma de trabalho. Os principais fluidos refrigerantes utilizados são a amônia e os fluidos halogenados ou parcialmente halogenados. Ao submeter o fluido refrigerante a processos de troca térmica, expansão e compressão, de forma cíclica e organizada, torna-se possível a retirada de energia térmica de uma região fria, liberando essa energia em uma região quente, utilizando trabalho (Figuras 7.7, 7.8 e 7.9).

Sabe-se que o calor latente de uma substância é proporcionalmente mais alto que o calor sensível, o que significa que, ao mudar de estado físico, uma substância tem o potencial de trocar muito mais calor que quando muda sua temperatura. Por essa razão, o sistema frigorífico é projetado para que o fluido refrigerante passe do estado líquido para o vapor, absorvendo a energia que se deseja retirar do produto a ser resfriado e/ou congelado. Para não perder tal fluido e assim utilizá-lo novamente, este deve ser novamente condensado, razão pela qual o processo é operado em ciclos.

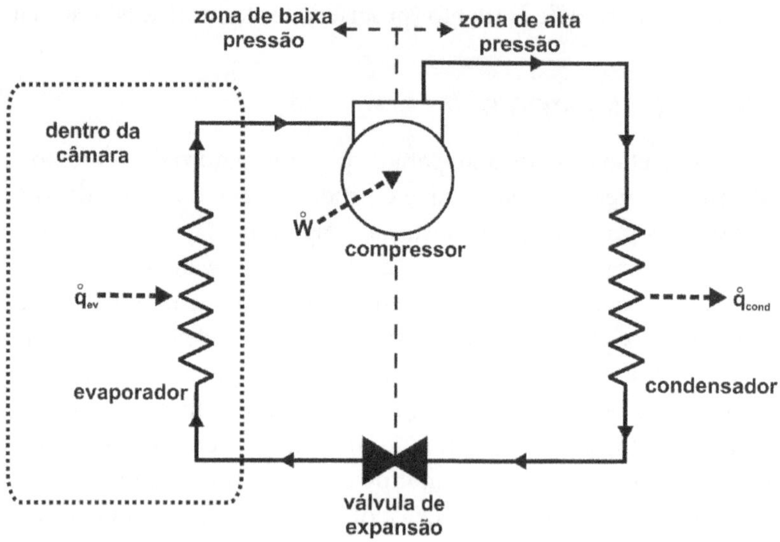

Figura 7.7. Representação esquemática do ciclo frigorífico.

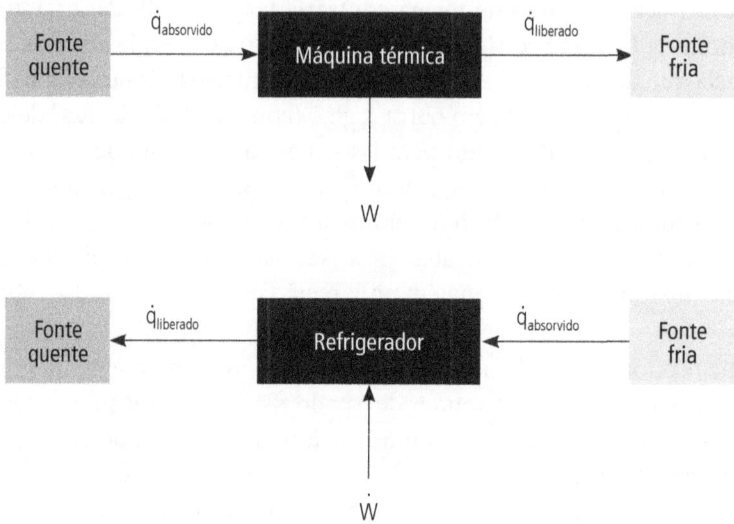

Figura 7.8. Representação esquemática de uma máquina térmica e do ciclo frigorífico (ou um refrigerador).

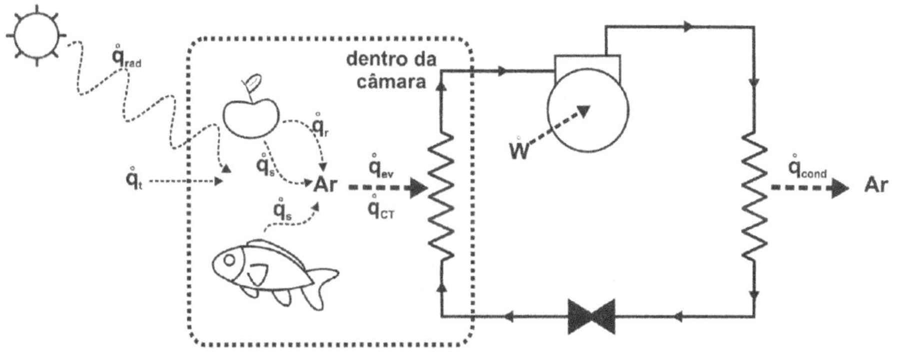

Figura 7.9. Representação esquemática de ciclo frigorífico, carga térmica e fluxo de energia.

O ciclo frigorífico é composto por quatro partes: evaporador, compressor, condensador e válvula de expansão (Figura 7.7). O evaporador e o condensador são trocadores de calor que promovem a transferência de calor do ar para o fluido refrigerante e vice-versa. O compressor é um motor acoplado a um sistema que promove o aumento de pressão em uma tubulação e a válvula de expansão é uma válvula que permite a queda de pressão.

O fluido refrigerante entra no evaporador a baixa pressão, estando como líquido saturado (isto é, no limite para vaporizar; nesse ponto, qualquer energia adicionada a ele resulta em vaporização) e a baixa temperatura. Como está a uma temperatura abaixo daquela do interior da câmara frigorífica, absorve calor do ar da câmara ($\dot{q}_{ct}$) e então se vaporiza, resfriando o ar (o fenômeno de resfriamento da vizinhança de um sistema que vaporiza pode ser facilmente percebido ao se passar um pouco de etanol na pele; ao vaporizar, o etanol absorve calor do nosso corpo, nos dando a sensação de resfriamento). Sai do evaporador como vapor saturado.

Uma vez que se necessita do fluido refrigerante na forma líquida para novamente vaporizar e assim resfriar o ar da câmara, este deve ser condensado. Para tal, o vapor obtido é pressurizado, no compressor, tornando-se vapor superaquecido e seguindo para o condensador. No compressor, portanto, se insere energia na forma de trabalho ($\dot{w}$) para aumento da pressão.

No condensador, troca calor ($\dot{q}_{cond}$) com o ar externo (como o faz a "parte de trás" de uma geladeira; de fato, industrialmente, podem-se utilizar outros fluidos para troca térmica, como a água), resfriando-se e condensando-se. O líquido saturado obtido, então, precisa ser despressurizado, para novamente entrar no evaporador.

Assim, o fluido passa por uma válvula de expansão, cujo objetivo é reduzir a sua pressão de forma rápida. Por ser um processo rápido e que ocorre em um espaço muito pequeno, o fluido refrigerante não consegue trocar calor com a vizinhança, sofrendo uma expansão adiabática (= aumento de volume em decorrência da redução de pressão sem troca térmica).

Seguindo a primeira lei da termodinâmica, para que um sistema se expanda adiabaticamente, realizando trabalho na vizinhança, este deve reduzir sua energia interna, resfriando-se. Como consequência, o fluido refrigerante deixa a válvula de expansão como uma mistura de líquido e vapor saturados, a baixa temperatura e pressão. Segue então para o evaporador, onde o ciclo novamente se inicia.

Observa-se, portanto, que o fluido refrigerante resfria as paredes do evaporador, que resfriam o ar no interior da câmara que, por sua vez, resfria e/ou congela os alimentos (e suas embalagens etc.) ali estocados. A soma de toda a energia que o sistema frigorífico precisa absorver da câmara, através do evaporador, é denominada carga térmica ($\dot{q}_{ct}$). A carga térmica é composta pela energia na forma de calor sensível (quando há resfriamento) e latente (quando há congelamento) dos produtos (e suas embalagens etc.), assim como aquelas decorrentes da transferência de calor com o ambiente onde a câmara se encontra (transmissão; embora as câmaras de refrigeração possuam revestimento de isolante térmico, tal isolamento não é perfeito, de modo que existe um fluxo de calor permanente da vizinhança (mais quente) para o sistema – troca de ar ao abrir e fechar portas (infiltração), absorção de radiação solar (radiação) e demais trocas pela conversão de energia (dissipação – lâmpadas, respiração de pessoas e frutas etc.). A Figura 7.9 representa um ciclo frigorífico e sua carga térmica, formada pelo calor sensível de um peixe e uma maçã ($\dot{q}_s$), o calor de dissipação pela respiração da maçã ($\dot{q}_r$), o calor de radiação pela absorção da energia solar ($\dot{q}_{rad}$) e o calor de transmissão pelas paredes da câmara ($\dot{q}_t$). Por fim, destaca-se que o ar do interior da câmara deve estar a uma temperatura inferior à desejada para os alimentos, de modo a permitir a troca de calor.

Por questões técnicas, o ciclo frigorífico não é operado continuamente, sendo ligado e desligado à necessidade do sistema, com importantes implicações para a estocagem de alimentos.

Estocagem de produtos refrigerados e congelados

Um fator importante que deve ser considerado é a história térmica de um produto durante sua estocagem refrigerada (Figura 7.10), uma vez que o funcionamento do sistema frigorífico diverge do ideal, pela operação em ciclos do sistema frigorífico e pela troca de calor com o ambiente (transmissão, infiltração, radiação). Dessa maneira, quando o ar da câmara frigorífica está na temperatura desejada (ou *set point* - SP), troca calor com o ambiente e se aquece. Quando a temperatura do ar chega a um limite superior (T_{sup}), o sistema frigorífico é ligado e sua temperatura começa a descer até um limite inferior (T_{inf}), em que o sistema é desligado. A partir desse momento o ar começa a trocar calor com a vizinhança e se aquecer, em um comportamento cíclico.

Dessa maneira, é importante observar que a temperatura da câmara (e consequentemente do produto) varia continuamente ao longo da estocagem e que o dimensionamento do sistema frigorífico deve ser feito de modo a minimizar a amplitude dessa flutuação (isto é, T_{sup} e T_{inf} devem estar o mais próximo possível do SP), já que temperaturas baixas podem resultar em congelamento do produto, enquanto as altas podem permitir o desenvolvimento microbiano.

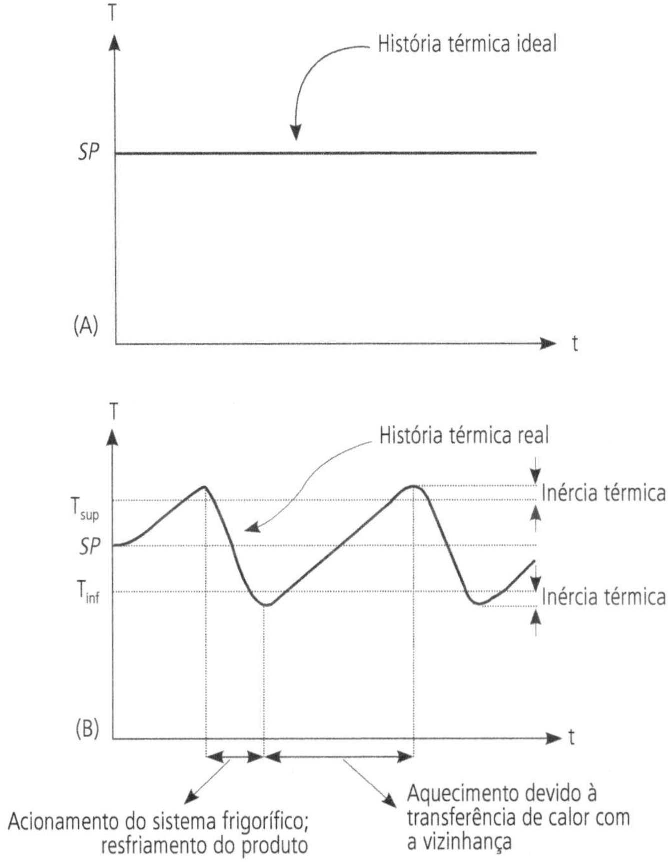

Figura 7.10. História térmica ideal (A) e real (B) de um produto durante estocagem refrigerada.

Durante o armazenamento de produtos congelados, os alimentos são submetidos à história térmica semelhante. Dessa maneira, em decorrência do comportamento descrito na Figura 7.4, cada flutuação na temperatura de armazenamento resultará em descongelamento parcial e recristalização da água presente. Em virtude das características e do dimensionamento do sistema frigorífico utilizado para o armazenamento de alimentos, tal recristalização será realizada de forma lenta, resultando na formação de grandes cristais de gelo. Além disso, dependendo da amplitude dessa flutuação, o alimento pode ficar exposto a temperaturas que propiciem o desenvolvimento microbiano, além de comprometer a qualidade sensorial do produto.

Destaca-se, dessa maneira, a importância do controle do sistema de estocagem de alimentos refrigerados e congelados.

Conclusões

A refrigeração e o congelamento de alimentos são métodos de conservação eficientes, garantindo a estabilidade de alimentos por diversos meses ou até mesmo anos, e de larga aplicação industrial.

O presente capítulo descreveu as principais características desses métodos, assim como do ciclo frigorífico e implicações de estocagem. Ambos os métodos podem ser usados em conjunto com os demais métodos descritos neste volume. A escolha do(s) método(s) mais adequado(s) dependerá do tipo de alimento e de suas características físicas, químicas, nutricionais e sensoriais, bem como de questões econômicas, logísticas etc.

REFERÊNCIAS

1. Barbosa-Cánovas GV, Tapia MS, Cano MP, ed. Novel food processing technologies. Boca Raton: CRC Press; 2005.
2. Damodaran S, Parkin KL, Fennema OR, ed. Fennema's food chemistry. Boca Raton: CRC Press; 2008.
3. Fellows P. Tecnologia do processamento de alimentos: princípios e práticas. Porto Alegre: Artmed; 2006.
4. Leitão MFF, Hagler LCSM, Hagler AN, Menezes TJB. Microbiologia de alimentos, microbiologia sanitária e microbiologia industrial. In: Roitman I, Travassos LR, Azevedo JL, ed. Tratado de microbiologia. São Paulo: Manole; 1988.
5. Massaguer PR. Microbiologia dos processos alimentares. São Paulo: Livraria Varela; 2005.
6. Ordóñez JA, ed. Tecnologia de alimentos. Volume 1: Componentes dos alimentos e processos. Porto Alegre: Artmed; 2005.
7. Potter NN, Hotchkiss JH. Ciencia de los alimentos. Zaragoza: Editorial Acribia; 2007.
8. Rahman MS. Handbook of food preservation. Boca Raton: CRC Press; 2007.
9. Reid DS, Fennema OR. Water and ice. In: Damodaran S, Parkin KL, Fennema OR, ed. Fennema's food chemistry. Boca Raton: CRC Press; 2008.
10. Sterling C. Effect of low temperature on structure and firmness of apple tissue. J Food Sci. 1968;33:577-80.
11. Strasburg G, Xiong YL, Chiang W. Physiology and chemistry of edible muscle tissues. In: Damodaran S, Parkin KL, Fennema OR, ed. Fennema's food chemistry. Boca Raton: CRC Press; 2008.
12. Sun D-W. Emerging technology for food processing. London: Elsevier Academic; 2005.
13. Dossat RJ. Princípios de refrigeração. São Paulo: Hemus; 1980.
14. Ibarz A, Barbosa-Cánovas GV. Unit operations in food engineering. Boca Raton: CRC Press; 2003.
15. Ibarz A, Barbosa-Cánovas GV. Introduction to food process engineering. Boca Raton: CRC Press; 2014.
16. Saravacos GD, Maroulis ZB. Food process engineering operations. Boca Raton: CRC Press; 2011.
17. Singh RP, Heldman DR. Introduction to food engineering. San Diego: Academic Press; 2009.
18. Van Boekel MA. Kinetic modeling of food quality: a critical review. Compr Rev Food Sci Food Safety. 2008;7(1):144-58.

CAPÍTULO 8

Processo térmico

- Pedro Esteves Duarte Augusto
- Marcelo Cristianini

CONTEÚDO

Introdução

Mesmo com o grande desenvolvimento de novas tecnologias para a conservação de alimentos (denominadas não convencionais), os processos convencionais ainda se destacam como os mais seguros e utilizados industrialmente.

O processo térmico é um dos métodos mais utilizados para a conservação de alimentos. É uma operação unitária na qual o alimento é aquecido até determinada temperatura e por determinado tempo, com o objetivo de promover requerida inativação microbiana e/ou enzimática, que poderiam resultar em deterioração do alimento durante a estocagem e/ou prejudicar a saúde e a segurança do consumidor.

A conservação de alimentos pelo processamento térmico se baseia na utilização de energia térmica (calor) para inativação microbiana e de enzimas, obtida por desnaturação proteica e fusão de componentes lipídicos, entre outros efeitos. Entretanto, embora a inativação microbiana e enzimática seja desejável, o processo térmico também implica outras reações (em geral) indesejáveis, como alterações sensoriais e destruição de nutrientes. O desafio atual, portanto, é a garantia de produto seguro e estável (desejada inativação microbiana e enzimática), porém com melhores atributos sensoriais e nutricionais, além de menores custos e menor impacto ambiental (em especial em virtude do consumo de água e energia).

O presente capítulo descreve as principais questões envolvendo o processo térmico de alimentos.

Princípios de inativação microbiana

As reações químicas e bioquímicas (como inativação microbiana) envolvidas no processamento térmico de alimentos possuem relação exponencial com a temperatura. Assim, mesmo pequenas diferenças na temperatura do meio de troca térmica podem ser significativas ao longo do processo. Quando relacionadas à inativação microbiana, resultando em cargas finais diferentes, elas podem ser críticas ao se considerar a natureza exponencial do crescimento microbiano.

Assim, o conhecimento das características de transferência de calor do alimento, do meio de troca térmica e da cinética de inativação microbiana é essencial para o dimensionamento de processo seguro e eficiente.

A cinética de inativação microbiana é bastante conhecida. Na maioria dos casos, em especial na inativação de bactérias, trata-se de uma cinética de primeira ordem.[1,2]

A cinética de primeira ordem expressa que a taxa de redução microbiana, a uma dada temperatura, é função da concentração (ou carga, i.e., o número de células ou esporos contidos em determinada massa ou volume de alimento) naquele instante (c), isto é, em um mesmo intervalo, a redução relativa (em porcentagem, por exemplo) é sempre igual (Equação 1):

$$\frac{dc}{dt} = -k_T \cdot c \qquad (1)$$

Para obter uma expressão que correlaciona a inativação microbiana ao longo de um intervalo de tempo, a uma dada temperatura, reescrevemos a Equação 1 como:

$$\frac{dc}{c} = -k_T \cdot dt \qquad (2)$$

Integrando-se a Equação 2 ao longo do processo, tem-se:

$$\int_{C_0}^{C_f} \frac{dc}{c} = -\int_{t_0}^{t_f} k_T \cdot dt \qquad (3)$$

$$\ln(c)\Big|_{C_0}^{C_f} = -k_T\Big|_{t_0}^{t_f} \qquad (4)$$

Considerando $\Delta t = t_f - t_0 = t$,

$$\ln(c_f) - \ln(c_0) = -k_T \cdot (t_f - t_0) = -k_T \cdot t \qquad (5)$$

$$\ln\left(\frac{C_0}{C_f}\right) = k_T \cdot t \qquad (6)$$

Tradicionalmente, a inativação microbiana é expressa em função do tempo de redução decimal (D_T), que se relaciona com a constante de taxa de inativação microbiana (k_T) por meio da Equação 7, uma vez que o D_T é definido como "o tempo necessário, a uma determinada temperatura (T), para inativação de um ciclo logarítmico (90%) de uma população microbiana":

$$k_T = \frac{2{,}303}{D_T} \qquad (7)$$

E então, utilizando o logaritmo na base 10 ($\log_{10} = \log$),

$$\log\left(\frac{C_0}{C_f}\right) = \frac{t}{D_T} \qquad (8)$$

O conceito de D_T pode ser mais bem visualizado graficamente, por meio de uma curva de inativação microbiana (Figura 8.1), que relaciona a concentração microbiana em função do tempo de manutenção a uma temperatura específica (T). Traçando-se a curva com escala logarítmica no eixo da concentração microbiana, identifica-se claramente o valor de D_T como o tempo necessário para a redução de um ciclo logarítmico na concentração microbiana. Observa-se que esse valor corresponde ao inverso da inclinação da linearização da curva de inativação microbiana.

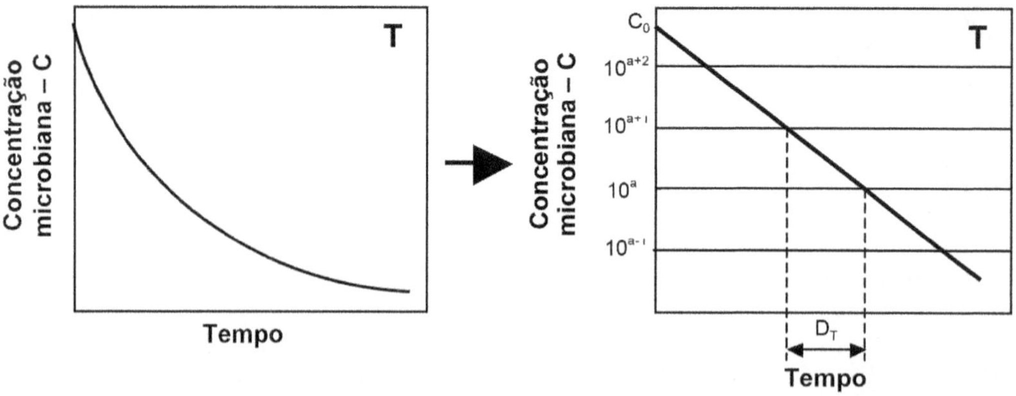

Figura 8.1. Representação gráfica do conceito de D_T por meio de curvas de inativação microbiana para uma determinada temperatura (T).

Os valores de D_T representam a taxa de inativação microbiana em uma dada temperatura, que é crescente com seu aumento, também seguindo uma cinética de primeira ordem. Essa relação fica clara ao se observar uma curva de inativação microbiana para diferentes isotermas (Figura 8.2).

A variação de D_T se relaciona com a temperatura por meio do coeficiente térmico (z), que, de forma análoga ao desenvolvido nas Equações 1 a 8, representa "a diferença de temperatura necessária para a redução de um ciclo logarítmico (90%) no valor de D_T", sendo expresso pela Equação 9:

$$\log\left(\frac{D_{T_2}}{D_{T_1}}\right) = \frac{T_1 - T_2}{z} \qquad (9)$$

De forma análoga à análise anterior, o conceito de z pode ser mais bem visualizado graficamente, por meio de uma curva que correlaciona D_T em função da temperatura (T) (Figura 8.3).

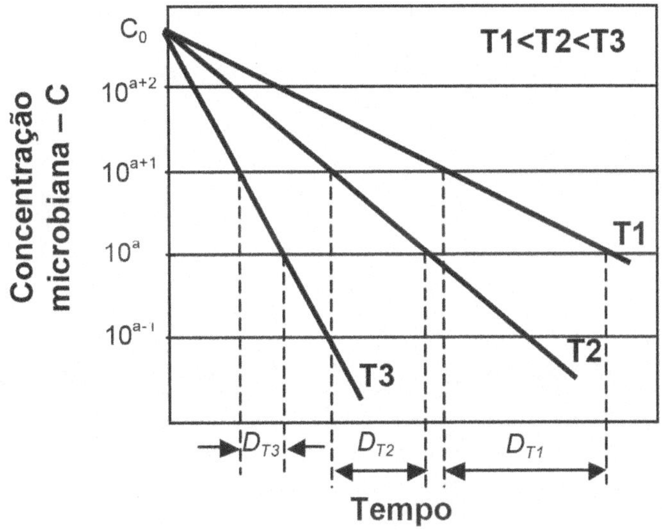

Figura 8.2. Curvas de inativação microbiana para três isotermas.

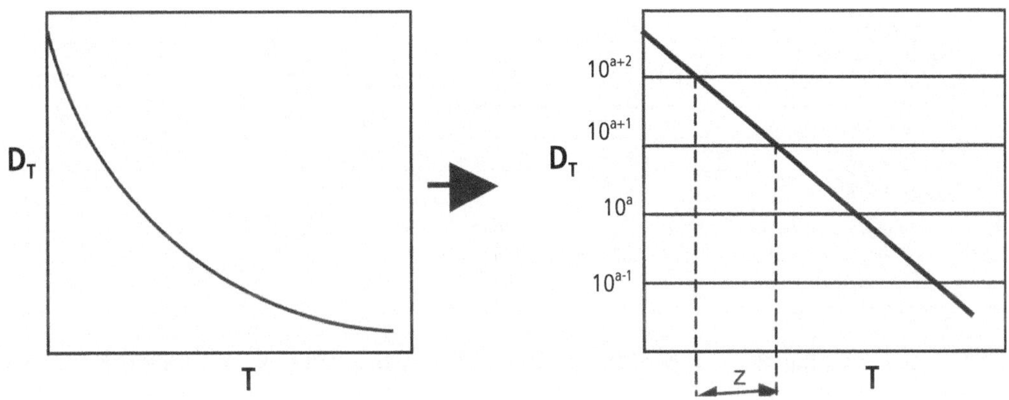

Figura 8.3. Representação gráfica do conceito de z.

Os conceitos de D_T e z não se relacionam exclusivamente à inativação microbiana, podendo ser utilizados na interpretação de qualquer reação bioquímica ou físico-química que siga uma cinética de primeira ordem durante o processamento térmico de alimentos, como inativação enzimática, destruição térmica de nutrientes, desnaturação de proteínas e alterações sensoriais (como cor ou textura). As Tabelas 8.1 e 8.2 apresentam valores típicos de D_T e z para essas reações.

Tabela 8.1. Valores típicos de $D_{121°C}$ e z para reações bioquímicas e físico-químicas em alimentos durante o processamento térmico[3]

Constituinte	z (°C)	$D_{121°C}$ (min)
Vitaminas	25-30	100-1.000
Cor, textura e aroma	25-45	5-500
Enzimas	6-55	1-10
Células vegetativas	4-7	0,002-0,02
Esporos	6-12	0,1-5,0

Tabela 8.2. Valores típicos de D_T e z microbianos*

Microrganismo	z (°C)	$D_{60°C}$ (min)	$D_{65,5°C}$ (min)	$D_{90°C}$ (min)	$D_{121°C}$ (min)
Esporos de *Clostridium botulinum*	10				0,21
Esporos de *B. stearothermophilus*	7,8-12,2				4,0-5,0
Esporos de *B. coagulans*	9,5			3,5	
Esporos de *B. subtilis*	7,8-12,2				0,5-0,8
Esporos de *C. nigrificans*	8,9-12,2				2,0-3,0
Esporos de *C. sporogenes*	7,8-10,0				0,1-1,5
Esporos de *C. thermosaccharolyticum*	8,9-12,2				3,0-4,0
Esporos de *Alicyclobacillus acidoterrestris*	7,7-12,9			2.8-16,0	
Ascosporos de *Neosartorya fischeri*	6,4-9,2			2,6-7,6	
Ascosporos de *Byssochlamys nivea*	6,4			1,5-6,3	
Escherichia coli O157:H7	4,6	1,2-2,0			
Listeria monocytogenes	5,0-6,0	2,1-3,3			
Mycobacterium tuberculosis	4,4-5,5		0,2-0,3		
Coxiella brurnetii			0,1-0,2		
Salmonella spp.	5,6	1,6-2,2	0,02-0,3		
Staphylococcus aureus	4,4-6,7		0,2-2,0		
Flora microbiana geral	4,4-6,7		0,5-3,0		

* Observação: valores compilados de Stumbo, 1973,[1] Silva e Gibbs, 2004,[4] Thipparedi e Sanchez, 2005[5] e Ramaswamy e Marcotte, 2006,[6] para referência; a resistência microbiana é função do tipo de alimento, cepa, condição da célula/esporo etc.

Por meio da análise da Tabela 8.1, pode-se observar a diferença na termorresistência de esporos, células vegetativas, enzimas, nutrientes e alterações sensoriais e nos permitem obter duas conclusões.

A primeira diz respeito ao pensamento muitas vezes difundido de que os processos térmicos utilizados em alimentos destroem completamente seu valor nutritivo. Pelos valores de resistência apresentados, observa-se que tal pensamento é infundado.

A segunda conclusão diz respeito à diferença existente entre os valores de coeficiente térmico (z) de microrganismos e nutrientes, destacando que processos térmicos a temperaturas maiores, pelo tempo necessário, são capazes de garantir segurança com menores alterações sensoriais e nutricionais.

Em alguns casos, no entanto, a inativação microbiana não segue a cinética de primeira ordem (Equações 1 e 8), sendo necessários outros modelos para descrevê-la. Um dos modelos mais utilizados para descrever a inativação microbiana não linear é o modelo de Weibull[7] (Equação 10). Essa cinética é definida por dois parâmetros, sendo o parâmetro n relacionado com a forma da curva obtida. Quando esse parâmetro é igual a 1,0, a inativação microbiana segue a cinética de primeira ordem, obtendo-se uma reta como na Figura 8.2. Quando é < 1,0, apresenta-se como uma curva com concavidade para cima, demonstrando que existe uma fração microbiana resistente e uma inativação máxima alcançada. Por outro lado, quando $n > 1{,}0$, apresenta-se como uma curva com concavidade para baixo, destacando uma resistência inicial para a inativação.

$$\log\left(\frac{C_0}{C_f}\right) = b \cdot t^n \qquad (10)$$

Como em grande parte dos casos a cinética de primeira ordem é satisfatoriamente utilizada, as demais informações do presente capítulo serão focadas nesse caso.

Formas de processamento: dentro e fora da embalagem

O processo térmico de alimentos pode ser realizado dentro ou fora da embalagem, e cada método possui suas vantagens e limitações (Tabela 8.3).

Tabela 8.3. **Principais características do processamento térmico de alimentos dentro e fora da embalagem**

Processamento dentro da embalagem	Processamento fora da embalagem
Alimentos sólidos, líquidos, particulados	Alimentos líquidos (limitações com consistência/viscosidade) e, em alguns casos, particulados
Maior segurança	Processo de envase pode comprometer a segurança
Menor eficiência energética	Maior eficiência energética
A embalagem deve resistir ao processo	A embalagem deve ser previamente esterilizada
Produto final com maiores alterações e menor homogeneidade	Produto final mais homogêneo e com menores alterações físico-químicas e sensoriais

Processamento térmico dentro da embalagem (Appertização)

Nos processos realizados dentro da embalagem, o alimento é envasado em uma embalagem hermética e então o sistema produto-embalagem é processado termicamente. Dessa maneira, o produto não entra mais em contato com o ambiente após processo térmico (inativação microbiana). O processamento térmico dentro da embalagem é muitas vezes denominado Appertização, em homenagem a Nicolas Appert, um confeiteiro francês que desenvolveu a metodologia (aproximadamente 50 anos antes de Louis Pasteur descrever a existência de microrganismos) para conservar alimentos embalados pelo processamento térmico,[8] ganhando assim um prêmio estipulado por Napoleão Bonaparte para o desenvolvimento de um método de conservação mais eficiente.

É importante destacar que, nesse caso, a embalagem utilizada deve ser resistente às condições de processo (temperatura, pressão) para não sofrer deformações que comprometam sua hermeticidade. Diversos materiais de embalagens são usados para o processamento de alimentos, como ligas metálicas (folha-de-flandres, folha cromada, alumínio etc.), vidros, poliméricas e multicamadas.

Durante o processamento, o produto é aquecido e, consequentemente, sofre dilatação térmica. Dessa maneira, caso a embalagem fosse preenchida por completo, esta seria deformada, comprometendo não somente sua funcionalidade, mas principalmente sua hermeticidade. Por essa razão, o enchimento da embalagem não pode ser por completo, havendo a necessidade de se deixar um espaço "livre" para dilatação do produto. Esse espaço é denominado *headspace* (Figura 8.5). Entretanto, ao não se preencher completamente a embalagem com produto, haveria ar no *headspace*, resultando em reações de oxidação ou até mesmo desenvolvimento de microrganismos aeróbios (é importante observar que as taxas das reações químicas, como as de oxidação, variam exponencialmente com a temperatura, de modo que tal ocorrência mesmo durante o processo térmico já seria considerável). Para resolver essa questão realiza-se o processo de exaustão, retirando-se assim o ar da embalagem e mantendo-a sob vácuo.

Existem diversas maneiras de se realizar a exaustão do *headspace*, e as principais são por aquecimento com desprendimento de vapor e injeção direta de vapor (que expulsa o ar presente e, após recravação, condensa e reduz a pressão interna), além da formação de vácuo por sucção.

Uma vez que o produto foi envasado, recravado e sofreu exaustão, este segue para o equipamento no qual será feito o processo térmico. Os principais equipamentos utilizados são túneis de aspersão de água e sistemas de imersão em água, para processos de pasteurização, e autoclaves a vapor, água e/ou ar, para os processos de esterilização. Embora possam ser contínuos, como nos túneis de pasteurização de cerveja por aspersão de água ou nas autoclaves contínuas, em geral os processos térmicos dentro da embalagem são realizados em bateladas.

Durante o processo, o sistema alimento-embalagem é envolvido por um fluido quente, cuja transferência de calor o aquece até a temperatura de processo. Permanece nessa temperatura por um determinado tempo, calculado previamente com o objetivo de otimizar as características do produto (i.e., garantia de segurança com melhores atributos sensoriais e nutricionais), denominado tempo de processo. O alimento é então envolvido por um fluido frio, cuja transferência de calor o resfria, interrompendo os efeitos térmicos. Dessa maneira, o fluxo de calor é transferido do fluido para a superfície da embalagem do produto, através da embalagem, da embalagem para o produto e então através do produto (Figura 8.4).

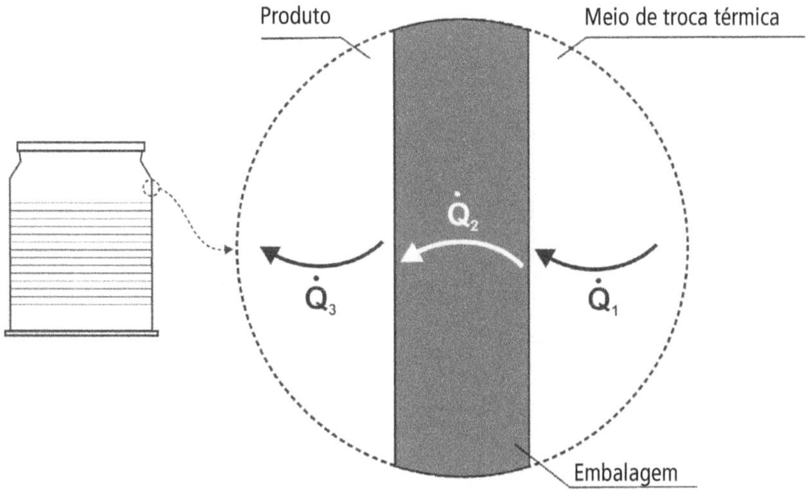

Figura 8.4. Representação esquemática do processo de transferência de calor durante o processamento térmico de alimentos embalados.

A transferência de calor através do alimento não é instantânea, podendo ser por condução ou convecção. Dessa maneira, sempre haverá uma região de aquecimento mais lento no interior do produto, denominado ponto frio (PF).

Na transferência de calor por condução, a energia térmica é transferida lentamente, de molécula por molécula. É a forma característica de transferência de calor em alimentos sólidos, pastosos e líquidos muito consistentes. Nesse caso, a difusividade térmica (a) é a propriedade que regulará e definirá o comportamento do produto durante o processo térmico. É a relação entre a capacidade do produto em transferir calor (expressa por sua condutividade térmica – *k*) e em utilizá-lo para aumentar sua temperatura (expressa por sua densidade, ρ, e calor específico, *Cp*).

O fluxo de calor em alimentos condutivos homogêneos é uniforme, de modo que o ponto frio é localizado em seu centro geométrico (Figura 8.5A). Entretanto, a localização do ponto frio pode variar em razão da não homogeneidade na composição do produto ou do fluxo de calor da superfície da embalagem (área de contato com o meio de aquecimento).

Nas Figuras 8.5B e 8.6, apresenta-se o efeito do *headspace* na localização do ponto frio de produtos condutivos processados em latas cilíndricas. Em virtude do vácuo parcial formado, a eficiência na transferência de calor do *headspace* é baixa, de modo que o fluxo que atravessa a tampa da lata é menor que o nas demais superfícies. Por tal razão, o ponto frio do produto é deslocado verticalmente para cima do centro geométrico. De maneira semelhante, o aquecimento durante o processamento de presunto cozido com capa de gordura não é uniforme, uma vez que a transferência de calor através da gordura é menos eficiente que na porção de carne magra.

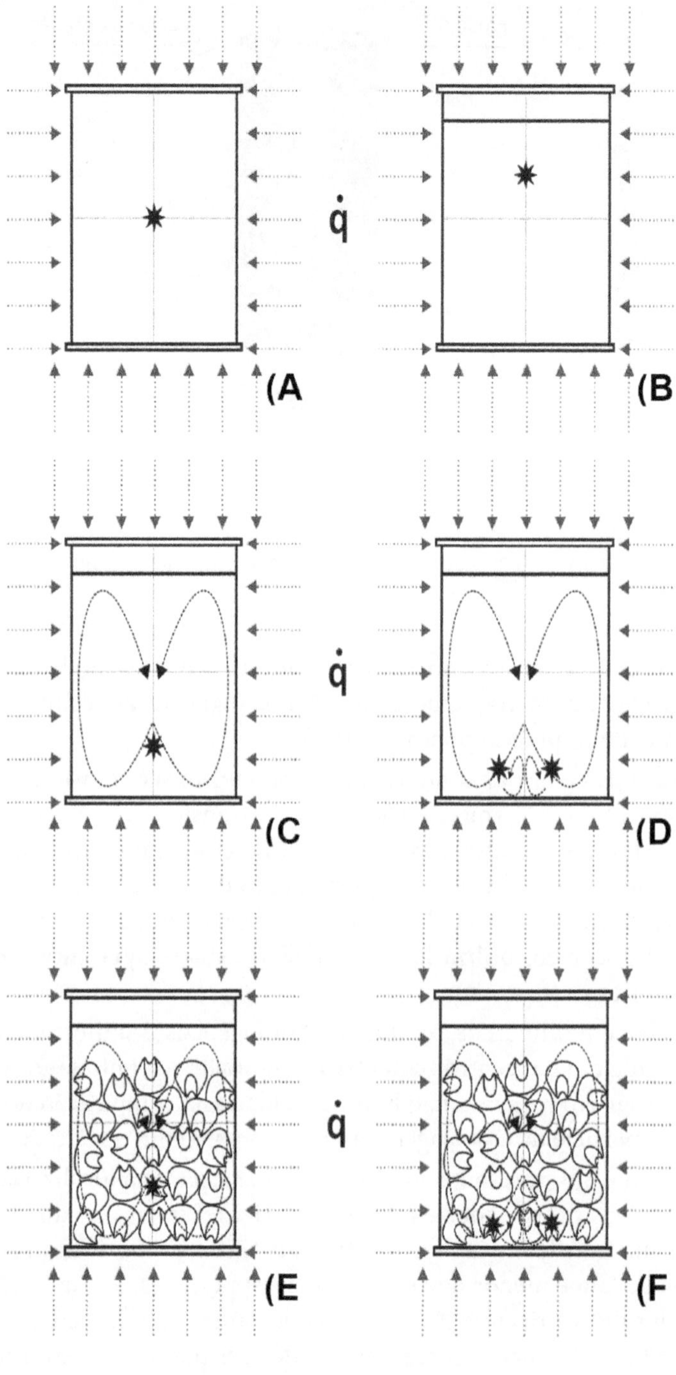

Figura 8.5. Representação esquemática da localização do ponto frio (estrela preta) durante o processamento térmico de alimentos embalados em latas cilíndricas (corte longitudinal). A: Produto condutivo sem *headspace*; B: produto condutivo com *headspace*; C: produto convectivo de alta consistência; D: produto convectivo de baixa consistência; E: produto particulado com fluido de alta consistência; F: produto particulado com fluido de baixa consistência.

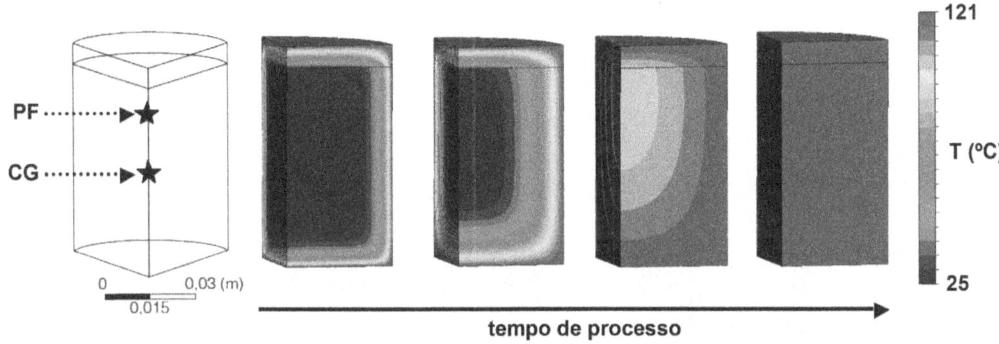

Figura 8.6. Perfil de temperatura de alimento condutivo esterilizado em latas de aço. A figura destaca a localização do ponto frio (PF), acima do centro geométrico da embalagem (CG) em virtude do efeito isolante do *headspace*.

Fonte: adaptada de Augusto e Cristianini, 2008.[9]

Dessa maneira, como representado na Figura 8.7, o ponto frio do produto é deslocado para o lado da gordura. A localização do ponto frio também se deslocará do centro geométrico caso o aquecimento externo não seja uniforme, mesmo para produtos homogêneos. Esse é o típico caso de produtos processados em sistemas de aspersão de água ou imersão parcial, como apresentado na Figura 8.7. Nesse caso, representando um aquecimento por aspersão de água, o produto é conduzido pelo túnel de pasteurização por uma esteira, e a água quente entra em contato apenas com a tampa e o corpo da lata. Assim, o aquecimento pelo fundo da lata é pouco eficiente, deslocando o ponto frio do sistema verticalmente para baixo.

Ao aquecer o alimento dentro da embalagem, a porção próxima à fonte de aquecimento (no presente caso, a interface com a embalagem) se aquece inicialmente e consequentemente se dilata, resultando em menor densidade. No caso de fluidos, a diferença de densidade entre as diferentes porções resulta em uma força de empuxo maior que a força peso. Com a força resultante contrária à aceleração gravitacional, o fluido forma uma corrente ascendente. Ao chegar ao topo da embalagem, o fluido é direcionado ao eixo central, isto é, deslocado da fonte aquecedora. Como a corrente ascendente continua, o fluido no centro da embalagem é obrigado a descer pelo eixo central, gerando as correntes circulares características denominadas correntes de convecção natural, representadas nas Figuras 8.5C, 8.5D e 8.8.

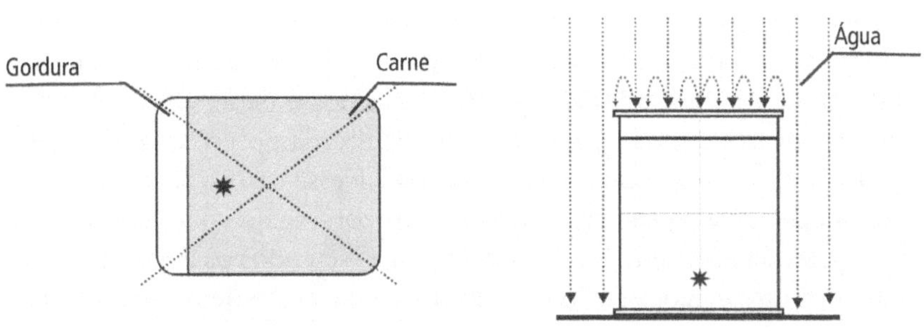

Figura 8.7. Representação esquemática da localização do ponto frio (estrela preta) durante o processamento térmico de presunto cozido com capa de gordura (esquerda) e alimento condutivo em lata de aço, aquecido por aspersão de água (direita).

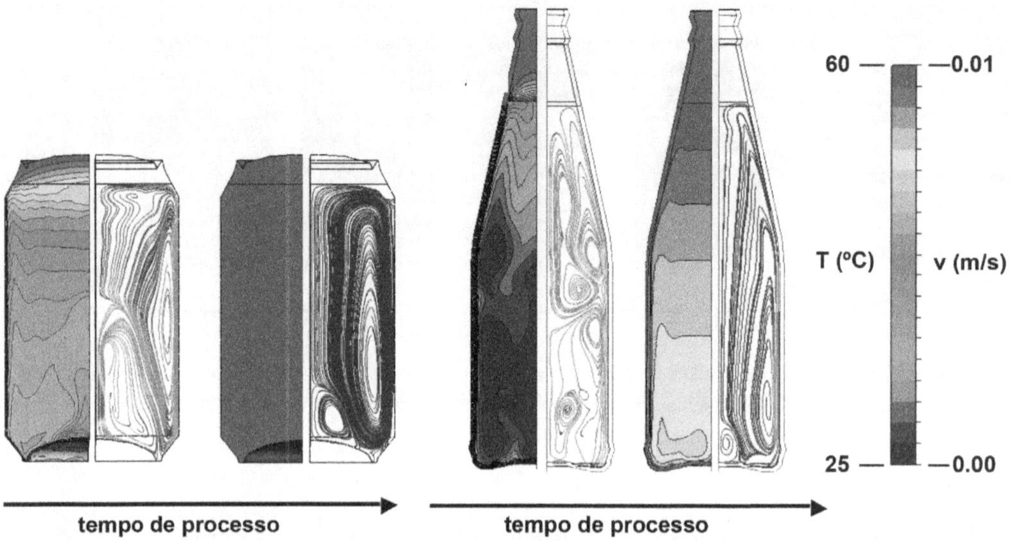

Figura 8.8. Perfis de temperatura e velocidade de cerveja pasteurizada em latas de alumínio e garrafas de vidro.

Fonte: adaptada de Augusto e Cristianini, 20089, Augusto et al., 2008,[10] Augusto et al., 2010,[11] Augusto et al, 2010,[12] Augusto e Cristiannini, 2011.[13]

Na transferência de calor por convecção, a energia térmica é transferida de forma mais rápida, uma vez que o fluido se movimenta. É a forma característica de transferência de calor em alimentos líquidos. Entretanto, a localização de seu ponto frio é mais complexa, sendo transiente (varia com o tempo) e dependente das condições de processo, propriedades do produto e da embalagem.

O ponto frio de produtos convectivos é tradicionalmente descrito como no eixo de simetria da embalagem, a cerca de um terço de sua altura. Entretanto, tal localização se situa na porção inferior da embalagem, em geral entre 10 e 20% da altura de uma embalagem cilíndrica (Figura 8.5C).

Entretanto, quando o aquecimento da embalagem é realizado uniformemente por sua base, topo e lateral, correntes aquecidas por essas regiões se encontram em determinados pontos, formando pequenas correntes circulares decorrentes do encontro de duas ou mais correntes e podendo alterar a localização do ponto frio (então denominado região de aquecimento mais lento). A Figura 8.5D apresenta o caso típico de formação de correntes secundárias, com sentidos opostos, em razão do encontro da porção aquecida pela base da embalagem e do fluxo descendente pelo eixo central. Nesse caso, a região de aquecimento mais lento é deslocada do eixo central, formando um toroide que o rodeia. Tal região pode ser mais bem observada na Figura 8.8, na qual são apresentados os perfis de temperatura e velocidade das correntes de convecção durante a pasteurização de cerveja em latas de alumínio e garrafas de vidro.

A taxa de aquecimento de alimentos líquidos é, portanto, função de suas propriedades térmicas (determinadas pela difusividade térmica, α) e da magnitude das correntes de convecção, relacionadas com seu coeficiente de expansão térmica (β) e viscosidade (η, ou, para fluidos não newtonianos, as demais propriedades que definirão sua viscosidade aparente no processo, η_a). Em produtos muito consistentes/viscosos, a resistência ao fluxo é tão grande que as correntes de convecção são desprezíveis. Nesse caso, o alimento, embora fluido, é aquecido por condução.[14]

Uma vez que a transferência de calor por condução é menos eficiente do que por convecção, muitos alimentos sólidos são processados termicamente com um líquido para garantia de aquecimento mais rápido e uniforme, e, consequentemente, um produto final mais homogêneo e com menor gradiente de reações. Tais produtos são denominados particulados, tendo como principais exemplos os vegetais em salmoura (milho, ervilha, picles, palmito), atum e sardinha ao óleo ou salmoura, produtos cárneos ao molho (almôndegas ao molho de tomate), entre outros. Nesse caso, a fração líquida se aquece por convecção, e sua vazão através dos espaços entre as porções sólidas garante o aquecimento mais uniforme do produto. É importante destacar que a velocidade de tais correntes de convecção é baixa (ordem de poucos milímetros por segundo), sendo em geral bem abaixo da velocidade terminal da fração sólida. Sendo assim, a movimentação do fluido não resulta em movimentação da fração sólida. Dessa maneira, o ponto frio do sistema é dado pelo pior caso, isto é, o centro geométrico do sólido localizado na região de aquecimento mais lenta do fluido (Figuras 8.5E e 8.5F).

Embora os processos realizados com o alimento já embalado resultem em maior gradiente de reações (como inativação microbiana ou enzimática, perda de nutrientes e reações físico-químicas) e gasto energético (menor eficiência energética), estes são mais seguros por apresentarem menor probabilidade de contaminação pós-processo. Por tal razão, ainda hoje são os métodos mais usados para garantia de segurança e conservação de alimentos.

Processamento térmico fora da embalagem

Nos processos realizados fora da embalagem, o produto é processado em trocadores de calor e seu acondicionamento deve ser realizado em uma embalagem previamente tratada e em um ambiente apropriado. É utilizado para produtos líquidos ou, em alguns casos, particulados.

Os trocadores de calor são equipamentos dimensionados para promover o aquecimento e o resfriamento do produto de forma eficiente e contínua. O tipo de trocador de calor a ser utilizado é função das propriedades do alimento, em especial consistência/viscosidade e presença e tamanho de partículas em suspensão. Os principais trocadores de calor utilizados no processamento térmico de alimentos são os tubulares e de placas, sendo em alguns casos utilizados os de casca e tubos e de superfície raspada.

Os trocadores de calor são geralmente compostos por quatro seções: regeneração, aquecimento, tubo de retenção e resfriamento. As seções de aquecimento e resfriamento são dimensionadas para a troca térmica rápida e eficiente. Além disso, a seção de aquecimento pode ser formada não por um trocador de calor, mas sim pelo contato direto do alimento com vapor sanitário. Tais processos são denominados injeção (o vapor é misturado ao produto em uma válvula) e infusão (o produto é aspergido em uma câmara cheia com vapor) de vapor, sendo muito utilizados no processamento de leite. A seção de regeneração é responsável pela economia de energia, por seu reaproveitamento. Nessa seção, o alimento frio é preaquecido pelo alimento que acabou de sair do tubo de retenção, antes de ir para a seção de resfriamento (economia de energia no preaquecimento do produto não processado e pré-resfriamento do processado). O tubo de retenção, por sua vez, é dimensionado para minimizar a troca térmica e manter o produto na temperatura de processo exatamente pelo tempo previamente dimensionado.

Ao escoar pelo tubo de retenção, o fluido em contato com a tubulação sofre resistência pelo atrito com a parede. Dessa forma, a velocidade de escoamento do fluido dentro da tubulação não é uniforme, sendo função da posição em relação ao raio: máxima no centro do tubo e mínima em sua superfície, em um perfil que é função do número de Reynolds (Re) do processo (isto é, $\bar{v}/v_{max} = f\,(\text{Re})$. Consequentemente, cada porção do fluido permanece um tempo diferente dentro da tubulação, e o processo térmico deve ser dimensionado para a fração mais lenta (v_{max}) ou para o valor médio ($\bar{v}$). Tal escolha deve ser feita de forma consciente e devidamente dimensionada, levando-se em consideração a legislação aplicável.

Uma vez que o produto foi adequadamente processado, este deve ser envasado em uma embalagem previamente pasteurizada ou esterilizada (por meios físicos ou químicos) e em um ambiente apropriado (podendo até mesmo ser asséptico). Além disso, tal envase pode ser feito a quente ou a frio.

No caso de processo a frio, o ambiente deve ser adequado para impedir a recontaminação do alimento. No caso de produtos esterilizados comercialmente, tal ambiente deve ser estéril, denominado assim processo asséptico. Quando isto não é possível, torna-se necessário o uso de aditivos e/ou refrigeração no produto para garantia de estabilidade microbiológica.

O processo de enchimento a quente (*hot fill*) é destinado para alimentos ácidos, como sucos de frutas, sendo recomendável para alimentos com pH menor que 4,0. Em alguns casos também pode ser feito para produtos pouco ácidos, porém de baixa atividade de água, como no caso do leite condensado. É utilizado para produtos pasteurizados. Esses alimentos são processados nas condições de tempo/temperatura requeridas para inativação microbiológica e, em seguida, são acondicionados. Sua alta temperatura e consequente desprendimento de vapor minimiza o contato do produto com o ar, além de garantir processamento da própria embalagem. Tais processos exigem o resfriamento posterior do produto embalado em tanques ou túneis com jatos de água fria.

Como o aquecimento dos produtos processados termicamente fora da embalagem é mais rápido e eficiente, as características do produto final serão mais homogêneas e desejáveis. Além disso, pelo maior controle na taxa de aquecimento do produto, os processos podem ser realizados em temperaturas maiores, sendo essa uma grande vantagem na qualidade do produto (Tabela 8.1). Entretanto, os cuidados necessários com a etapa de envase e restrições do produto em relação ao fluxo pelo trocador de calor resultam em limitações para algumas aplicações.

Dimensionamento do processo

O dimensionamento do processo térmico deve levar em consideração as características de transferência de calor do meio de aquecimento e resfriamento para o produto e através do produto. Deve considerar propriedades químicas, físicas e microbiológicas inerentes ao alimento, características de sua embalagem e do equipamento/meio de aquecimento e resfriamento, balanceado de modo a garantir a segurança no consumo com menores alterações sensoriais, nutricionais e menor custo. Dessa forma, cada parte do processo (aquecimento, retenção e resfriamento – Figura 8.9) deve ser devidamente dimensionada, uma vez que podem acontecer de forma independente.

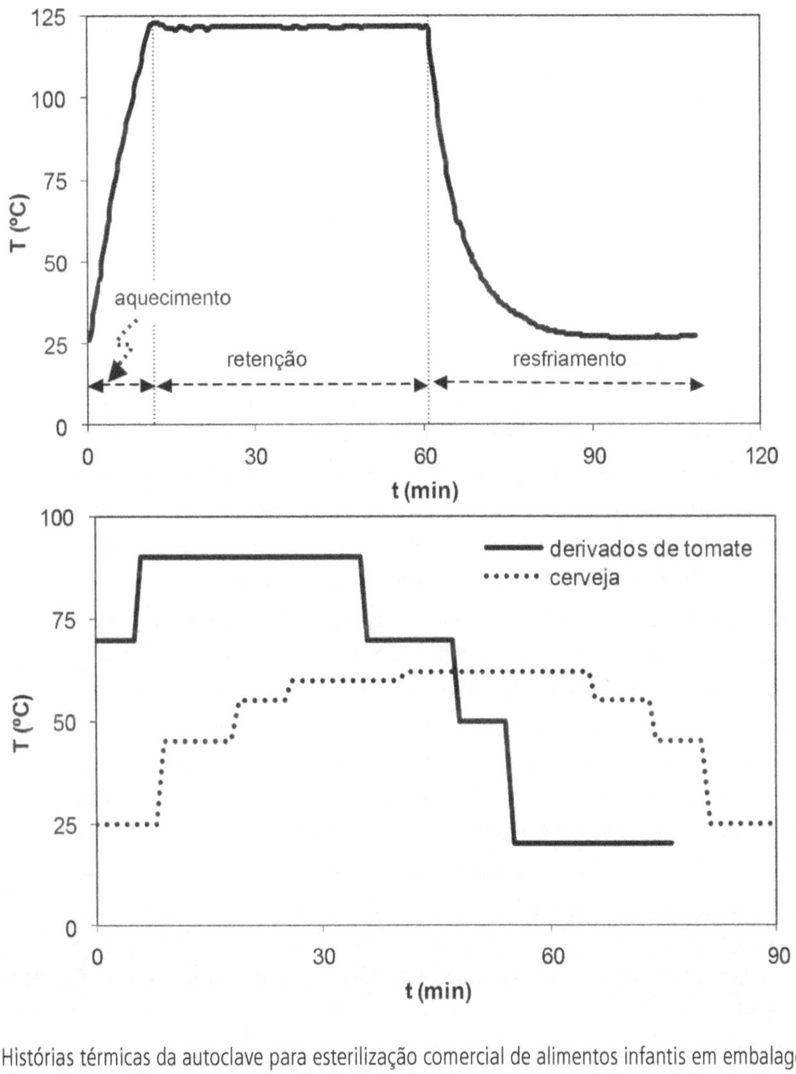

Figura 8.9. Histórias térmicas da autoclave para esterilização comercial de alimentos infantis em embalagens de vidro (acima), e da água de aspersão para pasteurização de derivados de tomate e cerveja em embalagens de vidro (abaixo).

A primeira parte do processo é a etapa de aquecimento, cujo objetivo é elevar a temperatura inicial do produto até a temperatura de processo (Tp). Os desafios dessa etapa estão relacionados com a taxa de aquecimento e uniformidade do produto. Deseja-se que a taxa de aquecimento do produto seja máxima, isto é, que este seja rapidamente aquecido até a temperatura de processo. Deseja-se também que tal aquecimento seja uniforme, isto é, que as histórias térmicas em cada ponto do produto sejam semelhantes. Entretanto, ambas as características possuem limitações relacionadas com as propriedades físicas do produto e do sistema de aquecimento.

As propriedades físicas do produto regulam a transferência de calor através do alimento e, assim, tanto a magnitude quanto a uniformidade de sua taxa de aquecimento. Para alimentos sólidos, a difusividade térmica (α) é a propriedade que definirá a taxa de aquecimento. Para alimentos líquidos, tal taxa não será determinada somente pela difusividade térmica (α), mas também pela sua viscosidade (η, ou, para fluidos não newtonianos, as demais propriedades que definirão sua viscosidade aparente no processo – η_a). Embora as propriedades físicas sejam características do produto, muitas vezes estas podem ser alteradas de forma a facilitar seu processo térmico. Entretanto, o dimensionamento da etapa de aquecimento é normalmente realizado alterando-se as propriedades do sistema de aquecimento.

As propriedades do sistema de aquecimento regulam a transferência de calor para a superfície do alimento, sendo o primeiro limitante da taxa de aquecimento do alimento. Estão relacionadas com o tipo de fluido utilizado (vapor, água, ar ou suas misturas), sistema e propriedades do contato fluido-alimento (imersão, aspersão, circulação, estático, área de contato). O coeficiente convectivo de transferência de calor (h) é a propriedade, única para o sistema utilizado, que mensurará essa eficiência.

A segunda parte do processo é a etapa de retenção, cujo objetivo é manter o sistema na temperatura de processo (Tp) por tempo suficiente para garantir a inativação microbiana desejada. Observa-se, através da Figura 8.10, que no caso de produtos (em especial condutivos) processados dentro da embalagem, muitas vezes seu ponto frio pode nem chegar à temperatura de processo. Entretanto, a letalidade acumulada em sua história térmica deve ser suficiente para alcançar a inativação microbiana desejada.

A terceira e última parte do processo é a etapa de resfriamento, cujo objetivo é reduzir rapidamente a temperatura do produto de forma a minimizar seu superprocessamento e o desenvolvimento de microrganismos remanescentes. Essa etapa ocorre de forma semelhante à primeira, porém utilizando fluidos (em geral água) que garantam o resfriamento do produto. Em virtude de limitações com choque térmico de determinadas embalagens (em especial as de vidro), muitas vezes o resfriamento é realizado em diferentes etapas, até mesmo com fluidos diferentes (Figura 8.9).

Dimensionamento da inativação microbiana

O dimensionamento de um processamento térmico é realizado para atingir uma determinada redução decimal (γ, Equação 11) do alvo do processo (microrganismo ou enzima mais termorresistente), a partir do conhecimento da concentração inicial característica do alimento (C_0) e da concentração final desejada ou necessária (C_f).

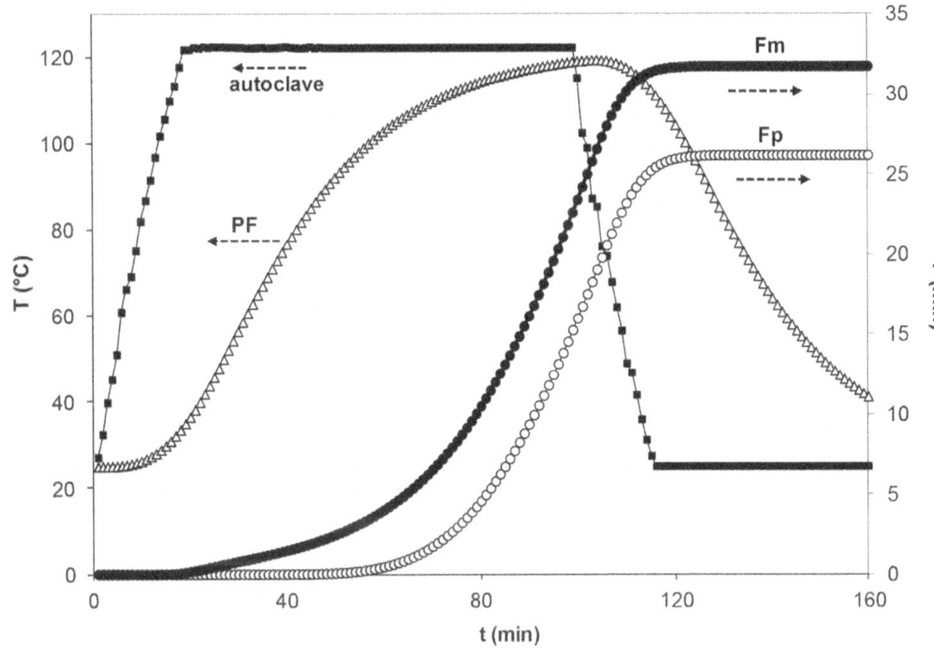

Figura 8.10. Historia térmica da autoclave, do ponto frio do produto (PF) e valores de esterilização no ponto frio (Fp) e médio da massa (Fm) durante a esterilização comercial de alimento condutivo.

$$\gamma = \log\left(\frac{C_0}{C_f}\right) \quad (11)$$

A concentração inicial característica do alimento (C_0) é obtida por meio de análises microbiológicas e consulta à literatura. Deve levar em consideração os casos extremos.

A concentração microbiana final desejada ou necessária (C_f) pode ser definida com base na literatura, normas e legislações, de forma a garantir segurança e estabilidade ao produto. No caso dos produtos comercialmente estéreis, uma forma bastante utilizada para determinar tal valor é por meio do conceito de probabilidade de unidades não estéreis (*PUNE*). O valor de *PUNE* descreve a probabilidade de que uma unidade produzida contenha um esporo (ou célula, se for o caso) em N_{PUNE} unidades processadas, ou seja:

$$PUNE = \frac{1}{N_{PUNE}} \quad (12)$$

A Tabela 8.4 apresenta os valores mínimos típicos *PUNE* para dimensionamento de processos térmicos de alimentos. Segundo esses valores, por exemplo, um lote precisaria ter 10^9 unidades para encontrar um esporo de *Clostridium botulinum* em uma embalagem.

Nesse caso, o valor de redução decimal (γ) pode ser expresso pela Equação 13, em que $m_{embalagem}$ é a massa de produto em cada embalagem.

$$\gamma = \log\left(\frac{C_0}{C_f}\right) = \log\left(\frac{C_0 \cdot m_{embalagem}}{PUNE}\right) \quad (13)$$

Tabela 8.4. **Valores mínimos típicos PUNE (Probabilidade de Unidades Não Estéreis) para dimensionamento de processos térmicos de alimentos**

Constituinte	PUNE
Mesófilos deteriorantes	10^{-6}
Termófilos deteriorantes ($T_{estocagem}$ < 40°C)	10^{-3}-10^{-2}
Termófilos deteriorantes ($T_{estocagem}$ > 40°C)	10^{-6}
Patógenos que afetam a saúde pública (como *Clostridium botulinum*)	10^{-9}

A partir do γ requerido e dos resultados obtidos com testes de penetração de calor, define-se o binômio tempo × temperatura ($t \times T$) necessário para atingir os objetivos do processo. A temperatura de processo é definida com base nas resistências microbianas e das características sensoriais e nutricionais do produto, além de limitações físicas e de equipamentos. O tempo de processo é então obtido considerando-se a inativação do alvo no caso mais drástico, isto é, do ponto frio. Tais cálculos são em geral realizados apenas para as etapas de aquecimento e retenção ou apenas retenção, mantendo-se a etapa de resfriamento como margem de segurança.

Entretanto, um processo não pode ser caracterizado apenas pelo seu binômio $t \times T$, uma vez que um mesmo binômio resulta em diferentes reduções decimais em razão das características do alimento (propriedades físicas, transferência de calor por condução ou convecção, dimensões, embalagem etc.), meio de troca térmica (coeficiente convectivo de transferência de calor, *h*, área de contato) e características do alvo (D_T e z para o alimento em questão). Assim, a forma mais utilizada para a caracterização desses processos é pelo valor de esterilização (*F*).

O valor de esterilização (*F*) representa o tempo equivalente à temperatura de referência (T_{ref}) que o alimento é submetido durante o processo:

$$F = t_{T_{ref}} = \log\left(\frac{C_0}{C_f}\right) \cdot D_{T_{ref}} = \gamma \cdot D_{T_{ref}} \quad (14)$$

Observa-se que o processamento térmico é um processo de transferência de calor transiente, em que a temperatura do alimento é função da posição no produto (*x*, *y* e *z*) e tempo (*t*). Dessa forma, a redução microbiana não é uniforme ao longo do produto. Quando calculado pelas Equações 14 e 15, o *F* é denominado esterilização média da massa (*Fm*), pois representa a redução microbiana média ao longo do produto, ou seja, a média ponderada em função do volume (*V*) do produto, das reduções de cada volume infinitesimal:

$$Fm = \frac{1}{V}\int_{V_0}^{V_n} D_{T_{ref}} \cdot \gamma(V)dV \qquad (15)$$

No caso de alimentos condutivos, nos quais não há mistura das porções de alimentos com maior e menor redução microbiana, o dimensionamento do processo a partir do valor de *Fm* não é um método seguro. Deve-se realizar tal dimensional para o caso mais drástico, isto é, para o ponto frio (*PF*). Nesse caso, *F* é calculado a partir da história térmica desse ponto, e designado como *Fp*.

Cada intervalo que o ponto frio do produto permanece a uma dada temperatura resulta em uma redução microbiana. Para avaliação do *Fp*, portanto, deve-se avaliar a redução microbiana em intervalos de tempo infinitesimais ao longo de todo o processo, ou seja:

$$Fp = \gamma \cdot D_{T_{ref}} = D_{T_{ref}} \cdot \lim_{\Delta t \to 0}\left(\sum_{t=t_0}^{t_f} \frac{\Delta t}{D_T(t)}\right) = D_{T_{ref}} \cdot \int_{t_0}^{t_f} \frac{dt}{D_T(t)} = \int_{t_0}^{t_f} \frac{D_{T_{ref}}}{D_T(t)} dt \qquad (16)$$

Substituindo-se a Equação 9 na 16, tem-se:

$$Fp = \int_{t_0}^{t_f} 10^{\frac{T(t)-T_{ref}}{z}} dt \qquad (17)$$

Define-se como letalidade (*L*) a relação:

$$L = 10^{\frac{T(t)-T_{ref}}{z}} = \frac{D_{T_{ref}}}{D_T(t)} \qquad (18)$$

Pode-se então reescrever *Fp* como:

$$Fp = \int_{t_0}^{t_f} L(t)dt \qquad (19)$$

O *Fm* (Equação 15) pode então ser escrito como:

$$Fm = \frac{1}{V}\int_{V_0}^{V_n} D_{T_{ref}} \cdot \gamma(V)dV = \frac{1}{V}\int_{t_0}^{t_f}\int_{V_0}^{V_n} L(t,V)dVdt = \frac{1}{V}\int_{t_0}^{t_f}\int_{V_0}^{V_n} 10^{\frac{T(t,V)-T_{ref}}{z}} dVdt \quad (20)$$

O *Fm* pode ser obtido experimentalmente a partir dos valores de D_{Tref} e da redução microbiana, utilizando-se a Equação 14. O *Fp* pode ser obtido pelo monitoramento da história térmica do ponto frio, previamente determinado, realizando-se a aquisição dos dados (T) a intervalos pequenos. Dessa forma, pela regra dos trapézios para resolução da Equação 17, obtém-se *Fp* (Equação 21):

$$Fp = \int_{t_0}^{t_f} 10^{\frac{T(t)-T_{ref}}{z}} dt \approx \sum_{t_0}^{t_f} 10^{\frac{T_{PF}(t)-T_{ref}}{z}} \Delta t \quad (21)$$

Assim, por meio de testes de penetração de calor, obtêm-se os valores de esterilização associados ao processo, determinando-se assim o tempo necessário, na temperatura de processo, para garantir a redução decimal (γ) desejada (Figura 8.3).

Em razão de sua grande importância no processamento térmico de alimentos, a resistência térmica dos esporos de *Clostridium botulinum* é geralmente utilizada para expressar o processo de esterilização comercial mínimo para garantia de segurança. Utilizando a temperatura de 121,1°C e a resistência térmica do *Clostridium botulinum,* o *Fp* calculado é então chamado de F_0. Seu valor é calculado considerando-se os valores de $D_{121°C}$ = 0,21 min (Tabela 8.2) e a redução mínima de 12 ciclos logarítmicos (γ = 12). Utilizando a Equação 14, obtém-se que o F_0 mínimo no processamento de alimentos é de 2,52 min. Entretanto, por razões de segurança, demais fatores de segurança são utilizados e valores maiores de F_0 são empregados.

Observa-se que, em alguns casos, o processo final será consideravelmente mais drástico que o necessário do ponto de vista da segurança do produto. Esse é o caso, por exemplo, do processamento térmico de produtos cárneos, em que um processo mais drástico não só é necessário para garantia de estabilidade do produto, como o próprio cozimento é desejado. Por tal razão observam-se valores tão altos de *Fp* e *Fm* (obtidos para *Clostridium sporogenes*) na Figura 8.10.

O processamento térmico de alimentos embalados resulta em superprocessamento de algumas regiões para garantia de segurança e conservação do ponto frio. No caso de alimentos condutivos, essa abordagem é necessária (dimensionamento para *Fp*), e resulta em gradiente de *F* (i.e., de reações) no produto final. No caso de alimentos líquidos, em que há mistura de regiões do produto, a contagem microbiana final será a média das diversas porções, portanto relacionada com *Fm*. Nesse caso, o processo poderia ser dimensionado para o *Fm*, porém, por questões práticas (necessidade de medida de temperatura por meio de um termopar) é em geral realizado para um *Fp*.

Diferentes processos e/ou embalagens podem resultar em maiores ou menores gradientes. A avaliação da homogeneidade desses processos pode ser realizada por meio da relação dos valores de esterilização (RF), útil também para a comparação entre embalagens e processos. A RF é definida como a razão entre o valor de esterilização no ponto frio (*Fp*) e o médio da massa (*Fm*) (Equação 22), representando a distribuição dos valores de *F* no produto. Valores próximos de 1,0 indicam processo mais homogêneo, com menor gradiente de *F* no produto final, enquanto valores menores que 1,0 indicam maiores gradientes de inativação microbiana, destruição de nutrientes e características sensoriais.[10]

$$RF = \frac{Fp}{Fm} \quad (22)$$

Otimização

Como observado na Tabela 8.1, os valores de coeficiente térmico (z) de microrganismos e nutrientes é bastante distinto, sendo os valores para destruição de vitaminas e alterações sensoriais 2 a 4 vezes maiores que para a inativação microbiana. Quanto maior o valor de z, menos dependentes da temperatura são os valores de D_T da reação em questão. Dessa forma, temperaturas maiores de processo térmico resultam em maior queda dos valores de D_T de microrganismos quando comparados aos valores das reações que afetam as propriedades nutricionais e sensoriais dos alimentos e, portanto, em taxas de reações mais diferentes. Tal princípio permite a obtenção de produto otimizado, isto é, com a mesma segurança, porém com melhores características nutricionais e sensoriais.

A Figura 8.11 apresenta as principais reações de inativação, destruição e alterações durante o processo térmico de bebida de soja (gráfico semelhante ao apresentado na Figura 8.3). O processo é dimensionado para inativação de cinco ciclos logaritmos (5D) de *Clostridium sporogenes*, um microrganismo deteriorante com resistência térmica semelhante à do *Clostridium botulinum*, e pelo menos 90% de fator antitripsina presente (FAT, um fator antinutricional presente em algumas leguminosas). Entretanto, deseja-se minimizar as alterações de cor e aroma, sendo desejada a destruição de não mais que 10% de tiamina.

Observa-se claramente a diferença na inclinação das curvas, sendo as de inativação microbiana (apresentadas para 1D e 5D) mais inclinadas e, portanto, mais dependentes da temperatura. Observa-se também que a temperatura de processo deve ser maior que ~125°C, pelo tempo apropriado, para que o processo garanta a inativação de 5D de *Clostridium sporogenes* com destruição de até 10% de tiamina.

O entendimento de tais curvas permite, assim, a otimização do processo térmico de alimentos.

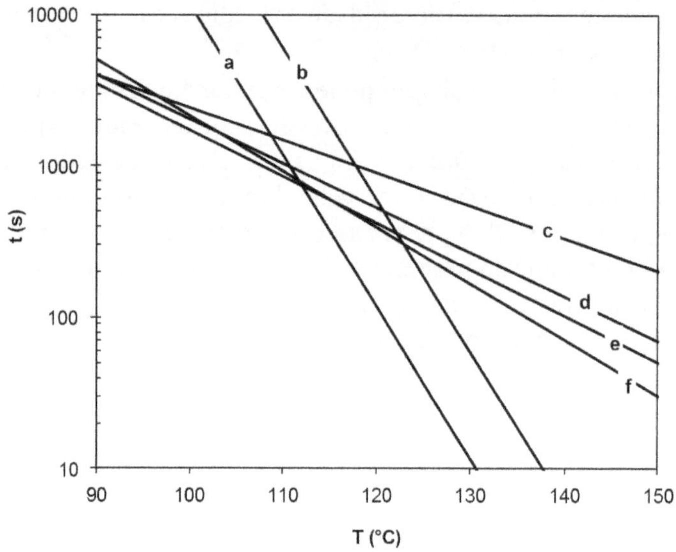

Figura 8.11. Reações de inativação, destruição e alterações durante o processo térmico de extrato hidrossolúvel de soja: inativação de 1D (a) e 5D (b) de *Clostridium sporogenes*; alterações aceitáveis de cor (c) e aroma (d); destruição de 10% de tiamina (e); inativação de 90% de fator antitripsina (FAT, f).

Fonte: adaptada de Kwok et al., 2002.[15]

Processos térmicos

Os principais processos térmicos utilizados na conservação de alimentos são comumente descritos como esterilização comercial (geralmente referida, simplificadamente, apenas como esterilização) e pasteurização. Além desses, destaca-se o processo de branqueamento, importante para a garantia de qualidade do produto final, e os processos de forneamento e fritura, importantes para os serviços de alimentação.

Branqueamento

O branqueamento é um processo térmico brando, cujo principal objetivo é a inativação parcial das enzimas presentes nos alimentos, garantindo assim que não haja atividade enzimática durante o processo produtivo. O branqueamento não é um método de conservação, e sim uma etapa intermediária do processamento. Embora as enzimas presentes sejam inativadas nos processos de pasteurização e esterilização, estes são realizados no final do processo produtivo. Dessa forma, o branqueamento é importante para que reações enzimáticas indesejáveis não ocorram na planta de processamento, sendo uma etapa fundamental no processamento de produtos de frutas.

Além de inativar enzimas, o branqueamento resulta em liberação de ar e amolecimento dos tecidos, que podem ser importantes em etapas subsequentes como exaustão e despolpamento.

Ao contrário do que sugere o nome, o processo em nada se refere a tornar o alimento mais branco, sendo tal nome derivado do fato de alguns produtos se manterem claros após branqueados, já que a enzima polifenoloxidase é inativada e não há formação dos compostos escuros.

O branqueamento pode ser feito de duas formas, denominadas trituração a quente (*hot break*) ou a frio (*cold break*), sendo a escolha entre os métodos função das características do produto e da planta de produção.

No processo de trituração a quente (*hot break*), o produto ainda íntegro é branqueado, sendo depois triturado e seguindo então com as demais etapas do processo. Nesse caso, o aquecimento é feito por imersão ou aspersão do produto com água quente, ou passagem por túnel com vapor. A transferência de calor ocorre por condução, e a existência de ponto frio deve ser levada em consideração para a inativação enzimática, o que pode levar a um superprocessamento (com, por exemplo, um amolecimento indesejável dos tecidos) das extremidades do alimento para garantia do processo. O contato com a água pode resultar em lixiviação de componentes hidrossolúveis do produto. Além disso, pela forma de transferência de calor e necessidade de aquecimento da água, o gasto energético é maior. Entretanto, o método de trituração a quente (*hot break*) inativa as enzimas ainda dentro das células, antes mesmo que a trituração as exponha a seus substratos. Dessa forma, o processo de trituração a quente (*hot break*) é realizado sempre que a atividade enzimática seja indesejável mesmo em pequenas quantidades. Esse é o caso, por exemplo, de processos demorados, plantas de processamento grandes ou produtos nos quais qualquer modificação nesse estágio comprometa a qualidade do produto final.

No processo de trituração a frio (*cold break*), o produto é triturado e então branqueado. Nesse caso, o aquecimento é feito em trocadores de calor ou em tachos encamisados com agitação. A transferência de calor ocorre por convecção forçada, sendo o processo mais uniforme e com menor gasto energético. Entretanto, deve ser feito rapidamente depois da trituração, minimizando-se assim as alterações enzimáticas.

Pasteurização

A pasteurização é um processo térmico brando, cujos principais objetivos são garantir a segurança e prolongar a vida de prateleira do alimento. Dessa forma, é dimensionado para garantir a inativação de microrganismos patogênicos e a redução da carga de deteriorantes. É realizada em geral sob pressão atmosférica, com temperaturas de cerca de 65°C até 100°C, por tempo apropriado, podendo ser realizada com o produto dentro ou fora da embalagem. Inativa células vegetativas microbianas e enzimas, mas não possui efeito sobre esporos.

É um processo largamente aplicado para a conservação de sucos e polpas de frutas, leites, bebidas fermentadas, cerveja, palmito e outras conservas vegetais ácidas, geleias e doces em massa e produtos cárneos refrigerados, como presunto e salsichas.

Uma vez que a redução na carga de microrganismos deteriorantes não é suficiente para garantir a estabilidade dos produtos, é um método que precisa ser usado em conjunto com uma tecnologia complementar de conservação para garantia de estabilidade. Os principais métodos de conservação utilizados em conjunto com a pasteurização são a refrigeração, o congelamento, a acidificação, a redução da atividade de água e/ou o uso de conservantes.

Os produtos pasteurizados apresentam baixa a média estabilidade e vida de prateleira variável, de acordo com suas características e método de conservação complementar utilizado. Sua vida de prateleira pode variar de poucos dias (como leite pasteurizado refrigerado e outros produtos de baixa acidez e alta a_w) a meses ou anos (como sucos e doces de frutas e outros produtos de alta acidez e/ou baixa a_w).

Esterilização comercial

A esterilização comercial, muitas vezes denominada simplificadamente apenas esterilização, é um processo térmico mais drástico, em que o produto final deve ter ausência de células vegetativas e de esporos capazes de se desenvolverem nas condições normais de distribuição e estocagem.[16] Assim, além de segurança, é um processo que garante estabilidade em condições ambientes, sem a necessidade de um método complementar de conservação. O processo, no entanto, depende de uma embalagem adequada para a manutenção do produto estéril.

É um método de conservação bastante aplicado para alimentos de baixa acidez, como leite, carnes, peixes, feijões, milho, ervilha, cenoura, batata e outros vegetais. Tais produtos podem conter esporos de *Clostridium botulinum*, os quais representam um potencial risco à segurança do produto e precisam ser inativados. Dessa forma, todo processo de esterilização comercial primeiro é dimensionado para garantir segurança em relação ao *C. botulinum*. Entretanto, como pode ser observado na Tabela 8.2, existem outros microrganismos deteriorantes mais termorresistentes que o *C. botulinum*, de forma que os processos são em geral mais drásticos que o necessário para garantir a segurança no consumo.

Os alimentos esterilizados são em geral processados em sistemas pressurizados, em temperaturas de cerca de 120°C até 150°C por tempo apropriado, e o processo podendo ser realizado com o produto dentro ou fora (nesse caso, com processo asséptico) da embalagem. Os produtos esterilizados apresentam alta estabilidade e vida de prateleira de meses a anos. Nesse caso, muitas vezes o fim da vida de prateleira do produto é determinado por alterações físico-químicas e/ou sensoriais, já que a estabilidade microbiológica é garantida.

É importante observar que a esterilização comercial inativa, além dos patogênicos, apenas os esporos dos microrganismos deteriorantes que possam se desenvolver nas condições de distribuição e estocagem. Não é realizada ao ponto de tornar o alimento completamente estéril, isto é, completamente livre de microrganismos, já que o processo necessário tornaria os produtos muito alterados sensorialmente. Dessa forma, os alimentos comercialmente estéreis ainda podem possuir esporos de microrganismos termófilos deteriorantes. Tal fato deve ser levado em consideração não somente para o dimensionamento do processo térmico (Tabela 8.4), mas também para as etapas de distribuição e estocagem. Além disso, por tal razão, a etapa de resfriamento deve ser realizada de forma rápida, impedindo assim que o alimento permaneça nas temperaturas de desenvolvimento de termófilos por tempo suficiente para germinação e desenvolvimento dos esporos.

Forneamento e fritura

Tanto o forneamento quanto a fritura são métodos de produção de alimentos, com o objetivo de promover reações que garantam transformações sensoriais agradáveis. Entretanto, além de resultaram em produto com características sensoriais agradáveis, garantem inativação microbiana e maior estabilidade aos produtos, podendo ser comparados aos métodos de pasteurização. Entretanto, além de serem métodos de transferência de calor, constituem-se também em métodos de transferência de massa.

No forneamento, o alimento é aquecido utilizando-se ar quente, podendo também ser misturado com vapor de água. Ao utilizar ar quente, sua baixa umidade relativa provoca uma corrente de saída de água do produto (corrente de secagem). A magnitude de tal corrente é função da temperatura e umidade relativa do ar, que pode ser alterada com a mistura com vapor de água. A corrente de secagem ocorre da superfície do produto para o ar, e resulta em uma corrente de difusão da água interna ao produto. A difusão da água ocorre do centro do produto para suas bordas, tentando igualar a umidade nas diferentes porções do alimento. Entretanto, ao utilizar apenas ar quente, como a corrente de secagem é maior que a de difusão de água pelo produto, há formação de crosta, isto é, porção externa ressecada e com grande alteração térmica. A formação da crosta pode ser desejável, mantendo a superfície com menor a_w e sensorialmente agradável, como em carnes assadas. Pode também, no entanto, ser indesejável, como no caso de bolos e biscoitos.

Na fritura, o alimento é aquecido utilizando-se óleo quente. Dessa forma, duas correntes de transferência de massa são formadas. A primeira corrente é a de água que deixa o alimento em decorrência da alta temperatura de processo, sendo maior quanto maior for a temperatura do óleo. A desidratação parcial promovida pela fritura em geral é desejável, podendo resultar em a_w baixa o suficiente para manter a estabilidade dos alimentos. Como exemplo destacam-se as batatas *chips*. A segunda corrente é a de óleo que entra no produto, sendo maior quanto menor a corrente de água, características do produto como porosidade e área de superfície e viscosidade do óleo. A incorporação de óleo no produto resulta em características sensoriais agradáveis, tendo, porém, implicações nutricionais e de estabilidade física do produto final (p. ex., destaca-se a oxidação de lipídios).

Efeitos nos alimentos

O processamento térmico de alimentos resulta em diversas alterações nos componentes dos alimentos, uma vez que as altas temperaturas de processo catalisam diversas reações. A seguir, são descritas as principais reações e efeitos nos alimentos. Para mais detalhes sobre as reações, sugere-se a revisão do Capítulo 4 e publicações anteriores.[17-24]

Alterações sensoriais

As principais alterações sensoriais decorrentes do processamento térmico de alimentos são as relacionadas a consistência e textura (redução ou aumento), suculência, coloração (escurecimento, descoloração) e ao sabor e aroma (formação, degradação, perda).

As alterações na consistência ou textura dos alimentos podem ser causadas por diversas reações, como desnaturação proteica, gelificação de hidrocoloides e amidos, e ruptura celular vegetal e clivagem de substâncias pécticas.

A desnaturação térmica de proteínas resulta em coagulação, formação de gel que mantém a água presa na matriz proteica. Esse é o caso das proteínas de ovo, que dificultam sua pasteurização, porém garantem a produção de omeletes; do leite, responsável pelo aumento de consistência e formação de gel em creme de leite e pudins; e cárneas, formando a estrutura rígida de salsichas e mortadelas. Em carnes, nas quais as proteínas estão ordenadas e agrupadas nos feixes de fibras musculares, a desnaturação facilita a mastigação. Somada às alterações proteicas, o processo térmico resulta em fusão da fração lipídica, aumentando a suculência dos produtos processados. Tais características sensoriais, no entanto, variam com a intensidade do processo térmico e da desnaturação proteica resultante. Em desnaturações mais intensas, é possível observar a liberação de água pelas proteínas em razão da menor capacidade de retenção de água (CRA). Esse é o caso de carnes bem-passadas e creme de leite appertizado, em que a separação de soro é perceptível. Dessa forma, o processo térmico pode resultar inclusive em ressecamento do produto.

Grande parte dos hidrocoloides precisa de aquecimento para gelificação, sendo esse aumento de consistência um importante atributo sensorial (na maioria das vezes desejável, perceptível como "corpo"). Entretanto, caso seja excessivo, a rede previamente formada pode ser desfeita ou até mesmo as estruturas moleculares alteradas. É o caso dos grânulos de amido, que são degradados se aquecidos após gelatinização, resultando em menor consistência final; ou de pectinas de sucos, geleias e doces em massa, nos quais o processo térmico em meio ácido pode clivar as moléculas e limitar sua formação de gel.

Além disso, o processo térmico resulta em amolecimento dos tecidos vegetais e ruptura de células, com extravasamento do conteúdo intracelular (com consequente exposição de enzimas e substratos, nutrientes e outros). Tais alterações podem ser desejáveis ou indesejáveis.

O processamento térmico de alimentos em geral resulta em alterações na coloração dos alimentos, podendo estar associadas à formação de pigmentos, degradação dos previamente existentes ou ainda apenas modificações estruturais, sem alterações na pigmentação, mas que resultam em alterações na reflexão da luz. Os principais pigmentos formados são aqueles associados às reações de Maillard, caramelização e escurecimento do ácido ascórbico. A degradação de pigmentos está muitas vezes relacionada à catalisação do processo de oxidação, já que grande parte dos alimentos possui certa concentração de ar dissolvido. Esse é o caso típico, por exemplo, da degradação de carotenoides em produtos de frutas, destacando-se a necessidade da etapa de desaeração anteriormente ao processo térmico. Outra alteração típica em vegetais é a conversão de clorofila (verde) em feofitina (verde-marrom), quando aquecida em meio ácido. Além disso, a desnaturação de proteínas também pode resultar em alterações de coloração, como no caso da quebra do complexo proteína-carotenoides (originalmente cinza e que, ao quebrar, destaca a coloração do carotenoide – reação típica no processamento de camarão e outros frutos do mar) e desnaturação da mioglobina em carnes (alterando a coloração de vermelho para marrom-acinzentado).

Por fim, como o processamento térmico pode resultar em liberação de ar dos tecidos, a alteração da reflexão da luz resulta em percepção sensorial diferente. Nesse caso, muito comum em vegetais branqueados, embora não haja alteração nos pigmentos presentes, a percepção visual de cor é alterada.

Outra característica sensorial importante do processamento térmico de alimentos está relacionada às alterações no sabor e aroma, que podem estar relacionadas à formação, degradação e/ou perdas de compostos. Os principais compostos formados são aqueles associados às reações de Maillard, caramelização e escurecimento do ácido ascórbico, podendo ser desejáveis (como no caso do doce de leite) ou indesejáveis (como no processamento de creme de leite). Grande parte das perdas de aroma é decorrente da volatilização dos componentes, que, em alguns casos, podem ser recuperados e adicionados novamente no produto final. Esse é o caso de alguns sucos concentrados. Por fim, a degradação de aromas pode ser decorrente do próprio processo térmico, como no caso de desnaturação de proteínas ricas em enxofre (e aroma característico em brócolis, leite e ovo), ou da catalisação de processos oxidativos.

Alterações funcionais/tecnológicas

As principais alterações sensoriais decorrentes do processamento térmico de alimentos são as relacionadas a consistência e textura (redução ou aumento), alteração da capacidade de retenção de água e ar e aquelas relacionadas ao processo.

A desnaturação de proteínas e gelificação de amidos e hidrocoloides alteram não somente as propriedades sensoriais dos alimentos, mas também propriedades funcionais/tecnológicas. É o caso do aumento da consistência e consequente menor separação de fases em sucos e achocolatados, alterações na interação, solubilização e retenção de água e ar em suspiros, sorvete, creme de leite e outros.

O processamento térmico também pode resultar em alterações no processamento dos alimentos, como a desnaturação de proteínas do soro de leite, com agregação na fração k da micela de caseína e consequente alteração no tempo de coagulação e textura final de queijos; ou a alteração no equilíbrio entre o cálcio coloidal e o soro durante o processamento de leite, resultando em precipitação desse mineral em trocadores de calor.

Dessa forma, destaca-se a importância da avaliação dos efeitos do processamento térmico nas demais propriedades dos alimentos.

Alterações nutricionais

Ao contrário do que muitas vezes é difundido fora da comunidade científica, as alterações nutricionais dos alimentos processados termicamente de forma adequada não são grandes o suficiente para comprometer a qualidade do produto final (Tabela 8.5).

Algumas vitaminas, como o ácido ascórbico, o ácido fólico e a tiamina, são termossensíveis e suas perdas podem ser consideráveis. Entretanto, muitas vezes as perdas de vitaminas e minerais estão relacionadas não ao processamento térmico em si, mas à extração pela água (lixiviação) e/ou oxidação decorrente do ar dissolvido. Alguns aminoácidos também são perdidos pela degradação de proteínas e pela reação de Maillard, porém em quantidade muito pequena.

Em contraste com as perdas, o processo térmico resulta em melhor digestibilidade de algumas proteínas, como as presentes na carne, além de melhor absorção de vitaminas e minerais decorrente do amolecimento de tecidos.

Tabela 8.5. **Valores típicos de perdas de vitaminas (%) decorrentes do processamento térmico**

Produto	Biotina	Folato	B6	Ácido pantotênico	A	Tiamina	Riboflavina	Niacina	Ácido ascórbico
Aspargos	0	75	64	-	43	67	55	47	54
Beterraba	-	80	9	33	50	67	60	75	70
Cenoura	40	59	80	54	9	67	60	33	75
Milho	63	72	0	59	32	80	58	47	58
Cogumelos	54	84	-	54	-	80	46	52	33
Ervilhas	78	59	69	80	30	74	64	69	67
Espinafre	67	35	75	78	32	80	50	50	72
Tomate	55	54	-	30	0	17	25	0	26

Fonte: Gregory et al., 2008.[24]

Conclusões

O processo térmico é um dos métodos mais utilizados para a conservação de alimentos. O dimensionamento do processo térmico garante segurança no consumo, mantendo-se a qualidade sensorial e nutricional do produto final. Mais detalhes sobre o processamento térmico de alimentos podem ser encontrados em trabalhos previamente publicados.[1-3,6,7,20,21,25-30]

REFERÊNCIAS

1. Stumbo CR. Thermobacteriology in food processing. 2. ed. San Diego: Academic Press; 1973.
2. Teixeira AA. Simulating thermal food processes using deterministic models. In: Sun DW. Thermal food processing: new technologies and quality issues. Boca Raton: CRC Press; 2006.
3. Lund DB. Design of thermal processes for maximizing nutrient retention. Food Technol. 1977; 31(2):71-8.
4. Silva FV, Gibbs P. Target selection in designing pasteurization processes for shelf-stable high-acid fruit products. Crit Rev Food Sci Nutr. 2004;44(5):353-60.
5. Thippareddi H, Sanchez M. Thermal processing of meat products. In: Sun DW, ed. Thermal food processing: new technologies and quality issues. Boca Raton: CRC Press; 2005.

6. Ramaswamy H, Marcotte M. Thermal processing. In: Ramaswamy H, Marcotte M. Food processing: principles and applications. Boca Raton: CRC Press; 2006.
7. Peleg O. On calculating sterility in thermal and non-thermal preservation methods. Food Res Int. 1999;32:271-8.
8. Appert. N. L'art de conserver, pendant plusieurs années, toutes les substances animals et végétales. Paris. 1810.
9. Augusto PED, Cristianini M. Avaliação de erros na determinação de histórias térmicas de produtos processados termicamente com registradores internos de temperatura. Braz J Food Technol. 2008;BMCFB:9-19.
10. Augusto PED, Santana FF, Cristianini M. Utilização de modelagem matemática para avaliação dos efeitos da temperatura de processo e das propriedades térmicas na esterilização de alimentos. Braz J Food Technol. 2008;11:159-68.
11. Augusto PED, Pinheiro TF, Cristianini M. Using computational fluid-dynamics (CFD) for the evaluation of beer pasteurization: effect of orientation of can. Cienc Tecnol Alim. 2010;30(4):980-6.
12. Augusto PED, Pinheiro TF, Cristianini M. Utilização de fluidodinâmica computacional (CFD) na avaliação de tratamentos térmicos de bebidas em garrafas. Braz J Food Technol. 2010;13(4):260-70.
13. Augusto PED, Cristianini M. Numerical simulation of packed liquid food thermal process using computational fluid dynamics (CFD). Int J Food Eng. 2011;7(4):article 16.
14. Augusto PED, Cristianini M. Computational fluid dynamics analysis of viscosity influence on thermal in-package liquid food process. Int J Food Eng. 2010;6(6):article 16.
15. Kwok KC, Liang HH, Niranjan K. Optimizing conditions for thermal processes of soy milk. J Agric Food Chem. 2002;50(17):4834-8.
16. Codex Alimentarius. Codex general standard for irradiated foods – codex stan 106-1983, rev. 1-2003. 2003.
17. Belitz HD, Grosch W. Quimica de los alimentos. Zaragoza: Editorial Acribia; 1988.
18. Damodaran S, Parkin KL, Fennema OR, ed. Fennema's food chemistry. Boca Raton: CRC Press; 2008.
19. Meyer LH. Food chemistry. Westport: AVI Publishing; 1975.
20. Rees JAG, Bettison J. Procesado térmico y envasado de los alimentos. Zaragoza: Editorial Acribia; 1994.
21. Sun DW, ed. Thermal food processing: new technologies and quality issues. Boca Raton: CRC Press; 2006.
22. Bobbio FO, Bobbio PA. Introdução à química de alimentos. 3. ed. São Paulo: Livraria Varela; 2003.
23. Bobbio FO, Bobbio PA. Química do processamento de alimentos. 3. ed. São Paulo: Livraria Varela; 2001.
24. Gregory III JF. Vitamins. In: Damodaran S, Parkin KL, Fennema OR, ed. Fennema's food chemistry. Boca Raton: CRC Press; 2008.
25. Potter NN, Hotchkiss JH. Ciencia de los alimentos. Zaragoza: Editorial Acribia; 2007.
26. Fellows P. Tecnologia do processamento de alimentos: princípios e práticas. Porto Alegre: Artmed; 2006.
27. Ordóñez JA. ed. Tecnologia de alimentos. Volume 1: componentes dos alimentos e processos. Porto Alegre: Artmed; 2005
28. Ibarz A, Barbosa-Cánovas GV. Unit operations in food engineering. Boca Raton: CRC Press; 2003.
29. Pflug IJ. Selected papers on the microbiology and engineering of sterilization processes. 5. ed. Minneapolis: Environmental Sterilization Laboratory; 1988.
30. Augusto PED, Tribst AAL, Cristianini M. Thermal processes: commercial sterility (retort). In: Batt CA, org. Encyclopedia of food microbiology. 2. ed. Oxford: Elsevier; 2014. p.567-76.

CAPÍTULO 9

Redução da atividade de água

■ Fabiane de Moraes

CONTEÚDO

Introdução

O presente capítulo descreve as principais características dos métodos de processamento e conservação de alimentos por meio da redução de atividade de água, utilizando diretamente os conceitos expostos nos Capítulos 1 a 4.

São apresentados os diferentes processos de concentração e secagem, de alimentos tanto líquidos como sólidos, assim como os principais equipamentos utilizados para esses fins.

São apresentadas as principais alterações que esses processos promovem sobre os alimentos, bem como suas limitações técnicas e econômicas.

A água nos alimentos e a conservação pela redução da atividade de água

O teor de água de um alimento, determinado por sua umidade, é uma característica importante para sua estabilidade. No entanto, somente esse valor não permite estimar a taxa (velocidade) de sua deterioração, assim como das reações que nele podem acontecer. É preciso conhecer como a água está presente e como ela interage com os demais componentes do alimento.

Os alimentos podem ser constituídos de sistemas multicomponentes de diferentes fases, com a presença de óleos e gorduras dispersos em uma fase aquosa na qual há solutos e macromoléculas, totalmente dissolvidos ou não.[1] Além disso, a distribuição da água no alimento pode variar. Nos vegetais, geralmente há maior quantidade de água na polpa e menor quantidade de água na casca e na semente. Isso torna a polpa do vegetal mais perecível quando exposta no corte, no descascamento ou na ocorrência de dano mecânico.

A interação da água com o alimento afetará fortemente a velocidade de deterioração. Quanto mais a água interage com os demais componentes, menos ela estará disponível para reações e crescimento microbiano. Assim, de forma simplificada, é possível classificar a água nos alimentos em dois tipos: água ligada e água livre.

A água ligada é aquela que interage com os componentes do alimento, especialmente solutos, em diferentes intensidades. Por isso, ela está muito pouco ou nada disponível para reações e é considerada não congelável. A camada de água ligada que interage mais fortemente com os constituintes do alimento é denominada água de constituição. As camadas de água subsequentes são denominadas água de multicamadas e, à medida que se afastam dos componentes com que interagem, essas interações se tornam mais fracas.[2]

Existe ainda uma quantidade de água nos alimentos retida fisicamente ou por interações fracas com os demais componentes, denominada água capilar ou imobilizada. Essa fração de água determina a capacidade de retenção de água do alimento e integra sua água livre, com a água que não interage física ou quimicamente com os outros componentes.[3]

A água livre é aquela que está disponível para o crescimento microbiano, para reações e congelamento. O teor de água livre no alimento impactará na velocidade de sua deterioração e pode ser expresso como atividade de água (a_a, a_w, A_a ou A_w; o presente livro utiliza

a_w para se referir à atividade de água), que é obtida pela relação entre a pressão de vapor da água no alimento (P_S) e a pressão de vapor da água pura (P_O), ambas à mesma temperatura (Equação 1). Ainda, o conceito de atividade de água (a_w) pode ser simplificadamente entendido como a razão entre a água livre presente nos alimentos e a água total (livre + ligada), definindo assim quais reações podem ocorrer e em qual taxa.

$$a_w = P_S/P_o \quad (1)$$

A pressão de vapor é a pressão em que a água passa do estado líquido para o gasoso, a determinada temperatura. Quando a água interage com outros componentes do alimento, por exemplo, açúcares ou sais, a pressão de vapor da solução diminui. Por isso, quanto mais a água interage, menor a pressão de vapor do produto e, consequentemente, menor é a atividade de água do alimento.

Portanto, para predizer a estabilidade de um alimento em função da água nele contida, é necessário conhecer não só o teor de água do alimento (umidade), mas principalmente sua atividade de água. Na Tabela 9.1, pode-se comparar o teor de umidade e a atividade de água de alguns alimentos.

Tabela 9.1. **Teor de umidade e atividade de água de alguns alimentos**[1,2,4]

Alimento	Teor de umidade (% m/m, em base úmida)	a_w
Leite	87	0,994
Carne fresca	70	0,985
Paleta suína curada, maturada e fermentada	60	0,89
Salsicha	42	0,89
Pão	40	0,96
Leite condensado	28	0,83
Farinha de trigo	15	0,72
Massa alimentícia seca	10	0,45
Biscoitos	5,0	0,20
Leite em pó desnatado	3,5	0,11

O efeito da atividade de água no alimento depende da composição dos solutos. A atividade de água mínima para o crescimento de um microrganismo, por exemplo, dependerá do tipo de soluto desse alimento, ao qual o microrganismo pode apresentar maior ou menor tolerância.[1] A velocidade de oxidação lipídica dependerá não só da atividade de água e do teor de lipídios, mas também do tipo de lipídio e seu grau de exposição decorrente do processamento, além do teor de metais (como o ferro) e enzimas expostos nesse processamento.[5,6]

Em alimentos constituídos por componentes com diferentes atividades de água, a água migrará entre os diferentes componentes até que seja atingida a atividade de água de equilíbrio da mistura.[7]

No entanto, genericamente, conforme a atividade de água diminui, ficam limitadas as reações físico-químicas, enzimáticas e o crescimento microbiano, como ilustrado na Tabela 9.2.

Tabela 9.2. **A atividade de água e os fenômenos que ocorrem em alguns alimentos**[2]

a_w	Fenômeno	Exemplos de alimentos
1,00		Alimentos frescos altamente perecíveis
0,95	Inibição de *Pseudomonas, Bacillus, Clostridium perfringens* e leveduras	Alimentos com 40% de sacarose ou 7% de sal, salsichas cozidas, pão
0,90	Limite inferior para o crescimento microbiano geral, inibição de *Salmonella, Vibrio parahaemolyticus, Clostridium botulinum, Lactobacillus* e alguns fungos e leveduras	Alimentos com 55% de sacarose ou 12% de sal, presunto curado, queijos levemente maturados
0,85	Inibição da maioria das leveduras	Alimentos com 65% de sacarose ou 15% de sal, salame, queijo maturado, margarina
0,80	Limite inferior para a maioria das atividades enzimáticas; inibição de *Staphylococcus aureus*	Farinha, arroz (15 a 16% de água), bolo de frutas, leite condensado, xarope de frutas, glacê
0,75	Limite inferior para bactérias halofílicas	Marzipã, doces de frutas
0,70	Limite inferior para o crescimento da maioria dos fungos xerofílicos	
0,65	Velocidade máxima para a reação de Maillard	Flocos de aveia (10% de água), caramelo, melados, nozes
0,60	Limite inferior para o crescimento de leveduras e fungos osmofílicos ou xerofílicos	Frutas desidratadas (15 a 20% de água), balas de caramelo, mel
0,40	Velocidade mínima de oxidação	Ovo integral em pó (5% de água)

A remoção de água do alimento promove sua conservação porque reduz proporcionalmente a quantidade de água livre, em relação à quantidade de água ligada (reduz a atividade de água), limitando as alterações microbiológicas e físico-químicas que ocorreriam no alimento.

A comercialização de produtos com atividade de água reduzida é logisticamente favorável. A retirada da água reduz o volume de produto a ser transportado, reduzindo custos com transporte, distribuição e estocagem.

A conservação de produtos por redução da atividade de água pode ser suficiente para a conservação do produto, não necessitando de barreira complementar, como refrigeração e congelamento. O uso da cadeia do frio aumenta os custos e a preocupação acerca do alimento resfriado ou congelado, que deve ser mantido à baixa temperatura desde o momento de sua fabricação até o consumo.

A escolha da embalagem e das condições de secagem do alimento deve ser cuidadosa. Alimentos desidratados submetidos a ambientes úmidos sem embalagem apropriada poderão absorver umidade e ter qualidade sensorial comprometida, ou mesmo segurança microbiológica duvidosa. A embalagem deve ter barreira suficiente ao vapor de água, a gases e à luz, evitando também a oxidação do produto. A estocagem ideal é em ambiente fresco, seco e com pouca exposição à luz.

Os métodos de conservação por redução da atividade de água podem ser classificados de acordo com seu princípio e produto final. Serão apresentados: concentração, secagem e adição de solutos.

Na concentração, a a_w do produto final é intermediária, necessitando de outro método de conservação complementar (como refrigeração, processamento térmico etc.). A secagem compreende um grupo de métodos em que o produto obtido possui a_w baixa o suficiente para garantir estabilidade.

Efeitos da redução da atividade de água nos alimentos

À medida que diminui a atividade de água dos alimentos, diminui também a possibilidade de crescimento e proliferação microbiana. O diagrama da Figura 9.1 relaciona a taxa relativa das reações dos alimentos de acordo com sua atividade de água e pode ser utilizado para definir limites para a deterioração de alimentos.

Parte da água dos alimentos está fortemente ligada, por ligações de hidrogênio, a grupos hidroxila de carboidratos e a grupos amino ou carboxílicos de proteínas. Quando todos esses grupos estão interagindo com a água, a umidade é chamada de valor de monocamada de BET (Brunauer-Emmett-Teller), em que o alimento apresenta máxima estabilidade.[8] Acima desse valor, potencializam-se os escurecimentos enzimáticos e por reação de Maillard, além do estímulo ao crescimento microbiano. Abaixo desse valor, ocorre maior oxidação dos lipídios. São exemplos típicos a gelatina (11% de água), o amido (11% de água) e o leite em pó integral (3% de água).[2]

As reações de escurecimento ocorrem geralmente em atividade de água entre 0,3 e 0,7. Acima dessa atividade de água os reagentes estão diluídos no meio e a taxa de escurecimento diminui. Abaixo de 0,3, os reagentes têm baixa mobilidade no meio.[9]

O crescimento da maioria dos fungos é inibido em atividade de água igual a 0,7; das leveduras, a 0,8 e das bactérias, a 0,9. Atividade de água abaixo de 0,6 inibe a proliferação de praticamente todos os tipos de microrganismos.[2]

No entanto, nem sempre é possível obter atividade de água igual ou inferior a 0,6. Podem ser aliados outros métodos de conservação, como acidificação, pasteurização, refrigeração ou adição de conservantes.

Os métodos complementares de conservação podem ser úteis para a qualidade sensorial e nutricional do alimento. Processos de concentração em tacho aberto, por exemplo,

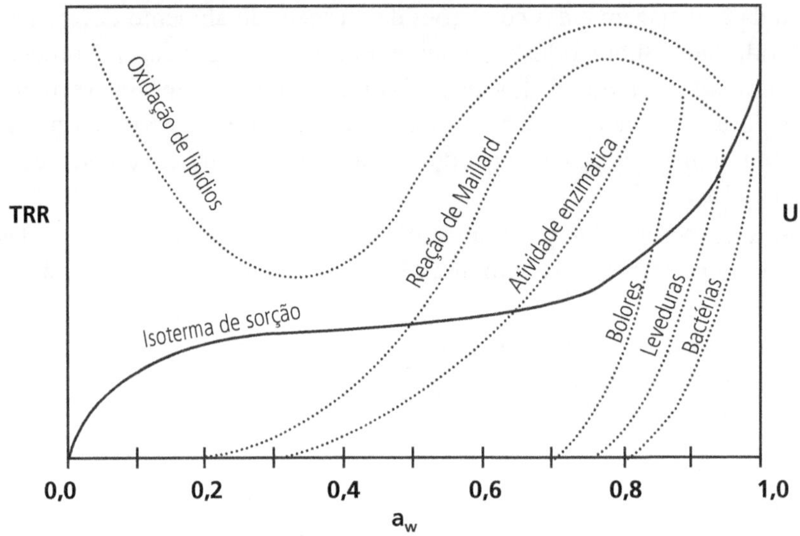

Figura 9.1. Isoterma de sorção de alimentos (variação da a_w em relação à umidade – U) e taxa relativa das reações (TRR) como função da a_w: oxidação de lipídios, reação de Maillard, atividade enzimática, desenvolvimento de bolores, leveduras e bactérias.[10]

podem degradar quantidade relevante de nutrientes termossensíveis como vitaminas e aminoácidos. A adição de solutos e a acidificação reduzem o tempo de exposição do alimento a altas temperaturas, preservando o valor nutricional.

A qualidade sensorial pode ser afetada, ocorrendo escurecimento indesejável e aparecimento de odor e sabor de queimado ou de cozido. Pode haver perda de compostos voláteis, alterando o odor, e formação de novos compostos em virtude da caramelização ou reação de Maillard durante o processamento e estocagem.

A textura dos alimentos poderá ser alterada pela redução da umidade, formação de gel de amido, pectina e hidrocoloides, ou pela desnaturação proteica. Durante a secagem, pode haver dificuldade na remoção da água retida nesses géis. O aumento de consistência insuficiente ou excessivo pode descaracterizar o produto, como uma geleia de baixa espalhabilidade ou um doce de corte que se desintegra.

Também podem ocorrer alterações da textura do alimento na estocagem. Géis de amido, por exemplo, tendem a retrogradar. Proteínas tendem a perder capacidade de retenção de água. Nesses casos, haverá expulsão de água e comprometimento da textura do produto.

A atividade enzimática também deve ser considerada quando as condições de processamento (temperatura e pH) favorecerem a atuação de enzimas. Pode ocorrer escurecimento, hidrólise de compostos e precipitação em atividade de água maior que 0,8. Se estas alterações forem indesejáveis, as enzimas devem ser inativadas antes desses processos.

A oxidação de lipídios é um fator de deterioração importante, pois tem alta velocidade relativa em atividade de água maior que 0,5. No caso de produtos cárneos salgados e misturas desidratadas, por exemplo, pode ser determinante na vida útil. Mesmo em alimentos com baixo teor de lipídios, os compostos formados na oxidação podem impactar no odor e sabor do produto, tornando-os desagradáveis. O uso de embalagens com barreira à luz e a gases pode ser útil na prevenção não só na oxidação lipídica, mas também na oxidação de pigmentos e vitaminas.

Podem ocorrer alterações físicas indesejáveis nos alimentos com atividade de água reduzida. É comum a formação de uma superfície excessivamente dura em alimentos desidratados, que dificulta a secagem do interior do alimento, resultando em um produto com centro úmido, propenso ao crescimento microbiano. Em velocidade de secagem muito lenta, pode haver retração (deformação espacial). Os controles da temperatura e da umidade relativa auxiliam no controle desses defeitos físicos.

Em outras publicações, podem ser encontrados detalhes sobre a influência da atividade de água na conservação de alimentos.[1,11-13]

Concentração

A concentração é um processo de redução da atividade de água pela remoção parcial da água do alimento. Dessa forma, a atividade de água do produto final não é baixa o suficiente para garantir a estabilidade do produto, sendo necessária a combinação com outro método de conservação (como refrigeração, congelamento, processamento térmico etc.). Nesse processo, a retirada da água é realizada por evaporação, quando são utilizados evaporadores; por membranas, quando a água é removida em estado líquido ou ainda por congelamento da água, como é o caso da crioconcentração, processo que será detalhado no item "Secagem".

Dependendo do método utilizado, o produto concentrado pode adquirir características sensoriais e físico-químicas bastante distintas da matéria-prima, o que é desejável para sua caracterização, como no caso de leite condensado e doce em massa, por exemplo. Já no caso da desidratação osmótica, as características do produto em relação à matéria-prima diferem menos.

A concentração pode ser realizada tanto com o objetivo de conservação como para redução do volume a ser transportado. O volume de água reduzido pode variar de 1/3 a 2/3 do volume existente no produto.

Alguns produtos podem ser pré-concentrados antes de serem submetidos a outros processos, como a atomização.

Concentração por evaporação da água

A concentração por evaporação da água é um método aplicável para líquidos. A evaporação ocorre quando a pressão de vapor do líquido é igual à pressão de vapor do ambiente.

Quanto maior a diferença entre essas pressões de vapor e quanto menor a taxa de transferência de calor do meio de aquecimento para o líquido, mais o líquido demorará a evaporar. Assim, a redução da pressão de vapor do ambiente (uso de evaporadores a vácuo) e a maior diferença de temperatura entre o meio de aquecimento e o líquido contribuem para aumentar a taxa de evaporação.

A concentração em evaporadores a vácuo é vantajosa porque preserva as características sensoriais e nutricionais de alimentos termossensíveis, além de poder reduzir o consumo de energia. Isso ocorre porque a pressão de vapor no ambiente a vácuo é reduzida, podendo ser utilizadas temperaturas de aquecimento menores em comparação às temperaturas utilizadas em processos convencionais. O ponto de ebulição dos alimentos pode ser reduzido em até 40°C com o uso apropriado do vácuo.[2]

Na Figura 9.2 observa-se que, ao reduzir a pressão com o uso do vácuo (P_2), a temperatura de ebulição diminui ($T_{ebulição\ 2}$), quando comparada à temperatura de ebulição ($T_{ebulição\ 1}$) em que é utilizada a pressão atmosférica (P_1).

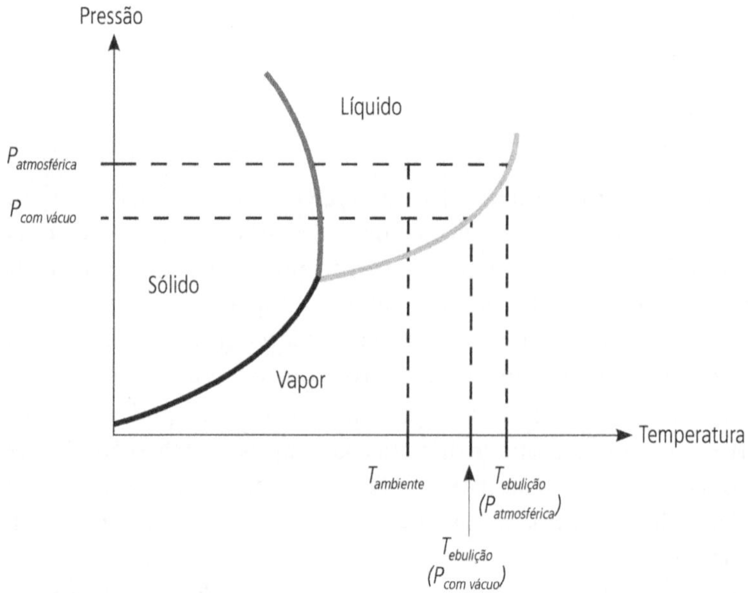

Figura 9.2. Diagrama de fases da água pura.

Os evaporadores industriais são constituídos de um trocador de calor (calandra), onde ocorre o aquecimento do alimento e a evaporação da água; um separador, onde o vapor que saiu se separa do alimento arrastado e um condensador, onde o vapor removido é condensado.

Os evaporadores podem ser simples ou de múltiplo efeito. No evaporador simples, ou de único efeito, há somente um trocador de calor, no qual o vapor é evaporado, depois separado e condensado. No evaporador de múltiplo efeito, há dois ou mais evaporadores sucessivos, que utilizam o vapor gerado no primeiro evaporador para aquecimento do líquido no evaporador seguinte (Figura 9.3).

Para que o vapor gerado no primeiro evaporador aqueça o líquido do segundo evaporador de maneira eficiente, a temperatura de ebulição do líquido alimentado no segundo evaporador deve ser menor que a do primeiro. Isso é conseguido reduzindo a pressão de operação no segundo evaporador.

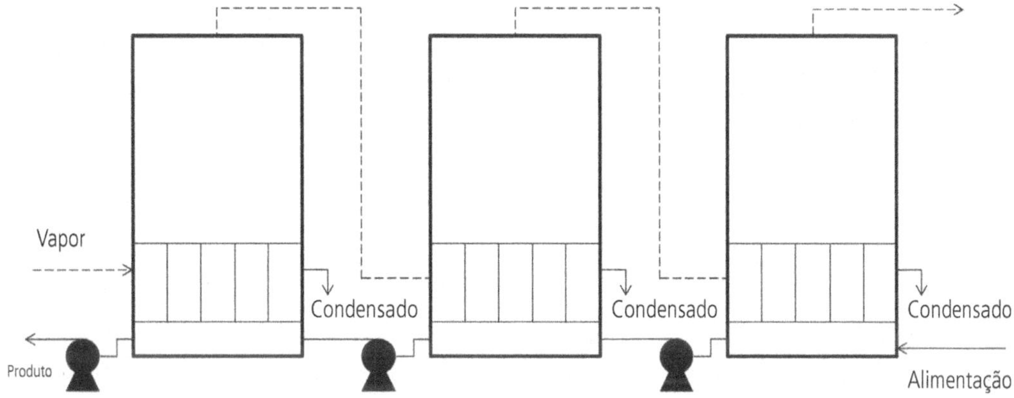

Figura 9.3. Funcionamento de um evaporador de triplo efeito com alimentação e entrada de vapor em contracorrente.

Em um evaporador de único efeito, o vapor fornecido como meio de aquecimento é capaz de evaporar aproximadamente sua própria massa de água. No caso de um evaporador de duplo efeito, o vapor do meio de aquecimento evapora aproximadamente o dobro de sua massa em água. Quanto maior o número de efeitos, ou seja, o número de evaporadores, maior a eficiência térmica do equipamento.[2]

A alimentação do líquido a ser evaporado pode ser em paralelo ao vapor do meio de aquecimento, em contracorrente ou de forma mista, neste caso, aplicada somente aos evaporadores de múltiplo efeito.

Tipos de evaporadores

O tipo de evaporador utilizado dependerá da matéria-prima que se tem e do produto que se deseja obter, do volume de produção pretendido, do sistema de produção (contínuo ou batelada) e do nível de investimento que pode ser realizado.

Tachos abertos e fechados

São tachos hemisféricos abertos ou fechados em que o líquido é aquecido diretamente a gás, por sistema elétrico, ou indiretamente por vapor, preenchendo uma camisa que circunda o tacho ou os tubos internos. Podem operar a vácuo ou à pressão atmosférica. São equipamentos que funcionam em sistema descontínuo por batelada, sendo mais apropriados para pequenos volumes de produção.

As taxas de transferência de calor são baixas quando comparadas às de outros equipamentos em razão, principalmente, da pequena área de transferência de calor. O uso de agitadores auxilia na homogeneização do produto e na troca térmica. São bastante usados pelo menor investimento necessário, pela fácil operação e manutenção e por serem flexíveis para a obtenção de diferentes produtos.

São indicados para produtos que não necessitam de grande taxa de evaporação da água e quando a matéria-prima será acrescentada de outros ingredientes durante o processo, como é o caso de geleias e doces em massa. As matérias-primas são adicionadas no tacho e a água é evaporada até a concentração desejada do produto.

Evaporadores de tubo e carcaça

Possuem uma carcaça grande dentro da qual estão instalados tubos paralelos de pequeno diâmetro. O produto pode passar pelos tubos ou pela carcaça, sendo mais comum sua passagem pelos tubos, ao passo que vapor de aquecimento passa pela carcaça. O líquido de alimentação é aquecido antes de entrar na carcaça pelo vapor que é retirado do produto.

São classificados de acordo com o comprimento dos tubos internos (curtos ou longos) e de acordo com o tipo de circulação do produto (natural ou forçada, com o auxílio de bombas).

- **Evaporador de tubos curtos:** constituído de tubos organizados verticalmente ou, menos comumente, horizontalmente dentro de uma carcaça. A organização vertical dos tubos é favorável, pois a gravidade auxilia na formação de correntes de convecção naturais que melhoram a taxa de transferência de calor, além do menor espaço ocupado. São comuns na concentração do caldo de cana.
- **Evaporador de tubos longos:** é constituído de um conjunto de longos tubos verticais ou horizontais dentro de uma grande carcaça de 3 a 15 m de comprimento.[2] Comparado a tachos, o produto possui baixo tempo de residência e alta taxa de transferência de calor.

No *evaporador de película ascendente*, o líquido já aquecido é alimentado pela parte inferior e começa a ferver. Sua expansão força a subida do líquido imediatamente acima, formando uma fina película que sobe pelas paredes dos tubos enquanto é aquecida.[2] É adequado para produtos de baixa viscosidade, como leite. O vapor que sai do líquido vai preenchendo o centro do tubo e é reutilizado em sistemas de múltiplo efeito ou para aquecer o líquido de alimentação. O líquido concentrado é bombeado aos efeitos seguintes ou é recirculado.

Já o *evaporador de película descendente* é indicado para produtos de maior viscosidade, como sucos de frutas. A alimentação é feita pela parte superior do evaporador e a gravidade auxilia a força da expansão do líquido a empurrar o produto para baixo.

Evaporador a placas

Esse evaporador é constituído de um conjunto de placas corrugadas sobrepostas, nas quais passam produto e vapor, alternadamente. O líquido, também preaquecido, entra no sistema de placas e é aquecido pelo contato com as placas adjacentes por onde circula vapor, formando uma película de produto que permeia as placas e vai sendo concentrada. A película do produto sobe entre duas placas e depois desce entre as duas placas seguintes, enquanto o vapor permeia a direção contrária (Figura 9.4).

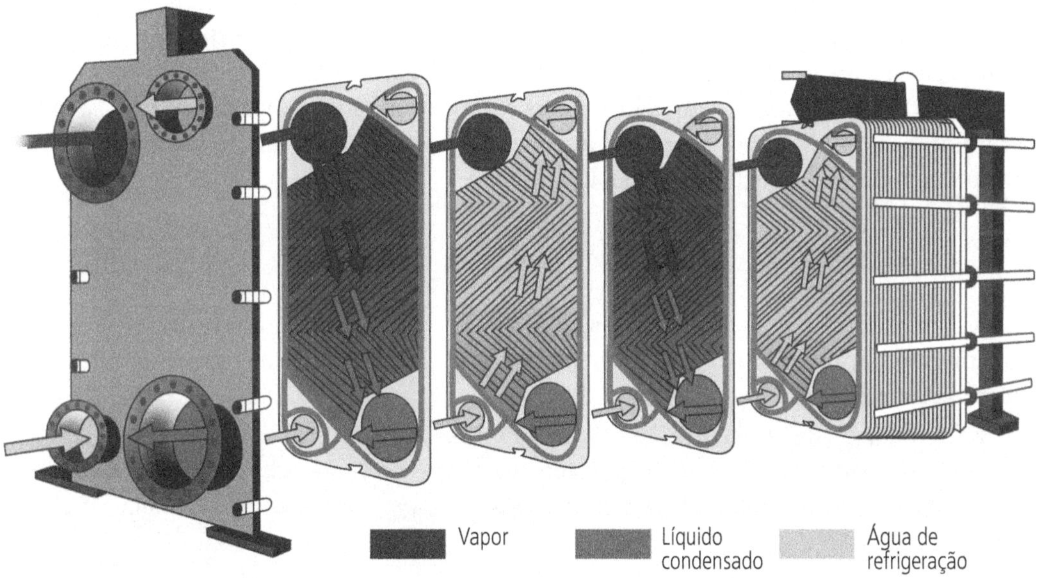

Figura 9.4. Esquema de funcionamento do evaporador a placas.

Exigem alto investimento, mas proporcionam maior volume de produção, ocupam menor espaço físico e têm manutenção facilitada em relação aos evaporadores de tubos, em razão da desmontagem facilitada. São indicados para alimentos sensíveis ao calor, como ovos pasteurizados.

Evaporador de fluxo expandido

Assemelha-se ao evaporador a placas, porém estas são substituídas por cones invertidos empilhados. A alimentação do líquido é inferior pelo eixo central dos cones e o produto vai sendo concentrado à medida que passa pelos canais cada vez maiores formados entre os cones. O vapor é alimentado pela parte superior. Apresenta as mesmas vantagens e limitações do trocador a placas.

Evaporador de película mecânico

São evaporadores que utilizam a circulação forçada para aumentar a taxa de transferência de calor em decorrência da maior turbulência causada.

O *evaporador centrífugo* assemelha-se ao evaporador de fluxo expandido, com o diferencial de que os cones são giratórios, espalhando o líquido alimentado em uma fina película de 0,1 mm de espessura.[2] A força mecânica empregada reduz o tempo de residência do fluido, mesmo para produtos viscosos, pois o condensado formado é lançado para fora do cone, melhorando a transferência de calor. É usado em sucos e em extratos de chá e café.[16]

No *evaporador de superfície raspada*, forma-se uma película de até 1,25 mm do produto. Consiste em uma camisa de vapor que envolve um rotor de alta velocidade com lâminas curtas que agitam a película. O líquido é alimentado entre o rotor e a camisa de vapor e é concentrado à medida que é forçado a percorrer toda a extensão. O rotor e a camisa devem ser muito bem alinhados. É adequado a alimentos viscosos, sensíveis ao calor, que formam espuma ou podem incrustar na superfície.[2]

Concentração por membranas

Na concentração por membranas, a água do alimento líquido é removida pela passagem do alimento por membranas semipermeáveis, até a concentração máxima de sólidos totais de aproximadamente 30%.

Entre os usos da concentração por membranas estão: a concentração de soluções de sacarose, a concentração e a purificação de enzimas e pectina, a clarificação de cervejas, a concentração de soro do leite, a concentração de leite para a fabricação de queijos e a purificação da água.

A concentração e a composição do líquido de alimentação devem ser cuidadosamente controladas para padronização do produto e para que seja retirado do alimento apenas aquilo que se deseja, já que o sistema opera com base no tamanho das moléculas que constituem o alimento. O tipo de filtração empregado deve ser selecionado de acordo com as características dos compostos a serem separados (Figura 9.5).

Quando usada para separar água de solutos de baixo peso molecular (como monossacarídeos, compostos aromáticos ou no tratamento de efluentes) em um sistema a alta pressão, denomina-se *osmose reversa*. Já a *nanofiltração* é um processo de filtração para a separação de compostos específicos de uma solução como purificação de pigmentos.

No caso da separação da água de solutos de médio a alto peso molecular, denomina-se *ultrafiltração*, processo empregado, por exemplo, na concentração de soluções enzimáticas e proteicas em geral ou na clarificação de sucos de frutas.[2]

A *microfiltração* é um processo a baixa pressão para a separação de compostos suspensos ou coloidais de alto peso molecular, como a separação de células de microrganismos em caldos de fermentação, fracionamento das proteínas do leite ou clarificação de xarope de milho.

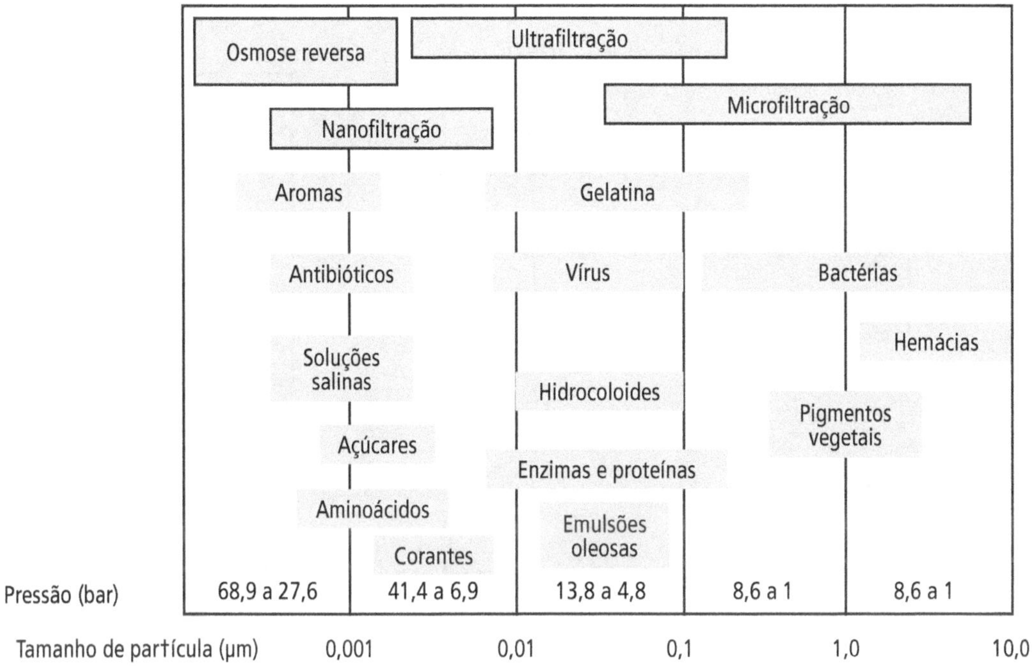

Figura 9.5. Tipos de filtração para concentração por membranas.[12]

A filtração pode ser tangencial ou perpendicular. Na filtração tangencial, o líquido é alimentado tangencialmente à membrana. Dessa forma, as partículas menores que a membrana permeiam e as maiores são separadas em outra corrente. Na filtração perpendicular, a alimentação é feita perpendicularmente, de forma que as partículas que atravessam a membrana são separadas no permeado e as partículas maiores, que não atravessam a membrana, ficam retidas acima dessa. Nesse caso, o acúmulo de retentado acima da membrana tornará necessária a limpeza do sistema com maior frequência (Figura 9.6).

A vantagem da concentração por membranas é que o alimento não é aquecido, favorecendo seu emprego na obtenção de compostos bioativos e sensíveis ao calor, além de alimentos com ótima qualidade sensorial e nutricional. Porém, o investimento necessário é superior ao dos métodos de evaporação convencionais.

Crioconcentração

A crioconcentração consiste na cristalização da água de alimentos líquidos, seguida de sua remoção por separação mecânica dos cristais de gelo formados. No congelamento da água ou cristalização, formam-se núcleos de cristais de gelo que vão aumentando com o passar do tempo. A cristalização pode ser realizada em suspensão (nucleação) ou em camada de gelo (superfície fria).

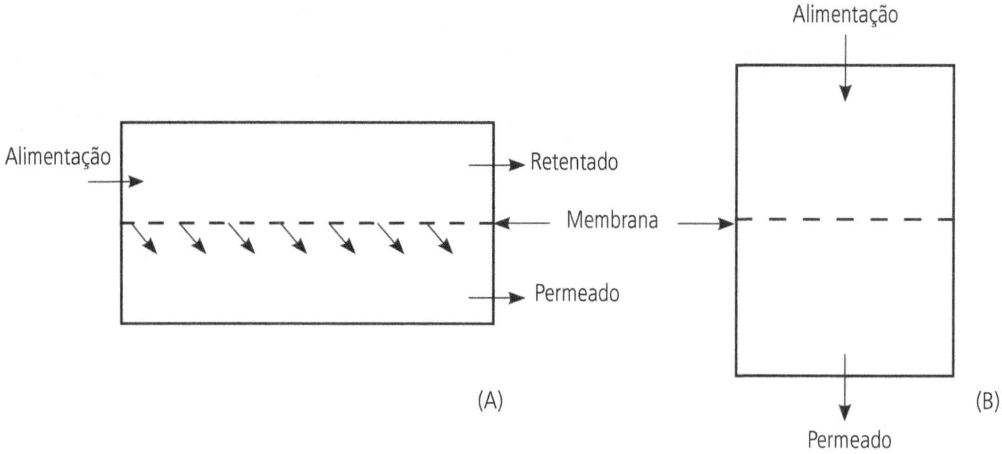

Figura 9.6. Esquema de concentração por membranas com filtração tangencial (A) e perpendicular (B).

A *cristalização em suspensão* consiste em três fases. Primeiro, ocorre a nucleação de pequenos cristais de gelo em um cristalizador que é um congelador rápido com congelamento direto (por dióxido de carbono sólido, por exemplo) ou com congelamento indireto (trocador de calor de superfície raspada). Os núcleos de gelo formados seguem para um recristalizador (trocador de calor de superfície raspada), pela presença de misturadores que mantêm os núcleos de gelo em suspensão. À medida que o produto é misturado e o calor é retirado, os núcleos de cristalização aumentam de tamanho.[2]

Na terceira fase da cristalização em suspensão, o produto congelado é encaminhado a um separador. A separação pode ser realizada por colunas de lavagem, por centrifugação, por filtração ou por prensagem.

A coluna de lavagem é um tanque com alimentação do produto congelado pela sua base. À medida que o tanque é alimentado, o produto concentrado é separado porque os cristais de gelo são menos densos e migram para o topo do tanque, enquanto o produto concentrado permanece no fundo e é removido. O gelo que resta é removido do tanque por derretimento, conforme ilustrado na Figura 9.7. O esquema de funcionamento do equipamento pode se dar em configurações diferentes.

Os desafios dessa técnica são o controle da velocidade e do número de núcleos de cristais de gelo formados e o controle sobre o crescimento dos cristais: quanto maior o tamanho dos cristais de gelo formados e quanto mais uniformes eles forem, mais facilitada será a separação do concentrado.

A cristalização em *camada de gelo* baseia-se na formação de camadas de gelo que solidificam pelo contato com a superfície fria. Cada camada de gelo é constituída de um único cristal. O produto é bombeado para o topo de uma coluna, dentro da qual há uma placa por onde circula líquido refrigerante. Um filme de produto escoa verticalmente por essa placa e vai sendo congelado. O gelo fica aderido à placa e o produto concentrado é coletado na parte inferior. O produto recircula no sistema até que a concentração requerida seja atingida. À

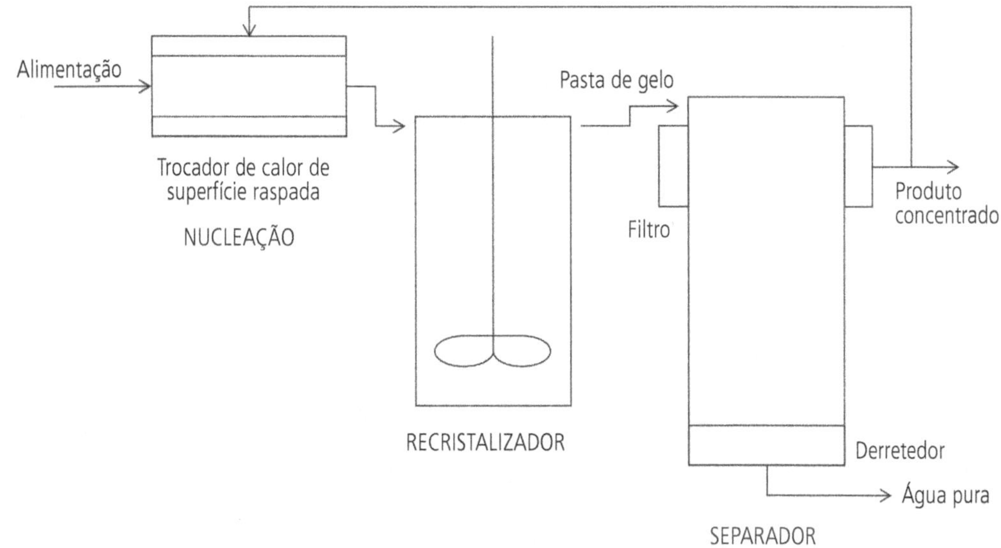

Figura 9.7. Crioconcentração por cristalização em suspensão.[17]

medida que o processo evolui, a placa de gelo aumenta de espessura, diminuindo a troca térmica, precisando ser removida.

A crioconcentração demanda alto custo energético, principalmente para o congelamento da água. As baixas temperaturas utilizadas evitam a perda de compostos voláteis, bioativos e nutrientes em geral. É possível obter sucos e extratos com no máximo 30% e soluções açucaradas com até 55% de sólidos solúveis.

A crioconcentração tem aplicação mais restrita para a obtenção de sucos, extratos vegetais, café e concentração de bebidas alcoólicas, quando a concentração convencional acarretaria perdas nutricionais, sensoriais e/ou funcionais relevantes.

Desidratação osmótica

A desidratação osmótica é o processo de redução da atividade de água de um alimento sólido pelo seu contato com uma solução hipertônica, isto é, com alta pressão osmótica em virtude da alta concentração de sais e açúcares. É comumente empregada para a obtenção de frutas glaceadas, frutas cristalizadas, tomate seco e carne seca, em que as mantas de carne são intercaladas com sal grosso.

O alimento deve ser cortado em pedaços de tamanho uniforme que serão imersos na solução hipertônica na qual ficarão por determinado tempo. Como a solução tem maior concentração de soluto, com o passar do tempo, parte do soluto da solução migrará para o alimento e parte da água do alimento migrará para o soluto, até que haja equilíbrio osmótico entre eles (Figura 9.8). A velocidade de troca entre solutos e solvente diminui à medida que diminui a diferença de concentração de soluto entre eles.

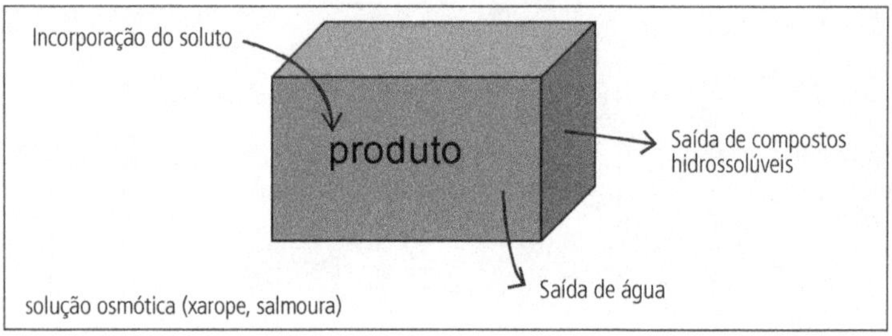

Figura 9.8. Esquematização da interação soluto-solvente no processo de desidratação osmótica.

Quanto maior o tamanho do alimento e menor a área superficial exposta, mais demorado será o processo de desidratação. No caso de tomates, o corte longitudinal e a retirada da polpa e das sementes são recomendados para acelerar o processo. A retirada da pele, no entanto, não é recomendada, porque torna o produto frágil e aumenta a possibilidade de desintegração.

A escolha dos solutos empregados na solução hipertônica é de fundamental importância para o resultado desejado. A natureza do soluto e seu peso molecular podem interferir na retirada de água do alimento, bem como na entrada do soluto no alimento, interferindo na qualidade sensorial do alimento, aumentando o gosto doce e o salgado. Os solutos comumente mais utilizados são cloreto de sódio, glicose e sacarose. Recomenda-se combinar os solutos da solução hipertônica na proporção adequada, de acordo com o efeito desejado.

O aquecimento da solução hipertônica acelera o processo, pois aumenta a velocidade da troca osmótica. No entanto, temperaturas muito altas não são recomendadas, pois podem promover cozimento do produto. Temperaturas ao redor dos 30°C são favoráveis, devendo-se atentar para a higiene dos procedimentos e qualidade da matéria-prima, pois esta temperatura favorece a proliferação microbiana.

A relação entre as quantidades de solução hipertônica e de alimento também é importante. Quanto mais solução em relação à quantidade de alimento, mais rápido será o processo. No entanto, haverá aumento do volume de conteúdo, necessitando de mais espaço, maior uso de água e maior quantidade de solutos. A relação entre solução e alimento deve ser determinada pelo custo-benefício do processo.

Também se pode utilizar soluções com teores progressivamente aumentados de soluto, nas quais o produto vai sendo imerso sucessivamente. Essa técnica é empregada na fabricação de frutas cristalizadas e glaceadas. A primeira solução utilizada pode ter, por exemplo, 30°Brix e, durante algumas semanas, a quantidade de açúcar vai sendo aumentada até que a solução atinja 72°Brix.

No caso das frutas glaceadas, a solução hipertônica deve ser adicionada de glicose para que as frutas não cristalizem e adquiram brilho especial. Também são realizadas fervuras por tempos curtos, seguidas de repouso de 28 a 48 horas, para que o equilíbrio osmótico seja atingido. As frutas cristalizadas diferem pelo não uso da glicose na solução hipertônica e, consequentemente, a cristalização da sacarose na superfície da fruta.

Depois do processo de desidratação osmótica, o alimento segue para secagem, geralmente em secador de bandejas, até a atividade de água desejada.

Antes da secagem em bandejas, pode ser necessária a lavagem do alimento para reduzir a quantidade de açúcar na superfície, evitando a caramelização.

A determinação do teor de sólidos solúveis e da umidade tanto do alimento como da solução hipertônica, antes, durante e após o processo, é importante para o controle de qualidade do produto e a estimativa de rendimento.

O produto final pode ser embalado em filme com barreira a gases e é desejável barreira à luz, para evitar a oxidação dos pigmentos. Também pode ser adicionado de óleo ou azeite, como geralmente ocorre com o tomate seco.

Secagem

A secagem é um dos métodos mais antigos de conservação de alimentos e consiste na remoção da água do alimento para o ambiente até um nível em que a atividade de água do produto final seja baixa o suficiente para garantir sua estabilidade. Pode haver diferentes graus de remoção de água. Na secagem de um grão no pós-colheita, para maior estabilidade no armazenamento, há pequena redução no teor de umidade. Já na desidratação de um vegetal fatiado comercializado à temperatura ambiente, por exemplo, a redução do teor de umidade é maior.

Com a remoção da água, o alimento seco tem características sensoriais distintas do alimento de origem. A redução de volume facilita o transporte e a estocagem. A secagem pode ser bastante viável economicamente, pois pode utilizar luz solar e equipamentos simples, não necessitando de barreira complementar.

Ao variar a umidade relativa, altera-se também a umidade de equilíbrio, obtendo-se uma curva denominada *isoterma de sorção da água*, que é específica de cada alimento de acordo com sua estrutura física, atividade de água e composição. As curvas de isotermas de sorção da água têm perfis semelhantes, como as da Figura 9.9.

A região da água de monocamada (muito estável e não removível por secagem) está representada do ponto zero ao ponto A. A segunda parte da curva, trecho AB, ilustra a água adsorvida no alimento. E a terceira parte, trecho BC, representa a água livre, que está retida fisicamente pela presença de interações mais fracas e define a capacidade de retenção de água do alimento.

Um alimento que se encontra sobre o ponto A da curva é o que apresenta maior estabilidade à estocagem e um alimento sobre o trecho BC é o que apresenta maior instabilidade, estando mais sujeito à deterioração pela quantidade de água livre presente em sua estrutura.

A isoterma de dessorção (remoção de água do alimento) tem perfil diferente da isoterma de absorção (adição de água ao alimento). Esse fenômeno denomina-se *loop de histerese* e ocorre porque, ao adicionar água em um alimento com atividade de água reduzida, as membranas e paredes celulares foram danificadas na secagem e não têm a mesma capacidade de acomodar moléculas de água em relação ao alimento *in natura*.[2] Assim, um alimento reidratado terá sempre menor quantidade de água em relação ao alimento *in natura*.

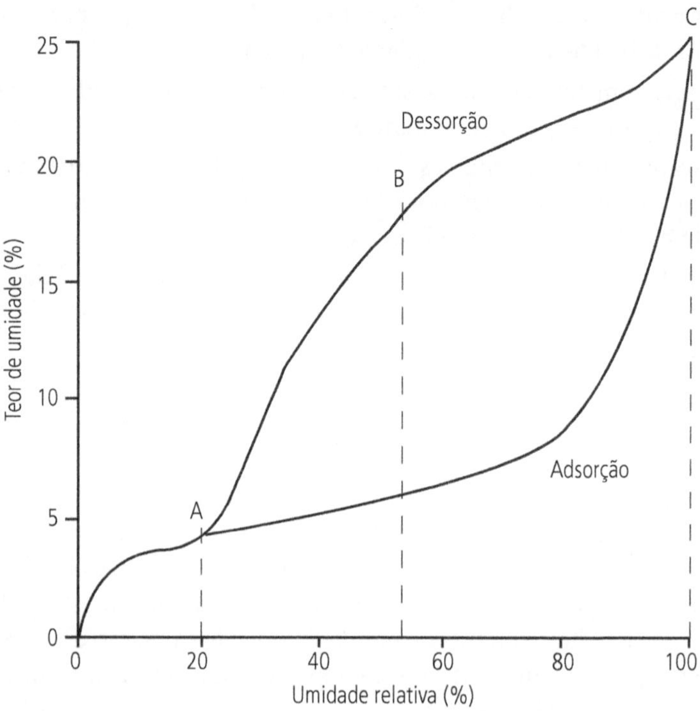

Figura 9.9. Isotermas de sorção da água.[14]

A histerese é um fenômeno importante para a estocagem do alimento seco e para sua reidratação para consumo e é característica de cada alimento. Em maçãs, por exemplo, que são ricas em pectina e açúcar, a histerese ocorre principalmente na região da monocamada em atividade de água superior a 0,65. Em arroz, rico em amido, ocorre em atividade de água entre 0,65 e 0,85. Já em carne suína, rica em proteínas, se inicia em atividade de água ao redor de 0,85.[15]

Conhecendo o comportamento das isotermas, é possível definir as necessidades de barreira ao vapor d´água das embalagens dos produtos secos. Na reidratação, o tamanho da histerese definirá quão impactantes serão as diferenças nas características sensoriais do alimento reidratado em relação ao alimento *in natura*, especialmente no que se refere à sua textura.

A velocidade da secagem muda de acordo com as condições de temperatura e umidade relativa, as dimensões do alimento e também a velocidade do ar de secagem, no caso da secagem por ar. Todo alimento possui uma curva de secagem característica, como demonstrado nas Figuras 9.10A e 9.10B, em que a taxa de remoção de água aumenta por um curto período (trecho A-B), a partir do qual se mantém constante (trecho B-C), até que a umidade do alimento atinge determinado valor em que a remoção de água é dificultada pelo novo teor de água e pela formação de uma crosta externa que atua como isolante (ponto C). A partir daí, a velocidade de secagem diminui até atingir o valor zero, quando a umidade do produto será constante (ponto D).[2]

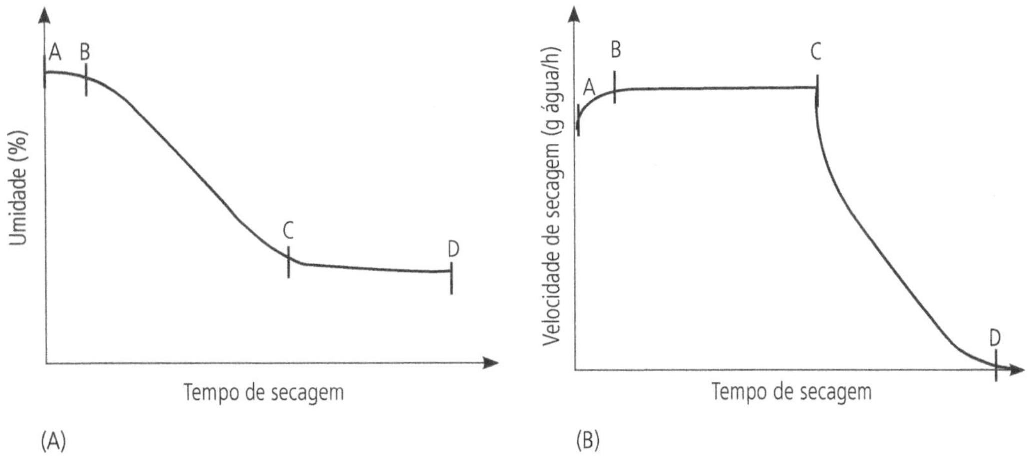

Figura 9.10. Curva de secagem hipotética: umidade do alimento *versus* tempo de secagem (A) e taxa de secagem versus tempo de secagem (B).

Os processos de secagem são divididos em secagem natural e desidratação.

Secagem natural

A secagem natural é aquela em que o alimento sólido é seco em condições ambientes, podendo ocorrer ao sol ou à sombra. É recomendada para regiões de clima seco, com chuvas escassas e grande radiação solar. A secagem ao sol é geralmente realizada em áreas abertas com piso de cimento ou pedregulho que retenham o calor e o irradiem para o alimento. A secagem à sombra ocorre em galpões cobertos com circulação de ar. É um método simples e barato de secagem, porém apresenta dificuldades de controle e uniformidade, assim como das condições higiênico-sanitárias.

No Brasil, é comum em determinadas regiões para carnes desidratadas, como a carne de sol. Também é comum a secagem de cacau e café. Frutas como uvas, ameixas, pêssegos, damascos e figos também podem ser secas com eficiência.

Os alimentos podem ser secos somente à sombra ou ao sol. No entanto, um método combinado (primeira fase ao sol e segunda à sombra) deve levar ao melhor resultado, pois evitará a formação de crosta externa demasiadamente dura, com centro úmido e sujeito à proliferação microbiana.

Para melhor controle das condições higiênico-sanitárias, o local deve ser cercado com telas, dificultando o acesso de insetos e roedores, e deve estar localizado longe das vias de acesso, minimizando poeira e sujidades.

O alimento deve ser disposto em varais ou tabuleiros telados, de modo a melhorar a circulação de ar sobre ele. A distância entre os varais ou tabuleiros sobrepostos deve permitir boa circulação do ar para remoção efetiva da umidade.

Desidratação

A desidratação ou secagem artificial é utilizada para alimentos líquidos ou sólidos. As condições ambientais são controladas. As condições ambientais não interferirão no tempo de desidratação e há melhor controle das condições higiênico-sanitárias.

A desidratação exigirá mais investimento em estrutura e equipamentos. No entanto, facilitará a padronização do produto final, garantindo sua segurança e qualidade. A secagem pode ser realizada por ar quente, aplicação direta de calor, ou vácuo.

Secagem com ar quente

A secagem com ar é bastante usada em virtude do menor custo e da maior conveniência quando comparada a outros métodos. A temperatura e a umidade do ar podem ser controladas com maior facilidade que na secagem natural.

A velocidade da secagem dependerá da composição, das dimensões do alimento e também das condições do ar (temperatura, umidade e velocidade).

A água é removida do produto porque a umidade relativa do ar é inferior à atividade de água do alimento, a qual se difunde por meio deste, do centro até a superfície, onde é removida. Conforme a água é retirada do alimento, diminui a taxa de secagem deste, já que menor quantidade de água é difundida através do produto. Dessa forma, a taxa de secagem pode ser limitada pelo fluxo de água dentro do alimento e/ou pelo fluxo de água que deixa a superfície do alimento para o ar. Se a taxa de saída de água do alimento for maior que a de difusão de água através dele, a superfície do alimento é demasiadamente seca e há a formação de crosta, que limita, ou até mesmo impede, a passagem de água, reduzindo ou até interrompendo a secagem, podendo resultar em alimento com o interior úmido. Esse é um grave defeito em produtos secos, pois pode possibilitar o desenvolvimento microbiano e comprometer a segurança do alimento. Destaca-se, portanto, a importância do adequado dimensionamento do processo.

Há diferentes tipos de secadores com ar quente e a escolha do equipamento dependerá do tipo de produto final desejado.

Secagem em câmara ou bandejas

O secador de câmara ou bandejas é o equipamento mais simples e mais utilizado para desidratação, em razão de seus baixos investimento e custo operacional. É bastante flexível, podendo ser usado para diferentes tipos de alimentos.

Consiste em uma câmara fechada dentro da qual são instalados suportes para bandejas teladas nas quais o alimento será disposto para secagem. Esses equipamentos funcionam de forma descontínua, por batelada, e, portanto, são mais indicados para volumes menores de produção.

O ar deverá ser aquecido por resistências elétricas ou queima de combustível (em geral gás combustível, diesel, lenha etc.) e, ao passar pelo alimento, removerá sua umidade. Para que a umidade removida do alimento não permaneça dentro da câmara, deve haver fluxo de ar natural ou forçado. A velocidade do ar pode variar de 0,5 a 5 m/s, de acordo com o tipo de fluxo de ar aplicado e a velocidade com que se deseja remover umidade do alimento.[2]

O fluxo de ar natural ocorre por orifícios diferentes para entrada e saída do ar. A entrada do ar deve se dar pela parte inferior da câmara e a saída, pela parte superior, formando uma corrente convectiva. O fluxo de ar forçado deve ter maior eficiência, pois o ar que sai carrega a umidade retirada do alimento. Devem ser instalados ventiladores que impulsionem o ar sobre o meio de aquecimento e, em seguida, sobre o alimento a ser seco. A Figura 9.11 representa um esquema simplificado do secador de câmara ou bandejas.

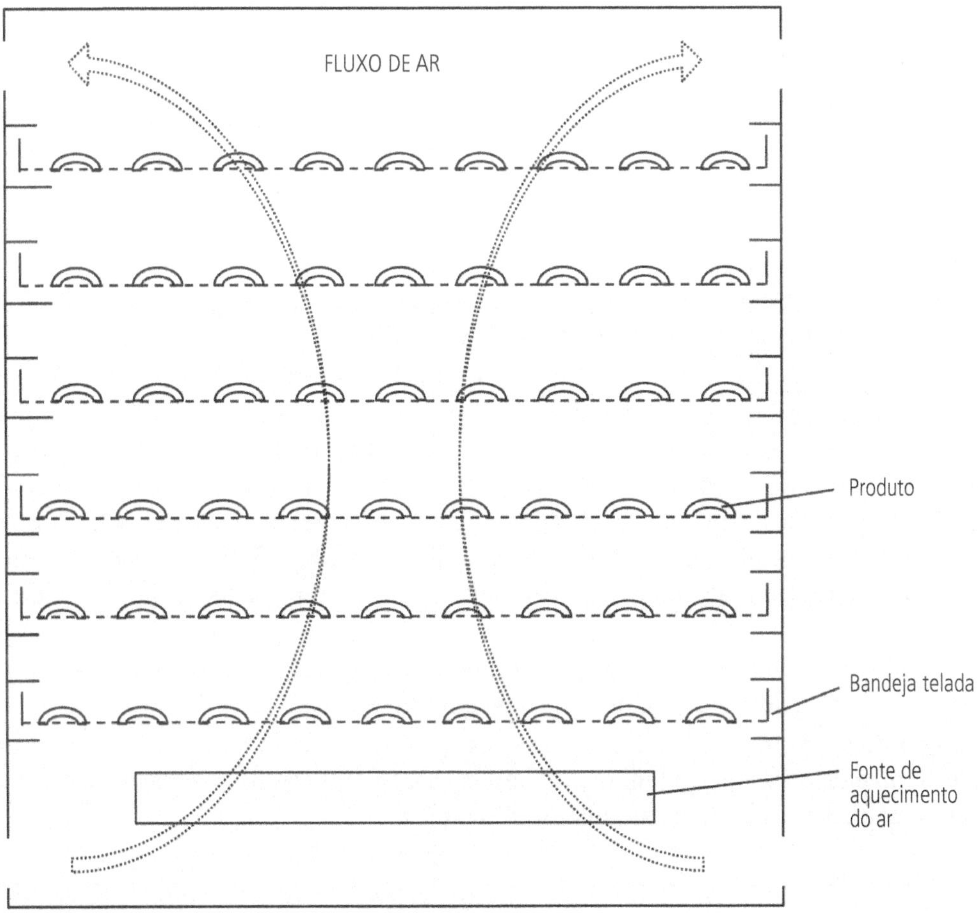

Figura 9.11. Esquema simplificado do secador de câmara ou bandejas.

Esse equipamento permite a secagem do alimento em diferentes temperaturas, que podem ser constantes ou ser aumentadas gradativamente. Temperaturas inferiores a 50°C não são recomendadas porque tornam o processo lento, oneroso e podem propiciar o desenvolvimento de microrganismos termófilos.[2] Por outro lado, temperaturas superiores a 70°C podem promover a formação de crosta externa no produto, decorrente de uma secagem muito rápida da superfície, dificultando a saída da umidade do seu interior.

A qualidade do produto será determinada pela sua umidade, atividade de água e teor de sólidos solúveis. As características sensoriais de aparência, textura e sabor, inclusive gosto doce e/ou salgado, auxiliarão na padronização dos lotes.

Para melhor uniformização da umidade, depois de seco o produto pode ser colocado em estufa de 15 a 20°C por 15 a 60 dias. O produto final deve ter embalagem com barreira ao vapor d´água, evitando absorção de água do ambiente.

Secagem em esteira

Os secadores de esteira, de túnel ou de transportadores são equipamentos de operação contínua, em que o alimento percorre uma esteira telada dentro de um túnel e, ao final do percurso, tem a umidade desejada. Pode-se utilizar um secador de bandejas para complementar o processo.

O fluxo de ar pode passar na direção transversal ou paralela ao alimento. O fluxo de ar paralelo pode ser em contracorrente, aumentando a eficiência da secagem, pois o alimento parcialmente desidratado recebe ar mais quente e seco (Figura 9.12).

Quando na direção transversal, o ar pode passar pelo alimento de cima para baixo ou de baixo para cima e evita que o alimento seja lançado para fora da esteira. Para melhor uniformidade da secagem, recomenda-se alternar o fluxo de ar de cima para baixo e de baixo para cima ao longo da secagem.

Também para uniformidade na secagem e economia de espaço, pode-se utilizar o secador de esteira em estágios, que possui duas ou mais esteiras empilhadas verticalmente. Quando o alimento passa de um estágio para outro, ele sofre uma pequena queda e é reempilhado.[2]

O secador de esteira é vantajoso para a produção em larga escala, pois pode secar até 5,5 toneladas/h[2], capacidade muito superior à dos secadores de bandejas.

Apesar do maior investimento necessário, os secadores de esteira exigem menor necessidade de mão de obra e permitem maior automação. São utilizados na secagem de frutas, vegetais e hortaliças e também para massas alimentícias.

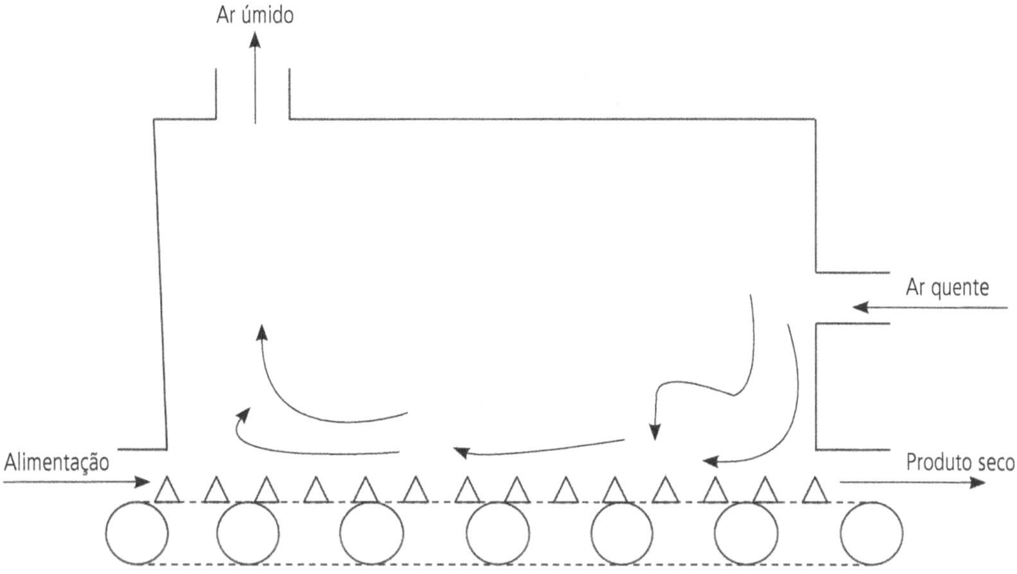

Figura 9.12. Secador de esteira com fluxo de ar em direção paralela e contra a corrente de alimentação.

Secagem de leito fluidizado

O secador de leito fluidizado pode operar de forma contínua ou em batelada. É constituído de uma câmara ou um túnel em que o alimento é colocado em uma esteira telada por onde há passagem do ar de secagem. Diferencia-se do secador de esteira e do secador de bandejas porque, neste caso, o ar quente passa necessariamente de cima para baixo na direção transversal da esteira, e causa suspensão e movimentação do alimento como se ele estivesse em "ebulição" (Figura 9.13). O alimento tem máxima exposição da superfície, aumentando a transferência de calor e umidade e, consequentemente, a eficiência da secagem. É adequado para alimentos pequenos, leves ou particulados, em que a velocidade do ar quente seja suficiente para provocar a movimentação das partículas.

Quando utilizado para a secagem de pós ou partículas muito pequenas, o secador de leito fluidizado pode ser combinado a um ciclone para recuperar as partículas finais perdidas no ar, readicionando-as ao produto.

Secagem em atomizadores

A secagem por atomização, também conhecida por *spray drying*, consiste na pulverização de um líquido em uma câmara cônica com fluxo tangencial de ar quente e seco, resultando em rápida ebulição da água contida nas gotas pulverizadas e, consequentemente, em baixo tempo de processo (1 a 10 s).

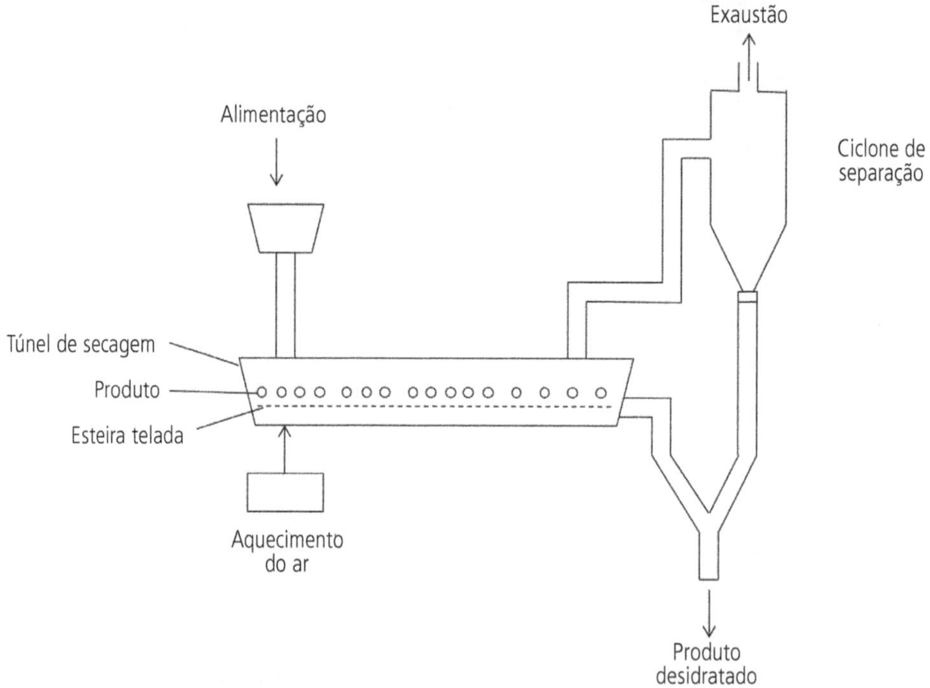

Figura 9.13. Secador de leito fluidizado.

O processo consiste em quatro etapas: atomização do líquido, contato das gotas com o ar quente, vaporização da água e separação do produto em pó, conforme esquema apresentado na Figura 9.14.

A atomização é feita pela parte superior do equipamento por meio de discos ou bicos pulverizadores. As gotas podem ser formadas, por exemplo, pelo giro em alta velocidade de um disco com ranhuras ou por bicos com um sistema pressurizado, neste caso, mais sujeito a entupimentos.

As gotas formadas entram em contato com ar a alta temperatura (170 a 230°C), de forma direta ou indireta. O sistema de aquecimento pode ser a gás, óleo ou elétrico. O fluxo de ar pode sem em paralelo ou em contracorrente. No fluxo em contracorrente, usado para produtos termossensíveis, as gotas recém-pulverizadas entram em contato com o ar de menor temperatura (60 a 100°C), e a partícula mais seca entra em contato, no final do ciclone, com o ar mais quente, otimizando a troca de calor.

A água é evaporada durante o percurso da gota pela câmara de secagem. A dimensão da câmara e as condições de trabalho devem ser estudadas de acordo com o produto; caso estejam inadequadas, o produto pode não ser suficientemente seco ou pode sofrer danos decorrentes da alta temperatura. A determinação correta da velocidade e da temperatura do ar e da taxa de alimentação é fundamental para a obtenção de produto adequado.

A separação do produto em pó ocorre principalmente na base da câmara, onde o ar passa e deixa as partículas de produto seco. O ar que sai da câmara também carrega partículas do produto e, por isso, após a secagem passa por um ou mais ciclones menores para a separação dessas partículas.

As características do líquido a ser seco também são muito importantes para o resultado obtido no produto final. O teor de sólidos, a viscosidade/consistência e o tamanho das partículas do líquido devem ser controlados. O líquido deve ter de 40 a 60% de sólidos para melhor eficiência. Podem ser usados outros concentradores para que a mistura inicial tenha parte da água removida antes da atomização.[2]

Líquidos de baixa viscosidade muitas vezes precisam ser adicionados de agentes espessantes, como maltodextrinas, para que as gotas possam ser secas de maneira eficiente. Líquidos com alto teor de açúcar podem ter a secagem comprometida, pois pode haver caramelização e o produto pode se depositar nas paredes do secador, impedindo a formação e a deposição do pó na base do ciclone.

Esse equipamento apresenta como vantagens o alto volume de produção, a automação do processo e a uniformidade do produto final. Como limitações, têm-se o alto investimento inicial e o grande espaço requerido para a instalação da câmara cônica de secagem, muitas vezes sendo necessária sua instalação ao ar livre pelo pé-direito insuficiente das áreas industriais.

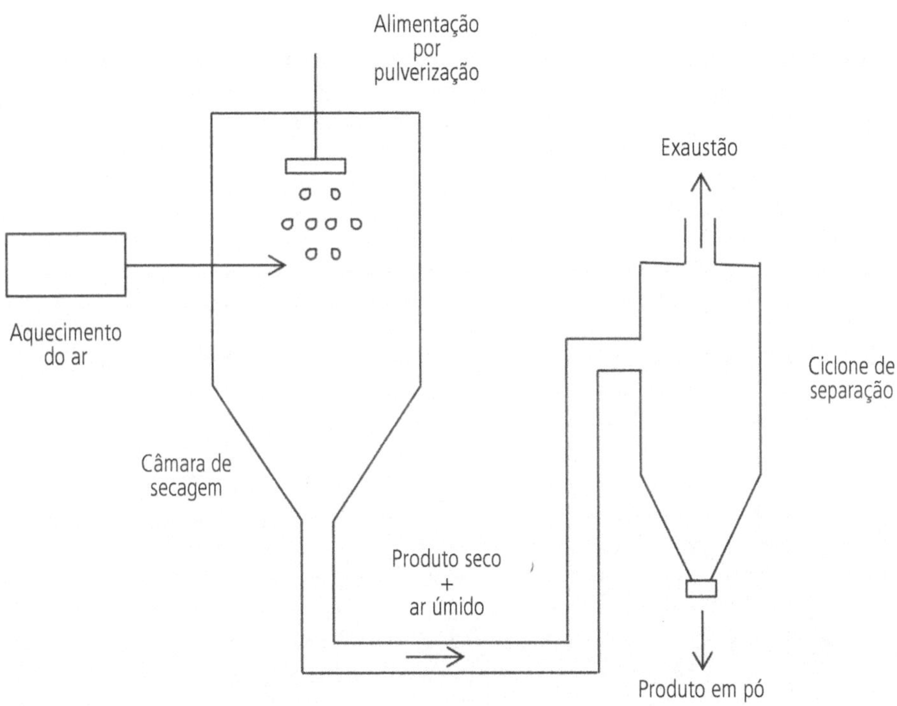

Figura 9.14. *Spray dryer* com atomização por aspersão e fluxo de ar em contracorrente.

São comumente utilizados para fabricação de leite em pó, ovo em pó e café solúvel. Além disso, o método tem sido usado para secagem de misturas para o preparo de alimentos instantâneos como chás, sopas e para obtenção de extratos, aromas e enzimas desidratados. Também são usados em outras indústrias, como na fabricação de medicamentos e produtos de limpeza.

Secagem com superfície aquecida

Trata-se de um método para a secagem de alimentos líquidos e pastosos.

Na secagem com superfície aquecida, o calor que removerá a umidade chega ao alimento por meio de condução pelo contato do alimento com a superfície.

A espessura de alimento colocada sobre a superfície aquecida deve ser otimizada, maximizando a produção sem sobrecarregar o equipamento. As características reológicas do alimento, bem como o teor de sólidos, afetarão a qualidade da secagem.

O uso desses equipamentos, além de não necessitar do aquecimento de grande volume de ar, permite a realização da secagem a vácuo, preservando alimentos suscetíveis à oxidação.

Secagem em tambor

O secador de tambor ou de rolos possui um ou dois cilindros ocos aquecidos internamente por vapor, nos quais o alimento é colocado externamente em uma fina camada. Conforme o rolo gira, o alimento é seco e, antes que complete uma volta, o alimento é raspado por uma espátula posicionada em toda a extensão do tambor e depois é moído até que se obtenham flocos ou pó na granulometria desejada (Figura 9.15).

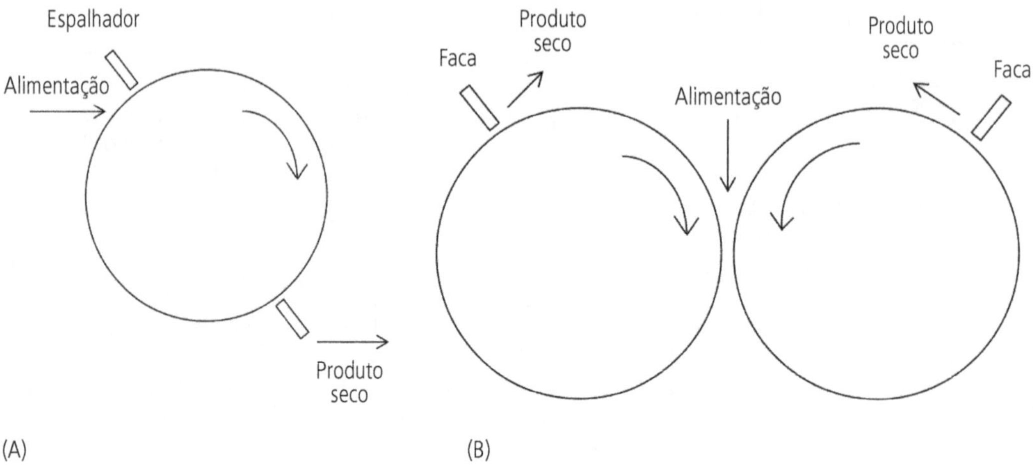

Figura 9.15. Secador de tambor único (A) e de tambor duplo (B).

A alimentação dos rolos pode ser por espalhamento ou aspersão. Quando o equipamento possui um único rolo, a alimentação pode ocorrer por espalhamento pela sua parte inferior: conforme o rolo gira, ele entra em contato com um tanque contendo o produto, de modo que uma camada se deposita sobre o rolo e é espalhada uniformemente sobre ele com uma espátula.

Em secador de tambor com rolo duplo, a alimentação também pode ser por espalhamento na parte inferior ou superior dos rolos, mas pode ser realizada por aspersão. Um tubo com bicos de aspersão é instalado na parte superior entre os dois rolos que giram em direção oposta, alimentando-os simultaneamente.

Para melhorar a taxa de secagem, podem ser instalados coletores de vapor sobre os rolos e ar em alta velocidade sobre o produto, removendo a umidade do ar rapidamente.

Esse equipamento é recomendado para alimentos pastosos, cuja viscosidade e tamanho de partícula dificultam a secagem em atomizadores, como alimentos com alto teor de amido (flocos de cereais, de batata e sopas desidratadas), melado e polpa de frutas desidratadas. Não é indicado para alimentos termossensíveis em razão da alta temperatura da superfície do tambor (120 a 160°C). Ar frio pode ser lançado sobre o produto seco, minimizando alterações.

Uma alternativa para produtos termossensíveis é a operação dos rolos dentro de uma câmara a vácuo, que proporcionará a secagem do alimento em temperaturas mais baixas. No entanto, possui alto valor agregado, pois o investimento inicial é elevado.

Secagem em câmara a vácuo

São secadores por contato do alimento, que está em uma esteira circundada por uma câmara a vácuo, com rolos aquecidos com vapor, serpentinas e/ou aquecedores radiantes.

O alimento seco passa por rolos resfriados internamente com água e depois é raspado com uma espátula, sendo removido da esteira. A secagem é mais rápida e a temperatura é menor quando comparada ao secador de tambor.

O liofilizador é um equipamento de secagem a vácuo específico que será abordado a seguir.

Liofilização

A liofilização é um método de secagem em que a água do alimento líquido ou sólido é congelada e em seguida passa para o estado gasoso (é sublimada) em virtude da redução da pressão.

Em determinadas condições de temperatura e pressão, a água pode se apresentar em dois ou até três estados físicos. Qualquer alteração dessas condições pode levar à existência de um único estado físico. No ponto triplo, a 0°C e pressão de 4,7 mm de mercúrio (610,5 Pa), a água coexiste nos três estados físicos (Figura 9.16).

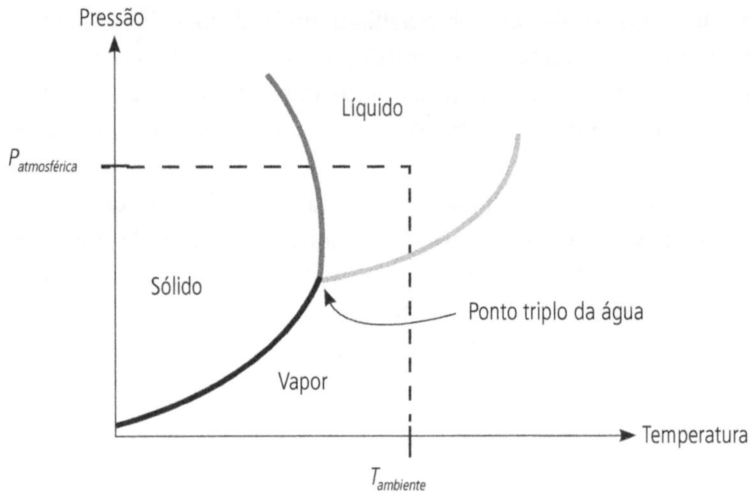

Figura 9.16. Diagrama de fases da água.

O alimento com a água congelada é colocado em bandejas dentro de uma câmara a vácuo e é mantido em pressão abaixo da pressão do ponto triplo da água. Assim, o calor fornecido para o alimento é absorvido como calor latente, sendo a água sublimada (isto é, passa do estado sólido para o gasoso diretamente). O vapor retirado do alimento é removido do ambiente por uma bomba de vácuo e, em seguida, vai para um condensador onde a água é removida. A baixa pressão na câmara deve ser mantida durante o processo, para continuidade da secagem. A representação esquemática de um liofilizador está na Figura 9.17.

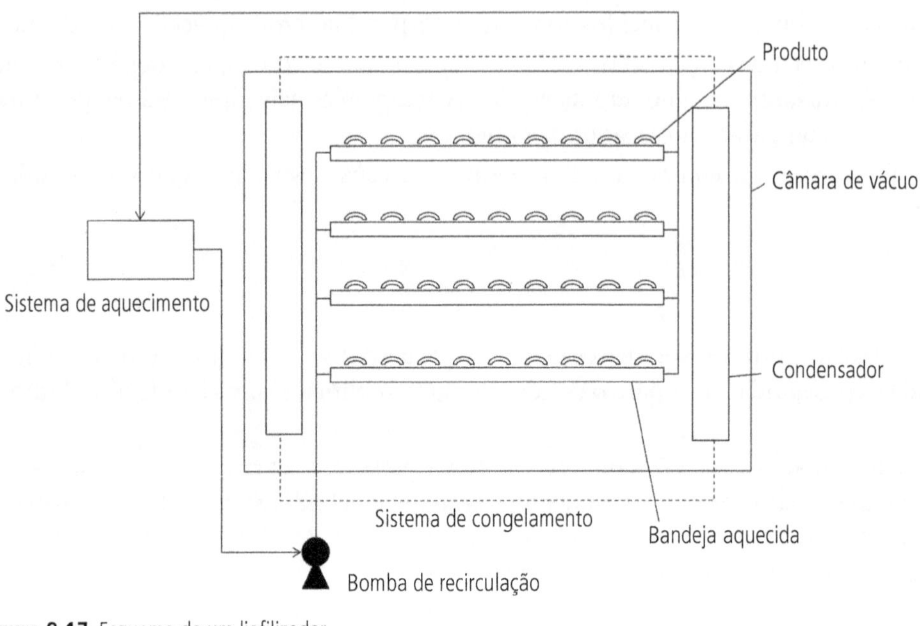

Figura 9.17. Esquema de um liofilizador.

As menores temperaturas utilizadas no processo de liofilização, em comparação com outros métodos de secagem, causam menor dano às células que os processos convencionais. Assim, o produto seco pode sofrer menor alteração física e ter melhor capacidade de reidratação. Este método também possibilita melhor retenção de nutrientes e menor alteração sensorial dos alimentos. Entretanto, destaca-se que a qualidade do produto final é altamente dependente da qualidade do processo de congelamento que ocorre antes da secagem. Em contrapartida, exigem alto investimento e processos lentos, que exigem gasto energético elevado para geração e manutenção do congelamento e, no caso da liofilização, do vácuo. São aplicados para produtos sensíveis de maior valor agregado.

A liofilização é usada em produtos cuja manutenção do aroma e sabor e conservação do formato e da capacidade de reidratação são importantes, como, café solúvel, especiarias, carnes e vegetais de sopas e molhos desidratados, refeições e culturas microbianas.

Os liofilizadores industriais podem operar em batelada ou em processos semicontínuos. O congelamento do produto líquido ou sólido pode ser realizado no próprio equipamento ou, mais comumente, em congeladores rápidos. Neste caso, depois de congelado, o alimento é transferido para o liofilizador, onde será seco. No caso do congelamento de líquidos, a placa congelada deve ser quebrada em partes antes de ser inserida na câmara de vácuo.

A taxa de secagem dependerá das propriedades físicas do alimento congelado e da espessura do alimento a ser seco. A água congelada vai sendo eliminada do alimento da parte externa para a parte interna. Conforme o vapor d'água é formado, vai deixando canais vazios no alimento, abrindo o caminho para a remoção da água congelada da camada imediatamente interior. A redução da espessura do líquido (que em geral é triturado depois de congelado) ou dos pedaços de alimentos proporcionará melhor taxa de secagem.

A camada externa seca do alimento tem condutividade térmica baixa (é isolante), oferecendo resistência ao fluxo de calor. Quanto mais o alimento é seco, mais a resistência aumenta. Mantém-se a baixa pressão e a temperatura pode ser gradualmente elevada, conforme a necessidade de secagem.[2] Temperaturas acima de 40°C podem causar desnaturação de proteínas e outras alterações indesejáveis.

As condições mínimas de operação são de 13 Pa na câmara e –35°C no condensador. A temperatura do gelo pode ser aumentada até temperatura imediatamente abaixo do congelamento. Acima de determinada temperatura, os solutos do alimento conseguem se deslocar o suficiente, acarretando colapso da estrutura, o que inviabiliza a continuidade do processo de secagem. A temperatura em que esse fenômeno ocorre é conhecida como *temperatura de colapso crítica*, que limita a elevação da temperatura do gelo, dependendo do tipo de alimento (Tabela 9.3).

Alimentos em pedaços devem ser congelados rapidamente, evitando a formação de cristais de gelo grandes e pontiagudos, que podem danificar as estruturas das células, prejudicando a qualidade do produto.

Tabela 9.3. **Temperatura de colapso de alguns alimentos na liofilização**[2]

Alimento	Temperatura de colapso (°C)
Extrato de café (25% de sólidos)	–20
Suco de maçã (22% de sólidos)	–41,5
Suco de uva (16% de sólidos)	–46
Tomate	–41
Milho verde	–8 a –15
Batata	–12
Sorvete	–31 a –33
Pescado	–6 a –12
Carne bovina	–12

Já alimentos líquidos devem ser congelados lentamente, para a formação de grandes cristais que formarão canais de água, facilitando sua remoção da placa de alimento congelado. Estes podem ser congelados na forma de espuma, de modo que o ar inserido aumente o volume, expondo mais a água congelada para evaporação. Uma alternativa é a trituração da placa de alimento congelado antes da secagem.

Extrusão

A extrusão é um processo que envolve mistura, formação e moldagem de uma massa, que pode ser realizado a frio ou com cozimento. Quando é realizada a frio, homogeneíza e dá formato à massa como, no processamento de salsichas e massas alimentícias. Quando realizada com cozimento, denominando-se extrusão termoplástica, promove, entre outras coisas, geleificação do amido, desnaturação proteica, e é um método de conservação por secagem pois, quando a massa extrudada sai do equipamento, parte da água aquecida é removida por evaporação.

Esse processo é empregado, por exemplo, no processamento de *snacks* e cereais expandidos de baixa densidade prontos para o consumo.

A alimentação do equipamento é realizada pela parte superior de um canhão de extrusão e a massa é transportada por meio de roscas, cujos passos diminuem à medida que se aproximam da saída, restringindo o volume e aumentando a resistência à passagem do alimento[2] (Figura 9.18). Assim, a massa vai sendo comprimida ao longo do caminho e vai se transformando em uma massa semissólida. A compressão também pode ocorrer em razão do menor espaço disponível para a massa ocupar entre a rosca e o canhão.

O aquecimento da massa se dá em partes em virtude do atrito da massa sobre o canhão pela movimentação da rosca. Aquecimento adicional pode ser promovido pela construção de um canhão com camisa de vapor ou pelo aquecimento da rosca com vapor. Além disso, o aumento da pressão da massa de alimento que é forçada a passar por um espaço cada vez mais estreito, à medida que caminha no extrusor, também aumenta a temperatura da massa, especialmente durante seu cozimento (Figura 9.19).

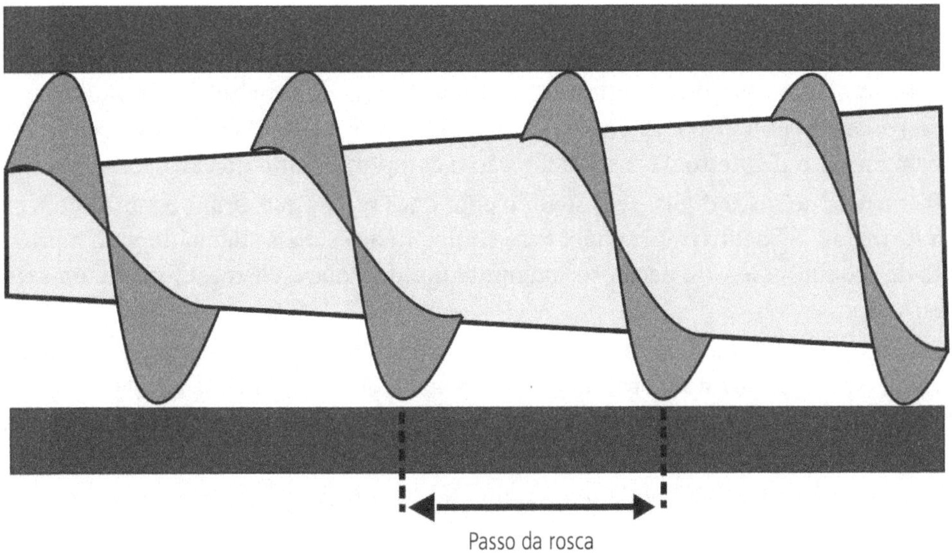

Figura 9.18. Representação da rosca e do canhão de um extrusor.

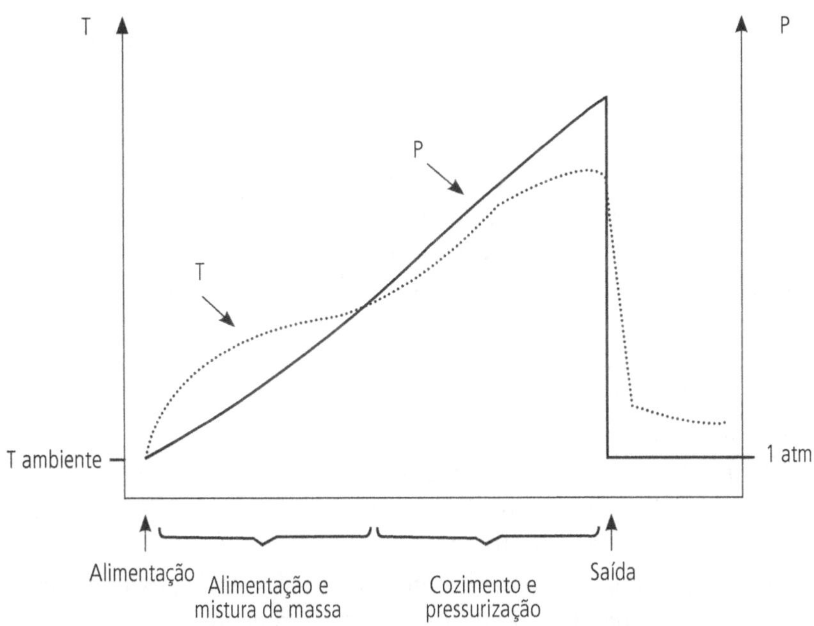

Figura 9.19. Relação entre temperatura e pressão no processamento por extrusão.

Conforme a pressão no extrusor aumenta, também aumenta a temperatura do alimento.

Os extrusores podem possuir rosca única ou dupla. O extrusor de rosca única é constituído de uma rosca sem fim cilíndrica que gira dentro de um canhão ranhurado. O espaço entre a rosca e o canhão, o número e o espaçamento dos passos da rosca e a relação entre o comprimento e o diâmetro da rosca definirão o comportamento do extrusor.

O extrusor de rosca dupla é construído com duas roscas que giram em uma concavidade na forma de "8" dentro do canhão. Esse equipamento é mais adequado para o processamento de produtos oleosos, pegajosos ou muito úmidos, que escorregariam em um extrusor de rosca única.[2]

Quando a extrusão sob pressão ocorre com temperatura de cozimento maior que 100°C, é possível o processamento de produtos expandidos. Quando a massa atinge a abertura da saída do canhão (trefila) sob pressão, a água da massa é rapidamente evaporada (evaporação *flash*), e o alimento expande-se até seu formato final.[2]

Os produtos extrudados podem ser submetidos a processos posteriores de secagem.

Adição de solutos

A adição de solutos é muito empregada por ser uma operação simples, baseada no aumento da pressão osmótica do meio pela adição de sais ou açúcares que o desidratam e reduzem a atividade de água. Entretanto, pelas intensas alterações das propriedades dos alimentos, a adição de solutos é utilizada em conjunto com um método de concentração ou secagem.

Quando o soluto é depositado na superfície do alimento, além de permear o alimento e ligar-se à água, a diferença de pressão osmótica dos meios interno e externo faz com que parte da água do alimento migre para o meio externo, na tentativa de igualar as pressões osmóticas, desidratando o alimento.

As novas condições do meio inibem o crescimento da maioria dos microrganismos, com exceção das espécies osmofílicas e halofílicas, que suportam tais condições. Por esse motivo, geralmente a adição de soluto é associada a outra forma de conservação, como o processamento térmico e a concentração em tacho aberto. A combinação desses métodos é comumente utilizada no processamento de geleias, doces em massa e doces de corte.

Já a salga seca, um dos métodos mais antigos de conservação, alia a adição de soluto à secagem natural ou à desidratação para a conservação de carnes como carne-seca, charque, sardinha e bacalhau.

A técnica de desidratação osmótica, que pode combinar sal e açúcares, é usada para desidratar parcialmente tomates e outros frutos que, posteriormente, serão encaminhados a um secador para a obtenção do produto final.

A adição de solutos é uma técnica eficiente para a redução da atividade de água e que não requer grandes investimentos, não necessitando de equipamentos específicos para sua realização. Os produtos obtidos por adição de solutos têm características sensoriais bastante distintas da matéria-prima.

Adição de sal

O cloreto de sódio é o sal mais empregado para salga e, a partir de determinadas concentrações, tem efeito antimicrobiano, em virtude da redução da atividade de água que promove no meio.

A maior parte dos microrganismos é sensível à presença do sal. É o caso dos aeróbicos em geral, já que a presença do sal dificulta a solubilidade do oxigênio na água, prejudicando sua proliferação e retirando água da célula do microrganismo por osmose, destruindo-o.

No entanto, microrganismos halofílicos são resistentes a altas concentrações de sal e podem deteriorar o produto. Nessa categoria incluem-se microrganismos patogênicos dos gêneros *Bacillus* e *Pseudomonas*. Bactérias pigmentadas podem conferir coloração avermelhada ao bacalhau e a outros produtos cárneos. Altas concentrações de sal também não têm efeito sobre toxinas ou esporos.

A adição do sal como única forma de conservação é eficiente a partir da concentração de 11% no produto final, o que é bastante superior às concentrações comumente usadas para se obter gosto salgado desejável (1 a 2%). Por isso, produtos com alto teor de sal (que também passaram por outro processo de conservação, como concentração, desidratação ou secagem) necessitam de dessalga anterior ao consumo. Assim, outras formas de conservação associadas à adição de sal são indicadas para a conservação adequada do produto.

Nesse sentido, sais de cura, como nitritos e nitratos, podem ser empregados como forma de auxiliar a redução da atividade de água e aumentar a vida útil do produto. Embalagens a vácuo também podem ser empregadas, evitando o crescimento de microrganismos aeróbicos.

Adição de açúcar

O açúcar é um importante aliado na redução da atividade de água dos alimentos por seu efeito desidratante. Ao contrário do sal, ele pode ser empregado em altas concentrações sem precisar ser removido para consumo.

Produtos com alta concentração de açúcar, como geleias, doces em massa e de corte, têm boa aceitação sensorial e, comumente, levam 50% de açúcar ou mais na fórmula (o que equivale a 60-70% da massa de produto final). Também estão nessa categoria produtos como doce de leite, leite condensado, mel, melaço e compotas de frutas.

Bactérias osmofílicas podem se desenvolver nesses produtos. Por esse motivo, um método de conservação associado é indicado. No caso das geleias, dos doces em massa e de corte geralmente realizam-se a concentração e a acidificação. Doce de leite e leite condensado também são produtos concentrados. As compotas são pasteurizadas e acidificadas.

Conclusões

Os métodos de conservação por redução da atividade de água são enquadrados em três grandes grupos.

A concentração inclui métodos para a redução da atividade de água de alimentos líquidos (no caso da concentração por evaporação, por membranas e por crioconcentração) e de alimentos sólidos (no caso da desidratação osmótica), até valores intermediários, necessitando de um método de conservação complementar.

Na secagem são obtidos produtos estáveis a partir de sólidos e também a partir de líquidos, no caso da liofilização e da atomização.

A adição de solutos permite a conservação pela redução da atividade de água de sólidos e, por alterar intensamente as características do produto, é utilizada em conjunto com um método complementar de concentração ou secagem para garantir a estabilidade do alimento.

A escolha do método mais adequado dependerá do tipo de alimento e de suas características físicas, químicas, nutricionais e sensoriais. Alimentos termossensíveis podem ter o valor nutricional alterado, impactando na redução da disponibilidade de vitaminas e aminoácidos, por exemplo, ou no aparecimento de características sensoriais indesejadas, como sabor de cozido, queimado, escurecimento e deformação.

O custo e o volume de produção também devem ser avaliados. Alguns equipamentos, como os atomizadores, exigem investimento elevado, porém têm custo de manutenção e operação mais baixos, produzindo grandes volumes. Já outros equipamentos, como os secadores de bandejas, têm investimento menor, porém necessitam de mão de obra em maior quantidade e têm volume de produção limitado.

REFERÊNCIAS

1. Van Den Berg C, MacCarthy D, ed. Concentration and drying of foods. 2. ed. New York. Elsevier; 1989. p.11-20.
2. Fellows P. Tecnologia do processamento de alimentos: princípios e práticas. Porto Alegre: Artmed; 2006. 602p.
3. Fennema OR. Química dos alimentos. Zaragoza: Editorial Acribia; 1985. p.815-88.
4. Terra NN, Freitas RJS, Cichoski AJ. Atividade de água, pH, umidade e desenvolvimento de Staphylococcus xylosus durante o processamento e armazenamento da paleta suína curada, maturada e fermentada. Cienc Tecnol Aliment. 2007;27(4):756-60.
5. Araújo JMA. Química de alimentos: teoria e prática. 3. ed. Viçosa: Universidade Federal de Viçosa; 2004. 474p.
6. Love JD, Pearson AM. Metmyoglobin and nonheme iron as prooxidants in egg-yolk phospholipid dispersions and cooked meat. J Agric Food Chem. 1976;24:494-8.
7. Katz EE, Labuza TP. Effect of water activity on the sensory crispness and mechanical deformation of snack food products. J Food Sci. 1981;46:403-9.
8. Fennema OR. Water and ice. In: Fennema OR, ed. Food chemistry. 3. ed. New York: Marcel Dekker; 1996. p.16-94.
9. Karl E, Karel M. Influence of water content and water activity on the sugar-amino browning reaction in model systems under various conditions J Agric Food Chem. 1972:20(2):217-23. doi: 10.1021/jf60170a025.
10. Labuza TP. The properties of water in relationship to water binding in foods: a review. J Food Process Preserv. 1977;1(2):167-90.
11. Reid DS, Fennema OR. Water and ice. In: Damodaran S, Parkin KL, Fennema OR, ed.

Fennema's food chemistry. Boca Raton: CRC Press; 2008.

12. Ordóñez JA, ed. Tecnologia de alimentos. Volume 1: Componentes dos alimentos e processos. Porto Alegre: Artmed; 2005.
13. Potter NN, Hotchkiss JH. Ciencia de los alimentos. Zaragoza: Editorial Acribia; 2007.
14. Labuza TP. Sorption phenomena in foods. Food Technol. 1968;22:263-72.
15. Wolf M, Walker JE, Kapsalis JG. Water vapor sorption hysteresis in dehydrated food. J Agric Food Chem. 1972;20:1073-7.
16. Fischer M, Jacobsen JF, Robe K. Evaporator concentrates juices to 70 °Brix in single pass vs 2 to 3 passes before. Food Process. USA. 1983;92-4.
17. Rao MA. Concentration of apple juice. In: Downing DL, ed. Processed apple products. New York: Van Nostrand Reinhold; 1989. p.137.
18. Sánchez J, Ruiz Y, Auleda J M, Hernández E, Raventós M. Review. Freeze concentration in the fruit juices industry. Food Sci Technol Int. 2009;15(4):303-15.

CAPÍTULO 10

Outros métodos tradicionais de conservação de alimentos

■ Fabiane de Moraes

CONTEÚDO

Introdução

Este capítulo tratará de métodos que não se enquadram nas categorias anteriormente citadas neste volume, mas têm relevante papel na conservação de alimentos.

A fermentação é um processo antigo utilizado na obtenção de diversos produtos com características singulares razão da matéria-prima, do tipo de microrganismo presente e das condições de processamento.

A defumação também é um processo antigo utilizado para conferir características sensoriais específicas aos alimentos, auxiliando em sua conservação.

O uso de aditivos é empregado nos casos em que se deseja conferir estabilidade física, microbiológica ou determinadas características sensoriais ao alimento que não são conseguidas por meio de outros métodos.

Fermentação

A fermentação é um processo que altera as características dos alimentos pela ação controlada de microrganismos selecionados. Há uma grande variedade de produtos fermentados, dentre eles produtos de panificação, queijos, iogurtes, bebidas alcoólicas e produtos à base de soja.

A fermentação é um método de conservação porque, além de serem produzidos compostos que alteram o odor, o sabor e a textura dos alimentos, também podem ser produzidos álcoois, ácidos ou outros componentes que inibem o desenvolvimento microbiano. É o caso das bebidas alcoólicas, por exemplo.

Além disso, nos casos em que o microrganismo da fermentação não é inativado, sua presença inibe o crescimento de outros microrganismos por competição da flora microbiana, como ocorre em iogurtes e queijos.

A conservação dos produtos fermentados é geralmente suplementada por outros métodos de conservação como a pasteurização e a refrigeração.

Entre as vantagens do processo de fermentação estão o uso de condições brandas de pH e temperatura, que preservam melhor as características sensoriais dos alimentos e consomem menos energia, a obtenção de aroma e textura que não são conseguidos com outros métodos e o baixo custo de investimento e operação.[1]

Entretanto, o processo de fermentação altera o produto original, dando origem a um produto fermentado com características distintas.

Para a fermentação de substratos sólidos, são utilizados tanques e bandejas com controle de temperatura e umidade. Produtos cárneos são comumente embutidos em tripa natural ou artificial e dispostos em salas climatizadas. Já os substratos líquidos, também denominados mosto, são incubados em tanques de aço inoxidável ou em fermentadores cilíndricos com agitação.[1]

A cultura microbiana responsável pela fermentação pode estar presente naturalmente na matéria-prima, e é selecionada ao serem oferecidas condições ótimas para seu desenvolvimento. Os processos de fermentação originaram-se desta maneira: pão e queijo costumavam ser fermentados pela microbiota já presente nas massas, que, quando submetidas às condições adequadas, de temperatura e umidade, por exemplo, propiciavam o crescimento desses microrganismos.

No entanto, para uma fermentação mais controlada e para a padronização do produto final, geralmente as culturas *starters* são incubadas nos produtos em batelada ou de forma contínua. Quando incubada em batelada, a cultura é adicionada ao lote e o microrganismo passa por todas as fases de crescimento (lag, logarítmica e estacionária). Quando o crescimento da cultura é limitado pelo substrato, obtém-se melhor produtividade se o substrato for adicionado continuamente ao fermentador e se os produtos da fermentação forem continuamente removidos, mantendo a cultura na fase logarítmica de crescimento. É o caso da fermentação para a obtenção de enzimas em produção industrial.[1]

Os microrganismos que produzem um único produto são chamados homofermentativos e os que produzem vários produtos são heterofermentativos. O interesse da fermentação pode ser no produto todo fermentado ou em determinado produto formado no processo de fermentação, como enzimas.

A fermentação pode ser classificada de acordo com o principal produto produzido. Os principais tipos de fermentações estão descritos a seguir.

Fermentação alcoólica

A fermentação alcoólica é um processo catabólico anaeróbico em que o açúcar é degradado no interior das células de leveduras até a formação de etanol e dióxido de carbono, com liberação de energia.[2] Além disso, também podem ser formados aldeídos e ésteres, como o acetaldeído e o acetato de etila.[1,2]

Uma levedura comumente empregada na fermentação alcoólica é a *Saccharomyces cerevisiae*, para processamento de pão, vinho e cerveja, por exemplo.

No pão, a levedura é responsável por conferir sabor e também textura à massa, pela presença do dióxido de carbono que fica retido na rede de glúten e faz a massa crescer. A levedura é inativada no forneamento da massa e o álcool produzido é evaporado. O produto é conservado pelo tratamento térmico e pela redução da atividade de água que ocorre no forneamento.[1]

No vinho, a concentração de álcool no produto atinge de 6 a 14%, de acordo com o teor de açúcar da uva e a forma de fermentação, inibindo o crescimento da levedura e conservando o produto. As células da levedura são removidas por filtração ou centrifugação. Na fermentação dos vinhos também são produzidos outros compostos, como o ácido málico. Este é convertido em ácido láctico por bactérias acidoláticas em um processo conhecido como fermentação malolática, o que reduz a acidez do produto e melhora o sabor e o aroma.[1] O dióxido de carbono produzido em geral é descartado, exceto no caso do processamento de espumantes.

Na cerveja, a concentração alcoólica é menor, cerca de 3 a 5% no tipo pilsen, necessitando da pasteurização como método complementar para a conservação do produto. Outras leveduras também podem ser inoculadas, como *Saccharomyces carlsbergensis* e *Saccharomyces uvarum*. Nesse processo, tanto o etanol como o dióxido de carbono são mantidos no produto.

Vários fatores afetam o rendimento da conversão de açúcar em etanol, como a temperatura, a pressão osmótica, o pH, a concentração de oxigênio, a espécie e a linhagem da levedura e a contaminação bacteriana.[3]

Fermentação lática

Na fermentação lática, os microrganismos produzem ácido lático por catabolismo anaeróbico dos açúcares.

Em alguns casos, a flora natural é suficiente para reduzir rapidamente o pH e evitar o crescimento de microrganismos indesejados. Quando isso não ocorre, como em substratos de baixa acidez (leite e carne, por exemplo), uma cultura inicial (*starter*) é adicionada para se multiplicar rapidamente e produzir o mesmo efeito.

O teor de ácido produzido auxilia na conservação do produto e também pode limitar o crescimento e o desenvolvimento do microrganismo presente. No leite, por exemplo, *Streptococcus liquefaciens, Lactococcus lactis* e *Streptococcus cremoris* são inibidos quando o teor de ácido lático atinge entre 0,7 e 1,0%. Nessa condição, microrganismos ácido-tolerantes se desenvolvem, como o *Lactobacillus casei* e o *Lactobacillus bulgaricus*, que toleram, respectivamente, até 2 e 3% de ácido lático.[1]

Bactérias láticas também têm sido desenvolvidas para propiciar aumento de consistência e estabilizar produtos[4] como leites fermentados, se a necessidade do uso de estabilizante, decorrente da produção de metabólitos viscosos durante seu desenvolvimento.

Outras bactérias láticas produzem substâncias com efeito bacteriostático, como as bacteriocinas produzidas por *Leuconostoc* spp., *Lactobacillus* spp. e *Pediococcus* spp.; e a nisina, que é produzida por *L. lactis* e tem efeito nocivo contra *Listeria monocytogenes*, que é uma bactéria psicrotrófica de potencial desenvolvimento em queijos e outros produtos lácteos.[1] Esses conservadores naturais já são obtidos industrialmente e, quando aplicados nos produtos, podem substituir conservantes sintéticos como sorbatos, benzoatos e nitratos.

A fermentação lática é útil na obtenção de produtos lácteos e cárneos, legumes, hortaliças e cereais.

Os produtos lácteos compreendem uma grande categoria, que inclui leites fermentados como o iogurte, queijos, creme azedo e bebidas lácteas. Na fermentação desses produtos, são formadas diferentes concentrações de ácido lático e outros ácidos orgânicos, aldeídos, diacetil e cetonas que interferem no aroma final. O ácido lático também promove coagulação das proteínas pela redução das cargas elétricas que mantêm as micelas de caseína estáveis, atingindo o ponto isoelétrico dessas proteínas. Forma-se um gel coagulado, característico na fabricação de queijos e de iogurte.[1]

Para o processamento de iogurte, o leite é inoculado com uma cultura mista *Streptococcus thermophilus* e *L. bulgaricus*. No início, o *S. thermophilus* cresce rapidamente, estimulado pela liberação de peptídeos pelo *L. bulgaricus*, e produz diacetil e ácidos lático, acético e fórmico. A maior acidez do meio inibe o crescimento do *S. thermophilus* e promove o crescimento do *L. bulgaricus*, que produz mais ácido lático e também acetaldeído que, com o diacetil, caracteriza o aroma e o sabor do iogurte.[1] Essa é, portanto, uma típica interação microbiana sinérgica.

Nos queijos, ocorre a fermentação do leite, que é coagulado pela ação de uma enzima (coalho) e pelo ácido lático formado. O coágulo é cortado, dessorado e prensado, conforme as características de cada queijo. O queijo pode ser maturado e, durante esse processo, a cultura microbiana ativa produz enzimas proteolíticas e/ou lipolíticas que alterarão a textura do produto, além de produzir outros compostos que conferirão odor e sabor característicos.

Os produtos cárneos fermentados incluem salames, presunto cru, alguns tipos de linguiças e pescados. A conservação desses produtos ocorre pela combinação de métodos, entre eles: produção de ácido lático na fermentação, adição de nitritos e nitratos, redução da atividade de água pela secagem e adição de sal, defumação e refrigeração.

Os legumes e hortaliças fermentados incluem principalmente a azeitona, o chucrute de repolho e o picles (de pepino, cenoura, nabo e outros vegetais). Em geral, os vegetais são colocados em salmoura com 2 a 6% de sal e, nessa condição, microrganismos láticos se desenvolvem, consumindo os açúcares dos vegetais e produzindo ácido lático. A conservação desses produtos ocorre pelo teor de sal e de ácido lático presentes,[5] podendo ser pasteurizados para maior estabilidade. As azeitonas passam por um processo de imersão em salmoura com outros aditivos para a retirada do amargor. Depois são fermentadas em tanques ou barris em salmoura com até 9% de sal por microrganismos como *Lactobacillus plantarum*, *Lactobacillus brevis* e *Leuconostoc mesenteroides*. Depois de fermentadas podem ser pasteurizadas para melhor conservação.

Fermentação acética

A fermentação acética é um processo aeróbico em que os microrganismos decompõem o açúcar primeiro em etanol e este é oxidado, por elas ou por outros microrganismos, a ácido acético. Bactérias dos gêneros *Acetobacter* e *Gluconobacter* são comumente empregadas.

Os fermentados acéticos são, portanto, produtos obtidos da fermentação acética do fermentado alcoólico de mosto de frutas, cereais, vegetais ou mel, isoladas ou misturadas.[6]

No vinagre, ocorre primeiro a fermentação alcoólica do mosto. Depois, o etanol formado é oxidado a ácido acético e outros compostos aromáticos também são formados pelo *Acetobacter aceti*. Nesta última etapa, a concentração de oxigênio deve ser cuidadosamente controlada, pois o processo é aeróbico. A reação do etanol residual com o ácido acético formado gera acetato etílico, que confere o aroma característico do vinagre.[1,7]

Fermentação mista

Na fermentação mista ocorrem dois ou mais tipos de fermentação no produto, em diferentes fases. As condições obtidas em determinada etapa, como concentração de ácido e de outros compostos, geralmente inibem o desenvolvimento do microrganismo que ali atuava e propiciam o crescimento de outro microrganismo. Vários microrganismos podem participar do processo.

O chocolate é um produto obtido por meio de fermentação mista complexa da amêndoa do cacau, envolvendo vários microrganismos, em um processo ainda não totalmente esclarecido. Primeiro, as amêndoas de cacau, que estão envoltas pela polpa mucilaginosa, são amontoadas e fermentadas por leveduras naturalmente presentes nessa polpa, incluindo *Saccharomyces ellipsoideus, Saccharomyces apiculata, Hansenula* spp., *Kloeckera* spp., *Debaromyces* spp., *Schizosaccharomyces* spp. e *Candida* spp. Ocorre, principalmente, a produção de etanol, aumentando a temperatura do mosto. A condição anaeróbica favorece o desenvolvimento de bactérias láticas que reduzem o pH e aumentam a temperatura.[8]

O etanol formado é oxidado a ácido acético por bactérias acéticas, havendo aumento de temperatura a até 60°C, inativando as leveduras. A conservação da amêndoa fermentada ocorre por secagem e torração, em que ela também adquire sabor e odor característicos.[8]

O molho de soja é obtido pela fermentação de fungos que produzem enzimas como proteases, amilases e invertases que agem sobre os grãos de soja. O pH é diminuído e a temperatura é aumentada pela produção de ácido por *Pediococcus soyae.* Inicia-se então a fermentação alcoólica por *Saccharomyces rouxii.* No início da fermentação, a temperatura diminui em torno dos 15°C para controlar o crescimento da cultura. O aroma e o sabor característicos do produto são desenvolvidos durante um período de 6 meses a 3 anos, e, nesse período, ocorre fermentação vigorosa a carca de 28°C e, depois, a velocidade de fermentação é controlada por nova redução da temperatura ao redor de 15°C. O produto obtido é clarificado, pasteurizado e engarrafado.[1] Além da pasteurização, o produto é conservado pela presença de sal (18%) e etanol (2,5%).[9]

Defumação

A defumação é o processo em que o alimento é exposto à fumaça de madeira durante o processamento, sendo parcialmente desidratado e desenvolvendo odor, sabor e aparência característicos.[10]

O produto é pendurado em suportes dentro de um defumador. A serragem de madeira sofrerá combustão controlada entre 650 e 700°C em um compartimento externo. A fumaça formada é conduzida até o defumador por meio de dutos.[10]

A defumação do produto pode ocorrer a frio, com temperatura mínima de 30°C, ou a quente, com temperatura mínima de 60°C. Na defumação a frio ocorre maturação das proteínas por ação enzimática, ao passo que, na defumação a quente, as enzimas são inativadas e a proteína é desnaturada pelo calor, obtendo-se produtos com características sensoriais distintas.[11]

Na defumação a frio, a matéria-prima é submetida à salga e à defumação, intercalando com o processo de secagem durante 3 ou 4 semanas. O tempo de exposição colabora para o efeito da defumação na conservação do produto.[12] Esse processo é comum em conservas, pescados e embutidos cozidos.

Na defumação a quente, ocorrem também o cozimento e a perda de água do produto. Por esse motivo, ela está relacionada ao processo de secagem, contribuindo para a conservação do alimento.[10] A perda de massa na defumação pode atingir até 25%, dependendo do tipo de matéria-prima e das condições de processamento.[13] Esse processo é comum para embutidos crus frescos, como carnes e pescados, e pode ter tempo menor quando comparado à defumação a frio, pela maior temperatura empregada. Na defumação podem ser formados mais de 700 compostos, incluindo álcoois, cetonas, ácidos carboxílicos, hidrocarbonetos, compostos sulfurados e fenóis, e muitos desses compostos possuem efeito bactericida ou bacteriostático.[10]

Os fenóis e aldeídos, além de contribuir para o aroma do produto defumado, têm atividade antioxidante, evitando a oxidação dos lipídios e, com os ácidos, são os principais responsáveis pela inibição do desenvolvimento microbiano.[14]

Os efeitos de conservação são relevantes na superfície do produto, já que a fumaça e os compostos formados conseguem difundir pela água do alimento somente por alguns milímetros de profundidade. Portanto, não haverá contribuição na conservação do produto depois do fatiamento ou cominuição.[10]

A defumação é um processo empregado para queijos, carnes e produtos cárneos, incluindo pescados. O tipo de madeira usada, bem como a temperatura de combustão, a umidade relativa no defumador e o tempo de exposição do produto, afetarão sua qualidade final.

Com o objetivo de melhorar a padronização do processo de defumação e torná-lo mais rápido, diminuindo também a geração de resíduos, pode-se utilizar a fumaça líquida. Ela é obtida da condensação e destilação fracionada dos vapores gerados pela combustão da serragem, que são posteriormente aplicados sobre um suporte líquido ou sólido, como água, óleo, açúcar ou amido, dependendo da aplicação desejada. A fumaça líquida pode ser aplicada sobre o produto por aspersão ou por imersão.[10] Entretanto, nesse caso não ocorre desidratação do produto, apenas alterações sensoriais.

Para conservação adequada do produto defumado, outros métodos de conservação devem ser empregados em conjunto com a defumação, como a salga e a secagem, ou ainda adição de conservantes, como nitritos e nitratos, sorbatos e benzoatos e antioxidantes.

Uso de aditivos

Aditivos são elementos adicionados intencionalmente aos alimentos sem o propósito de nutrir, a fim de melhorar a conservação e/ou as características físicas, químicas, biológicas ou sensoriais do produto, durante fabricação, processamento, preparação, tratamento, embalagem, acondicionamento, armazenagem, transporte ou manipulação de um alimento.[15] Eles não devem ser utilizados como forma de mascarar falhas no processamento ou falta de qualidade do produto, mas sim como auxiliares na fabricação de um produto de qualidade.

Diferem dos coadjuvantes de tecnologia, que são substâncias não consumidas por si só como ingrediente alimentar, empregadas intencionalmente na elaboração de matérias-primas, alimentos ou seus ingredientes, para finalidade tecnológica durante o tratamento ou fabricação. Os coadjuvantes deverão ser eliminados ou inativados do alimento, podendo admitir-se no produto final a presença de seus traços ou de seus derivados.[15] São exemplos os catalisadores, os fermentos biológicos e os agentes de clarificação/filtração.

Os aditivos podem ter função de conservação do alimento e/ou de melhoria de suas características sensoriais, podendo atuar como: agente de massa, antiespumante, antiumectante, antioxidante, corante, conservador, edulcorante, espessante, geleificante, estabilizante, aromatizante, umectante, regulador de acidez, acidulante, emulsificante, melhorador de farinha, realçador de sabor, fermento químico, glaceante, agente de firmeza, sequestrante, estabilizante de cor e/ou espumante. Este capítulo enfatizará os aditivos relacionados à conservação do alimento.

Acidulantes e reguladores de acidez

Os acidulantes são substâncias que conferem gosto ácido aos alimentos e podem aumentar sua acidez, dependendo da quantidade em que são adicionados, colaborando, nesse caso, para a conservação do alimento.[15]

São exemplos de acidulante o ácido cítrico, o ácido acético, o ácido lático, o ácido málico, o ácido tartárico e o ácido fosfórico. Cada ácido possui notas sensoriais próprias, que devem ser consideradas, de acordo com as características do alimento em que serão adicionados.[16] Ainda, cada ácido possui poder de acidificação diferente, sendo necessária a avaliação antes do uso.

O ácido cítrico é um dos acidulantes mais usados na indústria, por seu baixo custo e sua versatilidade. O ácido fosfórico é o único inorgânico utilizando como aditivo alimentar, aplicado em refrigerantes do tipo cola, e atua de maneira eficaz sobre o pH.

A adição de acidulantes reduz o pH dos alimentos, desfavorecendo o crescimento microbiano. Grande parte dos microrganismos tem pH ótimo de crescimento em pH próximo a 7, e poucos se desenvolverão em pH inferior a 4. Assim, quanto mais baixo o pH do alimento, menor a probabilidade de desenvolvimento microbiano.

Em alimentos termicamente processados, o pH 4,5 é uma referência para a decisão sobre o tipo de tratamento térmico a ser utilizado, pois o patógeno *Clostridium botulinum* se desenvolve em pH mínimo de 4,6. Assim, alimentos com pH inferior a 4,5 não necessitam de esterilização comercial, podendo ser pasteurizados. É o caso do palmito, produto que necessitaria de esterilização comercial, mas é conservado por associação de barreiras (pasteurização e acidificação) para a manutenção de sua integridade.

Em termos de conservação do produto, o uso de acidulantes é um método complementar, que deve ser associado a outros métodos de conservação, como a pasteurização ou a refrigeração, para garantir a estabilidade do alimento.

Ao serem adicionados em meio aquoso, os ácidos se dissociam. A presença de íons livres facilita a ocorrência das reações químicas. A forma ionizada do ácido é a que tem, portanto, ação inibidora sobre o crescimento de microrganismos. Quanto maior o grau de ionização, mais íons estarão presente em solução e, consequentemente, menor o pH do meio.

Os ácidos orgânicos são considerados ácidos fracos, pois possuem baixo grau de ionização, que é específico de cada ácido (relacionado com seus valores de pKa). Assim, a adição de diferentes acidulantes em mesma quantidade resulta em pH diferente do produto. Ainda, o pH final obtido com a adição da mesma concentração de ácido, porém em alimentos diferentes, é única, decorrente do efeito tampão de cada sistema. Assim, é importante conhecer tanto o grau de dissociação do acidulante empregado como a curva de acidificação característica do alimento. As curvas de titulação, que relacionam o pH atingido de acordo com a quantidade adicionada de determinado ácido, também podem auxiliar no processamento de alimentos para a definição da quantidade de determinado ácido que deve ser adicionada.

Sensorialmente, além de contribuir para maior gosto ácido, os acidulantes interferem na percepção do gosto doce, atenuando-o. Isso ocorre, por exemplo, em refrigerantes, nos quais, apesar das altas concentrações de açúcar na formulação, o gosto doce é sensorialmente suportado em razão da presença de acidulantes. Exemplo semelhante são as geleias e doces de frutas.

Em processamentos com temperatura elevada, o baixo pH decorrente do uso de acidulantes pode ocasionar modificação de componentes, como a inversão da sacarose e o rompimento de cadeias poliméricas de pectina e amido.[16] Nesses casos, deve-se averiguar qual o melhor momento para sua adição ao produto, como no caso de geleias e doces em massa, em que se recomenda a adição do acidulante ao final do processo de concentração. Nesses produtos, o acidulante, além de atuar como barreira complementar na conservação, auxilia na formação do gel, por aproximação das cadeias de pectina.

Também deve ser avaliada a solubilidade do ácido a ser adicionado. Os ácidos cítrico e tartárico, por exemplo, são geralmente comercializados em pó e devem ser solubilizados em água antes de serem adicionados ao alimento. Já o ácido lático, quando em solução, pode ser adicionado diretamente.[16]

Os reguladores de acidez são substâncias que alteram ou controlam a acidez ou alcalinidade dos alimentos. São exemplos os citratos, o acetato de potássio, o acetato de sódio e o lactato de cálcio, além de ácidos orgânicos.[15]

Os reguladores de acidez têm efeito tamponante, isto é, atenuam a alteração de pH, pelo equilíbrio químico do ácido fraco e de seu sal correspondente em solução. Evitando a alteração de pH, os reguladores de acidez facilitam a ação dos acidulantes e também evitam alterações nas propriedades dos alimentos em função do pH, como a solubilidade de alguns componentes e a retenção de água.

Conservantes

Os conservantes são compostos que impedem ou retardam a alteração dos alimentos provocada pelo desenvolvimento de microrganismos ou pela ação enzimática. Podem ser naturais ou sintéticos.

Os conservantes sintéticos devem ter sua segurança comprovada e a aprovação dos órgãos reguladores antes de serem aplicados em alimentos. Deve-se verificar a dosagem máxima permitida desses compostos.[15] Mesmo assim, antes de serem utilizados, devem-se analisar outros métodos de conservação possíveis. Os conservantes devem atuar como barreira complementar na conservação de alimentos, quando os métodos empregados não são suficientes para garantir a estabilidade do produto.

O uso de conservantes permite a extensão da vida útil dos produtos, é economicamente viável, dá maior segurança ao consumo de produtos sujeitos à oscilação de temperatura no transporte e armazenamento e possibilita a aplicação de tratamentos térmicos menos severos em produtos que podem ter sua qualidade comprometida por altas temperaturas.

Apesar de todas essas vantagens, devem-se buscar alternativas ao seu uso ou, ainda, a substituição dos conservantes sintéticos por conservantes naturais, já que o consumidor tem buscado cada vez mais produtos livres de conservantes por temer seus efeitos tóxicos e em decorrência de reações alérgicas.

Ácidos orgânicos e seus sais

Ácidos orgânicos, como o ácido propiônico, o ácido benzoico, o ácido sórbico e o ácido acético, são conservantes. Na indústria, seus respectivos sais, geralmente de sódio, potássio e cálcio, são mais utilizados, em razão da maior solubilidade.

Quando adicionados nos alimentos, têm efeito acidificante, desfavorecendo o crescimento microbiano. Além disso, ocorre dissociação parcial das moléculas de ácido, de acordo com o ácido e o pH do meio, aumentando a proporção de moléculas não dissociadas à medida que o pH diminui. Assim, o efeito inibitório sobre o crescimento dos microrganismos é proporcionado não só pela acidificação do meio, mas também pela fração não dissociada do ácido, que penetra mais facilmente pela membrana plasmática dos microrganismos. Dentro da célula, o pH é maior e a molécula então é dissociada, liberando íons que se acumulam dentro da célula, promovem a alteração na permeabilidade da membrana celular dos microrganismos, prejudicando a absorção de nutrientes por eles[17] ou até mesmo acarretando no rompimento da membrana celular, resultando em inativação celular.

O ácido acético é mais efetivo sobre as bactérias e leveduras. Já o diacetato de sódio é eficaz contra os bolores.[18] Os ácidos fórmico, acético e propiônico são utilizados em separado ou em solução mista como agentes de descontaminação de superfícies para a manipulação de alimentos.[19]

Em alimentos com pH próximo 7, mais suscetíveis ao crescimento de bolores, como produtos de panificação e confeitaria, em geral utiliza-se ácido propiônico e seus sais para prolongamento da vida útil desses produtos, que são frequentemente recontaminados após o forneamento, enquanto resfriam para serem embalados. O ácido propiônico não afeta o desenvolvimento das leveduras responsáveis pela fermentação.[16]

O ácido sórbico e seus sais derivados têm melhor atuação em pH baixo e inibem, principalmente, o crescimento de bolores, mas também, em menor intensidade, de leveduras e bactérias. Impede a multiplicação microbiana pela inativação de enzimas, atuando sobre as fases iniciais da germinação celular.[16,20]

O ácido sórbico e os sorbatos são utilizados na conservação de emulsões como maioneses e margarinas, além de produtos à base de frutas como sucos e frutas desidratadas.[21] Em produtos cárneos refrigerados à base de aves, impedem o crescimento de bactérias psicrotróficas.[22] Não devem ser empregados em produtos que sofrem processo de fermentação, pois podem inibir o crescimento dos microrganismos desejáveis.

O ácido benzoico e seus sais são ativos em pH menor que 4. Nessas condições, o pH baixo é suficiente para inibir o crescimento da maioria das bactérias e o ácido benzoico terá ação, sobretudo, contra leveduras e alguns tipos de bolores.[16] Podem ser utilizados em produtos à base de frutas, como alguns sucos e doces, devendo ser empregados com cautela, de acordo com a necessidade. O benzoato de sódio apresenta certa eficácia contra o desenvolvimento de *Listeria*.[23] Entretanto, o controle de qualidade da matéria-prima e o processamento térmico corretamente empregado nesses produtos dispensam a utilização desses conservantes.

Os parabenos (ésteres do ácido para-aminobenzoico) têm melhor solubilidade e são pouco sensíveis a alterações de pH, podendo ser utilizados em produtos com pH neutro.[16] São empregados principalmente na indústria farmacêutica e de cosméticos.

O ácido benzoico, os parabenos e seus sais podem apresentar certa toxicidade em doses elevadas, devendo ser empregados em dosagem baixa na formulação, ao redor de 0,1%, conforme recomendação da legislação.[15,16]

Outros ácidos orgânicos, como cítrico, ascórbico, tartárico e lático, também apresentam ação conservante, mas geralmente são adicionados aos produtos com outro objetivo principal (como acidulantes ou antioxidantes).

Nitritos e nitratos

Os nitritos e nitratos, também conhecidos como sais de cura, são empregados em produtos cárneos embutidos e/ou salgados com o objetivo de conservá-los e também de conferir-lhes características sensoriais desejáveis.

A mioglobina é o pigmento de cor vermelha púrpura do tecido muscular esquelético recém-cortado exposto ao oxigênio. É uma molécula proteica de arranjo globular que contém um átomo de ferro em seu centro, denominado grupo heme. Os nitritos, ou os nitratos que se reduzem a nitritos quando adicionados à carne, interagem com o grupo heme da mioglobina, formando a nitrosomioglobina, de cor vermelha brilhante. Quando o produto é submetido ao calor, a nitrosomioglobina é desnaturada e converte-se em nitroso hemocromo, que possui cor rósea estável, característica de produtos embutidos.[10]

Sensorialmente, os sais de cura também contribuem para a formação de aromas no cozimento que ajudam na caracterização do sabor de produtos cárneos.

Microbiologicamente, os sais de cura inibem o crescimento de *C. botulinum* na estocagem, impedindo a formação de suas toxinas. Os sais de cura são muito importantes na conservação desses produtos porque eles geralmente sofrem processamento térmico e depois são estocados por um tempo razoável sob refrigeração.[16] Além disso, muitos desses produtos, como mortadelas e presuntos, não passam por aquecimento para serem consumidos.

A embalagem a vácuo, que ajuda na conservação desses produtos, favorece o crescimento de microrganismos anaeróbicos. Em geral, são necessários, no mínimo, de 40 a 80 ppm de nitrito residual em produtos cárneos para a inibição da germinação de esporos.[10]

O nitrito também possui função antioxidante, pois imobiliza o ferro presente no interior da mioglobina, que é um catalisador da etapa de iniciação da rancificação oxidativa de ácidos graxos insaturados em carnes. Além disso, o óxido nítrico formado a partir dos nitritos atua como um antioxidante primário, impedindo que radicais livres de ácidos graxos insaturados formados na etapa de iniciação continuem o processo oxidativo nas etapas de propagação e terminação.[10]

Deve-se atentar para a quantidade de sais de cura empregados na formulação, de acordo com a legislação vigente. O teor de nitrito residual, que não reagiu com a mioglobina, deve ser baixo para garantir a segurança no consumo do produto. Em condições de alta temperatura ou baixo pH, pode haver reação entre óxido nítrico (formado a partir dos sais de cura) e aminas secundárias ou terciárias (presentes nos aminoácidos que compõem a proteína da carne), formando nitrosaminas: uma classe de compostos com potencial carcinogênico.

Sulfitos

Os agentes sulfitantes incluem o dióxido de enxofre e seus sais (sulfito de sódio, bissulfito de sódio e metabissulfito de sódio). Os sais em contato com a água liberam dióxido de enxofre, que tem efeito bactericida e também é nocivo para bolores e algumas leveduras, especialmente em alimentos de pH inferior a 3, quando a liberação de dióxido de enxofre é favorecida.[24,25]

São empregados no processamento de vinhos e de cerveja para controlar a fermentação, selecionando as leveduras desejadas. Também são utilizados na conservação de vegetais minimamente processados e cogumelos para evitar o escurecimento enzimático[16,26] e na conservação de bebidas gaseificadas com frutas.[27] Em produtos cárneos, atuam como agente antibotulínico.

Os sulfitos impedem o desenvolvimento microbiano, principalmente porque interagem com as enzimas microbianas e porque podem romper a membrana citoplasmática, podem inativar a replicação do DNA e a síntese proteica.[28] Além disso, o alto poder redutor dos sulfitos causa diminuição dos níveis de oxigênio, inviabilizando o crescimento de microrganismos aeróbicos.[29]

Também em razão de seu poder redutor, os sulfitos evitam o escurecimento enzimático. Podem complexar os produtos da reação enzimática da polifenoloxidase (p. ex., as quinonas) transformando-os em compostos mais claros (p. ex., os difenóis), além de inativar a polifenoloxidase.[30,31]

A ingestão de sulfitos pode acarretar efeitos adversos à saúde, como urticárias, irritação gástrica, diarreia e crise asmática em indivíduos sensíveis.[26,28,32] Indivíduos com deficiência da enzima sulfito-oxidase podem ser sensíveis à ingestão e à inalação de sulfitos. Além disso, os sulfitos reduzem a biodisponibilidade de vitaminas do complexo B, como tiamina e ácido fólico.[24,25]

Peróxido de hidrogênio e ácido peracético

O peróxido de hidrogênio e o ácido peracético podem ser utilizados como agentes sanitizantes na desinfecção de superfícies de trabalho e equipamentos que entrarão em contato com o alimento, além da desinfecção de embalagens destinadas ao acondicionamento asséptico.[16]

O peróxido de hidrogênio possui ação bactericida, especialmente sobre bactérias anaeróbicas desprovidas de catalase, enzima que decompõe o peróxido de hidrogênio em oxigênio e água.[16] Seu mecanismo de ação está provavelmente relacionado à oxidação de grupos sulfidrílicos das proteínas microbianas.[33] O ácido peracético atua de maneira semelhante, apresentando atividade antimicrobiana em amplo espectro, incluindo bactérias em forma vegetativa e esporulada, leveduras e fungos, especialmente em meio ácido.

Embora não seja permitido pela Agência Nacional de Vigilância Sanitária, o peróxido de hidrogênio tem ação conservante sobre o leite cru, quando aplicado em concentrações de 0,04 a 0,05% por 24 horas. No Brasil, o uso do peróxido de hidrogênio é limitado à desinfecção de superfícies e embalagens e a prática de sua adição no leite ou em outros produtos é considerada adulteração.[34]

Dióxido e carbono e os bicarbonatos

O dióxido de carbono inibe o crescimento microbiano, especialmente bolores. Ele se dissolve na água do produto, formando ácido carbônico e incorporando-se ao produto. Seu efeito inibidor é maior em baixas temperaturas, nas quais é possível sua melhor dissolução. A menor quantidade de oxigênio disponível limita a respiração dos microrganismos aeróbicos e, consequentemente, seu crescimento. Não apresenta efeitos nocivos à saúde humana.[16]

Antioxidantes e sequestrantes

Os antioxidantes são compostos que retardam o aparecimento de alterações oxidativas no alimento.[15] São auxiliares, portanto, na conservação do alimento. Eles podem ser naturais ou sintéticos.

A oxidação é um dos fatores mais importantes de deterioração dos alimentos depois do crescimento microbiano. No alimento sujeito à deterioração, os lipídios liberam radicais livres que se estabilizam sob a forma de compostos de baixo peso molecular que podem alterar o odor e o sabor do alimento. Vitaminas e pigmentos também se oxidam em razão de sua natureza lipídica, acarretando perdas nutricionais e alterações de cor.

A oxidação é classificada em dois tipos: rancificação hidrolítica e rancificação oxidativa.

A rancificação hidrolítica é a hidrólise dos glicerídeos, liberando ácidos graxos livres. É um processo comum em grãos e seus respectivos óleos e gorduras, catalisado pelas lipases, enzimas naturalmente presentes.

A rancificação oxidativa ou auto-oxidação é a degradação de óleos e gorduras que contêm ácidos graxos insaturados e fosfolipídios. Consiste em três etapas (iniciação, propagação e terminação), nas quais os radicais livres formados do rompimento das insaturações dos lipídios são convertidos em produtos voláteis da hidrólise, como cetonas, aldeídos, álcoois e ácidos que podem alterar o odor e o sabor dos alimentos, além de produtos de polimerização que podem causar escurecimento.[10]

Os antioxidantes devem ser eficazes em baixas concentrações, não devem ocasionar alterações sensoriais indesejáveis no alimento ou apresentar toxicidade e devem ser estáveis ao armazenamento.[35]

Os antioxidantes podem agir de diferentes formas. A mais comum é a doação de hidrogênios aos radicais livres formados no início do processo de oxidação, impedindo a propagação da reação de oxidação em cadeia. Alguns antioxidantes podem doar hidrogênio a um antioxidante primário, regenerando-o para que este aja novamente. Também podem remover o oxigênio do meio ou formar complexos com metais catalisadores da oxidação, sendo, nesse caso, chamados de sequestrantes.[15]

Os tocoferóis, precursores da vitamina E, são antioxidantes naturais comumente adicionados a óleos vegetais para retardar o processo de oxidação, aumentando a vida de prateleira desses produtos.

O ácido ascórbico e o ácido cítrico são empregados em bebidas e produtos à base de vegetais atuando como quelantes, isto é, auxiliando outro antioxidante principal, regenerando-o.

Antioxidantes fenólicos como o BHT (butil-hidroxitolueno), o BHA (butil-hidroxianisol) e o TBHQ (tributil-hidroquinona) são sintéticos e bloqueiam a propagação em cadeia da reação de oxidação. Também podem atuar como sequestrantes de metais e podem apresentar efeito antimicrobiano sobre bactérias, fungos e vírus. Contudo, seu efeito inibidor deve ser associado em combinação com outros conservantes, como o ácido sórbico, já que sozinhos necessitariam ser aplicados em quantidades maiores que as recomendadas.[16]

Agentes de textura

Esses aditivos são adicionados aos alimentos principalmente para a obtenção de características desejáveis de textura. São eles: os espessantes, os geleificantes, os emulsionantes ou emulsificantes, os estabilizantes e os agentes de firmeza.

Eles também auxiliam na conservação do alimento, pois evitam a desestabilização das fases que o compõem. Um alimento que apresenta quebra de uma emulsão, por exemplo, apesar de estar microbiologicamente seguro para consumo, é rejeitado pelo consumidor em virtude da separação de fases que apresenta.

Os espessantes são aditivos que aumentam a consistência do alimento, ao passo que os gelificantes conferem textura por meio da formação de um gel. Os emulsificantes possibilitam a formação e/ou a manutenção de uma mistura uniforme de duas ou mais fases imiscíveis no alimento e os estabilizantes possibilitam a manutenção dessa mistura. Os agentes de firmeza tornam ou mantêm os tecidos de frutas ou hortaliças firmes ou crocantes, ou ainda interagem com agentes gelificantes para produzir ou fortalecer um gel.[15]

São exemplos desses aditivos: o emulsificante lecitina, os agentes de firmeza citrato de cálcio e cloreto de cálcio e o estabilizante carboximetilcelulose.

Alguns desses aditivos podem ser classificados em duas ou mais categorias desse grupo. É o caso da pectina, da gelatina, dos alginatos e da carragena, por exemplo, que podem ser considerados espessantes, estabilizantes, gelificantes e emulsificantes. Já a goma xantana e a goma guar são consideradas espessantes, estabilizantes e emulsificantes.

A seleção de um ou mais aditivos dessa categoria, bem como a quantidade a ser empregada na formulação, dependerá das características de textura desejáveis no alimento e da composição do alimento em questão. O teor de açúcar, o teor de lipídios e o pH são características que devem ser levadas em consideração para performance adequada do aditivo selecionado.

Antiumectantes e umectantes

Os antiumectantes são aditivos que reduzem a higroscopicidade do alimento, diminuindo a tendência de adesão das partículas umas às outras.[15] São exemplos a celulose, o dióxido de silício e o carbonato de cálcio. Sua utilização é comum em produtos desidratados como pós para o preparo de sopas e molhos, pós para o preparo de bolos e refrescos em pó.

Os umectantes protegem o alimento da perda de umidade em ambiente de baixa umidade ou facilitam a dissolução de um alimento seco em meio aquoso.[15] São exemplos o sorbitol, o manitol e o glicerol, comumente empregados em produtos de panificação e confeitaria.

Esses aditivos são, portanto, empregados principalmente para conferir determinada característica sensorial, porém estão relacionados à conservação, já que, sem eles, o produto pode apresentar-se descaracterizado. Além disso, os antiumectantes evitam o aumento de umidade do produto, que, dependendo do caso, pode favorecer o desenvolvimento de microrganismos.

Outros aditivos

Neste tópico, estão incluídos os aditivos adicionados aos alimentos com o objetivo de conferir-lhes exclusivamente determinadas características sensoriais, alterando positivamente a aparência, o odor, o sabor e/ou a textura dos produtos.

Os corantes conferem, intensificam ou restauram a cor de um alimento.[15] São exemplos a clorofila, o caramelo, o dióxido de titânio e a betanina, entre outros.[34]

Os glaceantes conferem aparência brilhante ou um revestimento protetor na superfície dos alimentos.[15] São exemplos as ceras de abelha e de candelila, e a goma laca, que podem ser utilizadas para o tratamento superficial dos alimentos, o isomalte e a carboximetilcelulose sódica, obtida por hidrólise enzimática, que podem ser adicionados aos alimentos.[34]

Os estabilizantes de cor estabilizam, mantêm ou intensificam a cor de um alimento.[15] São exemplos o carbonato e bicarbonato de magnésio, o cloreto de magnésio, o sulfato de sódio, a polivinilpirrolidona insolúvel e o hidróxido de magnésio.[34]

Os aromatizantes conferem e/ou reforçam o aroma e o sabor dos alimentos. Há três categorias de aromas, que devem estar discriminadas no rótulo do produto.[15] Os aromas naturais são extraídos de fonte natural, como o aroma de natural de laranja, extraído da própria fruta. Os aromas idênticos aos naturais são sintéticos, mas têm composição semelhante à do aroma natural correspondente, como aroma idêntico ao natural de limão, por exemplo. Os aromas artificiais são sintéticos e têm constituição diferente do aroma natural correspondente, por exemplo, o aroma artificial de baunilha.

Os edulcorantes conferem sabor doce ao alimento sem contribuir significativamente para o valor energético como os açúcares.[15] São exemplos o sorbitol, o manitol, o isomalte, o lactitol, o xilitol e o ciclamato de sódio.[34]

Os realçadores de sabor realçam o sabor/aroma de um alimento.[15] São exemplos os glutamatos e os guanilatos.[34] Eles interagem com as papilas gustativas, propiciando a percepção do gosto umami.

Os espumantes possibilitam a formação ou a manutenção de uma dispersão uniforme de uma fase gasosa em um alimento líquido ou sólido.[15] São exemplos a goma xantana e a metiletilcelulose.[34]

Já os antiespumantes previnem ou reduzem a formação de espuma no alimento.[15] São exemplos o alginato de cálcio e os mono e diglicerídeos de ácidos graxos.[34] O dimetilsilicone e o dimetilpolisiloxano são silicones cujo emprego é permitido em óleos e gorduras para evitar a formação de espuma, indesejável no processo de fritura.

Os agentes de massa proporcionam aumento de volume e/ou da massa dos alimentos, sem contribuir significativamente para seu valor energético.[15] São exemplos o manitol, o sorbitol, o glicerol, a etilcelulose, o isomalte, as polidextroses e o lactato de sódio.[34]

Os melhoradores de farinha melhoram a qualidade tecnológica de farinhas.[15] São exemplos as amilases, o ácido ascórbico, o cloreto de amônio, o lactato de magnésio e o lactato de cálcio.[34] As amilases favorecem o crescimento da levedura na fermentação de pães porque hidrolisam parcialmente o amido, liberando moléculas de glicose que podem ser utilizadas pelas leveduras para a obtenção de energia. O ácido ascórbico oxida grupos sulfurados das proteínas da farinha, formando ponte dissulfeto e aumentando a estabilidade do glúten.

Os fermentos químicos são substâncias ou misturas de substâncias que liberam gás e aumentam o volume da massa.[15] São exemplos os carbonatos, os bicarbonatos e o ácido glucônico, usados na elaboração de bolos e produtos de confeitaria.[34]

Conclusões

O emprego dos métodos abordados neste capítulo é importante tanto para a conservação dos alimentos como para a obtenção de produtos com características sensoriais particulares, que não podem ser obtidas com o uso de outros métodos de conservação. É o caso do emprego da fermentação, da defumação e também do uso de alguns aditivos, como aplicação de nitritos que, além de conservar, conferem cor rósea característica em produtos cárneos, por exemplo.

Na fermentação e na defumação as condições de processamento, bem como as culturas utilizadas, devem ser bem controladas no caso da fermentação, garantindo padronização do produto final.

Já o emprego de aditivos deve ser tecnologicamente estudado, avaliando-se outras alternativas de conservação e os possíveis efeitos adversos que esses aditivos podem causar no produto e na saúde dos consumidores.

REFERÊNCIAS

1. Fellows P. Tecnologia do processamento de alimentos: princípios e práticas. Porto Alegre: Artmed; 2006. 602p.
2. Pereira NE, Cardoso MG, Azevedo SM, Morais AR, Fernandes W, Aguiar PM. Compostos secundários em cachaças produzidas no estado de Minas Gerais. Cienc Agrotec. 2003;27(5):1068-75.
3. Lima UA. Biotecnologia industrial: processos fermentativos e enzimáticos. Volume 3. São Paulo: Blücher; 2001. p.1-40.
4. Mogensen G. Replacing chemical additives through biotechnology. In: Turner A, ed. Food technology international Europe. Londres: Sterling Publications International; 1991. p.165-8.
5. Camargo R. Tecnologia dos produtos agropecuários. 4. ed. São Paulo: Nobel; 1984.
6. Alcântara SR, Swarnakar R. Influência de variáveis do processo de fermentação acética continua sobre o rendimento. IX Encontro Latino Americano de Iniciação Científica e V Encontro Latino Americano de Pós-Graduação – Universidade do Vale do Paraíba. p.260.
7. Beaman RG. Vinegar fermentation. In: Peppler HJ, ed. Microbial technology. Nova York: Reinhold; 1967. p.344-59.
8. Carr JG. Tea, coffee and cocoa. In: Wood BJB, ed. Microbiology of fermented foods. Volume 2. Londres: Blackie Academic and Professional; 1985. p.133-54.
9. Pederson CS. Microbiology of food fermentations. Westport, Connecticut: AVI; 1971. p.153-72.
10. Aberle ED, Forrest JC, Gerrard DE, Mills EW. Principles of meat science. 5. ed. Dubuque: Kendall Hunt; 2012. 395p.
11. Miler KBM, Sikorski ZE. Ahumado. In: Sikorski ZE, ed. Tecnología de los productos del mar: recursos, composición nutritiva y conservación. Zaragoza: Editorial Acribia; 1994. p.221-45.
12. Souza MLR, Baccarin AE, Viegas EMM, Kronka SN. Defumação da tilápia do Nilo (Oreochromis niloticus) inteira eviscerada e filé: aspectos referentes às características organolépticas, composição centesimal e perdas ocorridas no processamento. R Bras Zootec. 2004;33(1):27-36.

13. Sigurgisladottir S, Sigurgisladottir MS, Torrissen O. Effects of different salting and smoking processes on the microstructure, the texture and yield of Atlantic salmon (Salmo solar) fillets. Food Res Int. 2000;33:847-55.
14. Ogawa M, Maia EL. Manual de pesca. São Paulo: Livraria Varela; 1999.
15. Brasil. Ministério da Saúde. Secretaria de Vigilância Sanitária. Portaria n. 540, de 27 de outubro de 1997. Aprova o Regulamento Técnico: Aditivos Alimentares – definições, classificação e emprego. Brasília: Diário Oficial da União; 1997. 7p.
16. Multon JL. Aditivos y auxiliares de fabricación em las industrias agroalimentarias. 2. ed. Zaragoza: Editorial Acribia; 2000. 806p.
17. Eklund T. Inhibition of microbial growth at different pH levels by benzoic and propionic acids and esters of p-hydroxybenzoic acid. Int J Food Microbiol. 1985;159-67.
18. Glabe EF, Maryanski JK. Sodium diacetate: an effective mold inhibitor. Cereal Foods World. 1981;6:285-9.
19. Quartey-Papafio EA, Mars-Hall RT, Anderson ME. Shotchain fatty acids as sanitized for beef. J Food Protect. 1980;168-71.
20. Sofo JN, Pierson MD, Blocher JC, Busta FF. Mode of action of sorbic acid on bacterial cells and spores. Int J Food Microbiol. 1986;1-17.
21. Liewen MB, Marth EH. Growth and inhibition of microorganisms in the presence of sorbic acid: a review. J Food Protect. 1985:363-75.
22. Robach MC. Use of preservatives to control microorganisms in food. Food Technol. 1980;81-4.
23. Shenawy MA, Marth EH. Sodium benzoate inhibits growth of or inactivates Listeria monocytogenes. J Food Protect. 1988;525-30.
24. Pizzoferrato L, Di Lullo G, Quattrucci E. Determination of free, bound and total sulphites in foods by indirect photometry-HPLC. Food Chem. 1998;63(2):275-79.
25. Machado RM, Toledo MC. Sulfitos em alimentos. Braz J Food Technol. 2006;9(4):265-75.
26. Taylor SL, Higley NA, Bush RK. Sulfites in foods: uses, analytical methods, residues, fate, exposure, assessment, metabolism, toxicity, and hypersensitivity. Adv Food Res. 1986;30:1-76.
27. Galvão JF. Sulfitos em bebidas refrigerantes. Boletim do Centro de Pesquisa de Processamento de Alimentos.1991;9(1):24-9.
28. Lück E, Jager M. Conservación química de los alimentos, características, usos, efectos. 2. ed. Zaragoza: Editorial Acribia; 1995.
29. Góes LM. Uso do metabissulfito de sódio na pós-colheita do camarão marinho Litopenaeus vannamei [Dissertação de Mestrado]. Recife: Universidade Federal Rural de Pernambuco; 2005.
30. Oliveira TM, Soares NF, Paula CD, Viana GA. Uso de embalagem ativa na inibição do escurecimento enzimático de maçãs. Semina: Ciências Agrárias. 2008;29(1):117-28.
31. Queiroz YS, Bastos DH, Sampaio GR, Soares RA, Ishimoto EY, Torres EA. Influência dos aditivos alimentares na atividade antioxidante in vitro de produtos de alho. Aliment Nutr. 2006;17(3):287-93.
32. Yang WH, Purchase ECR. Adverse reactions to sulfites. Can Med Assoc J. 1985;133(1):865-7.
33. Borges MF, Brandão SCC, Pinheiro AJ. Efeito bactericida do peróxido de hidrogênio sobre spp. em leite destinado à fabricação de queijos. Rev Microbiol. 1989;20(2):145-9.
34. Brasil. Agência Nacional de Vigilância Sanitária. Informe Técnico n. 34, de 31 de outubro de 2007. Dispõe sobre aditivos alimentares autorizados para uso segundo as Boas Práticas de Fabricação. Diário Oficial da União. Brasília; 2010. 27p.
35. Ramalho VC, Jorge N. Antioxidantes utilizados em óleos, gorduras e alimentos gordurosos. Quim Nova. 2006;29(4):755-60.

CAPÍTULO 11

Processamento de alimentos por métodos não convencionais

- Pedro Esteves Duarte Augusto
- Alline Artigiani Lima Tribst
- Marcelo Cristianini

CONTEÚDO

Introdução

As tecnologias convencionais de processamento de alimentos estão bastante consolidadas e foram muito estudadas visando à redução de custo e à otimização de processos, objetivando-se a garantia de produtos seguros e com mínimos danos sensoriais e nutricionais. Entretanto, para alimentos termossensíveis, como produtos à base de frutas, ovos e lácteos, essas melhorias de processos não são suficientes para garantir que o produto após o processamento seja similar ao mesmo em sua forma *in natura*.

Por outro lado, o consumidor atual, cada vez mais exigente e consciente, busca encontrar nos alimentos ofertados no mercado produtos que sejam de preparo simples e rápido e que, ao mesmo tempo, sejam saudáveis e bastante similares aos alimentos não processados. Dessa maneira, os consumidores tendem a rejeitar alimentos adicionados de conservadores ou aqueles que apresentam suas características excessivamente modificadas pós-processamento.

O desenvolvimento de novas tecnologias de processamento de alimentos, chamadas de tecnologias não convencionais ou emergentes, vem ao encontro dessas demandas do mercado de consumo. As tecnologias não convencionais podem ser separadas em dois grandes grupos: as de efeito térmico (aquecimento ôhmico e por micro-ondas, que apresentam a vantagem de baixo tempo para aquecimento dos produtos) e as tecnologias não térmicas. Entre as tecnologias não convencionais e não térmicas, a utilização de irradiação, radiação UV e antimicrobianos já está consolidada para alguns produtos, ao passo que a utilização de alta pressão hidrostática (ou isostática) é a tecnologia que mais se destaca e apresenta aumento crescente de aplicações industriais. Além dessas, outras tecnologias não térmicas e não convencionais com potencial aplicação para a obtenção de alimentos estáveis, seguros e saudáveis são o ultrassom, a homogeneização a alta pressão, a aplicação de campo elétrico pulsante, de ozônio e de plasma. Mais detalhes sobre os processos não convencionais de alimentos podem ser encontrados nos trabalhos previamente publicados,[1-6] entre outros.

O presente capítulo descreve as principais tecnologias não convencionais para a conservação de alimentos.

Antimicrobianos

Antimicrobianos são substâncias que promovem injúria ou inativação de micro-organismos ou limitam seu crescimento. Alguns antimicrobianos de origem química, como ácidos orgânicos e seus sais, são utilizados há muitos anos para conservação de alimentos, sendo aditivos classificados como conservantes. Muitos desses conservantes, porém, apresentam algum nível de toxicidade quando ingeridos em grandes quantidades. Os órgãos regulamentadores (no caso do Brasil, a Agência Nacional de Vigilância Sanitária – Anvisa) estabelecem limites de adição desses conservantes químicos em alimentos visando à garantia de que os volumes ingeridos não apresentarão efeitos toxicológicos. Apesar disso, os consumidores, que cada vez mais têm acesso a informações sobre alimentos, tendem a rejeitar produtos adicionados de conservantes químicos por interpretarem que eles não são seguros para a saúde – embora o sejam quando utilizados adequadamente.

Uma das alternativas para a garantia da segurança e qualidade microbiológica dos alimentos que atende à demanda dos consumidores é a substituição dos conservantes tradicionais por antimicrobianos naturais. Esses antimicrobianos podem ser classificados como substâncias produzidas por seres vivos que apresentam ação microbicida (capaz de inativar micro-organismos) ou microbiostática (capaz de limitar o crescimento microbiano quando presente no meio). Eles são normalmente extraídos de plantas (extratos de ervas, sementes e pimentas), produtos de origem animal (lisozima, lactoferrina, sistema lactoperoxidase, ovotransferase, quitosana) ou obtidos por fermentação utilizando-se bactérias ácido-láticas (nisina, natamicina, pediocina, sakacina), sendo nesse caso chamados de bioprotetores.[3,4,7]

São substâncias normalmente estabelecidas como GRAS (*generally recognized as safe* – geralmente reconhecidas como seguras) pelo FDA (Food and Drug Administration), órgão que regulamenta aditivos para alimentos nos Estados Unidos. A aplicação dessas substâncias em alimentos é sujeita à aprovação pelos órgãos regulamentadores de cada país, que estabelecem concentrações de uso e possíveis produtos nos quais podem ser adicionados. No Brasil, a Anvisa já regulamentou a aplicação de nisina, natamicina e lisozima como aditivo com a função de conservador em determinados alimentos.

Uma nova tendência de uso de antimicrobianos é sua aplicação em embalagens de alimentos, por meio de técnicas de imobilização e impregnação. Essas embalagens inteligentes adicionadas de antimicrobianos aumentam a vida de prateleira dos alimentos por estabilizar o antimicrobiano (uma vez que alguns antimicrobianos podem ser instáveis principalmente ao pH dos alimentos), permitir uma difusividade controlada ao longo do tempo para o alimento e, principalmente, por ter uma ação maior na superfície do alimento, no qual normalmente se encontram os maiores níveis de contaminação.

A disponibilidade de antimicrobianos na natureza é muito grande, considerando-se os sistemas de defesa dos diversos seres vivos. Alguns desses antimicrobianos, entretanto, receberam destaque em pesquisas e desenvolvimento de aplicações comerciais. A seguir, serão apresentados mais detalhadamente os mecanismos de ação, aplicações e limitações dessas substâncias.

Antimicrobianos extraídos de plantas

Em sua condição natural, as plantas estão expostas ao ataque de pragas. Para se proteger, elas produzem substâncias com atividade antimicrobiana que são estocadas na forma de precursores não ativos ou pouco ativos e convertidas via ação enzimática para a forma ativa após o ataque externo com dano ao tecido.

A atividade antimicrobiana já foi constatada em diferentes partes de tecidos vegetais, mas os estudos se concentram principalmente em óleos resinas e óleos essenciais extraídos de temperos e ervas. Para esses óleos, o efeito antimicrobiano é atribuído principalmente à presença de compostos fenólicos, terpenos e aldeídos. O modo de ação desses compostos não é plenamente elucidado e a teoria mais aceita é a de que os terpenos e fenóis interferem na estabilidade da membrana citoplasmática dos microrganismos, alterando a permeabilidade seletiva e podendo chegar à ruptura celular. É também sugerido que essas moléculas sejam capazes de provocar desnaturação ou inibição de enzimas essenciais para a sobrevida de micro-organismos.[4,7] A Tabela 11.1 mostra um compilado de dados obtidos a partir de diferentes fontes de antimicrobianos vegetais, contando com seus componentes ativos e uma lista de microrganismos sobre os quais apresentam ação antimicrobiana.

Tabela 11.1. **Ação antimicrobiana de óleos essenciais extraídos de vegetais**

Fonte do óleo essencial	Princípio ativo	Inibição
Pimenta	Eugenol, metilester cineol	Bactérias e bolores
Manjericão	D-linalool, metil chavicol, eugenol	Bolores, leveduras e bactérias
Pimenta-do-reino	Monoterpenos, sesquiterpens	Bactérias e bolores
Louro	Cineol, L-linalol, eugenol, geraniol	Bolores, leveduras e bactérias
Canela	Aldeído cinâmico, L-linalol	Bolores
Cravo	Eugenol, cariofileno	Bolores
Coentro	D-linalool, D-alfapireno	Bolores, leveduras e bactérias
Orégano	Timol, carvacrol, alfapireno	Bolores, leveduras e bactérias
Alho	Dialil dissulfeto, sulfito dietil	Bolores
Cebola	D-n-propil dissulfito	Bolores
Alecrim	Borneol, cineol, cânfora	Fungos, leveduras e bactérias
Baunilha	Vanilina, P-hidroxibenzoico	Fungos, leveduras e bactérias
Sálvia	Tujone, cineol, borneol, timol	Fungos, leveduras e bactérias
Salsa	Alfapireno, fenoleterapinol	Fungos, leveduras e bactérias
Tomilho	Timol, carvacrol, L-linalol, geraniol	Fungos, leveduras e bactérias

Os ensaios realizados em laboratórios com esses óleos essenciais mostraram que eles podem ser efetivos contra diversos microrganismos. A avaliação prática dos dados, entretanto, indica duas desvantagens importantes na aplicação dessas substâncias. A primeira delas está relacionada ao fato de que ervas produzidas em diferentes localidades não apresentam repetitividade de inativação microbiana quando comparadas, indicando que componentes do solo, clima e tipos de pragas do ambiente provavelmente alteram a composição dos óleos e seu potencial antimicrobiano.

A segunda, e mais importante desvantagem, é que a avaliação da atividade antimicrobiana dessas substâncias, quando adicionadas em alimentos complexos, não é satisfatória. Esse efeito indesejável é atribuído à interação das substâncias com demais componentes dos alimentos e ao baixo contato entre microrganismos (normalmente encontrados na fase aquosa dos alimentos) e os óleos essenciais.

A consequência prática dessas duas desvantagens na aplicação dos antimicrobianos extraídos de plantas é o aumento real de suas concentrações de uso, o que implica alterações de cor, aroma e sabor dos alimentos, tornando-os muitas vezes sensorialmente inaceitáveis. Uma alternativa para a solução desse problema é a utilização dos extratos de plantas como uma barreira adicional ao desenvolvimento microbiológico (capaz de estender a fase lag de microrganismos ou promover um ou dois ciclos de reduções decimais), mas não como único método de conservação do alimento.

Quitina/quitosana

A quitina é um polímero formado por unidades de N-acetil-D-glicosamina, encontrada abundantemente nos exoesqueletos de invertebrados. A quitosana é uma forma deacetilada da quitina (60-95% de deacetilação), obtida pelo tratamento da molécula com álcalis fortes.

A quitosana é efetiva na inativação de bactérias Gram-positivas e negativas e de fungos filamentosos. Alguns estudos também demonstraram que o polímero altamente hidrolisado é capaz de diminuir a resistência de esporos bacterianos, apesar de não o inativar. Em meios de cultura, baixas concentrações de quitosana (até 0,01%) foram efetivas na inativação de microrganismos. Por outro lado, em alimentos reais, a efetividade do antimicrobiano foi atingida apenas com concentrações 50 a 100 vezes maiores, em virtude da interação do antimicrobiano com a matriz do alimento e também pela redução do contato do microrganismo com o antimicrobiano.

O mecanismo de ação da quitosana não é completamente elucidado, mas está relacionado com a interação de cargas entre a quitosana (que é positiva abaixo do pKa da molécula) e a parede celular dos microrganismos, que é predominantemente aniônica. A interação entre a quitosana e o microrganismo resulta em perda da permeabilidade seletiva do microrganismo, permitindo o extravasamento de material intracelular. A quitosana também sequestra íons metálicos presentes no meio, o que impede a ocorrência de reações enzimáticas vitais para as células. Adicionalmente, as quitosanas pouco hidrolisadas formam um envelope em torno das células microbianas, impossibilitando a eliminação de substâncias tóxicas e o recebimento de nutrientes.

Considerando-se os mecanismos de ação da quitosana, é observado que o tamanho da molécula e seu nível de deacetilação, o pH do meio e a presença de sais são parâmetros importantes para a atividade antimicrobiana. Além disso, o antimicrobiano é mais efetivo em alimentos não proteicos, o que pode ser atribuído ao fato das proteínas serem moléculas altamente carregadas. Assim, a quitosana é uma boa opção para a conservação de produtos de frutas e vegetais e alguns frutos do mar, especialmente quando estes contêm baixo conteúdo de sal. Mais informações sobre quitosana como antimicrobiano pode ser obtidas em outros trabalhos publicados.[4,8]

Lisozima

A lisozima é uma enzima predominantemente encontrada em fluidos animais (sangue, leite, lágrimas) com função antimicrobiana. A clara de ovos é a maior fonte de extração de lisozima para fins comerciais e a enzima extraída dessa fonte tem pH de estabilidade entre 3 e 7 e é estável a temperaturas até 50°C.

A lisozima, por seu mecanismo enzimático de muramidase, catalisa a hidrólise de ligações glicosídicas do tipo beta (1-4) do peptidoglicano, que é o maior constituinte da parede celular de microrganismos Gram-positivos. Assim, a enzima promove lise celular e extravasamento de material citoplasmático, resultando em inativação microbiana. Para microrganismos Gram-negativos, a enzima é ativa quando associada com EDTA, uma vez que este desestabiliza a membrana externa de lipopolissacarídeos presente nesses microrganismos e assim permite a ação da lisozima na camada mais interna de peptidoglicano. Nenhuma ação da lisozima é observada contra bolores, leveduras ou esporos.

A efetividade da enzima é função do pH e temperatura de ação e também do tipo de microrganismo, sendo dependente da pureza e do número de camadas de peptidoglicano existente na parede celular. Alguns estudos demonstraram que a lisozima permanece com efeito antimicrobiano mesmo quando o mecanismo de muramidase é inativado (enzima desnaturada), indicando existir outro mecanismo de ação não enzimático, o qual é mais ativo em bactérias Gram-negativas que Gram-positivas.

A lisozima tem aplicação comercial bem estabelecida no mundo, sendo adicionada para conservação de queijos, frutas, vegetais e vinhos, com principal foco na prevenção de estufamento tardio de queijos duros pelo crescimento de *Clostridium butyricum* e *Clostridium tyrobutyricum*. Mais informações sobre lisozima podem ser obtidas em trabalhos anteriormente publicados.[4,7,9]

Nisina

A nisina é uma bacteriocina produzida por alguns tipos de *Lactococcus lactis* subespécie *lactis* por fermentação. Ela é um polipeptídeo que contém 34 aminoácidos, peso molecular de 3,4 kDa e é altamente estável, o que a destaca como um antimicrobiano que pode ser aplicado em alimentos termicamente processados, permanecendo ativa após o processo.

O mecanismo de ação da nisina em células vegetativas Gram-positivas é relacionado com as interações do polipeptídio com a parede celular dos microrganismos, uma vez que a nisina consegue penetrar na extensão da parede celular formando poros nos quais ocorre o extravasamento de material citoplasmático, como aminoácidos, íons e ATP, deixando o microrganismo sem energia para realizar reações de síntese. Além desse mecanismo, a nisina é um dos poucos antimicrobianos efetivos para inativação de esporos, uma vez que alguns grupos reativos do polipetídeo reagem com grupos sulfidrilas vitais presentes na membrana do esporo recém-germinado, impossibilitando o subsequente desenvolvimento celular. Em geral, a concentração de nisina necessária para a inativação de esporos é inferior à requerida para inativação das células vegetativas.

A nisina também pode ser ativa contra microrganismos Gram-negativos, desde que utilizadas em associação com um agente quelante, como o EDTA, que tem o papel de desestabilizar a membrana externa de lipopolissacarídeos característica desse tipo de microrganismo. Por outro lado, a nisina não apresenta ação sobre bolores e leveduras.

Essa bacteriocina possui aplicação comercial bem estabelecida no mundo, sendo adicionada para conservação de queijos e outros produtos lácteos, alimentos enlatados, vegetais e vinhos, com principal foco na prevenção de estufamento tardio em queijos. Mais informações sobre a nisina podem ser obtidas em outros trabalhos publicados.[4,7,9]

Natamicina

A natamicina é uma bacteriocina produzida por *Streptomyces natalensis* pela fermentação. Ela é uma substância estável, sendo afetada apenas por pH extremos e em presença de luz, cloro, antioxidantes e metais pesados.

A natamicina tem a habilidade de complexar com esteróis, especialmente com o ergoesterol, que é um constituinte importante da membrana celular de bolores. A ligação irreversível de natamincina com o ergoesterol quebra a membrana celular, aumentando sua permeabilidade com consequente morte celular. Como o ergoesterol é um constituinte presente apenas na parede celular de bolores, a natamicina apresenta ação apenas contra esse tipo de microrganismo.

A principal aplicação da natamicina é a prevenção de crescimento de bolores superficiais em queijos e produtos cárneos curados. A Anvisa permite a aplicação de 0,02 g de natamicina em 100 cm^2 de queijo, e o produto deve ser aplicado na casca e não pode haver migração para o centro do queijo e de 0,01 g por dm^2 de produtos cárneos, devendo estar ausente a 5 mm de profundidade do produto. Características como a baixa solubilidade da molécula e sua inatividade sobre bactérias permitem que a bacteriocina seja aplicada inclusive antes do processo de cura, de modo a prevenir a contaminação da superfície dos alimentos sem afetar o processo. Mais detalhamentos sobre natamicina podem ser encontrados em trabalho previamente publicado.[9]

Alta pressão isostática

O processo de alta pressão isostática (API) (também chamado de alta pressão hidrostática ou somente alta pressão) é um dos primeiros processos não térmicos desenvolvidos, com ensaios realizados em 1899 utilizando uma prensa hidráulica. Atualmente é considerada a tecnologia mais promissora em termos de aplicação comercial, com mais de 200 equipamentos distribuídos ao redor do mundo, e possui produtos disponíveis no mercado em vários países, incluindo o Brasil. O grande interesse da indústria de alimentos pela tecnologia de alta pressão isostática impulsionou o desenvolvimento de equipamentos e processos, levando à redução contínua dos custos envolvidos, e consequentemente possibilitando a ampliação de produtos processados por essa tecnologia. Os principais produtos comercializados são sucos, geleias, peixes e frutos do mar, guacamole, molhos, produtos lácteos, cortes de frango, presunto, ovos, saladas, entre outros.

No processamento, o alimento é colocado em um vaso de pressão e, após seu fechamento, a pressão do sistema é elevada uniformemente por meio da entrada de um fluido incompressível pressurizado que preenche os espaços vazios da câmara. A pressurização desse fluido é realizada pelo movimento de um pistão que pressuriza o fluido (comumente água) até a pressão de trabalho.

O processo pode utilizar pressões entre 50 e 1.000 MPa, sendo a condição escolhida em razão dos efeitos desejados no alimento e também das características do equipamento. O alimento pode ser mantido pressurizado por diferentes tempos de residência (de minutos até horas) e o processo pode ser conduzido com temperatura controlada, possibilitando a realização de tratamentos no qual se tem efeitos aditivos/sinérgicos de pressão e temperatura. Após o tempo de residência, o equipamento é despressurizado, a câmara é aberta e o produto, retirado. Os tempos de subida para a pressão de trabalho e descida para a pressão ambiente variam em função dos diferentes equipamentos e do nível de pressão requerida no processo. A Figura 11.1 mostra as curvas características do processo em termos de pressão/temperatura *vs.* tempo e a pressurização uniforme do alimento.

O processamento é realizado em batelada ou de forma semicontínua, desde que sejam dispostos múltiplos equipamentos sequencialmente na linha de produção. A Figura 11.2 é uma representação esquemática de um equipamento de alta pressão isostática.

Os equipamentos disponíveis podem ser de escala laboratorial (câmara de pressurização com volume menor que 1 litro), piloto (câmaras entre 1 e 6 litros) e industrial (câmaras de até 10 mil litros), com pressões de trabalho de até 1.000 MPa para os modelos laboratoriais e pilotos e de até 600 MPa para os equipamentos industriais. A pressão aplicada e o tempo de processo têm relação direta com seu custo; assim, muitas vezes é interessante a combinação da alta pressão com outros métodos de conservação de alimentos (especialmente processo térmico brando), de modo a reduzir os custos da operação pela aplicação de menores pressões e tempo de residência, sem afetar a qualidade do produto processado.

Em termos operacionais, as vantagens do processo de alta pressão diante de outros processos não térmicos consistem no fato de ele ser compatível com o processamento de alimentos sólidos e também de o processo poder ser realizado com os alimentos previamente embalados, o que reduz o risco de contaminação pós-processo e evita o requerimento de a etapa de embalagem ocorrer de forma asséptica.

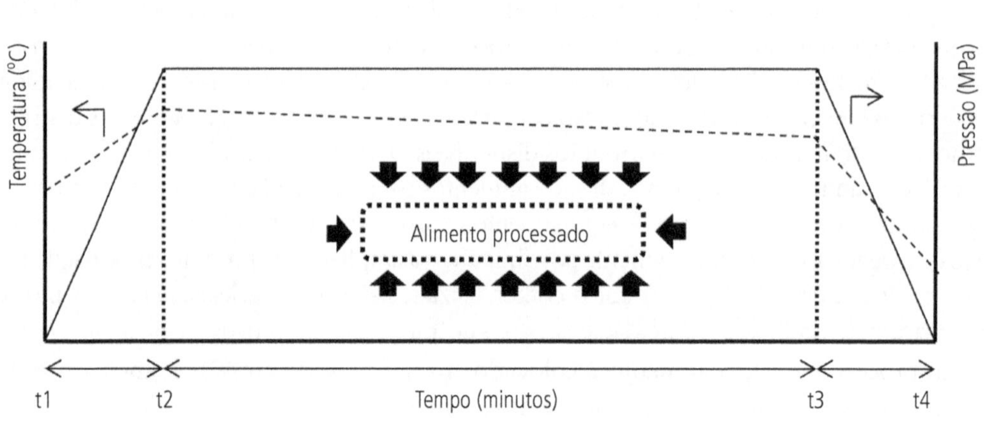

Figura 11.1. Curvas de pressões e temperaturas atingidas no processamento por alta pressão isostática e pressurização uniforme do alimento durante o processo.

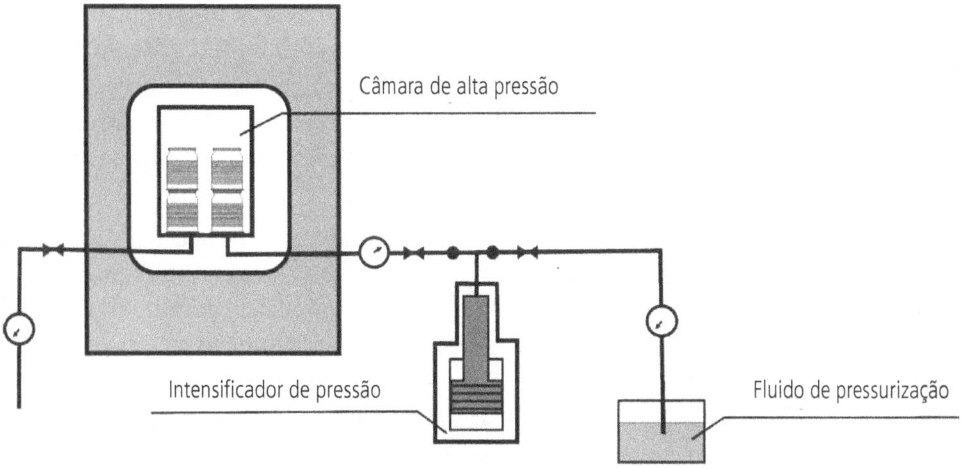

Figura 11.2. Representação esquemática do equipamento de alta pressão isostática.

A alta pressão afeta primariamente o volume dos sistemas, promovendo alterações em estruturas biológicas e taxas de reações. Seguindo o princípio de Le Chatelier, o efeito da alta pressão sobre a taxa de uma determinada reação pode ser descrito pela teoria do estado de transição; assim, a uma temperatura constante, a dependência da constante de velocidade da reação (k) é função de seu volume de ativação. De maneira simplificada, é possível estabelecer que a alta pressão estimula as reações favorecidas pela redução do volume de ativação do sistema enquanto inibe aquelas que ocorrem com o aumento desse volume.

Os efeitos da alta pressão isostática nos alimentos são função da pressão aplicada, do tempo e da temperatura de processo, da composição do alimento e, em alguns casos, do número de ciclos de pressurização aplicados. Em termos de inativação microbiológica, o processo é capaz de inativar células vegetativas de bactérias, bolores e leveduras (pressões de até 600 MPa). Os esporos podem ser inativados apenas quando se utilizam pressões da ordem de 1.000 MPa associadas com tratamento térmico brando.

A inativação microbiana ocorre por vários efeitos que a alta pressão promove simultaneamente nas células, sendo as alterações ocasionadas nas membranas celulares (estrutura e permeabilidade) as principais responsáveis pela inativação celular. Além disso, a alteração de volume e das estruturas celulares resulta em: inibição de síntese proteica e de enzimas-chave para o funcionamento das células; modificações da morfologia celular; alterações de funções necessárias para a sobrevivência e reprodução dos microrganismos. De modo geral, para inativação de microrganismos por alta pressão isostática, é possível estabelecer que:

- Microrganismos Gram-positivos, em decorrência da rigidez de sua parede celular, são mais resistentes que microrganismos Gram-negativos.
- Cocos são mais resistentes que bastonetes, dada sua conformação espacial.
- O nível de contaminação do produto afeta significativamente a velocidade de inativação e, quanto menor é a contaminação, mais efetivo é o processo, uma vez que elevados níveis de contaminação geram um fator de autoproteção microbiana.

- Microrganismos em fase exponencial são mais vulneráveis ao processo, pela característica alongada das células nessa fase e também da menor rigidez da parede.
- A composição do meio afeta a inativação dos microrganismos, uma vez que existem nutrientes que os protegem dos efeitos da pressão (como lipídios e carboidratos), ao passo que a presença de ácidos pode ter um efeito sinérgico/aditivo na inativação.

A temperatura de processo também é um fator importante no nível de inativação atingido, e a inativação microbiana é favorecida em temperaturas tanto baixas (< 5°C) quanto elevadas (> 45°C). A operação em baixas temperaturas provoca mudanças na estrutura da membrana e na fluidez celular (especialmente sobre as frações lipídicas), deixando as células mais sensíveis à pressurização. Por outro lado, o uso de altas temperaturas tem um efeito térmico associado na inativação de microrganismos, reduzindo o requerimento de pressão aplicada.

A inativação de esporos, especialmente os bacterianos, é um desafio para processos utilizando alta pressão isostática, uma vez que níveis satisfatórios de inativação são atingidos apenas utilizando-se pressões de ~1.000 MPa associadas a longos períodos de processo e temperaturas medianas. Por outro lado, estudos mostram que o processo é capaz de induzir a germinação de esporos em pressões não muito elevadas (400-600 MPa), tornando mais fácil sua inativação em um processo de pressurização subsequente ou quando a alta pressão isostática é combinada com tratamento térmico brando, capaz de inativar os esporos germinados.

Além dos efeitos sobre microrganismos, a aplicação de alta pressão isostática afeta a maioria das reações bioquímicas, pela redução do espaço disponível para as moléculas e pelo aumento das reações entre cadeias. Como ocorrem para os microrganismos, as reações que resultam em redução de volume são favorecidas pelo processo.

Para proteínas, a alta pressão provoca o desdobramento e a desnaturação de estruturas oligoméricas (pressões < 200 MPa) e monoméricas (pressões > 300 MPa), podendo o efeito ser reversível ou não. As ligações hidrofóbicas e as pontes de hidrogênio são as principais estruturas proteicas afetadas pelo processo, resultando em modificações nas estruturas quaternárias, terciárias e secundárias, com consequente alteração na conformação das proteínas, porém sem promover modificações em ligações covalentes, ou seja, sem alterar as ligações peptídicas responsáveis pela estrutura primária da proteína.

Para enzimas, os efeitos observados são similares aos de proteínas, e podem resultar tanto em inativação quanto em ativação enzimática, pela maior ou menor exposição dos sítios ativos e também pelos efeitos do processamento sobre o substrato das enzimas (quando enzima e substrato são processados conjuntamente, como normalmente ocorre no processamento de um alimento). A ativação normalmente é observada em processos com pressões inferiores a 400 MPa e, para pressões maiores, a enzima passa então a ser inativada de forma reversível ou não, dependendo das condições de pressão, tempo e temperatura aplicadas. Por outro lado, assim como existem enzimas termorresistentes, também há enzimas barorresistentes (comumente as termorresistentes também apresentam barorresistência), que não são inativadas pelo processamento a alta pressão em processos extremos (~1.000 MPa). Algumas dessas enzimas apresentam efeito indesejável nos alimentos, como é o caso da peroxidase pela produção de aromas indesejáveis (*off flavor*) em produtos de origem vegetal. Assim, quando o alimento a ser processado por alta pressão apresenta enzimas indesejáveis e resistentes ao tratamento, torna-se necessária a realização de um branqueamento prévio (térmico) para inativação das enzimas.

Em lipídeos, o processamento a alta pressão (pressões > 400 MPa) tem um efeito pró-oxidante, aumentando a velocidade das reações e reduzindo o tempo de iniciação do processo de oxidação. Assim, o processo é inadequado para o processamento de alimentos com alto conteúdo lipídico, como é o caso de carne suína.

O processo pode promover a gelatinização de amido de modo diferente do processo térmico. O amido processado por alta pressão tem sua estrutura granular parcialmente mantida, o que normalmente resulta na formação de um gel mais fraco quando comparado ao obtido por aquecimento do amido em solução. Para hidrocoloides (ou gomas), os poucos estudos realizados mostraram que o processo altera a viscosidade aparente e o coeficiente de consistência dos polissacarídeos, fortalecendo sua estrutura viscoelástica.

De modo geral, a alta pressão é considerada um método promissor de conservação de alimentos, uma vez que afeta de forma mínima a cor, o aroma e os atributos sensoriais de um alimento. Além disso, essas modificações descritas para macromoléculas podem promover melhora dos aspectos funcionais de proteínas e polissacarídeos, podendo também ser aplicado para melhora das características reológicas dos alimentos, da capacidade de retenção de água em cárneos, e das propriedades gelificantes de proteínas, além de promover a estabilização de espumas e de emulsões.

Mais informações sobre o processamento a alta pressão isostática estão disponíveis em trabalhos publicados previamente.[1,3-6]

Ultrassom

O processo de ultrassom baseia-se na aplicação do som de altas frequências (superiores a 18 MHz, acima das captadas pelo ouvido humano) que se propagam mecanicamente em sistemas gasosos, líquidos ou sólidos. O processo foi desenvolvido na Segunda Guerra Mundial para busca de embarcações naufragadas e posteriormente foi difundido para outras áreas. A primeira aplicação na área de alimentos foi para a realização de análises não destrutivas de alimentos embalados e, posteriormente, o ultrassom foi proposto como método não térmico para conservação de alimentos.

Quando um alimento é submetido a um processo de ultrassom, a onda mecânica o percorre, resultando em ciclos de compressão e expansão (Figura 11.3). Nos ciclos de expansão, o alimento é submetido a uma condição de baixa pressão, capaz de superar as forças intermoleculares, resultando na formação de microbolhas no alimento por meio de sua vaporização. Nos ciclos de compressão, por outro lado, o alimento é submetido a uma condição de alta pressão, resultando na condensação das microbolhas de vapor anteriormente formadas. O colapso dessas bolhas, ou cavitação, é um processo que envolve grande energia e cisalhamento, sendo o princípio da utilização dessa tecnologia em alimentos.

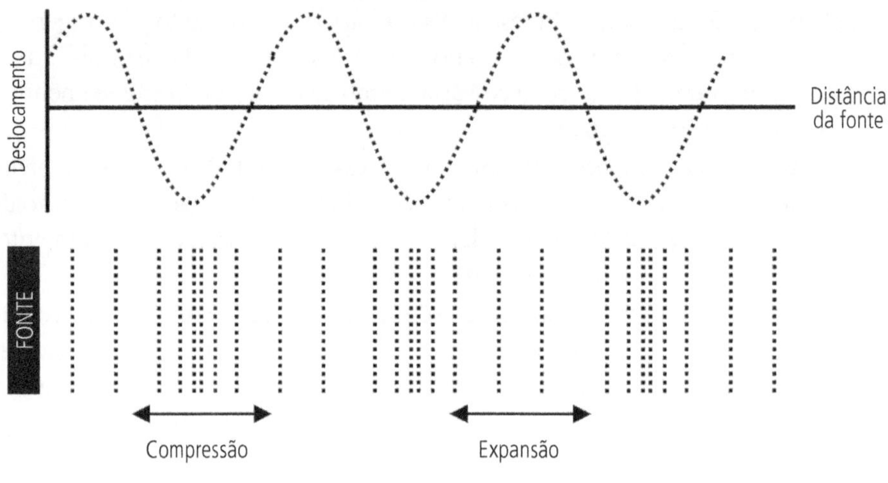

Figura 11.3. Ultrassom: propagação da onda mecânica através do produto.

Em processos com baixa intensidade de ultrassom, tal mecanismo resulta na formação de microcorrentes, facilitando os fenômenos de transporte por garantir menor resistência ao fluxo. Por essa razão, o processo de ultrassom com baixa intensidade é utilizado para facilitar processos de transferência de massa, como auxílio à hidratação, secagem, fermentações e extrações, formação de emulsões, garantia de filtrações com fluxo mais estável, melhora da transferência de calor, congelamento, tenderização de carnes, limpeza de superfícies, entre outros.

Em processos com alta intensidade de ultrassom, por outro lado, a cavitação formada é mais intensa. A energia dissipada em cada implosão resulta em alto cisalhamento e pontos de aquecimento nas vizinhanças das bolhas, resultando em rompimento celular. Dessa forma, o processo de ultrassom pode ser utilizado para a garantia de inativação microbiana e enzimática, assim como para alterações de propriedades de alimento e auxílio a processos de transferência de calor e massa.

A intensidade dos efeitos do ultrassom depende das condições de processo (temperatura, tempo e relação entre fonte de ultrassom, área de exposição e volume ocupado pelo alimento), propriedades das ondas de ultrassom (frequência, amplitude, potência) e propriedades do substrato a ser tratado (viscosidade/consistência, pressão de vapor, facilidade de transmissão da onda, tensão superficial e geometria). A ocorrência de cavitação em um alimento depende especialmente da tensão superficial na interface das bolhas, e alimentos líquidos ou hidratados favorecem o fenômeno por apresentar alta tensão superficial. A amplitude e o tempo de exposição também são fatores importantes na efetividade do processo, sendo observado um aumento significativo na inativação celular quando aplicadas ondas com amplitude maior e com maior tempo de contato.

Em termos de inativação microbiológica, os esporos são mais resistentes que as células vegetativas, as bactérias aeróbias são mais resistentes que as espécies anaeróbias e as Gram-

-positivas são mais resistentes que as negativas, provavelmente em virtude da parede celular com maior número de camadas de peptidoglicano. A resistência microbiana também está relacionada com o formato e o tamanho das células, sendo os cocos mais resistentes que os bastonetes, e células menores mais resistentes que células maiores.[10]

De modo geral, o processo é pouco efetivo na inativação de microrganismos em alimentos. Portanto, normalmente é combinado com processos térmicos a temperaturas brandas (termossonificação) ou com alta pressão e temperatura (manotermossonificação). A combinação de processos tem um efeito normalmente aditivo, reduzindo os requerimentos individuais de cada tratamento para atingir o mesmo nível de inativação microbiológica.

Além dos efeitos sobre microrganismos, o ultrassom – pelos efeitos de turbulência e cavitação – provoca desnaturação de proteínas e redução da estabilidade térmica de enzimas. Se o processo é associado com altas temperaturas e/ou altas pressões, é possível inativar enzimas, utilizando condições mais brandas do que quando cada processo é aplicado individualmente. Em gorduras, o principal efeito do ultrassom é a aceleração do processo de oxidação, não sendo, portanto, uma metodologia recomendada para aplicação em produtos com alta concentração lipídica. Em carboidratos, a sonificação pode provocar a hidrólise de cadeia, podendo ser utilizada como operação unitária em reações químicas para modificação desse tipo de substância.

Para mais informações sobre o processamento de alimentos por ultrassom, pode-se consultar trabalhos previamente publicados.[1,10-12]

Homogeneização a alta pressão

A homogeneização a alta pressão (HAP), também chamada de homogeneização a ultra-alta pressão ou alta pressão dinâmica, é um processo físico não térmico utilizado para o processamento de alimentos visando a sua conservação microbiológica e também ao aumento de sua estabilidade física, por meio da redução de separação de fases e aumento de sua consistência.

Esse processo é descrito para aplicação em alimentos fluidos e tem o mesmo princípio de operação dos homogeneizadores comuns utilizados para a obtenção de produtos lácteos e emulsões, porém utiliza pressões 10 a 15 vezes superiores às habitualmente aplicadas. No equipamento, o fluido é impelido a passar por uma válvula de homogeneização a altíssimas pressões. A passagem pelo orifício estreito da válvula (que é estabelecido pela pressão de operação do sistema e tem ordem de micrometros) aumenta a velocidade do fluido (atingindo-se velocidades de até 300 $m.s^{-1}$) e gera intensos atrito, turbulência e cisalhamento. Na saída da válvula, onde há descompressão instantânea, ocorre cavitação. Esses fenômenos são dependentes da pressão e da geometria da válvula. A Figura 11.4 mostra uma possível geometria da válvula de homogeneização e os perfis de velocidade de escoamento do fluido durante o processo.

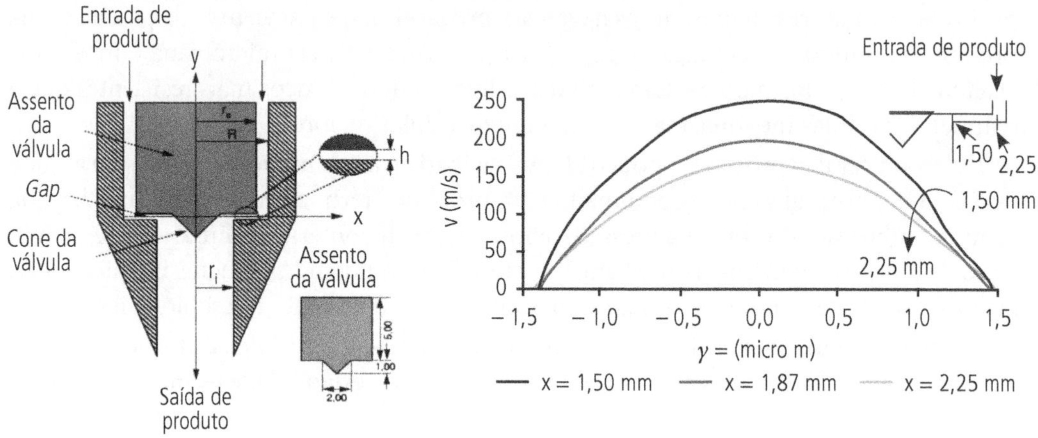

Figura 11.4. A: representação da válvula de homogeneização (R = 3 mm; r_e = 2,25 mm; r_i = 1,5 mm). B: perfil de velocidade de escoamento de leite desnatado ao longo do *gap* da válvula de HAP (pressão aplicada 300 MPa).

Fonte: adaptada de Pinho et al., 2011.[13]

O mecanismo de inativação de microrganismos no processo de HAP envolve, principalmente, danos na estrutura da parede celular e afeta bolores, leveduras e células vegetativas de bactérias. Além disso, o processo sensibiliza alguns esporos bacterianos e fúngicos, tornando-os mais suscetíveis ao processamento térmico brando. A efetividade do processo de HAP na inativação de microrganismos é dependente das condições de processo, característica do produto e de sua contaminação. Entretanto, de maneira geral, espera-se que os efeitos da HAP sobre microrganismos sejam similares ao de uma pasteurização térmica.

As condições de processo, especialmente pressão e temperatura de entrada, são parâmetros importantes para a efetividade do tratamento. A pressão tem uma relação não linear com a inativação de microrganismos, e a pressões baixas (< 100 MPa) a inativação é quase nula. Por outro lado, com o aumento da pressão ocorre aumento exponencial da inativação microbiana, indicando haver, para cada tipo de célula, uma pressão mínima a partir da qual as tensões de cisalhamento obtidas no equipamento são o suficiente para rompimento das células. A temperatura de entrada do fluido no processamento também afeta positivamente a inativação microbiana, seja pela associação de efeitos térmicos e de homogeneização, seja pela redução da viscosidade do fluido tratado, que potencializa os efeitos de cavitação e cisalhamento do processo.

A pressão requerida para inativação de diferentes microrganismos é variada. Normalmente, leveduras e fungos filamentosos são inativados com pressões mais baixas (150 MPa), seguidos das bactérias com formato de bastonetes e dos cocos (> 200 MPa). Isso pode ser atribuído à diferença de tamanho entre os microrganismos e a resistência física deles, sendo esperada maior facilidade de inativação para bactérias Gram-negativas, que possuem uma estrutura celular mais frágil que as Gram-positivas. Alguns resultados experimentais, entretanto, discordam dessa afirmação mostrando que, para alguns casos, as características individuais dos microrganismos são mais importantes que as características de suas paredes celulares. Características dos alimentos processados como composição, consistência e pH afetam significativamente a inativação microbiológica, e os microrganismos são normalmente sensibilizados em baixo pH e protegidos em sistemas de alta consistência e com alta concentração de nutrientes.

A Tabela 11.2 apresenta um compilado de dados obtidos para a inativação de diferentes microrganismos em leite após o processamento por homogeneização a alta pressão.

Tabela 11.2. **Inativação por HAP de microrganismos patógenos e deterioradores de leite**

Microrganismos	Pressão (MPa)	Temperatura de entrada (°C)	γ
Bacillus subtilis A2 (células vegetativas)	130	NI	2,90
Coliformes	150	45	> 1,12
Coliformes	200	55	> 4,10
Escherichia coli 555	130	NI	0,30
E. coli MG1655	300	25	3,50
Lactobacillus sp.	200	55	> 3,80
Lactobacillus arizonensis 21	150	10	1,50
Lactobacillus casei 28	150	10	0,60
Lactobacillus pentosus 57	150	10	1,00
Lactobacillus plantarum 58	150	10	0,60
Listeria innocua ATCC 33090	300	24	1,80
Listeria monocytogenes CCUG 15526	400	NI	7,95
Listeria monocytogenes Scott A	130	NI	1,03
Listeria monocytogenes Scott A	100	2-4	1,20
Micrococcus luteus ATCC 4698	300	24	2,50
Proteus vulgaris PV1	130	NI	1,80
Pseudomonas	200	55	> 4,90
Pseudomonas fluorescens ATCC 13525	300	24	3,70
Pseudomonas fluorescens AFT36	200	45	6,00
Pseudomonas putida 754	130	NI	2,42
Microrganismos psicrotróficos	200	55	> 4,60
Salmonella enteritidis E4	130	NI	1,40
Staphylococcus aureus	150	45	> 2,71
S. aureus	200	55	>2,90
S. aureus ATCC 13565	300	20	4,00
S. aureus ATCC 13565	300	6	3,35
S. aureus ST1	130	NI	1,94
Staphylococcus carnosus CECT 4491	300	20	3,34
S. carnosus CECT 4491	300	6	-0,01

γ: número de reduções decimais; NI: não identificado.

Fonte: adaptada de Pedras et al., 2012.[14]

Além dos efeitos sobre microrganismos, a homogeneização causa a modificação de macromoléculas presentes no alimento, como proteínas e polissacarídeos. Essas modificações podem promover melhora de propriedades tecnológicas e funcionais de alimentos, tornando a homogeneização um processo promissor para a obtenção de novos ingredientes e alimentos modificados fisicamente.

Em proteínas, o processo modifica estruturas quaternárias, terciárias e secundárias. Os efeitos são diferentes de acordo com o nível de pressão de homogeneização aplicada, do número de ciclos e da temperatura do processo. Além disso, o processo causa diferentes efeitos em proteínas, em decorrência do grau de hidrofobicidade da molécula e das principais forças envolvidas na manutenção de sua estrutura tridimensional (pontes de hidrogênio, pontes dissulfeto, interações eletrostáticas, força de Van der Waals).

Essas modificações resultam em desnaturação proteica, aumento da área de exposição, modificação de ligações sulfidrílicas e aumento das interações hidrofóbicas e da formação de agregados proteicos. Essas modificações em nível molecular promovem alterações significativas nas propriedades funcionais das proteínas, como aeração e capacidade emulsificante.

Em enzimas, essas modificações podem ou não promover alteração da atividade, e, em caso de alteração, é possível observar aumento ou redução da atividade, dependendo do tipo de enzima, da pressão aplicada e das condições de processo (pH do sistema, temperatura, força iônica, entre outros). De modo geral, a homogeneização a baixas pressões (< 150 MPa) é capaz de promover algum nível de ativação enzimática, ao passo que pressões mais elevadas resultam em inativação parcial ou total de enzimas. Algumas enzimas, como a alfa-amilase e a peroxidase, são altamente resistentes ao processo de homogeneização em pressões de até 300 MPa, necessitando de um branqueamento prévio quando a enzima precisa ser inativada no produto após o processamento.

Em polissacarídeos, a HAP causa redução do tamanho de partícula, redução do peso molecular pela quebra de ligações covalentes e mudanças conformacionais, que têm como principal efeito a redução na consistência/viscosidade de soluções e produtos com alta concentração de polissacarídeos. Por outro lado, dependendo da interação entre polissacarídeos e água do alimento, é possível observar um aumento da consistência do alimento processado.

Para alimentos com gordura, a homogeneização provoca melhora na dispersão e redução dos glóbulos de gordura. Por outro lado, quando pressões muito elevadas são aplicadas em leite (> 300 MPa), a intensa redução dos glóbulos modifica sua carga elétrica e favorece a coalescência.

Assim, a homogeneização a alta pressão, além de ser uma interessante ferramenta para inativação microbiológica, com menos danos aos alimentos que os causados pelo processo térmico similar (pasteurização), pode também ser aplicada para melhora de características funcionais de alimentos e de sua estabilidade, por meio das alterações físico-químicas causadas pelo processo.

Para mais informações sobre HAP, é possível consultar alguns trabalhos previamente publicados.[13,15-17]

Ozônio

O ozônio (O_3) é um gás encontrado naturalmente na atmosfera terrestre e que pode ser aplicado no controle de contaminação microbiológica de água, superfícies e alimentos. O ozônio pode ser caracterizado como uma substância de odor pungente, incolor, relativamente instável a baixas pressões e a temperatura ambiente e com baixa solubilidade parcial em água. Seu alto potencial eletroquímico (+2,075 V) o torna um potente agente oxidante, característica responsável pela sua ação microbicida.

A utilização do ozônio visa principalmente à substituição de compostos clorados e quaternários de amônio em processos de sanitização, uma vez que esses compostos, apesar de serem comprovadamente eficazes, podem produzir resíduos tóxicos. O ozônio, por sua vez, é reconhecido como GRAS (uma vez que o produto de sua degradação natural é o oxigênio, que não apresenta toxicidade) e seu uso é permitido para sanitização pelo contato direto com alimentos em alguns países.

O ozônio pode ser gerado por descarga eletroquímica (plasma a frio) ou elétrica ou por radiação ultravioleta de gases que contenham alta concentração de oxigênio. O sistema de descarga elétrica de alta voltagem é o mais utilizado, por apresentar menor custo. Nesse sistema, o oxigênio proveniente do ar atmosférico ou de um concentrador de O_2 passa entre dois eletrodos separados por um material dielétrico. Quando alta voltagem (5.000 V) é fornecida aos eletrodos e o oxigênio está passando entre eles, ocorre uma descarga elétrica que promove a separação da molécula de oxigênio (O_2) em dois átomos de oxigênio, e posteriormente cada átomo de oxigênio obtido (O•) se combina com uma molécula íntegra de oxigênio (O_2), formando o O_3. Como parte da energia é dissipada na forma de calor, o gerador de ozônio deve ser acoplado a um sistema de resfriamento, de modo a impedir a degradação do ozônio formado, uma vez que o gás é instável e pode ser rapidamente degradado a temperaturas de 35°C ou superiores. O gás pode ser aplicado diretamente no alimento ou ser borbulhado em água para a produção de água ozonizada. A Figura 11.5 apresenta um esquema simplificado do funcionamento do equipamento.

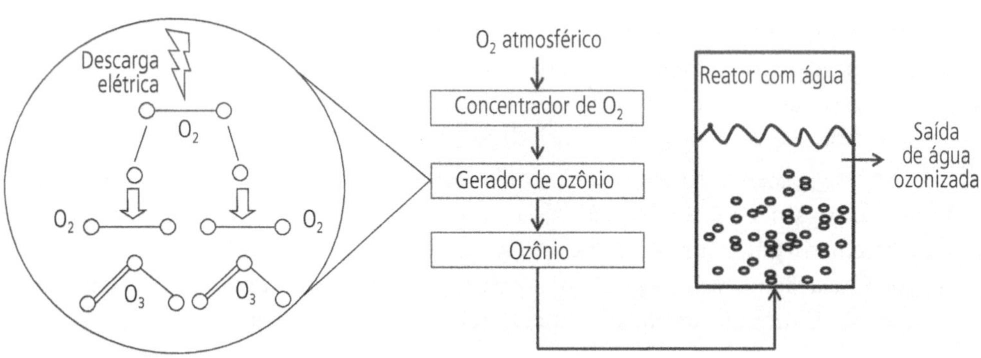

Figura 11.5. Representação esquemática do ozonizador para geração de ozônio e água ozonizada.

O ozônio pode ser aplicado para higienização de superfícies, embalagens, água, alimentos líquidos e superfície de alimentos sólidos. Para água e alimentos líquidos, a aplicação de ozônio se dá pelo borbulhamento do gás no sistema, e para os demais processos, a higienização pode ser realizada mediante a exposição ao gás ou à água ozonizada. Na forma gasosa, o ozônio atinge concentrações mais elevadas (> 100 $mg{\cdot}L^{-1}$), porém é altamente instável (alguns segundos); já na água ozonizada, a concentração de ozônio obtida é cerca de 10 a 20 vezes menor, porém com uma meia vida maior (3,5-20 minutos). A escolha do método de aplicação do ozônio depende especialmente do tipo de alimento e da etapa do processo produtivo em que a ozonização é incluída.

A inativação microbiológica pelo ozônio se inicia pela oxidação de constituintes da parede celular, o que resulta em seu enfraquecimento e redução da permeabilidade seletiva, permitindo que o ozônio penetre no interior das células e oxide moléculas essenciais como lipídios, enzimas, proteínas e ácidos nucleicos. Além de efetivo na inativação de células vegetativas, o ozônio é capaz de inativar esporos bacterianos, destacando-se diante de outros sanitizantes. Essa inativação ocorre a partir de dois mecanismos consecutivos de ação. Primeiro o ozônio enfraquece os componentes externos do esporo e, em seguida, ataca seu núcleo, oxidando seus componentes e causando a sua morte.

A sensibilidade dos microrganismos ao ozônio varia de acordo com seu estado fisiológico, pH, temperatura, umidade e presença de ácidos e açúcares, e um dos maiores desafios de sua aplicação é o efeito protetivo da estrutura do alimento e a baixa estabilidade do ozônio em condições de processo. A rápida degradação do ozônio gasoso faz com que ele passe para a forma inativa antes de haver tempo hábil para sua ação oxidativa, com consequente inativação microbiana. Por outro lado, sua baixa solubilidade em água faz com que a água ozonizada atinja concentrações baixas, que podem ser insuficientes para a inativação dos microrganismos.

O aumento da concentração de ozônio em líquidos pode ser obtido pela redução de sua temperatura, uma vez que baixas temperaturas favorecem a dissolução de ozônio, além de melhorar a dispersão do gás no líquido. A Tabela 11.3 mostra os resultados de inativação microbiológica obtidos para diferentes produtos e microrganismos submetidos ao tratamento com ozônio.

Uma importante aplicação comercial do ozônio é realizada em câmaras de estocagem de produtos refrigerados altamente perecíveis, como queijos frescos e carnes e vegetais *in natura*. A aplicação do ozônio na forma gasosa reduz os níveis de contaminação ambiental na câmara e é capaz de prolongar a vida útil desses alimentos.

Além do efeito sobre microrganismos, o ozônio, dado seu potencial oxidante, ataca também compostos orgânicos suscetíveis à oxidação, como lipídios e pigmentos. Portanto, seu uso é desaconselhado para alimentos que apresentem alto conteúdo de lipídios (por acelerar o processo de iniciação de rancidez oxidativa) e para alimentos nos quais a cor é determinada por pigmentos facilmente oxidáveis e que tenham vida de prateleira longa.

Mais informações sobre o processo de ozonização podem ser obtidas em trabalhos previamente publicados.[7,12,18]

Tabela 11.3. **Dados de inativação microbiológica por ozônio em diferentes alimentos**

Microrganismo	Alimento	Condição de processo	γ
Botrytis cinerea – esporos	Tomate	3,8 mg.L^{-1}/10 min	Inativação
Penicillium ssp. e *Aspergillus* ssp.	Grãos	6,7 mg.L^{-1}/10 min	3,0-4,0
Cryptosporidium parvum	Água	1,1 mg.L^{-1}/5 min	> 8
Escherichia coli	Amido de mandioca – 30% de umidade	118 mg.L^{-1}/30 min	> 7
Bacillus subtilis	Amido de mandioca – 30% de umidade	118 mg. L^{-1}/90 min	> 5
E. coli	Pimenta vermelha	1 mg.L^{-1}/360 min	1,5
Bacillus cereus	Pimenta vermelha	1 mg.L^{-1}/360 min	2,0
Escherichia coli	Pistache	1 mg.L^{-1}/360 min	3,5
B. cereus	Pistache	1 mg.L^{-1}/360 min	3,0
Contagem total	Trigo – maceração	11,5 mg.L^{-1}/30 min	1,5-2,1
Contagem total	Pimenta preta	6,7 mg.L^{-1}/10 min	3,0-4,0
Pseudomonas aeruginosa	Peito de frango resfriado	2.000 mg.L^{-1}/30 min	2
Contagem total	Higienização de tetos de vacas	2,0 mg.L^{-1}/30 s	2,5
Coliformes totais	Higienização de tetos de vacas	2,0 mg.L^{-1}/30 s	1,5
Staphylococcus aureus	Higienização de tetos de vacas	2,0 mg.L^{-1}/30 s	2,0
Coliformes totais	Rúcula	1,5 mg.L^{-1}/1 min	3,5
Coliformes totais	Agrião	1,5 mg.L^{-1}/1 min	4,7
Bolores e leveduras	Alface americana	1,5 mg.L^{-1}/1 min	2,4
Coliformes totais	Alface americana	1,5 mg.L^{-1}/1 min	4,8

γ: número de reduções decimais.

Campo elétrico pulsante (PEF)

A tecnologia de campo elétrico pulsante (PEF) envolve a aplicação de pulsos de alta voltagem (~20-80 KV/cm) sequenciais e por curtos períodos de tempo (ms ou ms) em um alimento disposto entre dois eletrodos, resultando em formação e anulação de campos eletromagnéticos no sistema. Após o processamento, o alimento deve ser embalado de forma asséptica, para evitar contaminação pós-processo.

Apesar de o processo ser aplicável tanto em alimentos sólidos como líquidos, a maioria dos estudos foi realizada em alimentos fluidos, como sucos de frutas, bebidas fermentadas, ovos líquidos, leite e produtos lácteos. A principal razão para isso é que para líquidos o processo pode ser realizado de forma contínua, o que viabiliza bastante sua aplicação em plantas industriais.

O principal objetivo da aplicação de PEF é a inativação de microrganismos e o mecanismo de ação envolvido é a desestruturação da membrana celular a partir de um fenômeno conhecido como eletroporação. A membrana celular é considerada um material dielétrico, já que separa fisicamente meios com carga elétrica (interior e exterior da célula), possuindo assim um potencial transmembrana. Ao submeter a célula a um campo elétrico externo, observa-se o acúmulo de cargas elétricas opostas em ambos os lados da membrana, que é mecanicamente tensionada pela atração das cargas. A tensão na membrana pode então chegar a um nível tal que ela não consegue se estruturar, havendo então um ponto de rompimento, com a formação de um poro (eletroporação).

A formação dos poros ocorre a partir de uma tensão elétrica mínima de ~1 V. Os poros formados fazem com que o microrganismo perca sua permeabilidade seletiva, levando à perda do controle do microrganismo sobre entrada e saída de materiais (água, íons, moléculas, organelas, entre outros) da célula, o que pode resultar em lise celular com consequente inativação. O efeito do processo pode ser reversível ou não, dependendo do tamanho e da estabilidade do poro formado, o que é função das condições de processo, do meio e do microrganismo avaliado. Tal mecanismo é representado na Figura 11.6.

A forma do microrganismo afeta a geração do potencial de transmembrana, e para microrganismos esféricos e pequenos (cocos), uma diferença de potencial cerca de dez vezes maior é necessária para gerar os poros quando comparados com bastonetes, leveduras e bolores. Além da forma, a efetividade do processo é afetada pela espessura e composição da parede celular e pela compressibilidade da célula, e, quanto mais espessa e maior a compressibilidade celular, mais difícil é sua inativação. De modo geral, os microrganismos Gram-negativos são mais sensíveis ao processo que os Gram-positivos em razão da rigidez da parede celular e os microrganismos em fases exponenciais são mais sensíveis pelo alongamento celular e pelo afinamento da parede. O processo apresenta pouco efeito sobre esporos, não

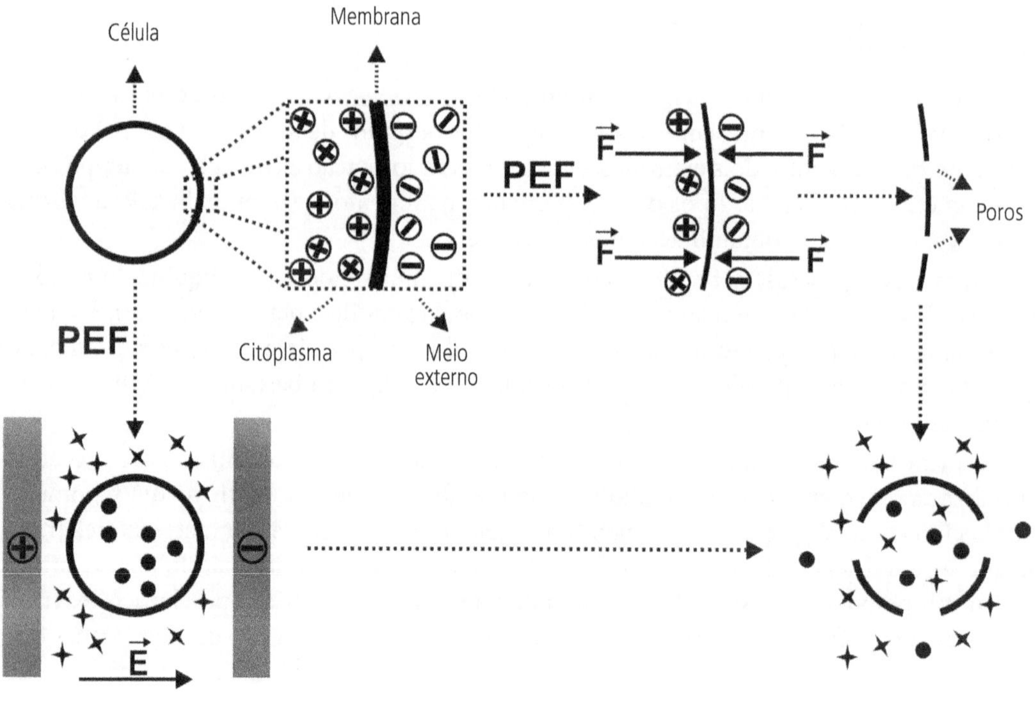

Figura 11.6. Eletroporação celular decorrente do PEF.

podendo ser utilizado para processos de esterilização comercial, a não ser que associado com outros métodos de conservação.

A efetividade do processo é função da tensão elétrica (voltagem) aplicada, do tempo e da temperatura de processo.

Quanto maior a tensão elétrica, maior a diferença de potencial gerado e, portanto, maior a inativação microbiana. O tempo de processo (que tem correlação direta com o número de pulsos aplicados) afeta positivamente o nível de inativação obtido, até um limite máximo (tempo de saturação), a partir do qual não são formados mais poros na membrana dos microrganismos. Além disso, observa-se um tempo mínimo de processo para início da inativação microbiana, relacionado com a formação do potencial transmembrana. Dessa forma, a inativação microbiana pelo PEF não pode ser descrita pela cinética de primeira ordem, sendo comportamento semelhante ao apresentado na Figura 11.7.[19]

A temperatura tem efeito sinérgico na inativação microbiana, pois afeta diretamente a fluidez e a estabilidade da membrana celular, visto que a ela é composta parcialmente de fosfolipídios que podem ficar na forma de gel ou líquido, dependendo da temperatura a que são submetidos, modificando significativamente a estrutura da membrana.

As características do alimento processado também afetam a efetividade do pulso elétrico. A condutividade e a rigidez dielétrica dos alimentos são importantes, pois a obtenção de altas voltagens é prejudicada em alimentos muito condutivos ou com alta rigidez dielétrica (com alta concentração iônica). A presença de bolhas de ar reduz muito a efetividade do processo, uma vez que há uma queda de tensão muito grande na região do entorno da bolha, prejudicando o desempenho do processo e criando zonas de baixa inativação microbiana, podendo reduzir a segurança do processo.

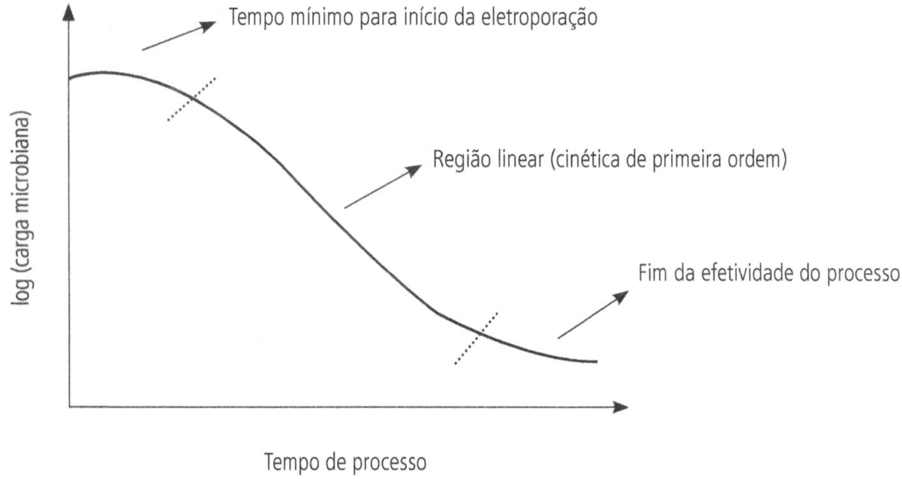

Figura 11.7. Cinética de inativação microbiana decorrente do PEF.

Além da aplicação para inativação microbiológica, o PEF pode ser utilizado para a extração de componentes intracelulares (de tecidos animais, vegetais e microrganismos) de valor comercial, como fitoesteróis, flavonoides e outros componentes bioativos. Também podem ser utilizados como biorreatores para estimular células a aumentar a produção de elementos funcionais. Além disso, como o PEF aumenta o coeficiente de transferência de massa, pode ser aplicado para facilitar processos de moagem, extração e secagem, reduzindo tempo e custo dos processos.

Mais detalhes sobre a utilização de PEF em alimentos podem ser encontrados em trabalhos previamente publicados.[4,19-21]

Radiação ultravioleta (UV)

O espectro eletromagnético consiste em grande faixa de comprimento de onda, cuja energia associada é diretamente proporcional à frequência de oscilação e inversamente proporcional ao comprimento de onda.

A radiação ultravioleta (UV) está localizada na faixa do espectro não ionizante, uma vez que não induz a ionização de átomos e moléculas. O espectro UV compreende ondas de 200 nm a 400 nm, estando assim localizada acima dos comprimentos de raios X e abaixo dos de luz visível. Tal faixa ainda é subdividida em três porções: ondas curtas de UV (UV-C, entre 200-280 nm), ondas médias de UV (UV-B, entre 280-320 nm) e ondas longas de UV (UV-A, entre 320-400 nm), sendo a radiação UV-C a mais eficiente na inativação microbiana (Figura 11.8).

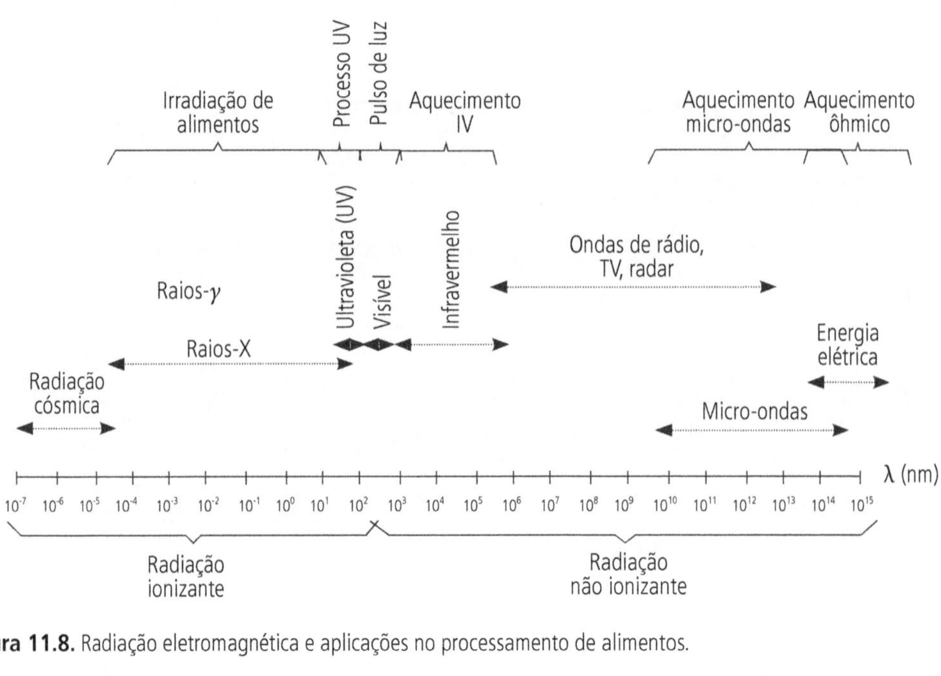

Figura 11.8. Radiação eletromagnética e aplicações no processamento de alimentos.

A utilização da radiação UV se baseia na absorção da energia eletromagnética pelas bases nitrogenadas do DNA microbiano, resultando em rompimento da fita e consequente inativação microbiana (Figura 11.9). De um modo geral, a resistência microbiana à radiação UV segue a seguinte ordem: bactérias Gram-negativas < bactérias Gram-positivas < leveduras < esporos bacterianos < bolores < protozoários.[22,23]

Nesse processo, uma lâmpada especial é utilizada como fonte de UV, com emissão no comprimento de onda de 254 nm (na faixa de UVC), em razão da maior eficiência. A radiação emitida é direcionada ao alimento, sendo a geometria do reator um fator de extrema importância para maior eficiência do processo.[24]

As características da lâmpada (tipo, potência etc.) e do reator (geometria, distância entre a fonte e o produto etc.) definem o parâmetro intensidade da fonte (W/m^2) que, em conjunto com o tempo de exposição (s), definem a dose de UV (J/m^2) aplicada ao produto. A inativação microbiana é então definida pela dose aplicada, seguindo, em grande parte dos casos, uma cinética de primeira ordem.[22,24,25]

Apesar de ser uma tecnologia de inativação microbiana limpa e barata, a utilização de radiação UV possui importantes limitações no processamento de alimentos, restringindo sua utilização.

A primeira e mais importante limitação é seu baixo poder de penetração. A radiação UV não consegue penetrar em sólidos, sendo sua ação limitada à superfície. A penetração em líquidos é baixa (poucos milímetros) e decresce abruptamente com a presença de pigmentos e partículas em suspensão. Tal característica, inclusive, impede o uso da tecnologia UV no tratamento de alimentos embalados. As características do reator (lâmpada, geometria, distâncias), portanto, influenciam bastante a exposição da radiação UV nos produtos. Assim, os principais usos da radiação UV em alimentos estão relacionados com o tratamento de superfícies (tanto de alimentos sólidos, como vegetais, pães ou carnes, quanto de equipamentos e utensílios) e de líquidos como água e sucos com reduzido teor de polpa.

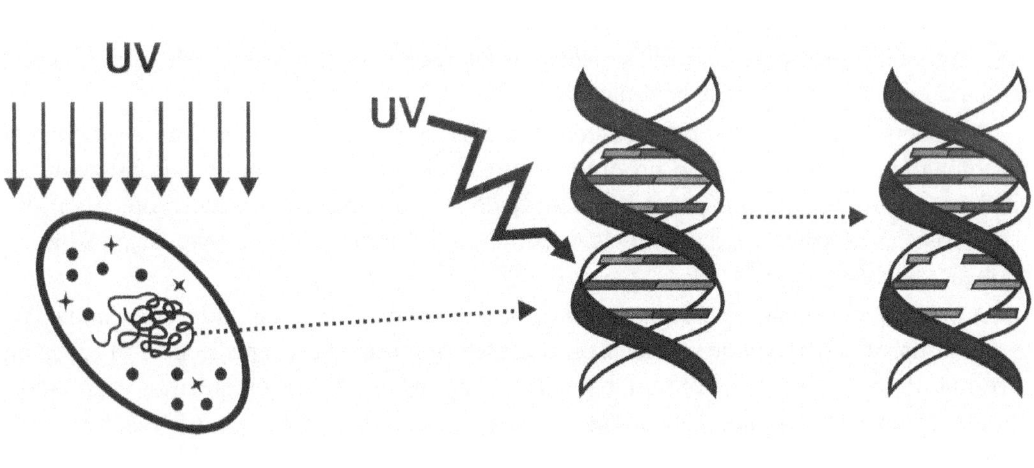

Figura 11.9. Rompimento do DNA pela radiação UV.

Outra limitação física importante da radiação UV é a possível existência de áreas de sombra e penumbra em razão das características do reator e alimentos. Ao incidir tangencialmente em superfícies irregulares, por exemplo, a radiação não consegue atingir determinadas áreas, que permanecerão com sua carga microbiana inicial (podendo, inclusive, contaminar posteriormente as superfícies que foram tratadas com eficiência). Tal limitação pode ser contornada com o estudo do produto e reator, definindo-se configurações que melhor distribuam a radiação pela superfície a ser tratada.

A terceira limitação na aplicação de UV sobre alimentos está relacionada com o efeito catalisador da radiação UV sobre a oxidação de lipídios, limitando a vida de alimentos assim tratados.

A tecnologia de radiação UV tem sido bastante utilizada no tratamento de água, ar e superfícies, porém com potencial para maior utilização. Mais detalhes sobre a utilização de radiação UV em alimentos podem ser encontrados em trabalhos publicados anteriormente.[23-27]

Irradiação

O termo irradiação se relaciona ao uso de radiação eletromagnética ionizante, isto é, os comprimentos de onda cuja energia resulta em ionização de átomos e moléculas. Embora tal definição englobe uma grande faixa de comprimento de onda, para fins de irradiação de alimentos e utensílios considera-se apenas a faixa cuja energia envolvida seja inferior à necessária para induzir reações nucleares e radioatividade nos produtos irradiados. Por essa razão, a utilização da radiação eletromagnética para irradiação de alimentos é limitada aos raios gama, raios X e elétrons acelerados.[28-30] O espectro de ondas eletromagnético pode ser visto na Figura 11.8.

Ao incidir sobre o alimento, a radiação ionizante induz excitações e ionizações dos átomos e moléculas, gerando íons e radicais livres, altamente reativos e que resultam em diversas reações até o estabelecimento de produtos estáveis. A água presente nas células e em alimentos possui importante papel na formação de radicais livres, sendo a irradiação, portanto, mais eficiente em alimentos úmidos. A principal causa de inativação microbiana é o resultante rompimento da fita de DNA, além de alterações na permeabilidade da membrana celular e redução da atividade enzimática.[1,2,31,32]

A eficiência do processo é função da dose absorvida, isto é, a quantidade de energia eletromagnética absorvida pelo produto (expressa em Gy, Gy = Gray = 1 J absorvido/kg produto). Dessa forma, o efeito nos alimentos e microrganismos é decorrente, além das características do produto, da potência da fonte utilizada, do tempo de exposição e da penetração da radiação.

A inativação microbiana é então definida pela dose absorvida, seguindo, em grande parte dos casos, uma cinética de primeira ordem. De um modo geral, a resistência microbiana à irradiação segue a seguinte ordem, baseada na complexidade dos organismos envolvidos: insetos < parasitas < células vegetativas < células capazes de regenerar seu DNA < esporos < vírus.

Para garantia de eficiência e segurança, as fontes de irradiação permitidas para a irradiação de alimentos são os raios gama emitidos pelos isótopos radioativos cobalto-60 e césio-137, raios X gerados por equipamentos que trabalham com energias de até 5 MeV, e elétrons acelerados por máquinas que equipamentos com energias de até 10 MeV. As legislações e normas limitam, ainda, a utilização da tecnologia em doses de até 10 kGy, a não ser em situações nas quais a necessidade de uso de doses maiores seja comprovada.[28,29]

Os raios gama emitidos pelos isótopos radioativos são a radiação com maior poder de penetração. Seu uso, entretanto, requer rígidos protocolos de instalações e procedimentos, uma vez que o isótopo não pode ser desligado. Os equipamentos de raios X e elétrons acelerados, por sua vez, possuem menor poder de penetração, porém maior facilidade de operação e protocolos mais simples de instalação.

De acordo com os objetivos e as doses utilizadas, os principais usos da irradiação de alimentos são esterilização (radapertização), redução de patógenos (radurização) e deteriorantes (radicidação), desinfestação, controle de amadurecimento e inibição de brotamento em vegetais.

A esterilização de alimentos por irradiação, denominada radapertização, possui o objetivo de torná-lo comercialmente estéril, ou seja, seguro e estável às condições ambientes. Possui pouca ênfase comercial, já que as doses necessárias para a maioria dos produtos comprometem as características sensoriais, além de ultrapassarem o limite de 10 kGy. A esterilização por irradiação é muito utilizada no processo de utensílios médicos e embalagens, além do processamento de temperos e especiarias (doses entre 8 e 10 kGy).

O processo denominado radicidação possui como principal objetivo a redução da carga de microrganismos patogênicos (células vegetativas) a níveis aceitáveis. De modo semelhante, o processo denominado radurização possui como principal objetivo a redução da carga microbiana deteriorante, aumentando a vida útil do alimento. Em ambos os casos, o alimento obtido não é estável, necessitando de uma tecnologia complementar de conservação (como refrigeração). Dois problemas potenciais desses processos devem ser levados em consideração: a possível perda de indicador de inocuidade (isto é, a inativação microbiana em alimentos altamente contaminados, "mascarando" a real situação do produto de baixa qualidade e segurança) e a possível inativação microbiana após a produção de toxinas, que não são inativadas pelo processo (ainda deixando o alimento inseguro).

Por fim, a irradiação tem sido utilizada no controle de amadurecimento, inibição de brotamento e desinfestação de produtos vegetais, utilizando-se baixas doses. Esse processo garante maior vida útil de vegetais *in natura* e em grãos.

As principais alterações nos constituintes dos alimentos relacionadas com o processo de irradiação são a oxidação de lipídios e, em alguns casos, a desnaturação de proteínas, com poucas alterações nos demais constituintes e/ou níveis próximos aos obtidos com outros métodos de conservação.

Embora seja um método de conservação bastante eficiente (sendo bastante utilizado na área médica, por exemplo), sua principal limitação de utilização está relacionada com o preconceito e o medo do consumidor, que erroneamente associa a tecnologia a conceitos relacionados a bombas e desastres atômicos e também acreditam que o alimento processado por essa tecnologia se torna radioativo e, portanto, altamente reativo e capaz de promover o desenvolvimento de doenças como o câncer. Cabe ao profissional da área de alimentos, portanto, não somente desenvolver processos seguros e eficientes, mas também educar o consumidor em relação a eles.

Mais detalhes sobre a utilização de irradiação em alimentos podem ser encontrados em trabalhos publicados anteriormente.[1,2,6,30-32]

Plasma

O plasma é conhecido como o quarto estado da matéria e é obtido a partir de um gás que recebe uma quantidade de energia suficiente para que seus átomos liberem de forma parcial ou total os elétrons que os constitui. No estado de plasma, os átomos ficam carregados positivamente enquanto os elétrons se movimentam ao seu redor, formando um gás eletricamente carregado ou ionizado.

O plasma é constituído de fótons, elétrons, íons positivos e negativos, átomos, radicais livres e moléculas excitadas ou não, e os fótons e elétrons são considerados as espécies leves e os demais itens, que possuem carga neutra, constituem as espécies pesadas. Além disso, na formação do plasma há produção de radiação UV, que também tem ação antimicrobiana. O plasma é obtido por meio de um gás neutro (ar, oxigênio, nitrogênio, gases nobres) que sofre uma descarga de energia através de campo elétrico ou magnético, calor, frequência de radio ou micro-ondas ou irradiação. Essa descarga aumenta a energia cinética dos elétrons e causa uma sequência de colisões no gás que leva à formação do plasma.

Dependendo da forma de obtenção, o plasma pode ser classificado como térmico (utilização de gás pressurizado e necessidade de alta potência) ou não térmico (utilização de gás em baixas pressões e baixas potências), este último obtido por descarga elétrica ou por micro-ondas. Esse é o tipo de plasma utilizado para inativação microbiana em alimentos. É importante ressaltar que a descarga de energia utilizada para produzir o plasma não é desviada ou perdida na forma de calor; assim, o plasma é gerado a frio, de forma que a tecnologia é energeticamente eficiente e minimiza os dados causados em alimentos quando comparado ao processo térmico tradicional.

Similarmente ao ozônio, o plasma apresenta a vantagem de ser um método capaz de inativar esporos, células vegetativas e vírus. Sua ação é baseada no alto poder oxidante do plasma (1.000.000 maior que o do oxigênio), que causa volatilização de compostos da superfície dos esporos pelos fótons gerados e decapagem da superfície do esporo pela adsorção de radicais livres e outras espécies altamente reativas. Sobre células vegetativas, a ação do plasma ocorre de forma sequencial, primeiro pela reação dos radicais do plasma com a membrana celular, seguido do dano da membrana e também dos constituintes citoplasmáticos pela radiação UV gerada e, por fim, causa a destruição do DNA das células.

A efetividade do plasma depende muito da forma de geração, do gás utilizado e da geometria do sistema no qual o plasma é aplicado. Estudos ainda são necessários para otimizar a geração e a aplicação de plasma em produtos, bem como permitir o aumento de escala para aplicação em níveis industriais. Por se tratar de uma metodologia recém-desenvolvida, ainda não se tem estudos que consigam avaliar o efeito de diferentes gases em diversos microrganismos, de forma a otimizar sua inativação em função dos principais mecanismos de ação de cada gás.

Algumas potenciais aplicações incluem a desinfecção de superfícies de alimentos úmidos (carnes, peixes, hortaliças) e secos (casca de ovos, leite em pó, ervas, sementes e pimentas), sendo uma tecnologia especialmente interessante para esta última classe de produtos, visto o número reduzido de métodos de desinfecção existentes para alimentos secos. Além dessas aplicações, o plasma não térmico é utilizado para esterilização de embalagens plásticas, equipamentos médico-hospitalares e para remoção de biofilmes em equipamentos industriais e também em estações de tratamento de água.

Para alimentos com alta concentração de lipídios ou que possuem pigmentos ou outros componentes suscetíveis a oxidação, a tecnologia de plasma não é recomendada, visto que os constituintes do plasma são altamente reativos e favorecem o desencadeamento de reações oxidativas, que podem limitar a estabilidade do alimento durante a estocagem. Mais detalhes sobre a utilização de plasma em alimentos podem ser encontrados em outros trabalhos.[33,34]

Térmicos não convencionais: aquecimento ôhmico e por micro-ondas

O processo térmico é uma operação unitária em que o alimento é aquecido até determinada temperatura e mantido nessa condição por determinado tempo com o intuito de promover requerida inativação microbiana e/ou enzimática, que poderiam resultar em deterioração do alimento durante a estocagem e/ou prejudicar a saúde e a segurança do consumidor. É geralmente caracterizado por um binômio de tempo e temperatura de processo (t × T), sendo dividido em três etapas: aquecimento, em que o alimento é aquecido até a temperatura de processo; retenção, em que o alimento é mantido na temperatura de processo pelo tempo necessário para a inativação desejada; e resfriamento, em que o alimento sofre resfriamento forçado, evitando-se assim o superprocessamento e o desenvolvimento de microrganismos termófilos que sobreviveram ao processo térmico.

Um dos grandes desafios no processamento térmico de alimentos é sua relativa baixa taxa de aquecimento, demandando um longo período de aquecimento e resultando em alterações indesejáveis para garantia de segurança.

Os aquecimentos ôhmico e por micro-ondas são duas formas alternativas de realizar o aquecimento de alimentos. Enquanto no processamento térmico convencional o aquecimento é realizado pela transferência de calor de um fluido quente (em geral vapor de água, ar e/ou água) para o alimento (i.e., de energia térmica para energia térmica), nas tecnologias ôhmica e de micro-ondas a transferência é realizada através de ondas eletromagnéticas (i.e., de energia elétrica para energia térmica).

Uma das grandes desvantagens do processo térmico convencional de alimentos é a baixa eficiência energética (conversão da fonte primária, em geral óleo diesel, gás natural ou madeira, até o aquecimento do alimento), além da emissão de CO_2 e outros gases na atmosfera, decorrentes da queima de combustível na caldeira para a formação de vapor de água. Como vantagens do aquecimento ôhmico e por micro-ondas, por sua vez, destacam-se a maior eficiência energética e a possibilidade de utilização de fontes renováveis, visto que utilizam energia elétrica como fonte primária em vez da queima de combustível.

Uma vez que o aquecimento só é realizado com a passagem de energia elétrica pelos equipamentos, basta desligá-los para interromper o aquecimento do produto. Outra vantagem dos processos é que podem ser realizados para produtos sólidos, líquidos e particulados.

Após o aquecimento, as etapas de retenção e resfriamento são realizadas de forma semelhante ao processo convencional, sendo a inativação microbiana alcançada pelos efeitos térmicos. Já que apenas o aquecimento dos alimentos é feito de forma rápida e eficiente, um dos desafios de ambas tecnologias é a melhora na eficiência do resfriamento, minimizando assim problemas de superprocessamento.

A seguir, são descritas as principais características do aquecimento ôhmico e por micro-ondas.

Aquecimento ôhmico

Na tecnologia de aquecimento ôhmico, o produto é aquecido pela passagem de uma corrente elétrica por ele. Em virtude da baixa condutividade elétrica dos alimentos, estes atuam como resistores no circuito elétrico formado, dissipando a energia elétrica na forma de calor (efeito Joule) e se aquecendo. O aquecimento do alimento é rápido e uniforme, sendo essas as principais vantagens da metodologia.

Nesse processo, o alimento é colocado entre dois eletrodos, ligados a uma fonte de energia elétrica de corrente alternada (Figura 11.10). A corrente elétrica resultante fluirá entre os eletrodos, aquecendo o produto. Por essa razão, a condutividade elétrica do material é o fator crítico do processo, sendo função da composição do material e temperatura. Tal sistema pode ser montado para processos descontínuos, como o representado na Figura 11.10, ou contínuos, colocando-se os eletrodos em tubulações de processamento de líquidos.

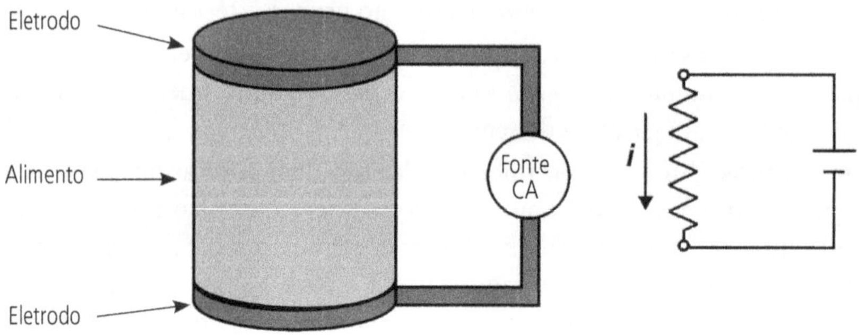

Figura 11.10. Representação simplificada do sistema de aquecimento ôhmico e do circuito elétrico correspondente.

A composição do alimento, em especial sua concentração de íons, influencia sua condutividade elétrica. Em alimentos particulados, compostos por uma fase líquida e outra sólida, o aquecimento ôhmico pode promover o aquecimento de ambas as fases uniformemente, ao contrário do aquecimento convencional. Entretanto, para tal, ambas as fases devem possuir condutividades elétricas semelhantes. Caso contrário, a resistência elétrica do alimento se comportará como um circuito com resistores compostos em paralelo, resultando em correntes diferentes em cada fase e consequente aquecimento não uniforme. Por isso, as condutividades elétricas dos diferentes componentes podem ser ajustadas (utilizando sais, por exemplo) de modo a obter produto homogêneo.

Além disso, a condutividade elétrica dos alimentos aumenta de forma quase linear com a temperatura. Assim, sua taxa de aquecimento aumenta com a elevação da temperatura e isso deve ser levado em consideração no dimensionamento do processo, evitando-se processamento excessivo.

O aquecimento ôhmico é considerado mais uniforme que o por micro-ondas, possuindo, ainda, alta eficiência energética, uma vez que a conversão de energia elétrica em térmica é da ordem de 90%. Entretanto, um dos maiores desafios do processo é na escolha de materiais para os eletrodos que minimizem o efeito de incrustações.

Mais informações sobre o aquecimento ôhmico de alimentos podem ser encontradas em trabalhos publicados anteriormente.[35-37]

Aquecimento por micro-ondas

Na tecnologia de aquecimento por micro-ondas, o aquecimento do alimento é realizado por processos secundários decorrentes da passagem de radiação eletromagnética por ele.

O alimento é colocado em uma câmara, na qual é submetido à radiação de micro-ondas, gerada em um equipamento chamado magnétron. Embora a radiação de micro-ondas englobe uma grande faixa de frequência (de cerca de 300 MHz a 300 GHz), apenas algumas frequências são usadas comercialmente (tipicamente 915 e 2.450 MHz), de forma a não atrapalharem aquelas destinadas às telecomunicações. Após geradas, as ondas são transportadas por dutos até a câmara, na qual incidem sobre o alimento. A penetração das ondas é dependente das características e da composição do produto e de seu estado físico, estando em geral na ordem de ~3-22 cm. Ao passar pelo alimento, as ondas geram um campo elétrico alternado, que estimula a movimentação de dipolos e cargas.

A água é o principal dipolo presente em alimentos, sendo sua movimentação o principal mecanismo do aquecimento por micro-ondas. Ao serem submetidas a um campo elétrico, as moléculas de água se alinham a ele. Uma vez que o campo elétrico é alternado, tal alinhamento é dinâmico, promovendo a rotação do dipolo, cuja movimentação dissipa a energia mecânica na forma de calor (efeito Joule), aquecendo o alimento. O segundo mecanismo de aquecimento de alimentos está relacionado com as moléculas que contêm carga, como os íons presentes. De forma semelhante ao alinhamento dos dipolos, o campo elétrico alternado promove um deslocamento das cargas e, de forma semelhante, aquecimento do alimento. Tais processos são representados na Figura 11.11.

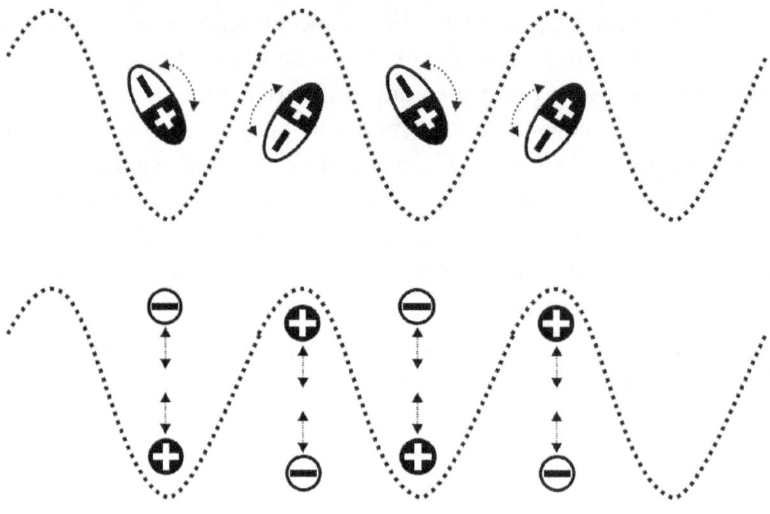

Figura 11.11. Representação simplificada da movimentação de dipolos e cargas decorrente do campo elétrico formado pela passagem da radiação de micro-ondas.

As propriedades dielétricas do material determinam a penetração das micro-ondas nele, assim como sua taxa de aquecimento. Assim, duas propriedades do material são críticas do processo, sendo função da composição do material, temperatura e estado físico. A primeira propriedade é a constante dielétrica (ε'), que representa a capacidade do material em armazenar energia elétrica. A segunda propriedade é o fator dielétrico de perda (ε"), que representa a capacidade do material em dissipar a energia elétrica na forma de calor. As propriedades da água líquida e do gelo são bastante distintas, sendo tais fatores importantes para o dimensionamento do processo, uma vez que os alimentos processados conterão alto conteúdo de água ou gelo (aplicação para descongelamento rápido de alimentos).

Como a penetração das micro-ondas é limitada, o aquecimento de alimentos pode resultar em superprocessamento das partes externas (superfície) e subprocessamento do interior, em virtude da distribuição não uniforme de temperatura. Por essa razão, muitas vezes tal processo é realizado com períodos de alternância com o sistema de micro-ondas ligado e desligado. Assim, ao desligar o sistema, as partes externas do alimento podem trocar calor por condução ou convecção com as internas, tornando o processo mais homogêneo. A uniformidade do aquecimento do produto final é, de fato, um dos maiores desafios para a plena aplicação dessa tecnologia no processamento térmico de alimentos. Ainda assim, o sucesso em diversas aplicações tem sido relatado para a área de alimentos e correlatas, incluindo-se o benefício da alta eficiência energética, uma vez que a conversão de energia elétrica em térmica é da ordem de 80%.

Mais informações sobre o aquecimento de alimentos por micro-ondas podem ser encontradas em trabalhos publicados anteriormente.[38,39]

Conclusões

A demanda do consumidor por produtos mais seguros, nutritivos, com melhores características sensoriais e com menores custos e impacto ambiental é crescente. Nesse sentido, as novas tecnologias apresentam-se como importantes alternativas para a obtenção de alimentos processados.

Em termos de segurança e estabilidade de alimentos sob o olhar microbiológico, algumas das tecnologias emergentes se mostram altamente eficientes e capazes de promover a esterilização comercial (alta pressão isostática, irradiação, micro-ondas, aquecimento ôhmico, plasma e ozonização), sem, contudo, afetar de forma drástica as características dos alimentos como ocorre no processo de esterilização térmica convencional. Por outro lado, algumas tecnologias não são capazes de promover, individualmente, a inativação de esporos bacterianos, assemelhando-se, portanto, a uma pasteurização térmica (alta pressão de homogeneização, PEF, antimicrobianos e ultrassom). Ainda assim, essas tecnologias são interessantes porque apresentam melhor aproveitamento energético e causam menores dados sensoriais e nutricionais aos alimentos quando comparadas ao processamento térmico similar, podendo ser utilizadas em conjunto por meio da tecnologia de barreiras.

Além da questão de segurança microbiológica, algumas dessas tecnologias têm se mostrado promissoras para a alteração de constituintes de alimentos, especialmente proteínas e polissacarídeos. Essas alterações promovem ganhos significativos nas propriedades funcionais dos alimentos processados, como melhora da capacidade emulsificante, formação de espuma, aumento da viscosidade/consistência e aumento da capacidade de retenção de água. Isso permite uma redução do uso de aditivos na produção do alimento, proporcionando a redução de seu custo e atendendo às exigências dos consumidores.

Assim, o estudo e o desenvolvimento dessas tecnologias emergentes são essenciais para o futuro do processamento de alimentos.

REFERÊNCIAS

1. Fellows P. Tecnologia do processamento de alimentos: princípios e práticas. Porto Alegre: Artmed; 2006.
2. Ordóñez JA, ed. Tecnologia de alimentos. Volume 1: componentes dos alimentos e processos. Porto Alegre: Artmed; 2005.
3. Rahman MS. Handbook of food preservation. Boca Raton: CRC Press; 2007.
4. Sun D-W. Emerging technology for food processing. London: Elsevier Academic; 2005.
5. Barbosa-Cánovas GV, Tapia MS, Cano MP, ed. Novel food processing technologies. Boca Raton: CRC Press; 2005.
6. Barbosa-Cánovas GB, Pothakamury UR, Palou E, Swanson BG. Nonthermal preservation of foods. Nova York: Marcel Dekker; 1998.
7. Naidu AS, ed. Natural food antimicrobial systems. Boca Raton: CRC Press; 2000.
8. Kong M, Chen XG, Xing K, Park HJ. Antimicrobial properties of chitosan and mode of action: a state of the art review. Int J Food Microbiol. 2010;144:51-63.
9. Davidson M, Sofos JN, Branen AL. Antimicrobials in food. Boca Raton: CRC Press; 2005.
10. Chemat F, Huma Z, Khan MK. Applications of ultrasound in food technology: processing,

preservation and extraction. Ultra Sonochem. 2011;18:813-35.

11. Knorr D, Zenker M, Heinz V, Lee D-U. Applications and potential of ultrasonics in food processing. Trends Food Sci Technol. 2004;15:261-6.
12. Muthukumarappan K, O'Donnell CP, Cullen PJ. Ozone processing. In: Farid M. Mathematical modeling of food processing. Nova York: CRC Press; 2009.
13. Pinho CRG, Franchi MA, Augusto PED, Cristianini M. Avaliação do escoamento de leite desnatado durante homogeneização a alta pressão (HAP) por meio de fluidodinâmica computacional (CFD). Braz J Food Technol. 2011;14(3):232-40.
14. Pedras MM, Pinho CRG, Tribst AAL, Franchi MA, Cristianini M. The effect of high pressure homogenization on microorganisms in milk. Int Food Res J. 2012;19(1):1-5.
15. Popper L, Knorr D. Applications of high-pressure homogenization for food preservation. Food Technol. 1990;84-6.
16. Floury J, Bellettre J, Legrand J, Desrumaux A. Analysis of a new type of high pressure homogeniser. A study of the flow pattern. Chem Eng Sci. 2004;59(4):843-53.
17. Diels AMJ, Michiels CW. High-pressure homogenization as a non-thermal technique for the inactivation of microorganisms. Crit Rev Microbiol. 2006;32:201-16.
18. Khadre MA, Yousef AE, Kim JG. Microbiological aspects of ozone applications in food: a review. J Food Sci. 2001;66(9):1242-52.
19. Vega-Mercado H, Gongora-Nieto MM, Barbosa-Canovas GV, Swanson BG. Pulsed electric fields in food preservation. In: Rahman MS, ed. Handbook of food preservation. 2. ed. Boca Raton: CRC Press; 2007.
20. Martin-Belloso O, Sobrino-López A. Combination of pulsed electric fields with other preservation techniques. Food Bioprocess Technol. 2011;4:954-68.
21. Peña MM, Elez-Martínez P, Martín-Belloso O. Food preservation by pulsed electric fields: an engineering perspective. Food Eng Rev. 2011;3:94-107.
22. Massaguer PR. Microbiologia dos processos alimentares. São Paulo: Livraria Varela; 2005.
23. López-Malo A, Palou E. Ultraviolet light and food preservation. In: Barbosa-Cánovas GV, Tapia MS, Cano MP, ed. Novel food processing technologies. Boca Raton: CRC Press; 2005.
24. Falguera V, Pagán J, Garza S, Garvín A, Ibarz A. Ultraviolet processing of liquid food: A review. Part 1: Fundamental engineering aspects. Food Res Int. 2011;44(6): 1571-9.
25. Guerrero-Beltrán JA, Barbosa-Cánovas GV. Advantages and limitations on processing foods by UV light. Food Sci Technol. 2004;10:137-47.
26. Falguera V, Pagán J, Garza S, Garvín A, Ibarz A. Ultraviolet processing of liquid food: A review. Part 2: Effects on microorganisms and on food components and properties. Food Res Int. 2011;44(6):1580-8.
27. Koutchma T, Forney L, Moraru C. Ultraviolet light in food technology principles and applications. Boca Raton: CRC Press; 2009.
28. Codex Alimentarius. Codex general standard for irradiated foods – codex stan 106-1983, rev. 1-2003. 2003.
29. Brasil. Ministério da Saúde. Agência Nacional de Vigilância Sanitária (Anvisa). Resolução RDC n. 21, de 26 de janeiro de 2001. Aprova o Regulamento Técnico para Irradiação de Alimentos. 2001.
30. World Health Organization (WHO). High-dose irradiation: wholesomeness of food irradiated with doses above 10 kGy – Report of a Joint FAO/IAEA/WHO Study Group. Genebra: WHO; 1999.
31. Potter NN, Hotchkiss JH. Ciencia de los alimentos. Zaragoza: Editorial Acribia; 2007.
32. Moy JH. Food irradiation – an emerging technology. In: Barbosa-Cánovas GV, Tapia MS, Cano MP, ed. Novel food processing technologies. Boca Raton: CRC Press; 2005.

33. Hati S, Mandal S, Vij S, Minz PS, Basu S, Khetra Y, et al. Nonthermal plasma technology and its potential applications against foodborne microorganisms. J Food Process Preserv., in press, 2012.
34. Niemira BA. Cold plasma decontamination of foods. Ann Rev Food Sci Technol. 2012;3:125-42.
35. Ruan R, Ye X, Chen P, Doona C, Yang T. Developments in ohmic heating. In: Richardson P. Improving the thermal processing of foods. Boca Raton: CRC Press; 2004.
36. Ruan R, Ye X, Chen P, Doona C, Taub I. Ohmic heating. In: Richardson P. Thermal technologies in food processing. Boca Raton: CRC Press; 2001.
37. Sastry SK. Advances in ohmic heating and moderate electric field (MEF) processing. In: Barbosa-Cánovas GV, Tapia MS, Cano MP, ed. Novel food processing technologies. Boca Raton: CRC Press; 2005.
38. Ahmed J, Ramaswamy HS. Microwave pasteurization and sterilization of foods. In: Rahman MS, ed. Handbook of food preservation. 2. ed. Boca Raton: CRC Press; 2007.
39. Regier M, Schubert H. Microwave processing. In: Richardson P. Thermal technologies in food processing. Boca Raton: CRC Press; 2001.

CAPÍTULO 12

Tecnologia de barreiras

■ Pedro Esteves Duarte Augusto

CONTEÚDO

Introdução

Os capítulos anteriores apresentaram os princípios e as principais características dos principais métodos convencionais e não convencionais de conservação de alimentos.

Com uma leitura atenta, pode-se perceber que todos os métodos expostos possuem tanto vantagens quanto desvantagens, que podem ser tanto do ponto de vista da estabilidade dos alimentos (inativação microbiana ou enzimática, reações físico-químicas) quanto sensoriais, nutricionais, ambientais (tipo e quantidade de energia necessária, água etc.) e de mercado (custo de equipamentos e de energia, tradição e aversão a mudanças etc.).

Dessa maneira, embora muitas vezes seja possível a utilização de apenas um método de conservação para garantia de segurança e estabilidade de alimentos, destaca-se a interessante possibilidade de combinação de métodos, permitindo assim vencer limitações individuais e possibilitando o uso de métodos mais brandos.

Tal conceito é denominado "tecnologia de barreiras", sendo descrito no presente capítulo.

Descrição

O conceito de tecnologia de barreiras propõe a otimização da conservação de alimentos ao combinar diferentes métodos, garantindo produtos seguros, com maior qualidade sensorial e nutricional e menores custos.

A Figura 12.1 apresenta uma representação gráfica do conceito de tecnologia de barreiras, considerando um alimento e processos fictícios. Nessa figura, cada obstáculo representa um processo de conservação de alimentos, e sua altura é proporcional a sua intensidade ou severidade. As setas tracejadas representam o desenvolvimento microbiano: quando sobrepõem um determinado obstáculo, indicam que os microrganismos conseguiram superar aquele método de conservação; quando são barrados por eles, indicam a limitação no desenvolvimento microbiano, isto é, que o método em questão foi eficiente.

O conceito de tecnologia de barreiras pode ser observado em qualquer um dos exemplos da figura. Quando a intensidade de um método de conservação é severa o suficiente para impedir o desenvolvimento microbiano, apenas esse método pode ser utilizado para a conservação do alimento em questão. Entretanto, ao utilizar processos severos, as alterações indesejáveis na qualidade dos alimentos (como perda de nutrientes, escurecimento não enzimático, desnaturação proteica, perda de compostos de aroma e sabor, alterações na textura, entre outros) podem ser limitantes.

Quando dois ou mais métodos de conservação são associados, a intensidade de cada método pode ser reduzida, uma vez que seus efeitos estão sendo somados. A cada barreira adicionada, mesmo que em intensidade abaixo da necessária para garantir a estabilidade do alimento, a dificuldade ao desenvolvimento microbiano é aumentada. Esse conceito pode ser visualizado na própria Figura 12.1, em que os microrganismos reduzem a amplitude de seu "salto" a cada obstáculo ultrapassado. Dessa forma, ao combinar adequadamente métodos de conservação de alimentos, o uso da tecnologia permite a obtenção de produto otimizado.

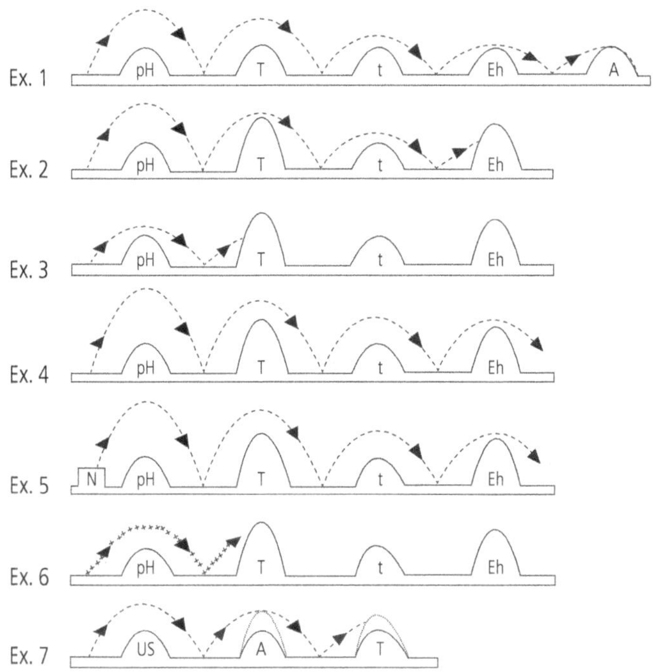

Figura 12.1. Representação gráfica da tecnologia de barreiras.
T: processo térmico; t: refrigeração; Eh: potencial de oxirredução; A: antimicrobianos; US: ultrassom.

Fonte: adaptada de Leistner, 1992.[1]

No primeiro exemplo da Figura 12.1, a conservação do alimento só é alcançada após a combinação de cinco métodos. Dessa forma, ao reduzir o número de métodos, seu nível deve ser aumentado (p. ex., reduzir pH, atividade de água ou temperatura de refrigeração ou aumentar a concentração de antimicrobianos ou o binômio tempo-temperatura de um processo térmico). O segundo exemplo da figura ilustra a conservação do mesmo alimento ao se utilizar apenas quatro tecnologias. Observa-se que duas das barreiras foram aumentadas, garantindo, assim, estabilidade ao alimento.

Entretanto, outros fatores devem ser levados em consideração ao dimensionar os métodos de conservação de alimentos.

Nos exemplos 3 e 4 da Figura 12.1, a importância da carga microbiana é apresentada. Em ambos os casos, a mesma combinação de tecnologias do exemplo 2 é apresentada, porém variando-se a carga microbiana inicial. Matérias-primas de melhor qualidade possuem carga microbiana menor, associadas a seu histórico higiênico-sanitário. Tais produtos são apresentados no exemplo 3, em que o "salto" microbiano inicial é menor e, consequentemente, em que a associação de apenas duas tecnologias é suficiente para obtenção do alimento estável e, portanto, de melhor qualidade. Por outro lado, matérias-

-primas de pior qualidade possuem carga microbiana maior, sendo representadas por um "salto" microbiano inicial grande o suficiente para que a combinação de tecnologias inicialmente proposta não seja segura e eficiente (exemplo 4). Destaca-se assim a importância da obtenção de matérias-primas de qualidade para garantia de obtenção de produtos finais de qualidade.

No exemplo 5 da Figura 12.1, a importância do tipo de alimento é destacada. Nesse exemplo, a mesma carga microbiana e associação de métodos do exemplo 2 são apresentadas. Entretanto, um "trampolim" garante aos microrganismos um "salto" inicial maior. Tal representação está associada a alimentos com alto valor nutritivo, que resultam em desenvolvimento microbiano mais rápido e células mais resistentes.

Por outro lado, no exemplo 6 da Figura 12.1, a importância do estado celular é destacada. Nesse exemplo, a mesma carga microbiana e associação de métodos do exemplo 2 são apresentadas. Entretanto, como as células microbianas representadas estão lesadas, seu desenvolvimento é reduzido e, consequentemente, um menor número de tecnologias é necessário para a conservação do alimento em questão.

Por fim, o conceito de associações aditivas, sinérgicas (ou sinergísticas) ou antagônicas entre métodos deve ser observado. A associação aditiva é aquela em que o efeito da combinação de métodos é descrito simplesmente pela soma das contribuições individuais. Nesse caso, representado pela expressão "1 + 1 = 2", não há auxílio mútuo entre os métodos, e um não afeta o outro, de forma que o efeito da combinação é apenas o da soma dos métodos. A associação sinérgica é aquela em que o efeito da combinação entre métodos é maior que a simples soma dos efeitos individuais. Nesse caso, representado pela expressão "1 + 1 > 2" (para fins de explicação), um método auxilia o outro, potencializando o resultado final. Por exemplo, uma combinação sinérgica poderia ser obtida entre um método em que tensões mecânicas causem lesões à estrutura celular microbiana (p. ex.: ultrassom, homogeneização a alta pressão) e o processamento térmico (que poderia ser proporcionalmente mais agressivo às estruturas parcialmente danificadas) ou mesmo o uso de conservantes ("artificiais" ou mesmo bioprotetores, que poderia permear mais facilmente a membrana celular, por exemplo). Destaca-se que a combinação sinérgica é o grande objetivo da tecnologia de barreiras, e muitos estudos são realizados para chegar a elas. Por outro lado, a associação antagônica é aquela em que o efeito da combinação entre métodos é menor que a simples soma dos efeitos individuais. Nesse caso, representado pela expressão "1 + 1 < 2" (para fins de explicação), um método prejudica o outro, já que um método prejudica (mesmo que parcialmente) o outro. Por razões óbvias, casos de associação antagônica devem ser evitados.

Assim, o exemplo 7 da Figura 12.1 apresenta uma associação sinérgica de tecnologias, em contraposição às associações apenas aditivas dos exemplos anteriores. Nesse caso, a combinação de apenas três métodos é suficiente para a conservação do alimento, mesmo partindo-se da carga microbiana inicial do exemplo 2. Na figura, esse conceito é representado pela diferença entre as alturas reais dos obstáculos (linha contínua) e as equivalentes em virtude de sua combinação sinérgica (linha pontilhada).

Exemplos de produtos conservados pela tecnologia de barreiras

A conservação de diversos produtos é garantida pelo conceito de tecnologia de barreiras, em geral envolvendo diferentes métodos convencionais de conservação. Além disso, o foco principal da pesquisa atual é o estudo da combinação de métodos, convencionais e não convencionais, para otimização de produtos e processos. A seguir são apresentados alguns exemplos envolvendo diversas tecnologias.

Os doces de fruta em massa, como a goiabada, são produzidos a partir da concentração de frutas e açúcares (em proporções semelhantes) até cerca de 65 a 72°Brix. Embora a baixa atividade de água do produto seja o principal motivo de sua conservação, na verdade esta é obtida pelo somatório de baixa atividade de água, baixo pH (também necessário para a formação do gel de pectinas) e processo térmico (durante a concentração por evaporação).

O suco de laranja concentrado e congelado (FCOJ), produto brasileiro de grande exportação, é conservado pelo somatório de processo térmico (pasteurização), redução da atividade de água (em virtude da concentração) e congelamento.

A salsicha é um produto pasteurizado, que contém antimicrobianos (nitratos e nitritos), e mesmo assim precisa ser estocada refrigerada. Além disso, possui maior vida de prateleira quando embalada sob vácuo (menor potencial de oxirredução - Eh).

A Figura 12.2 apresenta o desenvolvimento de bolores e leveduras em purê de abóbora ao longo de 20 dias de estocagem em temperatura ambiente, considerando-se a tecnologia de barreiras. Dois tipos de métodos de conservação são apresentados: uso de antimicrobianos (sorbato de potássio) e redução da atividade de água (por meio da adição de xilitol, que se liga à parte da água livre presente). Mais uma vez, ilustra-se o conceito de tecnologia de barreiras na conservação de alimentos, pela redução da evolução do desenvolvimento microbiano.

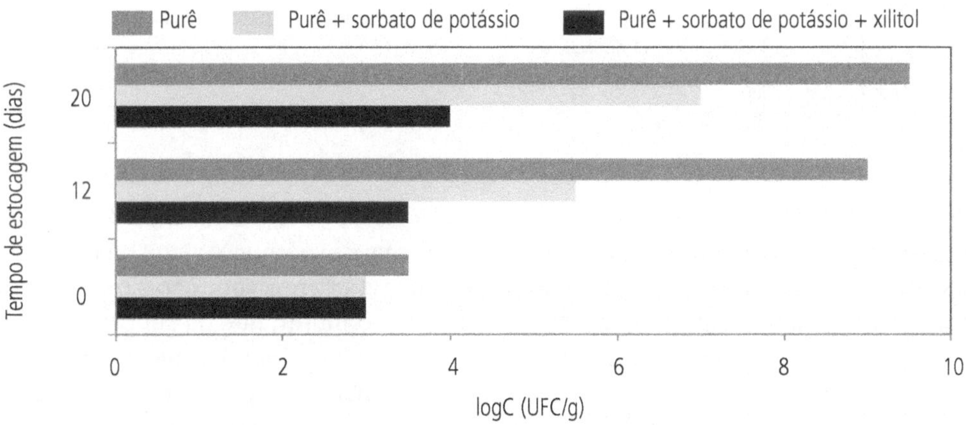

Figura 12.2. Desenvolvimento de bolores e leveduras em purê de abóbora durante 12 dias de estocagem a 25°C: efeito da adição de antimicrobiano (sorbato de potássio) e redução da a_w (adição de xilitol).

Fonte: adaptada de Gliemmo et al., 2010.[2]

A Figura 12.3 apresenta a inativação de *Enterobacter sakazakii* em fórmula láctea infantil em pó utilizando o processo de irradiação gama e sua combinação com processo térmico, acidificação, processo alcalino, cloro, etanol e refrigeração. Pode-se avaliar que cada um dos métodos avaliados possui um impacto na sensibilização das células ao processo por irradiação, mais uma vez provando o conceito de tecnologia de barreiras.

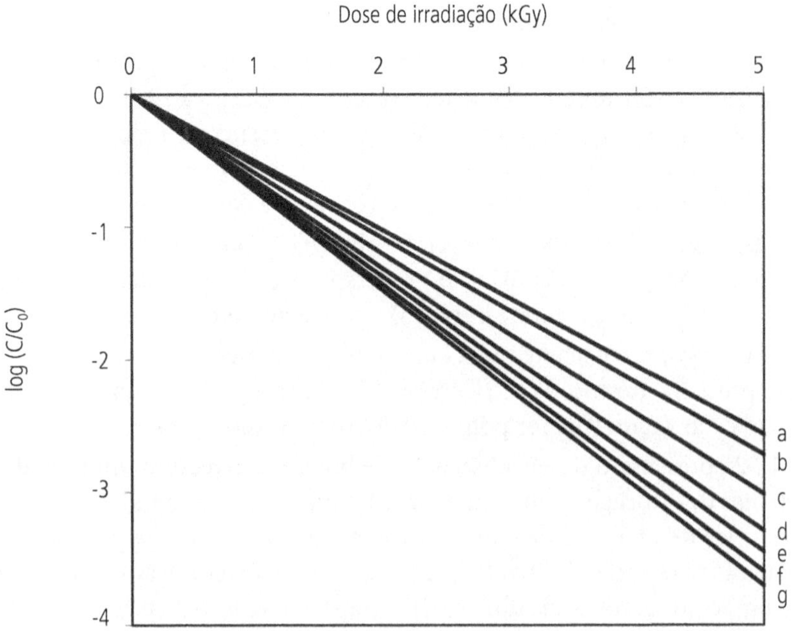

Figura 12.3. Inativação decimal (γ) de *Enterobacter sakazakii* em fórmula láctea infantil em pó utilizando a tecnologia de barreiras. Processo de irradiação gama (d) e irradiação gama combinada com processo térmico (a), acidificação (b), processo alcalino (c), cloro (e), etanol (f) e refrigeração (g).

Fonte: adaptada de Osaili et al., 2008.[3]

Por fim, a Figura 12.4 apresenta a utilização de tecnologias não convencionais, combinando-se dois métodos de conservação para inativação microbiana na superfície da casca de ovo. Nesse exemplo, a combinação do tratamento com ozônio e processo térmico garante maior inativação de um importante contaminante da superfície externa do ovo. Observa-se que essa combinação possui efeito sinérgico na inativação de *Salmonella enterica* em casca de ovo, uma vez que a inativação do método combinado é maior que a prevista pela soma dos métodos individuais (representado na figura como "combinação aditiva").

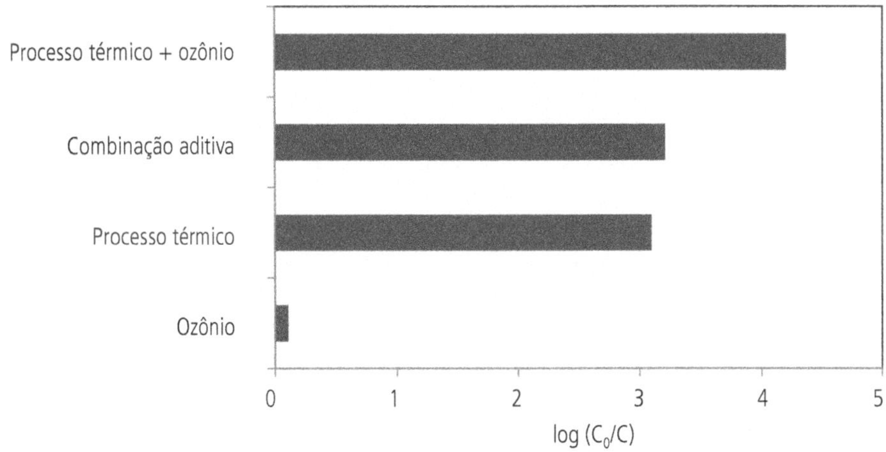

Figura 12.4. Inativação decimal (γ) de *Salmonella enterica* em casca de ovo utilizando a tecnologia de barreiras.

Fonte: adaptada de Perry et al., 2008.[4]

Conclusões

Todos os métodos de conservação possuem tanto vantagens quanto desvantagens, que podem ser do ponto de vista da estabilidade dos alimentos, de propriedades sensoriais, nutricionais, de características ambientais e/ou de mercado.

O uso da tecnologia de barreiras possibilita a combinação de métodos com o objetivo de permitir vencer as limitações individuais e assim possibilitar o uso de métodos mais brandos. Assim, utilizando-se de forma adequada tanto os métodos de conservação tradicionais e bastante conhecidos, como os não tradicionais e muitas vezes ainda em experimentação, a segurança e a qualidade dos produtos podem ser obtidas.

Destaca-se, portanto, que a tecnologia de barreiras se mostra a solução mais promissora para a obtenção de produtos e processos otimizados.

REFERÊNCIAS

1. Leistner L. Food preservation by combined methods. Food Res Int. 1992;25(2):151-8.
2. Gliemmo MF, Latorre ME, Gerschenson LN, Campos CA. Effect of sweet solutes on the quality of a pumpkin puree (Cucurbita moschata Duchesne ex Poiret) preserved by the hurdle technology. J Food Process Preserv. 2010;34(6):1024-40.
3. Osaili T, Al-Nabulsi A, Shaker R, Ayyash M, Olaimat A, Abu Al-Hasan A et al. Effect of environmental stresses on the sensitivity of Enterobacter sakazakii in powdered infant milk formula to gamma radiation. Lett Appl Microbiol. 2008;47(2):79-84.
4. Perry JJ, Rodriguez-Romo LA, Yousef AE. Inactivation of Salmonella enterica serovar enteritidis in shell eggs by sequential application of heat and ozone. Lett Appl Microbiol. 2008;46(6):620-5.

SEÇÃO 4

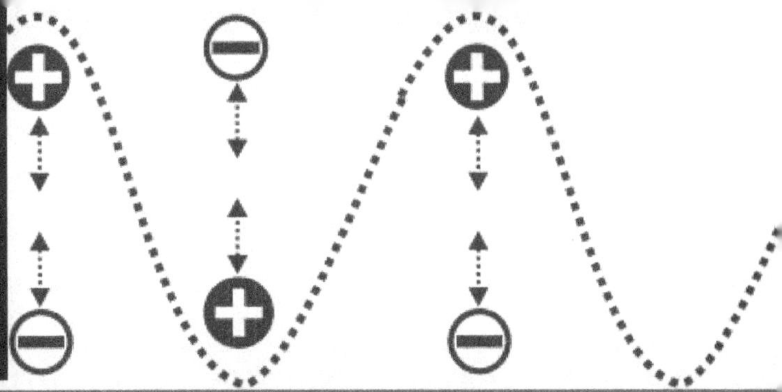

Perspectivas para a indústria de alimentos

CAPÍTULO 13

Desafios e tendências na indústria de alimentos

■ Alfredo de Almeida Vitali

CONTEÚDO

Introdução

A conservação de alimentos acompanha a humanidade desde seus primórdios, quando o homem, por necessidade de sobrevivência, precisou estocar alimentos para períodos de escassez ou para sua manutenção em deslocamentos nômades por regiões inóspitas e navegações.

A evolução tecnológica da conservação de alimentos se deu, em grande parte, por tentativas e erros, com preços altos de doenças e mortes. Foi assim que os processos empíricos de secagem ao sol, salga, fermentação, defumação, frio natural, concentração por cozimento etc., foram descobertos para conservar produtos de origem vegetal e animal.

O avanço da civilização e sua concentração em centros maiores, com o final da Idade Média e principalmente após a Revolução Industrial, por volta de 1760, levou à demanda de abastecimento de alimentos para populações sem condições de espaço rural de plantio e criação de animais para sua subsistência.

As guerras napoleônicas de 1803 a 1815 foram um marco na história da tecnologia de conservação de alimentos quando, em 1810, Nicolas Appert descobriu um meio de conservação de alimentos por cocção em frascos de vidro herméticos, que lhe rendeu um prêmio, instituído por Napoleão Bonaparte, de 12 mil francos franceses. A teoria de Appert à época era que a conservação decorria da ausência de ar em contato com o produto. Para receber o prêmio, Appert teve de publicar 6 mil exemplares de seu trabalho para distribuição em toda a França, com o objetivo de disseminar essa revolucionária tecnologia. Em 1811 a Inglaterra aproveitou essa tecnologia para processar alimentos em embalagens de folhas-de-flandres, o que melhorou sua versatilidade e foi primordial para melhorar o suprimento e a qualidade dos alimentos para sua marinha. É importante destacar que a descoberta da deterioração de alimentos por microrganismos somente aconteceria 50 anos mais tarde, por Louis Pasteur, e que explicaria a conservação pela destruição dos microrganismos no alimento. Pasteur inclusive descobriu que o aquecimento do leite e do vinho os conservava pela inativação de microrganismos. O nome pasteurização é em homenagem ao seu importante descobrimento.

Os processamentos de Appert e Pasteur foram um grande avanço na tecnologia de conservação de alimentos. Somente na década de 1920 essa tecnologia de conservação pelo calor teve sua base científica quantificada pelo surgimento da termobacteriologia, o que permitiu a correta especificação desses processos.

Durante a Segunda Guerra Mundial, o desenvolvimento do radar levou à descoberta do uso das micro-ondas para aquecimento dos alimentos, o que se tornou um eletrodoméstico extremamente popular pela facilidade e velocidade de aquecimento.

O processamento térmico, entretanto, sempre traz algum grau de transformação dos alimentos pelo cozimento. Dessa maneira, o processamento HTST (*high temperature short time*), com base na diferença das cinéticas de destruição de microrganismos e de transformações de cozimento, permitiu o processamento térmico com minimização desses danos, ao mesmo tempo que garantiu a segurança de saúde pública dos produtos processados.

A década de 1990 foi profícua no surgimento de novas técnicas de processamento e conservação de alimentos, geralmente baseadas em tecnologias conhecidas como "não térmicas" e buscando também melhor eficiência energética. A aplicação não térmica teve grande apelo, uma vez que sempre se buscou a conservação dos alimentos com um mínimo de transformação, minimizando o efeito colateral do cozimento pelo calor. Assim, muitas tecnologias surgiram, como altas pressões, pulso elétrico de alta intensidade, pulso eletromagnético de alta intensidade, luz ultravioleta, aquecimento ôhmico etc. Esta última, ainda que térmica, trouxe alguns benefícios por causa de sua forma de transferência de calor por efeito Joule em vez dos mecanismos clássicos de condução ou convecção de energia, permitindo, em alguns casos, diminuição considerável dos tempos de processo.

As "novas tecnologias", por apresentarem em geral menor transformação térmica, fornecem aos alimentos menor redução/controle que as bem conhecidas e "consagradas" tecnologias. Dessa maneira, muitas dessas novas tecnologias funcionam combinadas em mais de uma para garantia de segurança alimentar.

Diferente de outras ciências como a eletrônica, física etc., cujo avanço ocorre de modo exponencial, a área de alimentos apresenta uma característica de evolução por pequenos incrementos nas suas tecnologias básicas, algumas já de conhecimento secular.

Assim, muitos avanços, como secagem, evaporação, termoprocessamento, refrigeração etc., ocorrem por avanços em áreas paralelas, como eletrônica para melhores controles, novos materiais metálicos e poliméricos que permitiram a construção de equipamentos mais eficientes e higiênicos e embalagens mais leves e de melhor desempenho.

Um importante aspecto a considerar é que o desperdício de alimentos mundial é de 35 a 50%, correspondendo a 1,3 bilhão de toneladas por ano, e que a população do planeta em 2050 deverá chegar aos 9 bilhões de indivíduos.[1] Associado a esse fato, temos o crônico problema do aquecimento global, a pressão para a redução da queima de combustíveis fósseis e sua substituição por energias renováveis. Essa substituição de energia passa, além das eólica e solar (aquecimento e fotovoltaica), pela demanda crescente de combustíveis líquidos como o biodiesel e o etanol, obtidos de plantas e biomassa provenientes de florestas renováveis e resíduos agrícolas. Essa demanda energética impacta em disputa de áreas agriculturáveis para a produção de alimentos.[2]

Desafios e tendências

Pelo exposto anteriormente, o futuro das pesquisas para melhora de processos e novas tecnologias tem de ser visto como oportunidade de incrementos diferenciais em nichos nas atuais tecnologias.

Este capítulo não pretende esgotar esse tema, mas abrir áreas potenciais de pesquisa de desenvolvimento em alimentos. Os tópicos a seguir apresentam tendências com potencial para estudos e implementações futuras.

Termoprocessamento

Como exemplo da busca desses nichos na área de termoprocessamento, em que a tecnologia do uso de autoclaves já é secular, um projeto baseado em simulação de transferência de calor permitiu o desenvolvimento de controle em tempo real de autoclaves pelo monitoramento apenas de sua temperatura de processo. Essa tecnologia permite administrar possíveis desvios de processo, corrigindo automaticamente o tempo necessário para atingir a letalidade programada. Dessa tecnologia derivou também o controle em tempo real da pressão no interior das embalagens, sendo processadas eliminando deformações deletérias, que levam ao comprometimento de sua hermeticidade.[3]

Impacto ambiental

A indústria de alimentos demanda grandes quantidades de água e energia, duas utilidades cujos custo e acessibilidade estão rápida e drasticamente comprometendo a viabilidade operacional tradicional das indústrias de alimentos.

A água, além de sua alta capacidade energética, que demanda muita energia para seu aquecimento, tornou-se rápida e extremamente escassa em regiões onde, em passado próximo, era abundante.

Um exemplo de redução de água e energia em uma tecnologia convencional é apresentada a seguir.

Autoclaves a vapor

Autoclaves operadas a vapor demandam grande gasto de vapor para a remoção do ar de seu interior, o que nos dias atuais se torna proibitivo, tanto pelo custo como pelo impacto ambiental decorrente da produção de dióxido de carbono pela queima de combustíveis. Foi desenvolvida uma tecnologia que pode ser aplicada a equipamentos existentes, e que reduz em mais de 50% o consumo de energia.[4]

Redução do consumo de água

Além desse exemplo, um enorme potencial de pesquisa para redução de resíduos, do uso de água e energia se encontra na análise de tecnologias de lavagem, reúso de água de processo utilizando tecnologias de membranas, recuperação de energia perdida em secadores, evaporadores, cozedores etc.

Muitas dessas tecnologias estão apenas aguardando a oportunidade de sua tropicalização, como as existentes em locais geograficamente carentes de água, como Israel e o estado da Califórnia, nos Estados Unidos.

Indústrias regionais

Um aspecto importante que tem de ser fortemente enfrentado é o uso de transporte de longas distâncias entre as fábricas e os centros de consumo, com consequente aumento de custos por causa do gasto de combustível e do alucinante incremento nos custos de frete e pedágios. Estudos para a viabilidade de fabricas de alimentos regionais, que mesmo com diminuição de escala de produção podem ser mais rentáveis em razão dos custos já citados, além de gerarem empregos e impostos locais.

Tecnologias "convencionais"

O processamento asséptico, ainda que não tão recente, traz alguns paradigmas da época de sua criação e que apresentam oportunidades de pesquisa para sua melhor compreensão e melhora de performance energética e operacional.

Sistemas assépticos

Ciclos de esterilização

Em geral, os ciclos de esterilização dos sistemas assépticos são longos e a elevadas temperaturas. Estudos para redução desses longos tempos impactarão em aumento de produtividade dos equipamentos e redução do consumo de energia. O trabalho de Scucuglia[5] apresenta resultados relevantes sobre a redução de tempo e energia para o ciclo de esterilização de tanques de estocagem em linhas de processamento asséptico.

Especificação de órgãos regulamentadores

A Administração de Alimentos e Drogas dos Estados Unidos (Food and Drug Administration, FDA), segue legislação da década de 1970, com algumas regras que precisam ser revistas diante do avanço das tecnologias de novos materiais e eletrônica. Assim, a legislação especifica que o tubo de retenção dos sistemas assépticos precisa ser ascendente com uma inclinação empírica mínima de 2,1%. A definição dessa inclinação é dependente das propriedades de engenharia e padrões de escoamento (laminar ou turbulento) dos produtos e precisa ser verificada para subsidiar projetos de equipamentos mais compactos.

Os valores clássicos de número de Reynolds (Re) são de 2.100 como máximo para o escoamento laminar e maior que 4.000 para o turbulento.[6] O órgão americano tem estipulado valores limites de 6.000 para início do escoamento turbulento e 10.000 quando o produto possui "espessantes". O valor da viscosidade para o cálculo do Re, segundo a FDA, tem de ser à temperatura ambiente. Isto leva, em certas circunstâncias, a excessivo processamento térmico do produto, que realmente flui como turbulento (em virtude da redução exponencial da viscosidade com a temperatura), embora o processo seja definido como laminar.

O uso do valor da viscosidade à temperatura ambiente é muito conservador e não espelha seu verdadeiro valor às altas temperaturas de processo, inclusive não identifica potenciais mudanças do produto a essas altas temperaturas, como hidrólise, coagulação, aumento de viscosidade por aumento da solubilização de polímeros espessantes etc. Existe, para tanto, a necessidade de dados de viscosidade às temperaturas de processo, como o trabalho de doutorado de Ros-Polski,[7] que abre um horizonte de obtenção de dados na real temperatura operacional.

Além disso, o cálculo de letalidade apenas no tubo de retenção, ignora, nos equipamentos de aquecimento indireto, a contribuição letal no final da seção de aquecimento e no início da seção de resfriamento. Essas contribuições deveriam ser computadas nos cálculos para a redução de danos térmicos aos produtos.[8]

Outro aspecto importante a considerar é que os tratamentos de conservação na indústria de alimentos são, em geral, acima do razoável para sua segurança e qualidade, principalmente nos produtos termoprocessados. Micha Peleg[9] faz uma importante discussão sobre esse aspecto, citando que a garantia de segurança dessa categoria de produtos está mais no excesso do tratamento que no uso racional dessa tecnologia. Dessa maneira, essa é uma área de grande potencial de pesquisa a ser ainda trabalhada.

Incremento/desenvolvimento de equipamentos de processo com maior eficiência energética

Uma série de operações unitárias na indústria utiliza tecnologias antigas em que, à época, o custo energético era baixo. Isso levou a projetos de equipamentos com baixa eficiência e sem dispositivos de recuperação/regeneração energética, como fornos, cozedores, autoclaves etc.

Essas tecnologias, associadas a dispositivos de controle eletrônico a preços acessíveis, abrem um horizonte de trabalhos de geração de algorítmicos de controle que subsidiem a automação mais eficiente e inteligente desses processos.

"Novas" tecnologias

Muito já foi abordado em capítulos anteriores sobre as novas tecnologias.

Como já exposto, a área de alimentos avança em incrementos diferenciais. Mesmo quando uma nova tecnologia é apresentada, ela em geral se encontra em estado incipiente. O desafio decorre da avaliação energética, de seu impacto ambiental, do uso de recursos hídricos e principalmente de segurança de saúde pública dessas novas descobertas.

Prazo de validade

Tudo se deteriora com o tempo, e alimentos não fogem a essa situação inexorável. O estudo de vida de prateleira se divide em duas grandes áreas: os produtos "perecíveis" e os "estáveis".

Os "perecíveis" possuem vida relativamente curta e geralmente se deterioram por ações biológicas de senescência como enzimáticas, microrganismos ou químicas, pela interação entre componentes, oxidação, aumento de umidade etc. Os "estáveis" possuem vida "longa" e deterioram principalmente por ações químicas pela interação entre componentes e/ou material de embalagem, aumento de umidade etc.

Em geral, o limite da vida de prateleira é especificado por algum parâmetro químico, como índice de peróxido, físico, como cor, e/ou sensorial, como cor, aparência, sabor, aroma etc.

Para entender e definir os tempos de vida de alimentos, é preciso ter o conhecimento e fazer a aplicação de modelos cinéticos de transformações para seu correto dimensionamento. Essa melhor avaliação pode levar a estender tempos de vida de prateleira especificados "empiricamente", melhorando a comercialização, a logística e a rentabilidade da indústria ou a reduzir esses tempos, protegendo a marca e a fidelidade de compra dos consumidores.

Um aspecto a considerar é que os tempos de vida de prateleira não são rígidos, pontuais e pétreos. Eles possuem uma certa faixa de "pós-vida", que deve ser estudada e especificada de tal modo que produtos ainda em condições de consumo e que poderiam ter destino meritório sejam descartados pela força da lei.

Rastreabilidade

Com a necessidade de controle de estoques e de atos ilegais, *recalls*, tendências de vendas e garantia de manutenção de condições de transporte adequadas das mercadorias, foram desenvolvidos sensores e etiquetas "inteligentes" para o monitoramento dessas ações.

Esses indicadores são genericamente conhecidos como TTIs (*time-temperature integrators*) e são comumente empregados para o monitoramento de temperatura de produtos refrigerados, sejam alimentos, sejam vacinas.

O advento de tecnologias eletrônicas e o uso de dados cinéticos de deterioração dos alimentos abrem um campo promissor de desenvolvimento de indicadores inteligentes dedicados para cada categoria de produto.[10] Um exemplo é o TTI desenvolvido para indicar a qualidade de salmão chileno fresco.[11]

Propriedades de engenharia de alimentos

Boa parte do que foi citado demanda conhecimento de propriedades físicas, químicas e físico-químicas das matérias-primas e produtos durante sua fabricação. Esse conjunto de propriedades é definido como "propriedades de engenharia",[12] porque são fundamentais para os cálculos mais precisos das inúmeras operações unitárias empregadas no processamento e estimativa mais realista de vida de prateleira dos alimentos.

Assim, projetos de pesquisa que gerem dados fundamentais são bastante necessários para preencher grandes lacunas nessa área.

Novas fontes de alimentos

Alimentos são uma questão antropológica e nossos hábitos são fortemente arraigados a nossas culturas. Assim, insetos não estão em cogitação na nossa cultura "ocidental". Entretanto, são importante fonte de proteína animal em muitos países orientais (China, Tailândia, Vietnã, Laos, Camboja etc.).

Gado, frango e pescado de despesca, nossas principais fontes de proteína animal, são grandes consumidores de água; suas eficiências biológicas de conversão mássica de ração em proteína aproveitável são extremamente baixas e são grandes emissores de dióxido de carbono e metano, que contribuem para o efeito estufa. Além disso, demandam grandes áreas de terreno para sua criação e suas localizações são distantes dos centros de processamento e consumo, levando a custos já citados.

Independentemente da questão cultural, a produção de proteína animal de alta qualidade biológica, derivada de insetos, é altamente eficiente no quesito de energia, consumo de água, conversão biológica e área ocupada.

A tecnologia de produção da proteína de inseto existe e é baseada em sua extração, descaracterizando o aspecto cultural ocidental.

Esses quesitos qualificam a criação de insetos para a produção de proteína, que pode viabilizar pequenos produtores, com sua fixação no campo, e gerar um novo agronegócio.[13]

Conclusões

Este capítulo não teve a pretensão de cobrir toda a extensa área do campo de alimentos, mas trazer uma visão genérica sobre os desafios e potenciais de pesquisa que demandam respostas. Mais informações podem ser vistas no vídeo "World w/o Food Science".[14]

Como abordagem final, ainda no campo de uso intensivo de insumos, recursos hídricos e energéticos, é necessário destacar o uso intensivo de água e energia para a produção, principalmente, de proteína animal.

REFERÊNCIAS

1. Institute of Food Technology (IFT). Future Food 2050. Disponível em: http://www.ift.org/Newsroom/FutureFood-2050.aspx2015.
2. National Geographic. When food is fuel. 2014. Disponível em: http://food.nationalgeographic.com/.
3. Berto MI, Vitali AA. Controle em tempo real em um processo de esterilização convencional. Braz J Food Technol. 2008;11:252-62.
4. Berteli MN, Berto MI, Vitali AA. Aplicabilidade do método de Ball para o cálculo da letalidade de processos de esterilização em autoclaves a vapor desaeradas por água. Braz J Food Technol. 2013;16:243-52.
5. Scucuglia M. Análise do ciclo de esterilização de tanques assépticos em processamento de alimentos [Dissertação]. Campinas: Universidade Estadual de Campinas (Unicamp); 2014.
6. Palmer JA, Jones VA. Prediction of holding times for continuous thermal processing of power-law fluids. J Food Sci. 1976;41:1233.
7. Ros-Polski V, Schmidt FL, Vitali AA. Influence of process temperature and pressure on the rheological behavior of products undergoing thermal processing assurance of food safety and quality. In: IFT Meeting, 2010, Chicago. IFT Book of Abstracts; 2010.
8. Uzzan M, Leinen KM, Labuza TP. Temperature profiles within a double-pipe heat exchanger with countercurrent turbulent flow of newtonian fluids: derivation, validation, and application to food processing. J Food Sci. 2004;69(9):E433-E440.

9. Peleg M. It's time to revise thermal processing theories. Food Technol. 2006;60(7).

10. Sugimoto L. Uma etiqueta inteligente. Jornal da Unicamp. 2015;625(XXIX).

11. Simpson R, Almonacid S, Nunez H, Pinto M, Abakarov A, Teixeira A. Time-temperature indicator to monitor cold chain distribution of fresh salmon (salmo salar). J Food Process Eng. 2012;35(5):742-50.

12. Rao MA, Rizvi SSH. Engineering properties of foods. 2. ed. Nova York: Marcel Dekker; 1995. 531p.

13. National Geographic. Edible insects. 2014. Disponível em: http://food.nationalgeographic.com/

14. World w/o Food Science. 2015. Disponível em: http://www.ift.org/knowledge-center/learn-about-food-science/world-without-food-science.aspx. Acesso em: 07 jul. 2017.

Índice remissivo

Obs.: números em *itálico* indicam figuras.